日本航空母舰全史

The Complete History of Japanese Aircraft Carriers

潘越 著

中国长安出版社

图书在版编目（CIP）数据

日本航空母舰全史 / 潘越著. -- 北京：中国长安出版社，2015.11
ISBN 978-7-5107-0972-2

Ⅰ. ①日… Ⅱ. ①潘… Ⅲ. ①航空母舰－发展史－日本 Ⅳ. ①E925.671

中国版本图书馆CIP数据核字(2015)第272028号

日本航空母舰全史

潘越 著

出版：中国长安出版社
社址：北京市东城区北池子大街14号（100006）
网址：http://www.ccapress.com
邮箱：capress@163.com
印刷：重庆共创印务有限公司
开本：787mm×1092mm　16开
印张：24.5
字数：341千字
版本：2020年11月第4版　2020年11月第1次印刷

书号：ISBN 978-7-5107-0972-2
定价：189.80元

版权所有，翻版必究
发现印装质量问题，请与指文图书联系退换，电话：023-67039872

出版说明

美国著名军事理论家阿尔弗雷德·马汉在其关于"海权论"的著作中曾经明确提出过，海权与国家兴衰休戚与共。一个国家能否成长为伟大国家，与她对海洋的掌控和利用密切相关。几千年来，中国人对陆地的痴迷远远超过对海洋的关注。这一方面是由于农耕文明的天性使然，另一方面也是由于中国人一直奉行与世无争的哲学思维的结果。尽管郑和下西洋宣示了天朝上国的皇恩浩荡，但是很快中国还是面对浩瀚大洋关闭了自己的大门，拱手放弃了对海洋的主权。于是，一次又一次，中国受到了来自海洋的威胁，荷兰人、英国人、法国人、日本人等等先后从海上向这个自诩为世界正中的国家发起攻击。在受尽欺侮之后，中国人终于慢慢意识到了海洋的重要性，尤其是海防对一个国家的重要性。从晚清开始，尽管受到国力所限，但是一代又一代的中国人对海防建设的重视程度逐渐提高。到今天，我们可以欣喜地看到，海洋文化和海防建设已经成为一个非常热门的话题。尤其是在南海、东海、钓鱼岛等这些时时触动国人神经的问题尚待时日解决的环境下，可以预料与海洋有关的军事话题将持续获得国人的关注。

维护国家的海洋主权，毫无疑问最重要的力量莫过于海军。放眼全球，以美国、日本、英国、俄罗斯、法国、德国等为代表的海军强国都具有举足轻重的地位。这些国家的海军，现在或者曾经叱咤风云，在世界历史上留下了浓墨重彩的一笔。可以说，海军强国就是世界强国。作为海军的重要组成部分，海军舰艇又是维护海洋主权最有力的工具。而这些国家的海军舰艇，又是体现人类科技发展和历史进步的一面镜子。研究主要海军强国的军舰，既可以全面了解世界海军历史发展，也可以为中国的海军装备建设提供经验。这就是指文号角工作室的"指文·世界舰艇"图书大系出版的初衷。

我们力争将这套大系打造成为"高大上"的一套读物。这主要体现在：

一、全面。这套图书大系，力图梳理世界主要海军强国主力舰艇的全部发展历史，囊括了航空母舰、战列舰、巡洋舰、驱逐舰、护卫舰、登陆舰艇、鱼雷舰艇、潜艇等主要舰种，预计将出版40本以上。每本书都对相关内容进行极致而深入的介绍，每艘舰艇几乎都会涉及，每段历史也都尽量不错过。

二、通俗。我们不做学术性的专著，我们更不做地摊读物。我们瞄准的是具备一定海军常识的读者。所以我们不会长篇累牍地讲解某种军舰的技术特性，也不会只罗列一些数据。我们根据普通读者的兴趣点，会将一些枯燥的内容用通俗易懂的方式展现；我们更会在书中穿插介绍一些颇有意思的话题。

三、实用。这套书系完全可以成为工具书，读者可以在其中查到所有舰艇的简单数据，也可以看到几乎每艘舰艇的图片。一书在手，相信读者能够对某国某种舰艇的发展产生清晰的印象，而不再人云亦云或稀里糊涂。

四、精美。得益于指文图书多年来的出版经验，此套大系排版设计极为精美，堪称国内同类图书的佼佼者。这不是王婆卖瓜，这是实事求是。书中大量线图和大幅照片，可以让读者大饱眼福，甚至拍案叫绝。

自从指文号角工作室成立以来，我们关注有质量的军事历史话题。先后出版了华文世界唯一制服徽章收藏文化读物"号角文集"及"单兵装备"系列丛书。"世界舰艇"大系将是我们奉献给读者的另外一套诚意之作。这套大系应该填补了华文读物的一项空白，相信能够获得读者的认可，也希望能够为中国的海洋文化建设做出自己的贡献。

指文号角工作室

前言

20世纪初，人类社会在西方工业文明的强力拉动下飞速发展。这一时期对于曾经辉煌的东方古国——中国来说，是屈辱而悲惨的黑暗年代。不到十年之前清政府还拥有一支颇为宏伟、以铁甲巨舰为支柱的北洋海军，却因在甲午战争中被迅猛崛起的日本帝国海军击败而走向了覆亡。而日本由此进入了工业大发展、社会各方面之进步均大为提速的辉煌年代，日本国内上至权贵下至平民，均对未来充满美丽的憧憬与信心，决心付出一切努力建立崭新的东亚霸权帝国。

与依靠信息技术变革的21世纪不同，20世纪初的世界是依靠钢铁、能源、交通等工业技术变革而推动文明快速进步的，且进步的脚步在百余年前显得尤为迅捷，更加让人眼花缭乱，看似先进前卫的事物往往眨眼功夫就已经过时了。以海军军舰为例，1894年中国的北洋海军虽然覆灭了，但其绝对主力——两艘定远级铁甲舰却并没有失败，在大东沟海战中抵挡住了日本海军联合舰队的所有疯狂炮击。如果清政府认清形势，事先为北洋海军添置更多铁甲舰或者为已有军舰添置更多威力强、射速快的火炮，决定中日两国国运的甲午战争很可能会是另一种结局。然而，在甲午战争打响之前，英国便诞生了君权级战列舰，开创了前无畏战舰时代，仅仅九年之后日俄战争便宣告爆发，已经被编入日本海军的镇远号铁甲舰（姊妹舰定远号则被日本人拆得七零八落）在此时已经不能充当作战主力，对马海战时东乡平八郎麾下联合舰队中战列舰的主力是三笠、敷岛、富士、朝日这四艘战列舰（原本是六艘，即"六六舰队"扩军计划中规定的六艘主力战列舰，但八岛、初濑两舰在围困旅顺港时被俄军水雷炸沉）。对马海战的结果，凭借着本方战列舰队更猛的火力、更好的防护——这些优点是由日军四艘主力战列舰相对于俄军四艘主力舰博罗季诺级战列舰拥有更大的吨位带来的，当然也有采用了威力凶猛的下濑火药等新技术武器的因素——日本海军最终取得了史上极少见的辉煌胜利，俄海军罗杰斯特温斯基舰队近乎全灭，而日本海军联合舰队未损哪怕一艘较大吨位军舰。

日俄战争使日本之国力进一步腾飞，这对其后数十年东亚乃至世界的历史演变都有着深远的影响，而对马海战对于世界海军发展的巨大推动作用同样无法忽视。英国迅速于战后的1906年建成具有划时代意义的无畏级战列舰，于是诞生仅仅十余年时间的前无畏级战舰在刚刚经历堪称辉煌的对马海战后竟然又迅速过时了，大批的钢铁巨兽只好退居二线。又过了仅仅十年，第一次世界大战中的1916年，均以无畏型战列舰、巡洋舰为主力的英国和德国的庞大舰队集群终于在日德兰海战中进行了一次不算完美顺畅的铁血交锋——当时全世界没有任何人能想到，这便是世界海战史上大战列舰队会战之绝唱！对马海战毫无疑问对日本海军此后数十年的发展历程也有巨大影响——甚至可以说是主宰性的影响。首先，日本海军彻底成了"大战列舰队在决战中取得制海权乃战争胜利之本"这一思想的忠实信徒。其所设想的下一次战争中的首要任务目标，仍然是取得战列舰队会战之胜利，从而夺取广泛海域内必要的制海权，使日本帝国在战争中处于不败之地。其次，日本海军从此笃信"精强"主义。这又可以从两个方面来理解：一方面，"精"是认为己方舰队在整体规模上落后于敌方舰队并不等同于弱势，只要战列舰队中最强的主力战舰在吨位、火力、防护等指标上领先于敌军舰队中的最强军舰，则依靠主力战舰对战取得胜利就能得到海战最终的全面胜利，如同对马海战的情况；另一方面，日本海军又非常迷信新式武器的"强"，如对马海战前日军通过无线电报机掌握俄军舰队动向，迫使其在不利状况下投入交战，而日军威力强大的下濑火药又明显压倒俄军的双基火药，这都是日本海军多年潜心追踪并引入最新科技的成果。最后，日本海军在甲午与日俄两场战争的开始阶段都以不宣而战的偷袭行动先向对手打一闷棍，作为后续战事顺利展开之铺垫，而此种卑劣行径竟得到了欧美国家的拍手叫好。日本海军于是从战略、战术层面上均丧失了对战争道义的顾忌，大力发展灵活、隐蔽、快捷的突击性海战兵器，试图在下一次战争开局阶段照方抓药。

1910年3月，日本首次以自身工业实力建造的战列舰——萨摩型首舰在横须贺海军工厂竣工下水，其吨位竟创造了当时的世界纪录，超过了英国无畏级，然而其整体设计理念与战斗力指标却完全不能与无畏级比肩。1912年日本又建造河内型，向无畏级学习，主炮口径得到统一，然而两舷炮位的设置方式（造成所有火炮不能同时向同一方向开火）、火炮身管长度的不同（造成同时开火时射程有差异等），使其仍然与真正的世界顶级战舰存在差距。日本为弥补差距需要付出巨大代价，于是在1913年再次斥巨资向英国购买战列巡洋舰金刚号（称之为超无畏级），认真学习模仿，自建其后续舰比睿、榛名、雾岛。这"四大金刚"不但成为日本海军新一代的强大主力战舰，傲然于东洋之上，且证明了日本自身造舰实力也已接近世界一流水准，为长门型乃至大和型战舰的诞生打下了坚实基础。金刚型的建造还在进行中，欧洲于1914年爆发第一次世界大战，战前还属于空中冒险家们手中玩具的螺旋桨动力飞机突然之间成了杀人兵器，并以令人目不暇接的速度更新升级。战前某些最为大胆的飞行员甚至已经尝试驾驶过非常原始的多翼飞机，在铺设了木制临时性平台的军舰上起飞和降落。1910年11月14日，美国飞行员尤金·埃利（Eugene Ely）驾驶一架50马力的寇蒂斯双翼机由伯明翰号轻巡洋舰（USS Birmingham）的临时平台上起飞，1911年1月18日又在宾夕法尼亚号巡洋舰（USS Pennsylvania）上大约36米长的倾斜木制平台上安全降落，轰动世界。然而在当时，如此壮举并不被认为具备实质军事意义——在军舰上铺设起降平台既麻烦又使得其舰炮无法使用，而在全世界海军官兵的头脑中，"大舰巨炮"主义是根深蒂固的，为了起降飞机而让军舰丧失开炮的能力当然是不可接受的。飞机转而通过经改造的普通民用船只上舰（民用船舶上层建筑较为平坦，而军舰上高耸的舰桥和笨重的炮塔是对飞机上舰的天然阻碍），同时采用执行任务完毕返回时先降落在水中然后由吊车回收的方式上舰（因飞机降落时所需甲板长度要大于起飞时所需，这样虽然也很麻烦，却可以大大缩短飞行甲板长度），这被认为是最合理的方式。

一战前欧洲的紧张局势促使海军头号强国——大英帝国成为海军航空兵发展的先锋。1912年末皇家海军首先在竞技神号巡洋舰（HMS Hermes，这个名字后来多次被皇家海军使用）上进行了飞机起飞试验。1914年7月，即战争爆发前，英国组建了独立的皇家海军航空队，改造多艘商船成为水上飞机母舰，并利用搭载的飞机进行了一些小规模的袭击作战，如袭击位于德国境内的齐柏林飞艇基地。排水量7020吨、搭载10架水上飞机的皇家方舟号（HMS Ark Royal，这个名字同样被重复使用）成为世界上第一艘正式建成而非改造得到的水上飞机母舰，并被投入地中海战事中。1916年日德兰海战的结果虽然是德国公海舰队从此不敢出港，但从战术层面上说英国皇家海军的损失要大得多，而造成这种结果的原因之一即是敌情侦察不力（水上飞机母舰恩加丁号放出的单单一架侦察机没能发挥作用）。依靠军舰搭载飞机（军舰的航速要快于商船，能够跟上舰队的航行）实施侦察的想法开始受到重视，于是1917年诞生了世界上第一艘"形似航母"——还在建造过程中的暴怒号战列巡洋舰（HMS Furious）被去掉前甲板上的炮塔，变成了一艘前半部分是起降甲板，后半部分仍然有舰桥和火炮的混血舰。但是，这样的设计造成飞机的舰上降落过程更加危险，直接导致有飞行员牺牲。由此英国人产生了"全直通式飞行甲板"的想法，1917年末诞生了百眼巨人号航母（HMS Argus，由罗索伯爵号邮轮改造而来），能够搭载20架索普威思杜鹃式鱼雷攻击机——这是世界上第一种鱼雷攻击机。通过搭载战机携带威力强大的鱼雷武器，表明百眼巨人号作为第一艘真正意义上的航空母舰（因其首创的全直通式甲板），已经准备要正式参与到海战当中，依靠空中力量击沉敌军战舰了。但不久之后的1918年末，第一次世界大战就结束了，航母的发展脚步立刻缓慢下来。1918年初，世界上第一艘按照一直延续到今日的航母标准（船体本身为军用舰船构造，上层拥有全直通式甲板，保证飞机起降畅通安全）开工建造的航母——竞技神号出现在了英国的船台上。但是也因战争结束，该舰推迟至1923年才最终建成。此时英国人发现，有两个国家已经在海军航空兵领域追赶上来了。一个是首创飞机在舰船上起降，却在此之后进展缓慢的美国；另一个，则是东方的日本。

目录/CONTENTS

第一章　初创 001
　　若宫丸号、能登吕号、神威号水上飞机母舰 002
　　凤翔号小型航空母舰 023
　　赤城号大型航空母舰 039
　　加贺号大型航空母舰 064
　　龙骧号小型航空母舰 085

第二章　跃进 095
　　香久丸型、神川丸型特设水上飞机母舰 096
　　苍龙号航空母舰 106
　　飞龙号航空母舰 118
　　祥凤号、瑞凤号改造航空母舰 130

第三章　苦战 142
　　翔鹤号航空母舰 143
　　瑞鹤号航空母舰 168
　　大鹰型改造航空母舰 190
　　海鹰号、神鹰号改造航空母舰 198
　　飞鹰型改造航空母舰 206

第四章　覆灭 220
　　千岁型水上飞机母舰 221

千岁型改造航空母舰 231
　　　瑞穗号水上飞机母舰 235
　　　日进号水上飞机母舰 242
　　　秋津洲号水上飞行艇母舰 245
　　　大凤号航空母舰 250
　　　云龙型航空母舰 264
　　　特TL护航航空母舰 280
　　　陆军秋津丸号、熊野丸号航空母舰 284
　　　信浓号航空母舰 289
　　　伊势型航空战列舰 301
　　　伊吹号改造航空母舰 305

第五章　前世今生 **308**
　　　日本航母主要舰载机 308
　　　"航空主兵"VS"舰炮主兵"的论战 323
　　　战后日本海上航空相关军舰的发展 331

附录一　日本航空母舰绘图
附录二　日本航空母舰绘图
附录三　日本航空母舰照片（供图/山下笃志）

参考文献

第一章
初创

若宫丸号、能登吕号、神威号水上飞机母舰

日本海军自明治维新之后全力向英国皇家海军模仿学习，紧紧追随其发展脚步，以至于形成了思维定式，可以简单概括为：英国老师有的东西就是强大的、先进的，我们也要有。举凡战列舰、巡洋舰、驱逐舰、鱼雷艇、潜艇都是如此，航空母舰亦是如此。1912年时，日本海军的主要"功课"是完全摸透英国制造的金刚型战列巡洋舰的一号舰，并自行建造其三艘后续舰。同在这一年，日本海军组建海军航空术研究委员会，在横须贺的追滨设立水上飞机基地，购买了数架外国水上飞机。11月2日海军大尉河野三吉驾驶一架美国柯蒂斯式水上飞机首次飞行成功，这便是日本海军航空兵的开端。日本海军同时也派出了几名青年军官到法国、美国学习航空技术，其中一位就是后来中岛飞机株式会社的创建者中岛知久平。1913年，日本海军在运输船若宫丸上临时搭载三架水上飞机，参加了当年秋季的海军演习，任务是跟随友军舰队进攻敌方港口（演习目标是九州岛佐世保港），起飞侦察机对其实施侦察，取得圆满成功。1914年7月第一次世界大战爆发，日本以英国盟友的身份向德国宣战，而实际目的除了夺取太平洋上的一些德属岛屿以外，主要是想夺取德国在东方殖民的根据地——中国山东青岛。由于德远东舰队主力仓皇出逃，躲藏于青岛港湾内的几艘残舰并不值得日本海军兴师动众，但青岛本身的防御体系颇为完备，日本海军对其实施空中侦察是很有必要的。这个任务自然被交给了若宫丸，若宫丸被紧急改造成水上飞机母舰，搭载侦察机，从而开创了日本航空母舰之历史。

若宫丸原先是在英国格拉斯哥建造的运输船，原名莱辛顿号。1905年日俄战争中莱辛顿号运载煤炭经过对马海峡时被日本海军鱼雷艇截获，日本人认为这些煤炭显然是要运给海参崴的俄国舰队使用，属于违反中立原则的敌对行为，便将该船没收，一开始将其更名为"高崎丸"，后来又更名为"若宫丸"，作为运输船使用。必须在远东地区与日本保持协作关系的英国对此事睁一只眼闭一只眼。若宫丸在日本海军中服役多年，一般从事运送大件物资的工作。日本对德宣战之后，立刻在横须贺海军工厂对若宫丸实施了并不复杂的航空设备改造加装工程，主要内容是在上甲板上设置临时棚顶机库，在前部船舱内设置飞机收容库、火药库等，后部船舱为

▲日本卓越的飞机设计师中岛知久平。他所成立的中岛飞机公司成为日本陆军主要的战机生产厂商，在日本海军战机制造方面也占有很大的份额

水兵居住区。作为经改造而成的水上飞机母舰，舰上搭载的当然是带有浮筒的水上飞机，而非需要飞行甲板的普通飞机。其所搭载的水上飞机是法国制造的法尔芒1914双翼式飞机，100马力，翼展19.5米，重995千克，起飞重量1363千克，最大速度96.3千米/时，实用升限3500米。日本引进外国产品后基本会对其进行仿制，即使一开始的仿制所得只是缩水版。法尔芒水上飞机同样如此，日本置换了一部70马力的引擎，将翼展缩小为15.5米，重650千克，起飞重量855千克，成为国产小型版飞机。舰上各搭载1架100马力大型版与70马力小型版水上飞机，分别放置在前后甲板上，另外有2架小型版以机翼拆解状态收容于前部收容库内。作为改造工程的一部分，前后两部起重机的吊臂也延长了。改造工程完成于1914年8月23日，正是在这一天，日本政府宣布德国政府没有对其8月15日的最后通牒做出回答，两国自即日起进入战争状态。

若宫丸水上飞机母舰主要性能参数：

标准排水量：5180吨。常备排水量：5895吨。水线舰体长：111.25米。最大舰宽：14.68米。平均吃水深度：5.8米。动力装置：直立式三胀三气缸蒸汽机1台，圆缸锅炉3台。输出功率：1591马力，单轴推进。航速：10节。燃料

▲ 降落在青岛的若宫丸水上飞机母舰所属的法尔芒1914双翼式水上飞机

搭载量：851吨煤炭。武器装备：40倍口径76毫米炮2门，42倍口径47毫米单装高射炮2门。搭载短艇：7只。搭载舰载机：大型、小型法尔芒水上飞机各1架常用，小型机2架备用，共4架。乘员：234人。

在第一次世界大战初期，飞机被投入战场时只承担侦察任务，开始执行对地轰炸支援任务时只能使用炮弹临时改装的炸弹，而双方的飞行员在空中相遇之初甚至互相没有敌意，产生敌意而互相攻击的第一枪竟然是在空中已谈不上有何威力可言的手枪。后来，各国才将机枪搬上飞机，并研发出射击装置。日本海军赋予若宫丸上搭载机的正式任务同样只是侦察，但也令其进行对地支援的准备，在飞行员座舱两侧设置炸弹装架，可存放由120毫米、80毫米（实际76.2毫米）炮弹

▲ 改造完成后的若宫丸水上飞机母舰

▲ 停泊于横须贺海军工厂内的若宫丸水上飞机母舰，拍摄于1914年8月23日

改装而来的航空炸弹，其中80毫米的可存放10枚，120毫米的可存放6枚。

若宫丸的舰长是猪山纲太郎海军中佐，舰上有7名飞行员，分别是金子养三大佐、山田忠治大尉、和田秀穗大尉、藤濑胜中尉、大崎教信中尉、武部鹰熊中尉、饭仓贞造中尉。作为日本海军航空兵首支作战部队，这些飞行员在其后发挥了重要作用，最知名的应该是金子养三，有必要进行简要介绍。金子养三被尊为"日本海军飞行员之元祖"、"养育海鹫的老爹"，是江田岛海军兵校30期生，曾乘坐鱼雷艇参加日俄对马海战，战后敏锐地感受到飞机在未来军事上的重要作用并奔走呼吁，遂于1911年作为日本海军第二位飞行员被派往法国学习飞行（日本海军首位飞行员相原四郎被派往德国，但不幸因训练中飞机失事而身亡），并随购买的法国法尔芒水上飞机一同回到日本。在河野三吉大尉实现日本海军史上首次试飞之后，金子养三进行了第二次试飞（1912年11月6日）。经过第一次世界大战中的侵占青岛行动，金子养三越发认定海军的前途在于建设海军航空兵，大力呼吁日本海军需拥有万吨级航母，还赴英国学习建造中的竞技神号航母的相关技术，并将大量资料带回日本，为凤翔号航母开工建造并抢先于竞技神号下水服役立下了汗马功劳。金子又参与了日本海军航空兵培训基地选址工作，最终选定了日后被称为"'海鹫'摇篮"的霞之浦。金子历任横须贺海军航空飞行队队长兼教官、佐世保海军航空队司令、海军大学教官，对日本海军航空兵的发展壮大贡献甚大。1927年金子养三退出现役，病逝

▲ 1917年7月9日,若宫号正在追滨湾海面进行法尔芒1914双翼式水上飞机搭载试验

▼ 拍摄于1924年11月15日的若宫号,已经被归类为航空母舰

于1941年12月27日（终年59岁）。金子养三能够看到亲手培养的"海鹫"们屠戮珍珠港、击沉威尔士亲王之辉煌战绩，却不用听闻日本海军很快迎来的悲惨失败，可谓生涯完美。

话题回到若宫丸的青岛进攻行动。1914年9月1日，若宫丸抵达胶州湾，因天气恶劣，无法实施航空侦察行动。9月4日天气条件有所改善，藤濑胜中尉驾驶一架70马力小型机飞上天空，载着侦察员大崎教信中尉，实施了第一次空中侦察实战行动。地面德军用轻武器进行对空射击，藤濑胜连忙驾机返回。第二天（9月5日），和田秀穗大尉驾驶一架100马力大型机再次上天，还带了一些炸弹，侦

▲ 德皇海军S-90号鱼雷艇

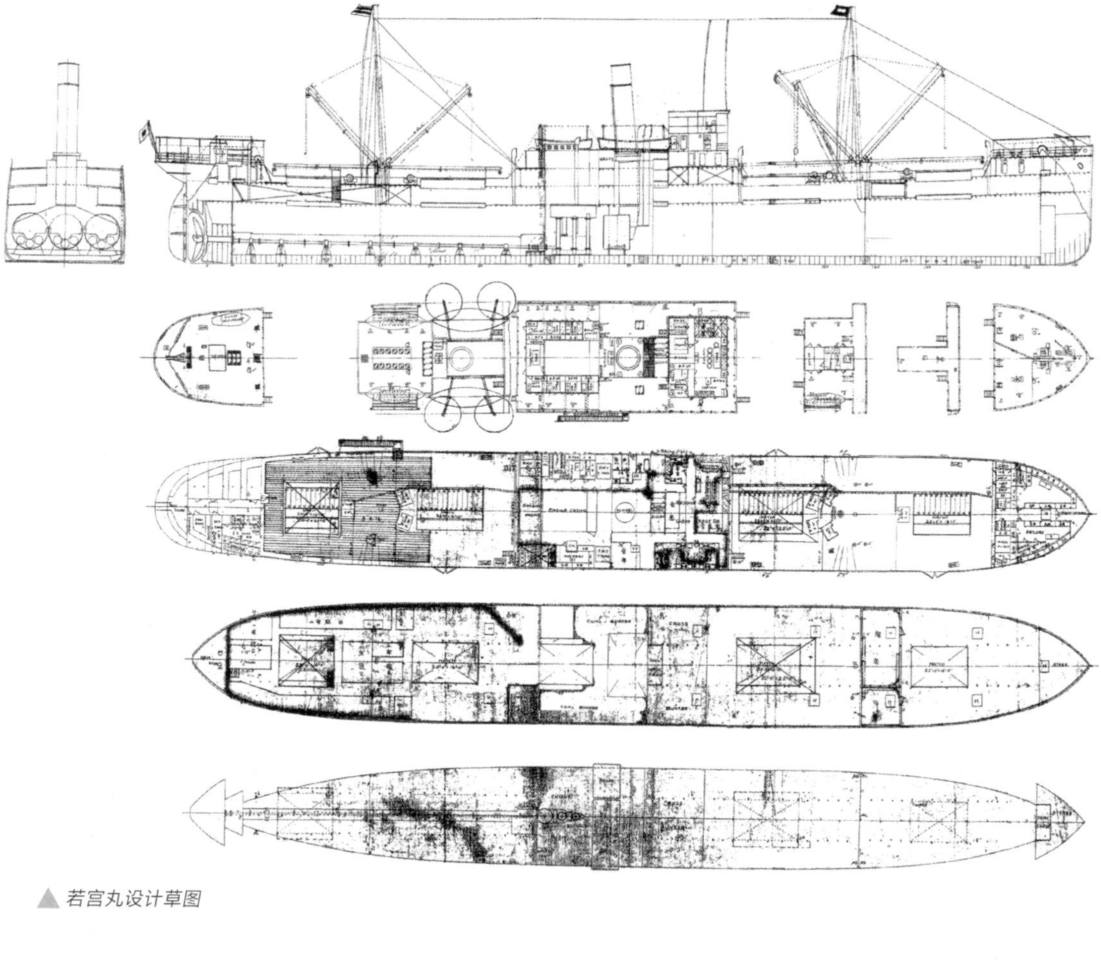

▲ 若宫丸设计草图

察员是金子养三少佐，武部鹰熊中尉担任投弹手。该机不但在德军阵地进行了侦察，还确认青岛港内已经不存在德国远东舰队主力舰，然后投掷了几枚炸弹下去，虽然不可能取得值得一提的战果，但这毕竟是日本海军首次从空中使用武器进行战斗——多年前的日俄战争中尽管双方都使用了侦察气球，但气球上的观测员当然是不会直接战斗的。还有一个"第一次"也在同一天发生了——德军照旧用轻武器向日机实施射击，击中日机机翼造成帆布蒙皮破损，和田秀穗连忙掉转机头返回，这是日本海军航空兵飞机第一次在作战中受创。第二舰队司令官加藤定吉海军中将对这次成功行动大加褒扬："本官深感满意。"其后，几乎每天若宫丸上都有水上飞机起飞实施侦察，偶尔投下一些炸弹，给守军施加心理压力。9月17日，一架日军飞机试图攻击青岛港内德国海军残存的主力军舰S-90号鱼雷艇，虽然没有击中该舰，但碰巧命中了旁边一艘布雷艇并将之击沉，这是日本海军空中力量的第一个敌舰击沉记录。而S-90于10月18日发射鱼雷击沉了甲午战争时的老舰——高千穗防护巡洋舰，这是青岛侵占行动中日本海军的最大损失。曾有人建议让水上飞机携带大量炸弹决死攻击阻挡日军从陆地向青岛港推进的德军灰泉角炮台要塞——此建议如被采纳，神风自杀攻击就会提前数十年到来，但在当时，日本海军飞行员的生命太宝贵了，此建议自然被否决。

若宫丸的载机注定要创造更多历史。相对于日本陆军5架飞机、海军4架飞机的空中阵容，德军在青岛只拥有1架鸽式单翼飞机，由贡特尔·普吕绍中尉驾驶。这架飞机承担着与日军飞机一样的侦察任务，为德军30厘米要塞炮指示目标，每次这架孤零零的德军机飞过来，攻城日军都要赶忙去找个地方躲避炮弹。鸽式单翼飞机不像水上飞机那样带有沉重的浮筒，所以机动性远比后者要好，贡特尔中尉尽管只有手枪和小炸弹能够使用，但毫不畏惧人多势众的日本飞机。9月30日，若宫丸在崂山湾水域左舷触发德军水雷，舰体被炸开一个大洞，被迫靠向岸边，在水中坐底，丧失机动能力。这个情报为德军所知后，10月2日，贡特尔中尉便驾机前来向动弹不得的若宫丸投下了两枚炸弹，但并没有命中，日军连忙向空中猛烈开火，贡特尔不得不逃走。经过几天紧急修理，若宫丸终于摆脱水中坐底状态，缓慢驶回佐世保接受进一步修理。虽然11月中旬若宫丸结束修理再度返回了青岛，但德军已经在11月7日投降，所以若宫丸的一战战斗——也是其整个生涯中的战斗——已经结束了。若宫丸回国时，其舰载水上飞机都转移到了青岛附近的海滩上，一直泡在水里，有任务就直接从水中起飞。10月13日，发现贡特尔中尉的鸽式单翼机又在空中活动，日本陆军和海军的飞机起飞，在空中包围了它，双方缠斗了两个小时。德军鸽式单翼机凭借着优秀的机动性以及贡特尔本人娴熟的技术成功脱退，日本人无功而返。这是日本海军史上首次空中格斗战。10月22日，日军飞机再度追击贡特尔中尉，又一次无功而返。眼见手上这些飞机都不顶用，日军紧急从国内民间征调更新的飞机前来，但飞机还没开始运送，青岛进攻战役便结束了。

回国后的若宫丸于1915年6月1日正式成为军舰，舰名从"若宫丸"改为"若宫"，划归二等海防舰类别，舰艏设置日本军舰独有的菊花纹章，首任舰长是山内四郎大佐。1916年4月1日，横须贺海军航空队作为日本海军第一支正式海军航空队组建起来，仍然全部使

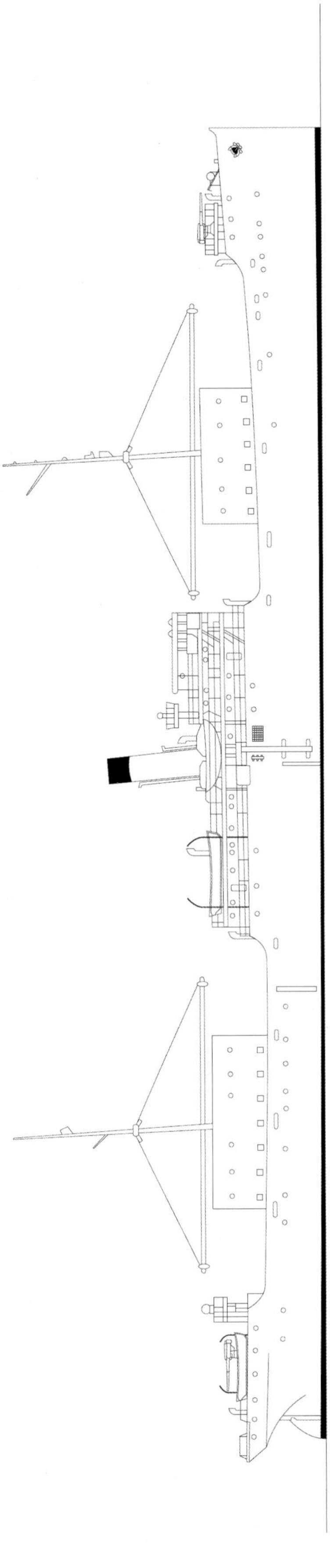

008 / 日本航空母舰全史

1920年时的若宫号侧视线图

▲ 贡特尔·普吕绍（右）与他的朋友在一架双翼机前合影，这架双翼机被命名为青岛号

▲ 德国第一种大规模生产的作战飞机——鸽式单翼飞机

用水上飞机，所以继续配置在若宫上进行训练。1917年若宫实施了改造工程，临时帆布机库改为铁架木板机库，前后桅之间设置了可将飞机机体水平移动的机构，两舷护板改为可拆卸式。1919年，若宫又在前甲板上铺设了一条长18米的临时飞行甲板，用于陆基飞机上舰替代水上飞机的试验，所使用的试验飞机是英国制造的幼犬式战斗机。日本第一艘正式航母凤翔号于1918年列入建造计划，若宫在这段时间进行的试验都是在为凤翔号做技术准备。1920年4月1日，日本海军新设"航空母舰"这一舰种（尽管"航空母舰"这四个字后来也传入了中国，但两国对其简称是不一样的，中国简称其为"航母"，日本简称其为"空母"），若宫作为日本第一艘航空母舰被载入史册。6月22日，桑原虎熊海军大尉驾驶英国幼犬式飞机成功从若宫临时飞行甲板上起飞，成为日本海军从舰上起飞的第一人。随着正规航母建设的不断推进，若宫虽然还在进行一些小改造，如在舰桥上设置探照灯等等，并在1925年配备给佐世保镇守府成为警备舰，但实际作用日益下降，舰体老化，终于在1931年4月1日被除籍，同年11月26日被出售给佐世保的船商，次年解体。日本海军第一艘航空母舰的生涯至此终结。

若宫逐渐退出现役，以凤翔为首的直通甲板航母开始服役，但日本海军仍然希望拥有水上飞机母舰伴随舰队行动，于是在1924年改造了一艘给油舰能登吕，使其成为新的水上飞机母舰。能登吕原本是大正后期的"八八舰队"方案中计划建造的七艘给油舰中的第一艘，其任务是从美国将购买的重油运回日本，并同时进行海上燃料补给。1919年11月能登吕在神户川崎造船厂开工，次年8月竣工。能登吕从船型上来说比若宫要大得多，其动力舱室位于船体后部，船体前中部是重油储舱。1924年，将能登吕改造为水上飞机母舰的工程在佐世保海军工厂开始，基本是在若宫改装经验的基础上实施的。首先将舰艉楼和舰桥之

▲ 在若宫上进行临时甲板起飞试验的就是这种英国索普威思公司生产的幼犬式战斗机

间以及舰桥舰艉上层建筑之间的前后上甲板设为水上侦察飞机的停放空间，其上方用铁架拼木板做成顶盖，成为机库，右侧是开放的。前后甲板上设置起重吊臂，可以将水上飞机从机库右侧送进送出。后甲板上还设置有飞机发动机简易修理厂。能登吕保留了中前部船体内的重油储舱，所以仍然可以作为给油舰使用。舰艏楼甲板下方和中部舰桥下方船舱内设有航空汽油库，除此之外还有兵员居住区、整备工厂、各种货品仓库等等。为了防止强风造成飞机破损，舰艏楼甲板与机库顶盖前端进行了遮挡，但这样一来阻力增大，导致航速稍有下降，且机库顶盖也遮挡了舰桥视野，因此改造后又不得不马上在前桅下方、机库顶盖上设置辅助舰桥。能登吕最初设计搭载十四式水上飞机常用4架、备用4架，1929年更改为常用6架、备用2架，并再搭载1架十三式水上教练机，总数达9架。1932年，备用的2架十四式水上飞机和1架十三式水上教练机更换为3架九〇式水侦（其中1架备用），总数仍为9架。1933年变更为九〇式二号二型水侦8架。1937年又更换为九四式、九五式水侦，仍然是常用4架、备用4架，但由于这些水上飞机的体积更大，于是铁架木制的机库顶盖被拆除，舰载机就露天停放于甲板，同时拆除的还有失去必要性的辅助舰桥。原先的6座宫原式燃煤锅炉改为了4座吕号舰本式煤油混烧锅炉。由于能登吕号仍然可以执行从美国运载进口重油的任务，该舰在1937年参加入侵中国行动之前没有配备任何舰炮或机枪武器。

能登吕水上飞机母舰主要性能参数：

标准排水量：14050吨。常备排水量：15400吨。水线舰体长：138.68米。最大舰宽：17.68米。平均吃水深度：8.08米。动力装置：直立式三胀往复式蒸汽机1台，宫原式燃煤

1943年停泊在基地进行修理的能登吕号水上飞机母舰

锅炉6座（后改为吕号舰本式煤油混烧锅炉4座）。输出功率：5850马力，单轴推进。航速：12节。燃料搭载量：1350吨煤炭，可运载重油8000吨。武器装备：1937年后加装40倍口径76毫米炮2门、12毫米机枪约20挺、7.7毫米机枪若干。搭载短艇：4只。搭载舰载机：1937年后改为水上飞机九四式、九五式水侦，总数8架。乘员：约250人。

若宫虽然创造了一系列纪录，但整个生涯中只参加了青岛侵占行动，相对而言能登吕的履历要丰富得多，不过似乎也倒霉得多。首先是在1931年9月，能登吕跟随联合舰队停泊在横须贺7号码头，9月5日清晨舰上半数官兵正在做早操（其他一些官兵上岸去放假游玩了），突然舰体前部发生爆炸，将不少人抛入海中，造成10人死亡，23

▲ 刚刚降落的川西九四式水侦

人受伤。调查发现是航空汽油库的挥发油气泄漏，造成数名水兵中毒昏厥，此时舰船损管的基本知识还未普及，有水兵贸然打开排气装置试图通风，结果电机开启的电火花

▲ 准备起飞的川西九五式水侦

反而引爆了油气。所幸舰体损伤并不严重,经过修理复原,能登吕很快参加了1932年初的"一·二八"上海事变,事变发生后的第二天即1月29日的清晨,能登吕上的6架水上侦察飞机迅速起飞,携带炸弹轰炸了十九路军阵地。整个"一·二八"事变战事期间,能登吕号舰载机队实施了多次侦察、轰炸行动,颇有功劳。战事结束之后,能登吕在中国沿海许多地方进出活动,维护日本侵略利益。1934年6月1日,日本海军新设"水上飞机母舰"的军舰类别,能登吕由原先的特务舰(给油舰属于特务舰的下属舰种)正式被划归为水上飞机母舰类,并在舰艏设置了菊花纹章。1937年7月卢沟桥事变爆发,8月第二次上海事变爆发,日本全面侵华战争打响,能登吕于10月1日编入第三舰队第三航空战队参与侵华作战,随后又在12月1日编入第四舰队第四航空战队,首先在青岛海域为登陆日军提供侦察、小规模轰炸的支援行动,后转向华中、华南地区继续作战。能登吕号舰载

▲ 拍摄于1931年的能登吕水上飞机母舰

机队经历的最激烈战斗是在1938年2月24日,当天能登吕号与同属第四航空队的友舰衣笠丸特设水上飞机母舰一道派出九四式、九五式水侦总共18架,试图轰炸广东南雄机场,与12架中国空军飞机进行了一场空战,战斗中双方各自损失了2架飞机(日军损失的是2架九五式水侦)。

随着侵华日军的脚步向中国广袤腹地迈进,水上飞机的用武之地渐渐变少。能登吕虽然于1940年11月和神川丸特设水上飞机母舰一起被编组为第六航空战队,但在1941年7月将舰载机全部转移给了富士川丸特设水上飞机母舰,不再承担起降飞机的职责。按理说,

▲ 停泊于佐世保军港内的能登吕,于当年6月1日正式归类为水上飞机母舰,拍摄于1934年

▲ 由这张照片可以清楚看到能登吕在铁架之间拼接木板做成的机库顶盖

▼ 摄于1929年3月16日,在广岛湾进行训练的能登吕,正在使用起重吊臂回收一架一四式水上侦察机

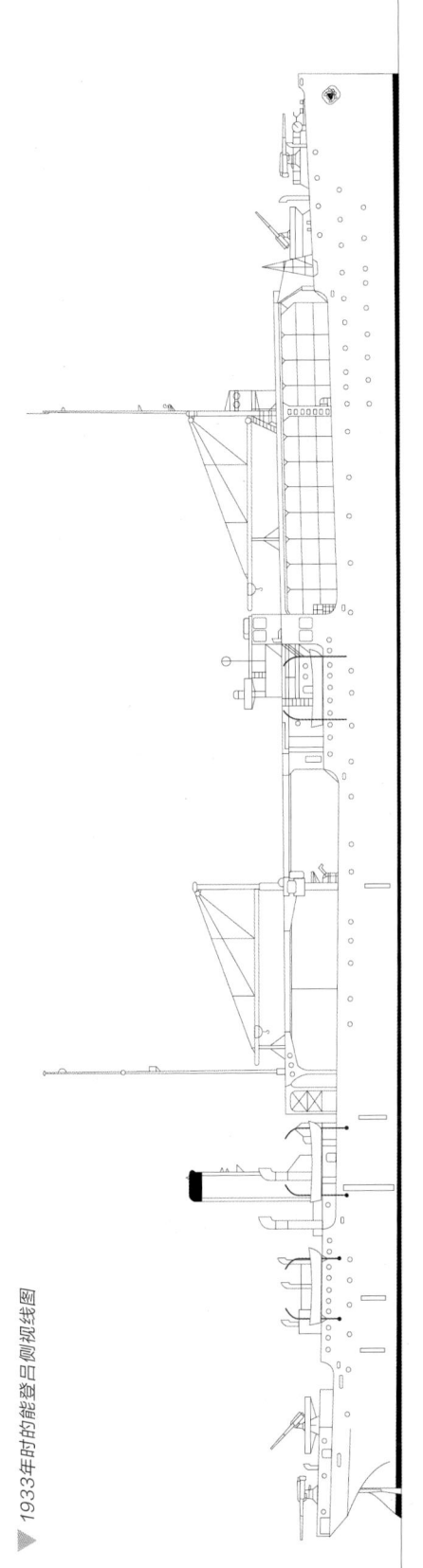

▶ 1933年时的能登吕侧视线图

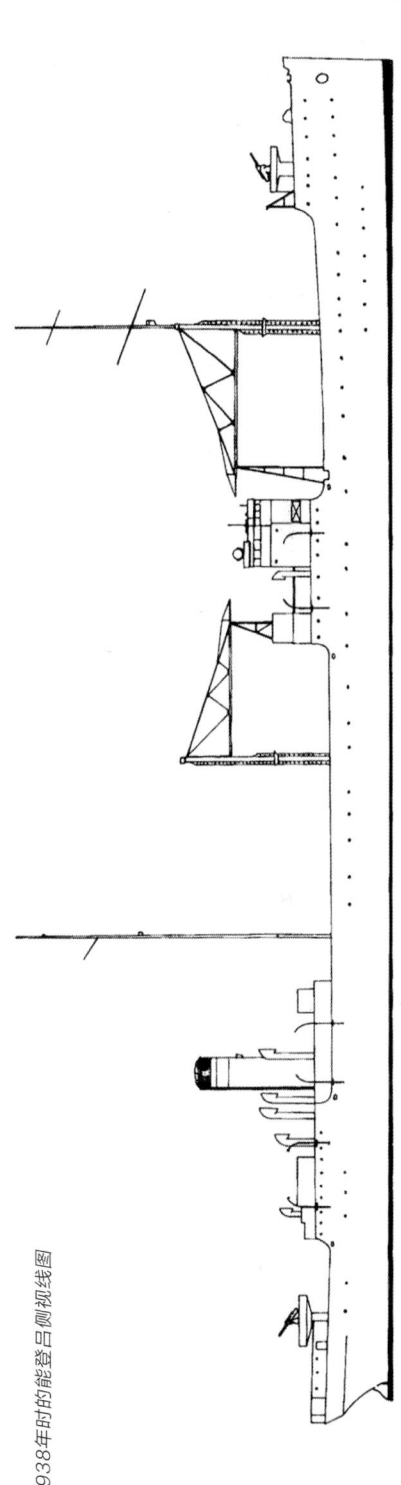

▶ 1938年的能登吕侧视线图

这艘老舰到了退役的时候，但几个月后日本海军偷袭珍珠港，太平洋战争爆发，能登吕又一次上阵，以其诞生之初的给油舰身份执行运输任务。日军在战争一开始便极迅捷地直扑东南亚，夺取了荷属东印度（今印尼）的婆罗洲油田以维持战争，能登吕号的任务便是从婆罗洲一次满载8000吨石油运回日本，其作用比以往任何时候都重要。但日本海军只想着快速进攻，在短时期内结束战争，却没有想到中途岛战役惨败、瓜岛战役陷入消耗性僵持，且很少关注对维持国内工业运转、前线军舰活动极其重要的油船的保护问题。随着美军潜艇部队的壮大（和鱼雷的改进），对日军交通线的水下绞杀终于自1943年开始了，能登吕当然也成为目标。1943年1月9日能登吕在穿越望加锡海峡时遭到美军雀鳝号潜艇（SS-206）的攻击，舰艉被一枚鱼雷炸损，被拖往新加坡紧急修理，随后返回日本。8月完全修复，立刻又前往前线，不料9月20日又在特鲁克海域遭美军黑线鳕号潜艇（SS-231）攻击，在特鲁克进行紧急修理后，返回本土大修，至1944年5月才再度返回前线。谁知有一有二就有三，6月29日能登吕又在新加坡海域被美军三叶尾鱼号潜艇（SS-249）攻击，被3枚鱼雷命中！不幸之中有大幸，能登吕居然还是没有沉没，又在新加坡大修。此时美军的远程轰炸机已将新加坡纳入攻击范围，11月5日能登吕被美军空中投掷的炸弹命中，虽然没有沉没但已满身窟窿，无法再出港了。能登吕号作为水上油库苟延残喘到战争结束，英军接收了包括能登吕在内的新加坡日军残舰，于1947年1月12日将其沉没于马六甲海峡。

能登吕给油舰诞生于"八八舰队"案中的7艘万吨级给油舰建造计划，同时日本海军还向美国订购了1艘万吨级给油舰，后来也改装成为水上飞机母舰，这便是神威号。金刚号战列巡洋舰是日本海军向国外购买的最后一艘大型主力作战舰只，而神威号便是日本海军向国外购买的最后一艘大吨位船只。日本此时的造船技术当然是可以应对万吨级运输船体之建造的，然而其仍于1920年向美国新泽西州的纽约造船厂发出此份订单的理

▲ 攻击能登吕号的美国海军雀鳝号潜艇

▲ 攻击能登吕号的美国海军黑线鳕号潜艇

▼ 攻击能登吕号的美国海军三叶尾鱼号潜艇

由,在于该舰采用了极为新奇的涡轮—电力推进动力系统,日本海军试图尝试一下该技术是否有前途——尝试的结果自然是它在当时并不实用。神威号成为日本海军史上第一艘采用电力推进动力的军舰,但高效率的军舰电力推进系统直到近年才真正成熟。得到日方订单,纽约造船厂于1921年9月开工,整一年后竣工,神威号驶抵日本之后于1922年12月15日加入日本海军服役,随后作为给油舰执行运油任务多年。1932年能登吕号参与"一·二八"上海事变,表现卓越,日本海军遂决定立刻另找一艘给油舰改装为水上飞机

母舰,增强水上飞机部队的战力。神威号的吨位体积比能登吕号更大,改装之后的战斗能力显然也将更高,遂被选中实施紧急改装。1932年12月改装工程在浦贺船渠开始实施,至第二年2月完成。

神威号参照能登吕的样式,在前后甲板上加装右侧开放进出的机库,但机库顶盖采用了更坚固的钢板遮盖。1933年又在舰艉安装了德国发明的卷网式载机回收装置,该装置可在海面上拖开30米的帆布网,水上飞机在水面上滑行到网上,就可以用舰艉专用的同波高起重机(也从德国进口)很快地吊回舰上。这个装置只能在海况条件良好、航速8节以下时使用,因此在1938年被拆除了。该装置也曾计划在千岁型航母乃至大和型战列舰上使用,但后来实际再次装备的只有瑞穗号水上飞机母舰,且同样很快就拆除了。

神威号水上飞机母舰主要性能参数:

标准排水量:17000吨。常备排水量:19500吨。水线舰体长:151.18米。最大舰宽:20.42米。平均吃水深度:8.53米。动力装置:刚建成时采用美国柯蒂斯式涡轮机、GE公司电力推动系统,1939年改为吕号舰本式煤油混烧锅炉4座。输出功率:8000马力,双轴推进。航速:15节。燃料搭载量:2542吨煤炭,可运载重油10000吨。武器装备:40倍口径76毫米炮2门,1941年后变更为50倍口径三年式140毫米单装炮2门、40倍口径76毫米炮1门。搭载短艇:4只。搭载舰载机:计划搭载九〇式水侦12架(常用6架,备用6架);实际搭载机种为九四式、九五式水侦共8至9架。乘员:324人。

1934年6月1日,神威号水上飞机母舰划归水上飞机母舰类,在舰艏设置菊花纹章。1937年卢沟桥事变后,神威号编入海军第三舰队第十二战队,前往华东方面实施侦察和对地支援。9月12日一架属于神威号的九五式水侦在南京附近空域遭到中国空军战机攻

▲ 拍摄于1937年的神威号水上飞机母舰

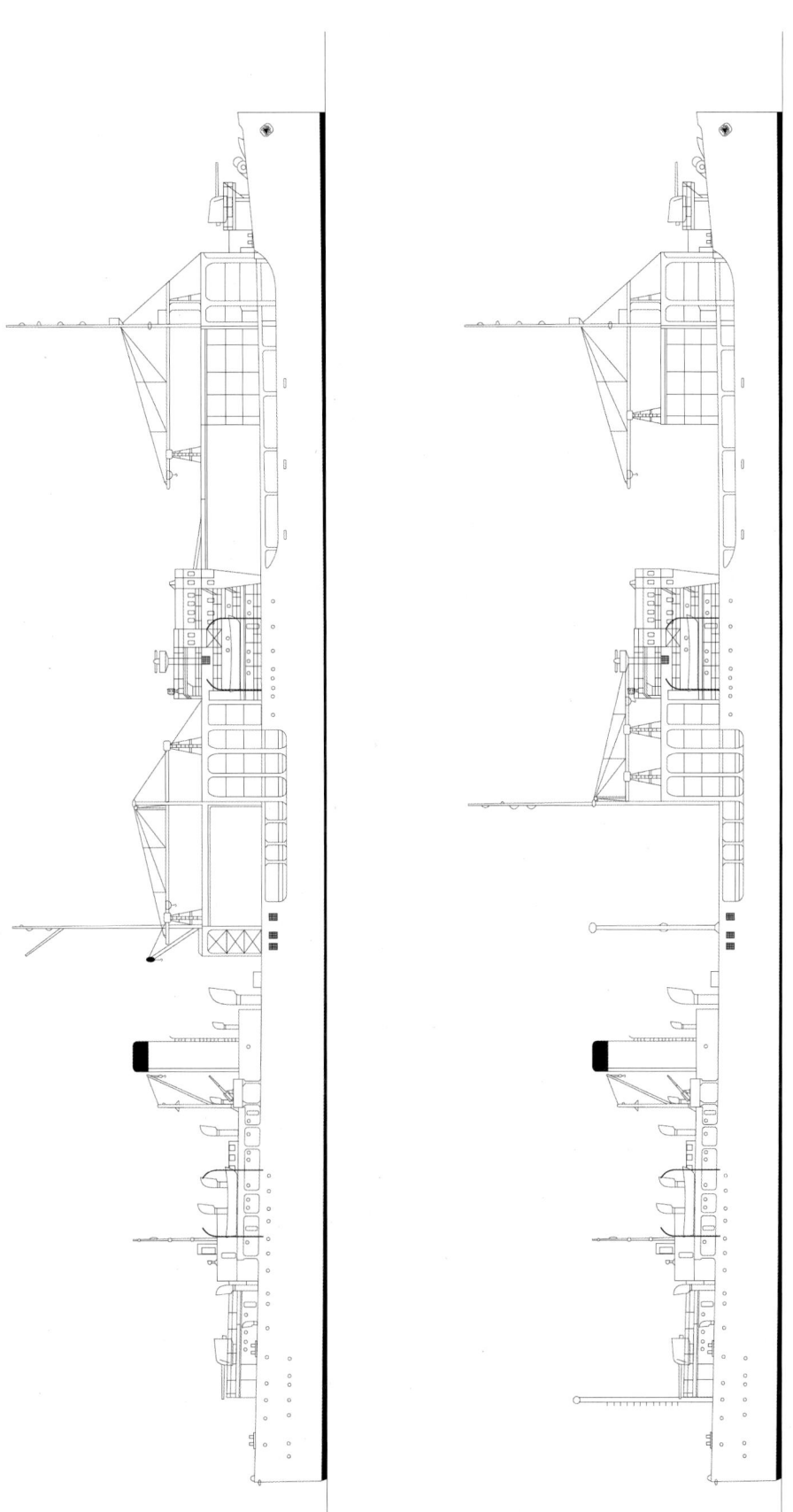

1934年(上)和1941年(下)的神威号侧视线图

▲ 拍摄于1933年2月13日的神威号水上飞机母舰，停泊于横须贺港内

▼ 神威号在侵略中国作战期间停泊于九江湖口附近的江面上，摄于1938年秋。其舰艉的卷网式载机回收装置已经被拆除，显得更为整洁

▲ 拍摄于1933年12月4日的神威号，正在东京湾内进行卷网式载机回收装置试验

击，坠入长江，飞行员阵亡。神威号继续在中国沿海作战，武汉会战期间甚至深入长江，具体任务有侦察中国军队布防情况、炮台位置、江面布雷情况等。武汉会战结束后参与战事的机会减少，神威号回到横须贺，计划再度进行改装，以便搭载最新型的零式水上观测机和零式三座水侦，但该计划还未实施便被中止。1939年，日军决定将神威号改装为飞行艇母舰。日本是战前世界上飞行艇即大型远程水上飞机研发技术较为发达的国家之一，川西航空机会社研制的九七式、二式水上飞行艇与美国的卡特琳娜水上飞机齐名，在战争中都发挥了重要作用。当然，体积庞大的飞行艇不可能吊装在母舰上，神威号作为飞行艇母舰的任务是为飞行艇基地运送各种补给物资，提供维修服务，而舰上本身不再搭载水上飞机，因此水上飞机机库等设备全部被拆除，前部加装了木制挡板的临时住舱，可住200名人员并存放飞行艇用补给设备，同时其动力系统由涡轮—电力推进改为普通的煤油混烧锅炉推进。完成飞行艇母舰改装的神威号继续执行运输任务，迎来了1941年太平洋战争的爆发。

开战时，日本海军中已服役的大型水上飞行艇实际上还只有二式的前作——九七式飞行艇，二式在开战后的1942年2月5日才正式投入使用。百余架九七式飞行艇只归属于两支部队，即横滨航空队与东港航空队，神威号飞行艇母舰就是配属给横滨航空队的。神威号先赶到日本所控制的南洋诸岛中最南端的马朱罗岛，12月6日为抵达的横滨航空队

▲ 拍摄于1933年11月3日的神威号，停泊于横须贺港内，可见舰艉用于卷动水上飞机进行回收的滚筒装置

▲ 神威号舰艉，此时已经改为给油舰

▼ 作为给油舰的神威号

的飞行艇补给燃料。7日日本海军在该舰上举行开战动员大会。7日晚上全部飞行艇一起升空,去拉包尔附近的岛屿实施轰炸行动(定于日本时间12月8日早上即攻击珍珠港的同时实施轰炸),不过由于通信问题(渊田美津雄在珍珠港上空发出的"突突突"行动信号传回了联合舰队司令部,却没有接着传到神威号上来),飞行艇队不知情况如何,只好又带着炸弹回来了。9日早晨总算成功实施了空袭行动,其后转而轰炸威克岛。神威号以老朽的舰体满载着横滨航空队的人员与器材,以仅仅8节的航速于12月31日前进至特鲁克基地入港抛锚,1月4日进行了它在太平洋战争中的第一次战斗——几架英国制轰炸机夜间前来空袭特鲁克,尽管其他日军军舰都实行灯火管制,处于完全沉默状态,神威却由长谷部喜藏大佐指挥,向空中打出了不少7.7毫米机枪子弹,而这当然毫无效果。顺便一提,长谷部舰长曾在开战动员会上明言:"我舰是没有武器的(指此时神威已经没有舰载飞机,而不是没有舰炮和机枪)。在被敌人发现之前,就要开始行动(即要尽早逃跑)。"没承想他事到临头却是乱打一气。

日军很快占领了拉包尔,神威也带领着飞行艇队来到了拉包尔港湾内驻扎,飞行艇队负责警戒周围五百海里范围,晚上每隔两小时向莫尔兹比港派遣一架飞行艇进行骚扰性轰炸。向图拉吉飞去的飞行艇则遭遇了美军的PBY卡特琳娜水上飞机。于是九七式与卡特琳娜进行了数次慢悠悠的、很难互相造成伤害、更谈不上击落的空战。

1942年5月末,神威号支援两架新抵达的二式飞行艇远赴夏威夷海域监视美军舰队动向,但原本计划用于飞行艇补油的无人沙洲却被发现已有美军舰艇存在,导致空中侦察行动流产,日军被迫依靠缓慢的潜艇去搞前出侦察,连锁反应导致南云机动舰队在不知美军航母编队动向的情况下贸然进攻中途岛,结果损失了全部4艘大型正规航母,战局逆转。1944年1月28日,神威号与前辈能登吕号一样,在穿越望加锡海峡时遭遇美军潜艇(SS-287号鳍鱼号),后者向其发动了多轮鱼雷齐射。神威号被6枚鱼雷命中。美潜艇上的鱼雷都射光了,但神威号并没有沉没,而是搁浅在海滩上,随后被拖往新加坡维修,同时将飞行艇用设备拆除,4月更改舰种,重新成为给油舰。但神威号其后又多次遭到美军舰载攻击机和潜艇的攻击,最终于1945年在香港被彻底炸成废铁,坐沉水中。战争结束后,接收香港的英军将其打捞出水,实施解体处理。

凤翔号小型航空母舰

1917年末,英国皇家海军通过改装得到了世界上第一艘正式的直通甲板航母——百眼巨人号,这种形制的航母能够保证舰载机起飞降落的顺畅与安全,并充分利用甲板面积与机库容积搭载尽可能多的舰载机,是未来航母发展之方向,这立刻成为全世界海军中有识之士的共识。英国于1918年初开工建造竞技神号航母,美国和日本也迎头赶上,所取得的成果分别是美国首艘正式航母CV-1兰利号、日本首艘正式航母凤翔号。竞技神号航母从1918年1月开始建造,1919年9月下水,然而正式建造完毕却是在1923年7月。美

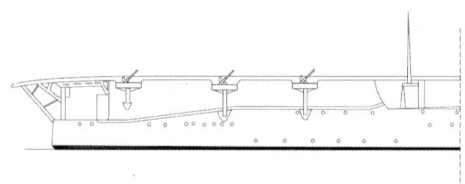

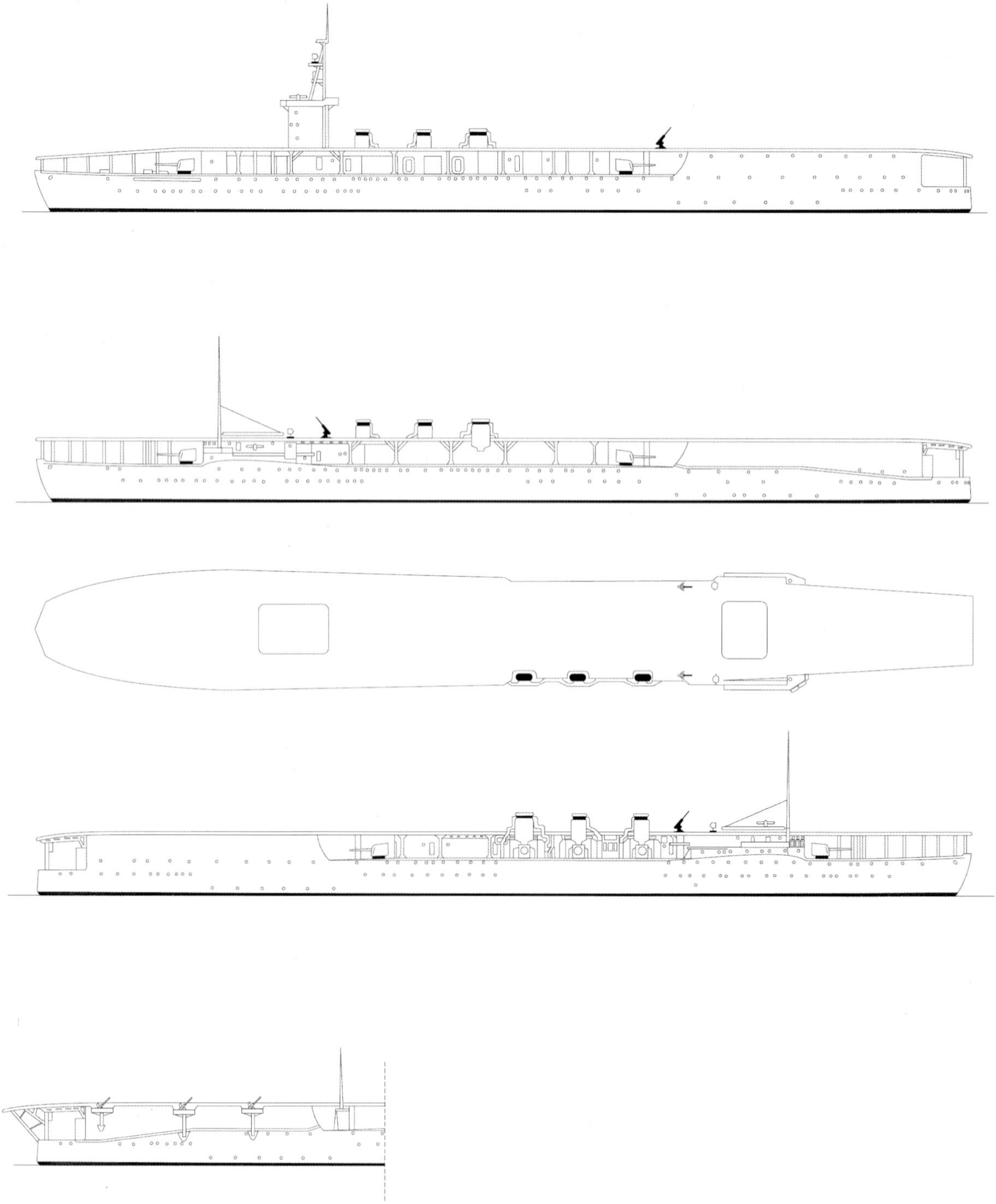

1922年（上）、1939年（中）的凤翔号线图以及1945年（下）的凤翔号舰艉线图

国的兰利号航母的前身是舰队补给舰AC-3木星号，使用新奇的电力推动系统（后来日本海军在神威号水上飞机母舰上尝试引进了此系统）。1920年3月木星号开始改装，1922年3月完成改装并改称兰利号。这仍然还只是一艘改装航母，其14节航速很难满足跟随美海军主力舰队活动的需求。而在兰利号与竞技神号之前，日本的凤翔号已经建成服役了。

虽然日本海军凤翔号航母抢到了"并非通过改装，而是下水时便拥有全直通甲板的世界首艘竣工正规航母"之创纪录头衔，但此舰出现在图纸上时也并非航母。1918年日本海军制定的"八六舰队"案中有一艘给油舰，暂定名称为7号特务舰，随后被更改为水上飞机母舰，要求排水量9500吨、航速25节、续航力8000海里/14节，搭载12—23架水上飞机，1919年12月16日在浅野造船厂鹤见工厂开工建造。事实上，民营的浅野造船厂此前从未制造过军舰，将此任务交给他们，是因为一战结束之后日本造船业突然陷入萧条，浅野造船厂濒临破产，但日本政府与海军当局向来认为造船业的技术延续事关国家战略，便以这份特务舰订单拯救该厂。不过，7号特务舰并没有跟随若宫号水上飞机母舰的脚步往下走。在青岛战役中亲身感受了飞机的巨大作用，又在英国观察了最新技术的金子养三少佐积极提交报告呼吁建设航母，海军经过研讨，于1920年决定一步登天，变更7号特务舰的设计，使其成为直通式甲板正规航母。这是日本海军首次试图走在世界海军舰艇发展的最前端，但仍然离不开英国老师的帮助。当时在英国实地考察的除了金子养三，还有藤本喜久雄以及驻英国武官山本英辅海军大佐，他们都密切关注着英国海军的发展并不断发回能够得到的一切技术资料。凤翔号开工建造之后，日本海军又花大价钱从英国招聘由退役飞行员组成的森比尔教育飞行团（由威廉·弗朗西斯·福布斯–森比尔率领）——由他们教育的日本舰载机飞行员是最好的学生，二十年后将老师炸了个底朝天，此乃后话。这些英国教官也从飞行员角度对凤翔号的建造提出了很多建议，使其在最终设计方案上甲板更宽，舰艉延长，舰桥构造更加合理。也正是因为7号特务舰变更设计，改为正规航母，日本海军才于1920年4月1日新设"航空母舰"这一舰种类别，若宫号水上飞机母舰也划归此类。

1921年11月13日，这艘崭新的军舰顺利下水，被命名为"凤翔"——日本明治时代海军初创时，有一艘购买自英国的蒸汽木制炮艇就用过"凤翔"这个名字，所以有些日文资料上将凤翔号航母称作"凤翔Ⅱ"。日本海军之"海鹫"将由凤翔初次起飞，翱翔于天地间，其名不可谓不美也！随后凤翔前往横须贺工厂实施舾装工程，1922年12月27日，凤翔号竣工服役，归属海军横须贺镇守府。经过从给油舰到水上飞机母舰再到正规航母的设计变更，凤翔号的主要性能指标与最初图纸上的设计要求有所不同。

凤翔号航空母舰主要性能参数：

标准排水量：7470吨。常备排水量：10000吨。舰体全长：168.25米。最大舰宽：17.98米。飞行甲板全长：180.8米（延长后）。飞行甲板最大宽度：22.7米。平均吃水深度：6.17米。动力装置：帕森斯式蒸汽轮机2台，吕号舰本式重油锅炉4座，吕号舰本式煤油混烧锅炉4座（煤油混烧锅炉后来全部被置换成重油专烧锅炉）。输出功率：30000马力，双轴推进。航速：25节。燃料搭载量：煤炭940吨，重油2700吨。武器装备：建成时拥

1921年12月20日,已经在浅野造船厂鹤见工厂下水准备航向海军横须贺工厂完成舾装工程的凤翔号航母

1922年11月30日,在馆山湾海面进行全功率公试航行的凤翔号航母

1922年12月4日，在馆山湾海面进行全功率公试航行的凤翔号航母

同样是1922年12月4日,在馆山湾海面进行全功率公试航行的凤翔号航母

1922年12月,正在东京湾内进行航空舾装测试的凤翔号航母

有50倍口径三年式140毫米单装炮4门、40倍口径76毫米炮2门；改装时将并不适用的140毫米炮拆除，加装了13毫米高射机枪6门；第二次世界大战中为强化防空力，变更为25毫米三联装高射炮和13毫米双联装、单装高射机枪若干。搭载舰载机：最初有舰载机常用15架、备用6架。乘员：550人。

凤翔具有领先意义的正规航母舰体结构需要着重描述，其最大特征是从舰艏直通至舰艉的近长方形平坦飞行甲板——直至二战后出现效率更高的斜直两段式甲板航母（同样是英国海军的发明创造）之前，世界各国航母都是如此简单、好似被烫平一般的造型，因此诞生于英国的第一艘直通甲板航母百眼巨人号还被起了个绰号叫作"熨斗"。凤翔的飞行甲板为了配合其来自于轻巡洋舰的舰体，呈现出首端的甲板慢慢变细的形态。从其建成时所拍摄的照片中可以很清楚地看出，这一段变细的甲板同时还向下倾斜了大约5度，便于以俯冲力增加舰载机的起飞速度——不过对于飞行员来说这却并非舒服的设计，每次起飞都要经历一个似乎要往海里面俯冲的过程。飞行甲板自舰体中部、烟囱往后的位置开始变宽，到舰艉的一部分又收为梯形，舰艉的甲板也同样稍微向下倾斜。甲板总长度168.25米，中央最宽位置宽22.7米，和当时所有航母一样是木材质的，具体来说是上面一层柚木，下面一层杉木。凤翔的着舰制动装置最初引进自英国，在舰艉布置了若干12毫米直径的纵向钢索，飞机着陆时以着舰钩钩住钢索，摩擦减速直至停止。凤翔号的前甲板右舷设置有一座舰桥，结构甚为简单，一座三角桅杆上面有瞭望塔、探照灯、测距仪，倚靠三角桅杆的舰桥顶端是一座露天的罗经舰桥，上盖可收放的帆布，舰桥下部是海图室、电信室、操舵室等，舰桥前方还有一部起重机。凤翔号的烟囱也明显模仿了美国海军正在改装中的兰利号航母，在舰桥后面靠右舷的位置设有三座起倒式烟囱（不过兰利号的起倒式烟囱只有两座），可以在飞机起降时向舷外侧转倒，以免排烟影响飞行员视线。由于烟囱数量多导致舰体重心偏移（起放机构本身就有60吨重），凤翔以后的日本航母再也没有设置两座以上烟囱的。

凤翔自飞行甲板以下的舰体，实际与球磨、长良型轻巡洋舰很相似，只是进行了放大。这些5500吨级轻巡洋舰拥有舰艏干舷较高的短船艏楼型舰体，长宽比例较大，舰体相当细长，这自然是为实现高航速而设计的，因为轻巡洋舰以其鱼雷火力充当日本海军中的"夜袭杀手"——驱逐舰战队的领舰而存在，高航速是第一指标。高航速对于航空母

▲ 1923年2月5日，在横须贺港外海面上，一架三菱十式舰载战斗机正在凤翔号航母上进行降落试验

舰来说还有另一层意义，如英国的百眼巨人号航母，航速可以在短时间内达到20.75节（38.43千米/小时），低风速条件下也可以让舰载机顺利起飞，此经验当然对日本人选择有利于高航速的舰型起到了关键性作用——凤翔在建成后进行测试航行时，记录最高航速达到了超出预期的26.5—26.7节。但长宽比较大的舰体也意味着在不良海况下摇摆度将会增大，使得舰载机难以起降，为此日本人又引进了一项高科技——美国斯佩里公司（Sperry Corporation）制造的回转稳定仪，其总重为190吨，电力驱动，安装在舰体内部中央位置。这部稳定仪结构复杂，一开始由于凤翔上的操作人员不熟练而很难发挥作用，维修也极为困难，直到使用熟练之后，才实现将单舷15度以内的舰体摇摆抑制到3度以内。有了此经验，该装置也被用于后来的龙骧号轻型航母上，不过它对更大型的军舰是起不了作用的。凤翔的飞行甲板下方是机库，只有一层，大致在中部、后部分为两段，中部机库装载战斗机，宽9.5米，长67.2米，后部机库宽14米，长14.9米，高度略高。升降机在各自机库的前段——对应在飞行甲板上便是舰桥之前以及靠后部的两个位于舰体中线位置的升降口——分别供战斗机和攻击机升降。两个机库之间可以通过舱门移动发动机，但是舰载机本身是不能互相移动的，这在实际使用中造成了麻烦，所以后来的航母全部采用全通式机库。机库再往下，凤翔的动力区域安装了2台引进自英国的帕森斯式蒸汽轮机、4座吕号舰本式重油锅炉。煤油混烧锅炉在1926年10月至1927年1月的改造工程中全部被置换成了重油专烧锅炉。

在日本首艘直通甲板航母凤翔号上进行的舰载机着舰试验对日本海军来说是创造历史之举，不过其首次着舰仍然是由英国人示范完成的。除了森比尔教育飞行团，三菱公司还从英国聘请了有经验的飞行员，用于指导并试飞三菱公司模仿英国幼犬式战斗机研发的日本第一架海军战斗机——三菱十式舰载战斗机。其中一位飞行员是皇家海军退役上尉威廉·乔丹（William Jordan），受日本海军开出的15000日元赏金诱惑，于1923年2月22日驾驶十式舰战成功降落于凤翔号上，并且连续成功降落了九次。观摩学习其操作后，3月16日，凤翔号飞行队长吉良俊一成为日本飞行员中在航空母舰上着陆的第一人。但是他只成功了第一次，第二次就让飞机侧翻到了海里去，所幸本人毫发无伤地被救上了船，立刻又爬上另一架战机，第三次着舰获得成功。自此以后，以凤翔作为海上训练基地，横须贺海军航空队的飞行员们一个个掌握了舰上起降技术，日本海军的"海鹫"得以茁壮成长。根据服役后实际使用的结果，特别是舰载机飞行员的强烈要求，舰右舷的小型舰桥、三角桅杆及前方起重机于1924年都被拆除，只留一根可以放倒的信号桅，舰桥设施都被转移到舰体前部、飞行甲板下方的位置（看上去倒是和美国海军的兰利号航母几乎完全一样了）。如此改造的原因，是当时日本海航

▲ 日本第一架海军战斗机——三菱十式舰载战斗机

1924年9月22日，停泊于海军横须贺工厂内的凤翔，其甲板上的小型舰桥已被拆除

拍摄于1945年10月16日,孤独凄惨地迎来日本战败的凤翔号航母

飞行员的技术还很不熟练，只觉得飞行甲板最好是完全平坦、毫无突兀，而小舰桥所在的位置恰巧在飞行甲板前部开始往舰艏变窄的地方，自然令飞行员感觉很讨厌。但是，将舰桥设施移至飞行甲板之下，又使操舰人员的视野变得极其狭窄，为了尽可能对此进行改善，飞行甲板原先最前端向下倾斜的5度角被改平（当然这也让飞行员起飞时感觉更舒适），到1936年改装时干脆将前段甲板截去了一段。1935年9月发生了著名的"第四舰队事件"，针对日本海军军舰多年设计过程中轻视复原性之弊端，大量军舰集体进行改装，而凤翔号在第四舰队事件中，飞行甲板前端被巨浪击至大破，甲板下方的罗经舰桥也被损毁。几名水兵冒死将自己用绳子紧拴在甲板上，在巨浪冲刷之下观测海况并传递信息，这才令凤翔逃出升天。因此在1936年的改装工程中除了截短飞行甲板外，又在甲板下面增加了支柱，补强了舰体结构，拆除了烟囱下方沉重的起倒装置，烟囱也改为水平固定式。

凤翔在服役初期搭载三菱十式舰战12架（常用9架、备用3架）和同样由三菱公司研发的十三式舰攻9架（常用6架、备用3架）。1926年8月，由凤翔号上起飞的十三式舰攻携带炸弹进行了首次对舰攻击试验。在1927年

▲ 第四舰队事件之后，在舰艏飞行甲板下增设了支柱、补强了舰体结构的凤翔号航母

8月5日的又一次试验中，十三式舰攻首次用炸弹击沉了军舰，对象是曾经参加过甲午战争大东沟海战的老舰——千代田号防护巡洋舰，日后威名显赫的日本海军舰攻队踏着老前辈的尸体走上了海战舞台。1930年凤翔舰载战斗机更新为三式舰战10架（常用6架、备用4架），舰攻数量缩减至8架，凤翔以此武备参加了"一·二八"上海事变，与加贺共同组成第三舰队第一航空战队。2月5日，由凤翔起飞的3架舰战、2架舰攻在真如地区上空实施侦察、对地支援行动，与中国空军遭遇爆发空战，一架中国飞机坠毁。当年若宫号的水上飞机与德国贡特尔中尉进行了空战但没能将其击落，所以这才是日本海军航空兵所记录的第一个击落战果（不过中国国民政府不承

▲ 1932年参加"一·二八"上海事变军事行动的凤翔号，一架舰载机正降落在飞行甲板上

▲ 三菱十三式舰载攻击机

▼ 中岛三式舰载战斗机

▲ 首位在中国牺牲的志愿飞行员，美国人罗伯特·肖特

▼ 肖特牺牲之后，苏州人民很快在其牺牲地（娄葑镇车坊高垫）建立了纪念馆。由于年久失修，经多方磋商，肖特纪念馆于2009年10月投资400万元选址移建，成为苏州市的重要抗战纪念地和爱国主义教育基地

认，认为战机坠毁原因是发生了故障）。2月20日，凤翔舰战队又与来华推销波音战斗机，眼见日军猖獗，奋而志愿上天作战的美国飞行员肖特交手，舰战队长所茂八郎的座机被命中数十弹。2月22日肖特被加贺的舰载机击落于苏州上空，光荣牺牲。随后凤翔又参加了袭击杭州笕桥机场的行动，基本夺得了制空权。直至战事结束，返回日本的凤翔于1934年将舰载机更换为九〇式舰战12架（常用9架、备用3架）和八九式舰攻9架（常用6架、备用3架）。1935年凤翔在第四舰队事件中舰舷严重受损，1936年接受了取消甲板上的舰桥等改造，随后舰载机又提升为九六式舰战12架（常用9架、备用3架）和九六式舰爆8架（常用6架、备用2架），此时日本海军舰载机的性能已经达到世界一流水准，但是鼎鼎大名的零式机已经来不及出现在老旧的凤翔舰上了。1937年凤翔参加侵华战争，与龙骧一同编成第一航空战队，参加了若干战斗，日本方面声称凤翔舰载机队在历次空战中击落了11

▲ 中岛九〇式舰载战斗机

▲ 三菱九六式舰载战斗机

▼ 三菱八九式舰载攻击机

架中国战机。1938年开始凤翔列入预备舰序列，用于海军航空兵的训练。

1941年太平洋战争爆发时，与瑞凤一起编成第一舰队第三航空战队的凤翔，只是执行诸如反潜巡逻、空中侦察之类的辅助性任务，眼看着威武雄壮的航母后辈们编成机动舰队冲杀四方、又在中途岛一败涂地。1944年6月凤翔在吴海军工厂进行了最后的改装，飞行甲板加长至180.8米并相应加宽。这实际上是为了能够起降更先进的舰载机，从而为海军航空队培养紧缺的飞行员（更宽的甲板也可以让菜鸟飞行员更易掌握着舰技术）。但在改装工程进行的同时，日本海军辛苦培养的新一代舰载机飞行员就在马里亚纳海战中被当成了"火鸡"一扫而空。经过改装的凤翔稳定性很差，只得蜷缩于濑户内海，充当神风特攻飞行员模拟俯冲撞击的目标。虽也遭受过美军空袭攻击，但凤翔从无较大损伤，至战争结束时竟然是曾经不可一世的日本海军帐下唯一还能正常活动的正规航空母舰！这真是一个令人唏嘘不已的循环。战后凤翔又参加了运送复员士兵和日本侨民回国的行动，在完成所有任务之后，于1946年被送入日立造船厂解体。

纵观凤翔的一生，实现了日本海军首次跟上世界海军最新舰种之进步，为日本海军航空兵的真正诞生（起降上舰）与发展壮大做出了卓越贡献，并且几乎是从下水的那一刻，便将其建造经验技术输出到了日本下一代航母，也是真正具有强大作战力的正规航母身上。

▶ 1945年10月日本战败后的凤翔号航母,从这张照片可以看出其甲板在战时改装中长度和宽度上都扩展至最大,并且左舷还设置了防坠海格网

赤城号大型航空母舰

　　凤翔是从图纸上的给油舰、水上飞机母舰转化为航空母舰从而建造成功的,但日本的下一代航母虽说实现了大型化并采用了大量来自于凤翔的经验技术,却再一次回到了过去改造现有军舰(半成品)的老路。为何如此?还需从头说起。

　　1913年8月金刚型战列巡洋舰的首舰由英国维克斯公司巴罗-因弗内斯船厂建造完成,随后进入日本海军服役。通过英国转让技术,金刚型的二号、三号、四号舰分别在横须贺工厂、川崎神户船厂、三菱长崎船厂开工,于1914—1915年间陆续建成服役,是为比睿、榛名、雾岛。金刚型的建成服役使日本人学到了技术、养成了队伍(如外号"保险丝"的造舰大师平贺让),从此走上自力更生、发展壮大的道路,随后连续建造了扶桑型、山城型战列舰,1920年建成了真正列入世界顶级海军豪强的标志性战舰长门型战列舰。长门型战舰起源于1916年的"超弩级八四舰队"案,该建军案同时要求继金刚型之后设计建造新一代的战列巡洋舰,平贺让设计的主要指标是满载排水量47000吨,8台蒸汽轮机输出总功率131200马力(也曾想过采取电力推动系统但最终放弃),航速30节、续航力8000海里/14节,装备5座410毫米双联主炮、16门140毫米副炮,水线主装甲带厚度254毫米,完全可与长门型战列舰争雄。一号舰命名为"天城",二号舰命名为"赤城",都是日本著名高山之名,其中海拔1800余米的赤城山位于群马县。赤城还有一点与航母凤翔相似,即明治初年日本海军也曾有一艘军舰与之同名。第一代赤城是1888年诞生于神户小野滨造船厂(该厂设备、人员后并入吴海军造船厂)的日本首艘自建全铁甲舰体军舰,也曾参加过甲午海战。1920年12月6日,第二代赤城于吴海军工厂开工建造,计划序列排在前面的天城倒是后延到了12月16日于横须贺海军工厂开工建造。两舰至1922年初已经完成建造量的40%,却因当年2月日本签署了《限制海军军备条约》而停工。

　　《华盛顿海军条约》及其导致的"海军假日"并非本文着重讨论的对象,总之只看结果,日本海军的航母吨位与主力舰一样被限制在了英美六成的比例——81000吨。条约同时规定各国可以从必须废弃的主力舰中选择两艘改装为航母,只要这两艘改装航母的单

▲ 第一代赤城——赤城号炮舰

▼ 赤城号战列巡洋舰设计线图

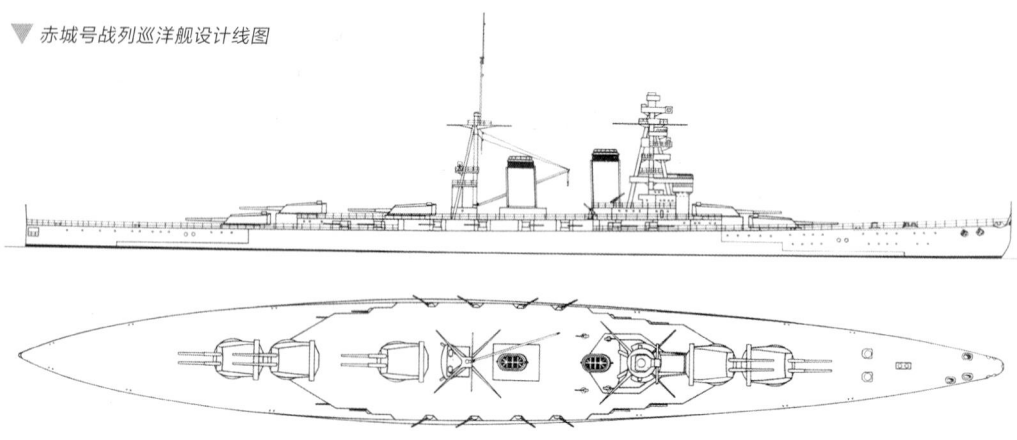

舰排水量不超过33000吨，而天城、赤城防御甲板以上的船体已基本完成，同时具有高航速特性，正适合进行改装，于是日本海军便做出了选择。日本海军第一艘轻型航母凤翔于1921年11月下水，1922年12月竣工服役，原本对于航母发展的下一步计划不过是继续建造几艘类似于凤翔的小型航母而已。签订裁军条约的各国海军与日本海军一样，无非是将航母视为与巡洋舰差不多地位的舰种，但已经在主力舰比例上自觉吃了大亏的日本海军，只能尽全力发展"辅助性军舰"——巡洋舰、驱逐舰、潜艇，自然也包括航空母舰，令其威力升级，从而弥补与英美主力舰的吨位差距，而航母的81000吨位限额必须用到极致（凤翔的排水量在10000吨以下，不属于条约航母范畴）。对天城、赤城的航母改造于1923年初开始，当年9月1日日本发生历史上最大规模的自然灾害——关东大地震，东京市区大片沦为废墟的同时，横须贺海军工厂船台上的天城号也被地震波高高掀起然后落下，几乎摔

成一堆废铁，灾后日本判断其没有任何修复价值，废弃解体，由加贺号战列舰改装为航母取代，二号舰赤城就此成为日本首艘大型化航空母舰。日本海军一直以来主要学习英国海军先进的军舰制造及使用技术，但1922年《华盛顿海军条约》签订、凤翔航母竣工服役之时，日本的航母建造技术与英国相比已不分伯仲，大型航空母舰的技术除了某些方面（例如早期英国将暴怒号巡洋舰改造为半军舰半航母的经验）仍可资借鉴以外，大多数难关都得日本设计人员自己摸索——况且1921年的《四国条约》已规定日英同盟协定终止，英国人亦无义务继续热心帮助日本。

赤城（当然也包括后来被废弃的天城）的改造设计实际是由新一代设计大师藤本喜久雄担当的，数年前藤本在英国考察学习时便特别关心航母这一新兴舰种，推动了若宫、凤翔的诞生，回国后在平贺让手下参与长门型、天城型的设计工作。现在摆在他面前的是已经存在的基础船体，那么上层飞行甲板与机库就成了他主要关注的内容。藤本认为，航母飞行甲板最重要的功能就是在保障安全的前提下尽可能快速地让舰载机起飞及降落，但在艏艉直通式直甲板上的起降是一对矛盾：当一架战机降落在飞行甲板上时，有另一架飞机于同一块甲板上起飞，甚至其他飞机及设备只在甲板上停放都会构成障碍。尽管藤本的设计思维以天马行空著称，但不可能飞跃至战后的斜直两段式甲板的层次去解决这个问题，他眼前只有英国暴怒号改装航母拥有两层甲板的成例，于是便将之发扬光大，为赤城设计了三层飞行甲板，即舰体之上有最上层、中层、下层这三层飞行甲板，对应有上层、中层、下层这三层机库。最上面的一层飞行甲板负责接收所有战机降

落，同时可供负载较重的舰攻机起飞，这段甲板从舰体上舰艏往后四分之一处开始，一直延伸到舰艉，长190.2米、宽43.6米，舰艉的一段向下倾斜1.5度，这是为了稍微减小着舰时的气流影响，而舰艏段则吸取凤翔的教训，只稍稍向下倾斜0.5度。最上甲板上一开始也采用了纵向拦阻钢索，还有横向的油压减速板，前后各有一台升降机，前部升降机尺寸较大一些（并偏向右舷），主要供较大型舰载机升降，不过只贯穿于两层机库，而后一台升降机虽供较小舰载机起降，但贯穿于全部三层机库。中层甲板位于最上甲板的前下方，实际就是上层机库的延长，长15米、宽17.2米（实际只是滑行起飞台），5米高的上层机库设计成开放式，平时不停放飞机，作战时向执行完任务归来、从最上甲板降下的战机进行弹药、油料再补给，小型机可迅速推往前方从中层甲板起飞。中层甲板下方又有下层甲板（如此一来三层飞行甲板就呈阶梯形状），长56.7米、最大宽度22.9米，其意义就在于可供大型机（主要是舰攻）直接起飞。如此一来，不但最上甲板的降落工作较少受干扰，甚至可做到中层甲板起飞小型机，下层甲板起飞大型机，连不同机种的起飞工作也可分别进行！这就是藤本的设计如此复杂的目的所在，一切都是为了最迅捷地起降战机，从而在最短时间内向敌人施展最大规模攻击！

然而纸面上的奇思妙想在现实中往往会碰壁。平贺让曾经讥讽藤本的设计什么都像，就是不像军舰。但反过来说，平贺让的眼中只有传统英式风格的军舰才叫军舰，又未免过于古板。藤本的三层甲板方案本已确定，名义上的设计主任平贺让却突然提出，既然由航母组编的航空战队要承担对敌舰队（假想敌就是美国舰队）实施侦察和前期打击、

1925年4月6日，海军吴工厂的造船船渠中刚刚进水的赤城号航母

1927年6月17日,正在伊予海湾进行全功率试航的赤城号,可见其下弯下曾第一号烟囱正在向海面排气,而后面的第二号烟囱却排出滚滚黑烟,把舰体中部往后整个包裹起来。这种状态下战斗机想要起飞降落显然是极为困难的

044 / 日本航空母舰全史

1931年时的赤城号双视线图

▲ 1930年秋神户海湾内的赤城，可见其中层飞行甲板前端左右两侧的各2座双联装200毫米炮塔以及横跨两舷的舰桥设施，这些完全阻碍了中层飞行甲板预想功能的实现

削弱敌方实力的任务，那就需要加强舰炮火力，具体来说就是在赤城上安装了50倍径三年式200毫米炮10门，其中两舷各3门单装炮安装在舰体后部各炮廓内——在新锐的航母上安装射界有限的炮廓主炮，足够体现平贺之守旧程度，但如果说这6门舰舷炮只是让藤本郁闷的话，那么剩下4门炮的布置就要让藤本抓狂了——在中层飞行甲板前端左右两侧各布置2座双联装200毫米炮塔！如此一来，藤本小型机由中层甲板起飞的设想就无法实现了。其实平贺还在舰体后部预留了可容纳3座双联主炮的炮位，但后来没有实际安装，如果安装的话便严重违反了《华盛顿海军条约》的规定（该条约将航母视为可起降飞机的巡洋舰，严格限制航母的吨位和火炮口径、数量）。另外，藤本吸取凤翔的经验，也没有在最上甲板上设置舰桥，但如果把舰桥放在中层甲板前方（就像凤翔那样），当然会阻碍上层机库中的飞机由此起飞，所以他原本设想把瞭望所放在左舷，罗经舰桥放在右舷。但此计划立刻遭到了舾装员长（在建成后便成为赤城第一任舰长）海津良太郎大佐的强烈反对，藤本只得恢复横跨两舷的舰桥设计，将之简化，以便有机会时可以拆除，令中层甲板恢复功用。不过在看到舰艏左右两座双联舰炮炮塔出现之后，藤本也只好彻底死心，上层机库中整备完毕的舰载机要想起飞，仍然只能升到最上甲板去进行。赤城号在两舷的外扩平台上还有6座双联装45倍径十年式120毫米高射炮，整舰火力倒是可以与重巡洋舰相提并论了——当然，由于射界受限，真

▲ 当时明信片上绘制的赤城号航母

▲ 1930年8月15日在横须贺工厂内靠岸停泊中的赤城,正巧长门号战舰经过其旁边,可以比较出赤城舰体的庞大程度

要碰上了重巡展开炮战,多半仍是敌不过的。赤城的动力系统仍然保持原先身为战列巡洋舰时的设计,而主装甲带厚度削减到了127毫米左右。

藤本关于赤城的另一个相当具有独创性的设计,在于右舷有一个尺寸很大的向下弯曲的烟囱,将1—4号锅炉舱内11台重油专烧吕号舰本式锅炉的白色烟气排出。被强行向下弯行的烟气再往上空漂浮扩散时,最上甲板已不在其影响范围之内。这个奇妙的设计后来成为日本式航母的重要标志,但紧随大烟囱的后面藤本又设置了一个小烟囱,排放5—6号锅炉室内8台煤油混烧锅炉的烟气,这个小烟囱却是朝上方排黑烟的,结果导致赤城要加力高速航行、起飞舰载机的时候,最上甲板却被大股黑烟笼罩,大大影响了作业效率,增加了危险性。为防止舰体右倾时海水浸入大烟囱,赤城的大烟囱上设有盲盖,紧急情况下打开此盲盖,就可以实现大烟囱不往下方而是往上方排烟了——一般认为藤本将小烟囱设计为失败的向上排烟式,就是由于他对盲盖能否及时起作用不放心,必须避免因为两个烟囱都朝下而造成同时进水、全部失去机能的危险。由于设计的复杂、各方的争吵,赤城自1923年初开始的改造工程进行了两年多,至1925年4月22日下水,舾装工程中各种争吵继续,又至1927年3月23日才竣工,8月1日正式服役。总体来说,藤本对赤城的改造设计着实令人惊异,最终下水的赤城显得不伦不类,但毕竟其在诞生时夺得了当时世界上最庞大航母之桂冠,尽管只保持了几个月时间。1927年11月至12月间,同样由废弃战列巡洋舰改造而来的美国航母萨拉托加、列克星敦号先后服役,标准排水量达到36000吨,超

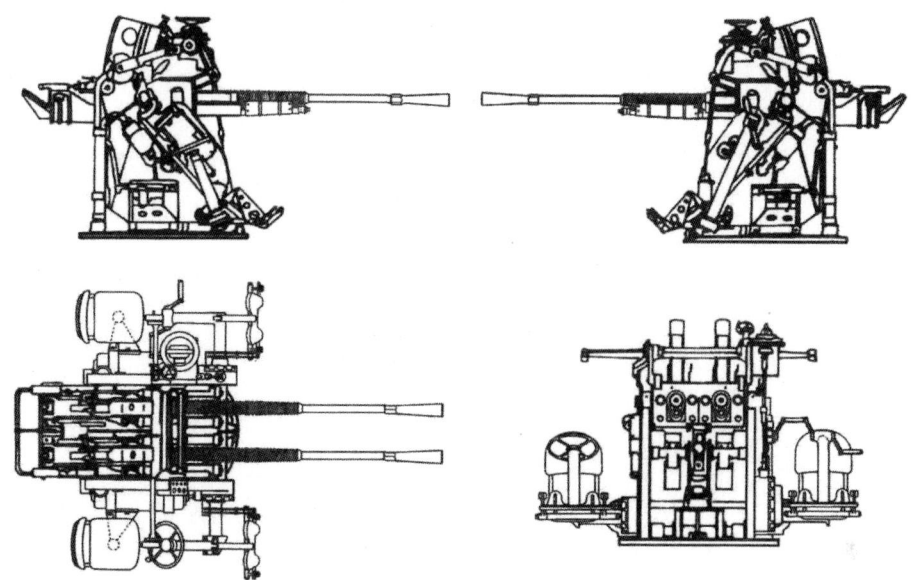

▲ 双联装96式25毫米机关炮四面视图

▼ 双联装45倍径十年式120毫米高射炮三面视图

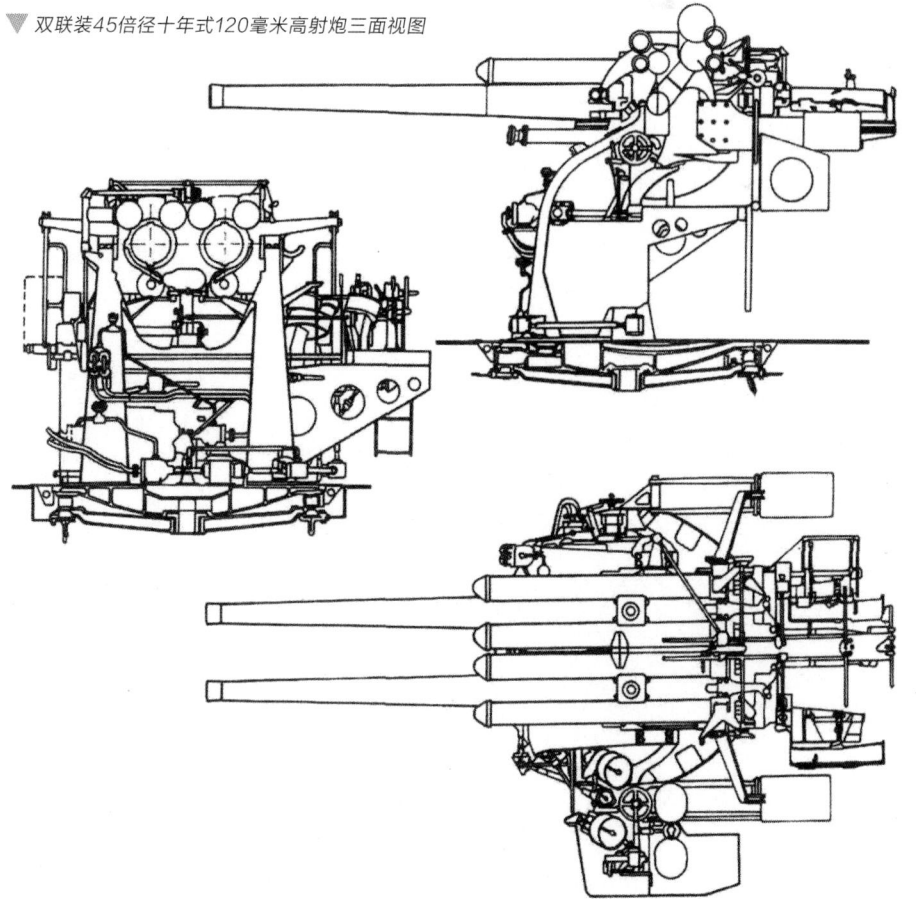

1934年10月15日，已经在右舷设置了一座小型航海舰桥的赤城正航行进入大阪港，飞行甲板上摆满了十三式及八九式舰攻机

过了赤城。1928年4月1日,日本以赤城与凤翔航母为核心编成第一航空战队,首任战队司令为高桥三吉海军中将,日本海军航空兵由此正式成军。当年12月山本五十六上任赤城舰长,在任近一年。其后数年,赤城、加贺两航母为日本航母之双璧,与美海军列克星敦、萨拉托加并称"世界航母四巨头"。而曾经的领头者,英国皇家海军航母的发展则已基本停滞。

但是,赤城相对于几乎同时诞生的美国列克星敦级航母,最大的落后之处在于航母核心战斗力的体现——舰载机数量。赤城服役时的舰载机是三式舰战16架(常用12架、备用4架)、十式舰侦16架(常用12架、备用4架)、十三式舰攻28架(常用24架、备用4架),总数60架。列克星敦级航母设计载机72架,考虑到其更庞大的吨位,这似乎很正常,然而其实际载机竟能达到100架左右,同时还拥有防护更好但理论上空间更局促的封闭式机库。至于拥有开放式机库的赤城却在舰载机数量上失去优势的原因,毫无疑问就在于其三层飞行甲板大大挤压了机库空间。且不说由于舰桥和双联装主炮的设置,舰载机起飞与降落场所各自分离的初始设计目的已然告吹,而且将眼光稍微放长远一些,便能看到尺寸更大、质量和速度都大为提高的金属单翼机必将取代起飞很容易的旧式多翼机,新型舰载机的起飞不可能依靠滑行起飞台,答案仍旧要回到尺寸最大化的艏艉直通式直甲板。另外,赤城舰上被多层飞行甲板、机库人为复杂化的内部结构,也导致其指挥困难。

弊端在一次次的演习中暴露,最终在1935年10月,赤城紧随着先行改造完毕的加

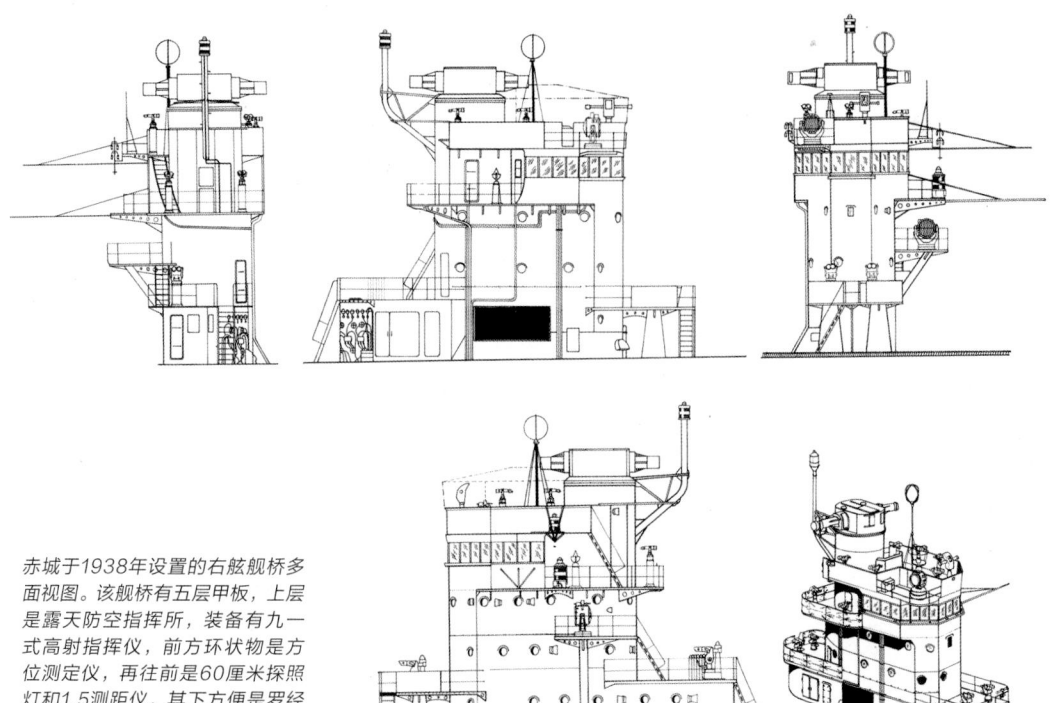

赤城于1938年设置的右舷舰桥多面视图。该舰桥有五层甲板,上层是露天防空指挥所,装备有九一式高射指挥仪,前方环形物是方位测定仪,再往前是60厘米探照灯和1.5测距仪,其下方便是罗经舰桥,舰桥面对飞行甲板的正面装有一块黑板

贺，于佐世保海军工厂开始实施大改造。位于下层的飞行甲板全部被拆除（连带还有中层飞行甲板前的2座双联装主炮也被拆除），上层甲板的尺寸放大，达到长249.2米、中央最宽处30.5米。同时中央部也是甲板最高位置，向舰艏舰艉看去则稍稍下倾，近似山形。另外在甲板尾端，作为识别标示画了一个大大的平假名"ア"（"赤城"发音"AKAGI"，"ア"即为"A"）。甲板上安装10座吴式四型着舰制动装置（该技术引进自法国，进行了国产化改进）。因甲板扩大，还增设了一部中央升降机。动力系统中过时的8座煤油混烧锅炉被全部替换为重油专烧锅炉，为人所诟病的小烟囱被取消，所有烟气从右舷下弯大烟囱排出，保证赤城能够高速航行。赤城早在1931年便在横须贺海军工厂搭设了一个右舷小型航海舰桥以替代甲板下舰桥（因此错过了"一·二八"上海事变）。1935年改造工程计划将小型舰桥改换为大型舰桥，但由于赤城的右舷已经有大烟囱，为平衡重心只得将大型舰桥设置在左舷，这成了赤城与舰桥设在右舷的加贺之间最明显的区分标志。事实证明左舷舰桥对于习惯向左盘

旋降落的飞行员来说十分影响视线，还造成了飞行甲板后部气流紊乱，显然又是一项失败设计。赤城与后来的飞龙号遂成为世界海军中仅有的两条左舷舰桥航母。在扩大了的甲板下方，上层与中层机库将原先属于中、下层飞行甲板的面积吞并（同时机库也改为封闭式），空间向前大为扩展，舰载机容纳数由此上升至91架，其中有九六式舰战16架（常用12架、备用4架），九六式舰爆24架（常用19架、备用5架）、九六式舰攻51架（常用35架、备用16架）。赤城进行大改造之主要目的由此实现。

改造后的赤城号航空母舰主要性能参数：

标准排水量：36500吨（改造前26900吨）。公试排水量：41300吨（改造前34364吨）。舰体全长：260.67米。最大舰宽：31.32米。平均吃水深度：8.71米。动力装置：技本式蒸汽轮机8台，吕号舰本式重油锅炉19座。输出功率：133000马力（改造前131200），四轴推进。航速：31.2节。燃料搭载量：重油5770吨。武器装备：50倍口径三年式200毫米炮6门，双联装45倍径十年式120毫米高射炮6座，双联装96式25毫米机关炮14座。飞行甲板

▲ 赤城号上的水兵合影

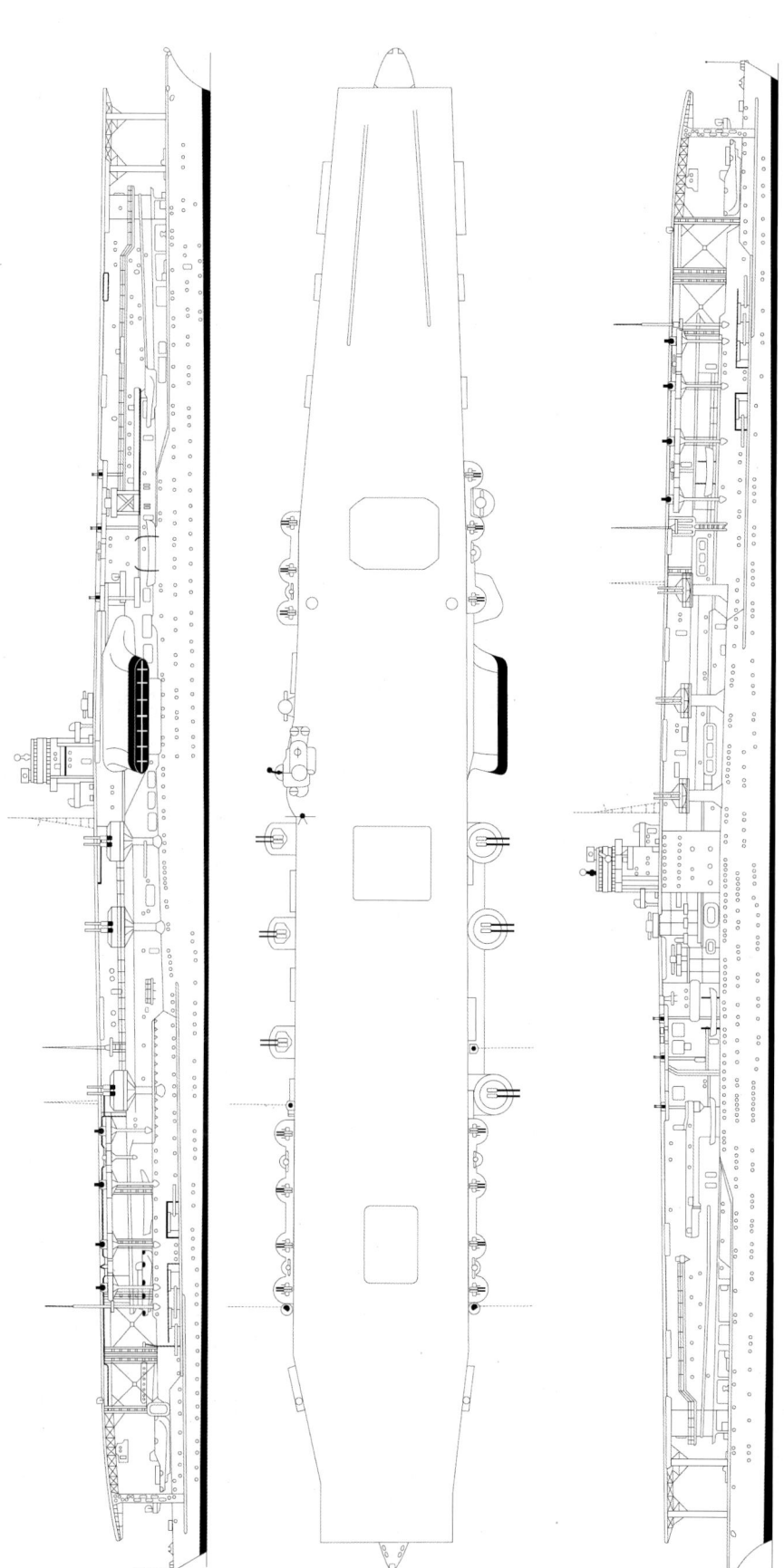

1942年时的赤城号三视线图

全长：249.2米。飞行甲板最大宽度：30.5米。搭载舰载机：91架，其中常用66架，备用25架；更新体积更大的新式舰载机之后，搭载数下降至75架，其中零式21型舰战21架（常用18架，备用3架），九九式舰爆21架（常用18架，备用3架），九七式舰攻30架（常用27架，备用3架）。乘员：2000人（改造前1297人）。

　　大改造工程比最初将赤城由战列巡洋舰变为航母的工作量更大，更耗时间，近三年后的1938年8月31日才宣告结束，12月15日再次编入第一舰队第一航空战队，由此赤城连侵华战争的前期作战阶段也错过了。舰上虽然搭载了战力颇为强悍的日本海军第一代全金属结构单翼战斗机——堀越二郎设计的三菱九六式舰战，但眼前中国沿海已无大规模战事。赤城改造完成的同一年，海军军令部以美国海军为假想敌，确定了"九段作战"方案，航母搭载航空队的主要任务是在第四阶段作战中重点攻击敌军航母，在第八阶段作战中配合潜艇部队削弱敌舰队主力，为第九阶段的最终主力战列舰决战铺路。此"九段作战"案以为美国舰队会傻乎乎地航向日本，途中不断被削弱、最终被日本海军彻底击败，但明眼人一看便知极其不切实际。山口多闻、大西泷治郎、源田实、小泽治三郎等"航空兵"派经过与"舰队"派的激烈争论，终于确定了海军航空兵力集中使用原则，力图以迅捷凶狠的"空斩一刀流"于开战之初便严重削弱美舰队实力。循此原则，1941年4月10日第一航空舰队编成，虽然赤城的实战经验到此时仍基本接近于零，却因其日本第一艘大型航母的老资格而成了第一航空舰队旗舰（兼下属第一战队旗舰），南云忠一被任命为舰队司令，于赤城舰上升起海军中将旗。舰爆队装备更新为爱知九九式舰爆，舰攻队装备更新为中

▲ 位于赤城左舷的十年式120毫米高射炮

岛九七式舰攻，而舰战队则拥有了大名鼎鼎的装备——拥有大航程、高速度、高机动性与强悍火力的零式21型舰载战斗机。高强度的飞行训练，特别是使用低潜深度鱼雷的攻击训练，在鹿儿岛各航空基地展开。与此同时，对美海军在太平洋上的最大基地——珍珠港实施突然袭击的作战计划亦在紧锣密鼓地拟定中。10月，军令部寄了一个神秘包裹到赤城舰上，打开一看是尺寸超过一坪（3.3平方米）的珍珠港基地模型，航空参谋源田实此后就成天坐在这个模型前冥思苦想。由夏

▲ 赤城号的剖面图

▼ 赤城号的正面线图

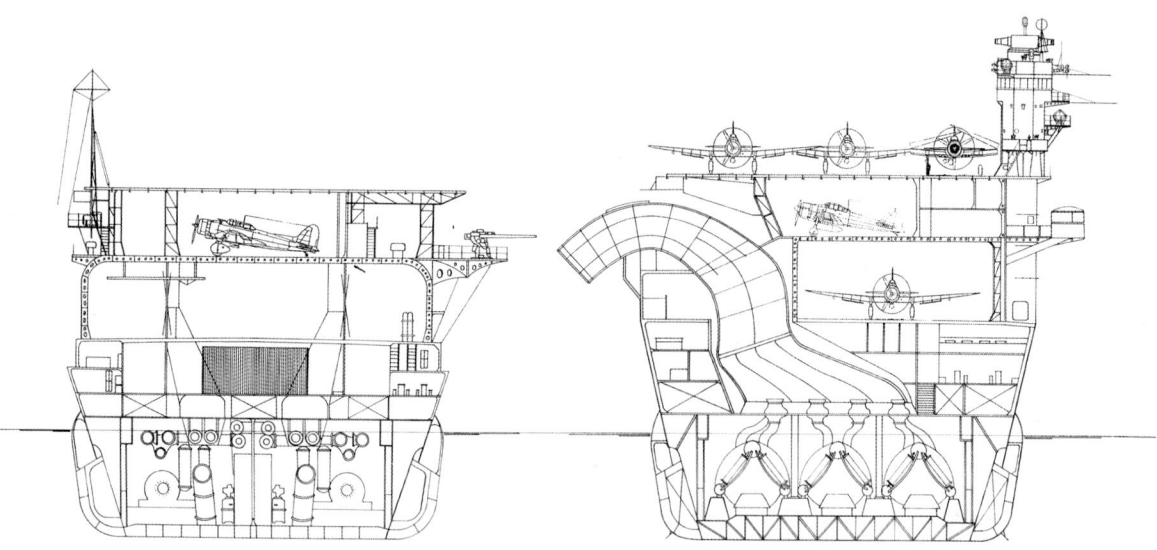

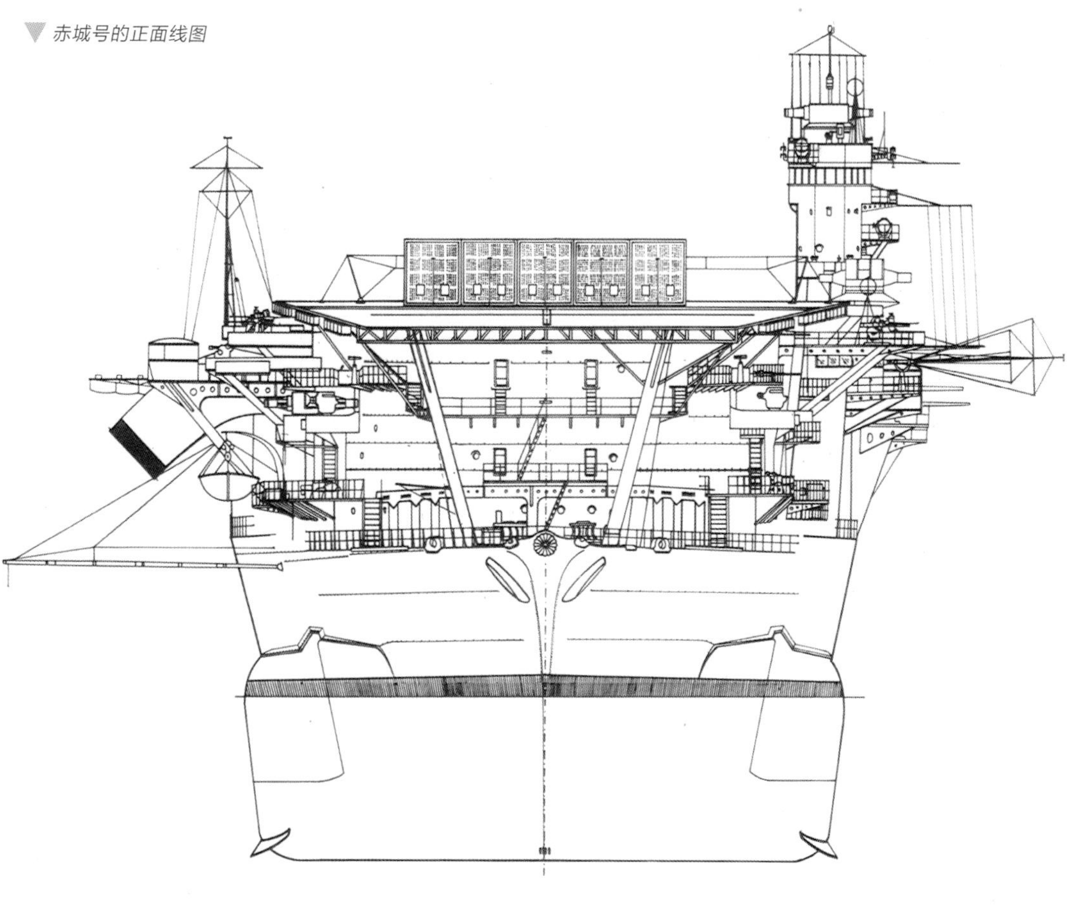

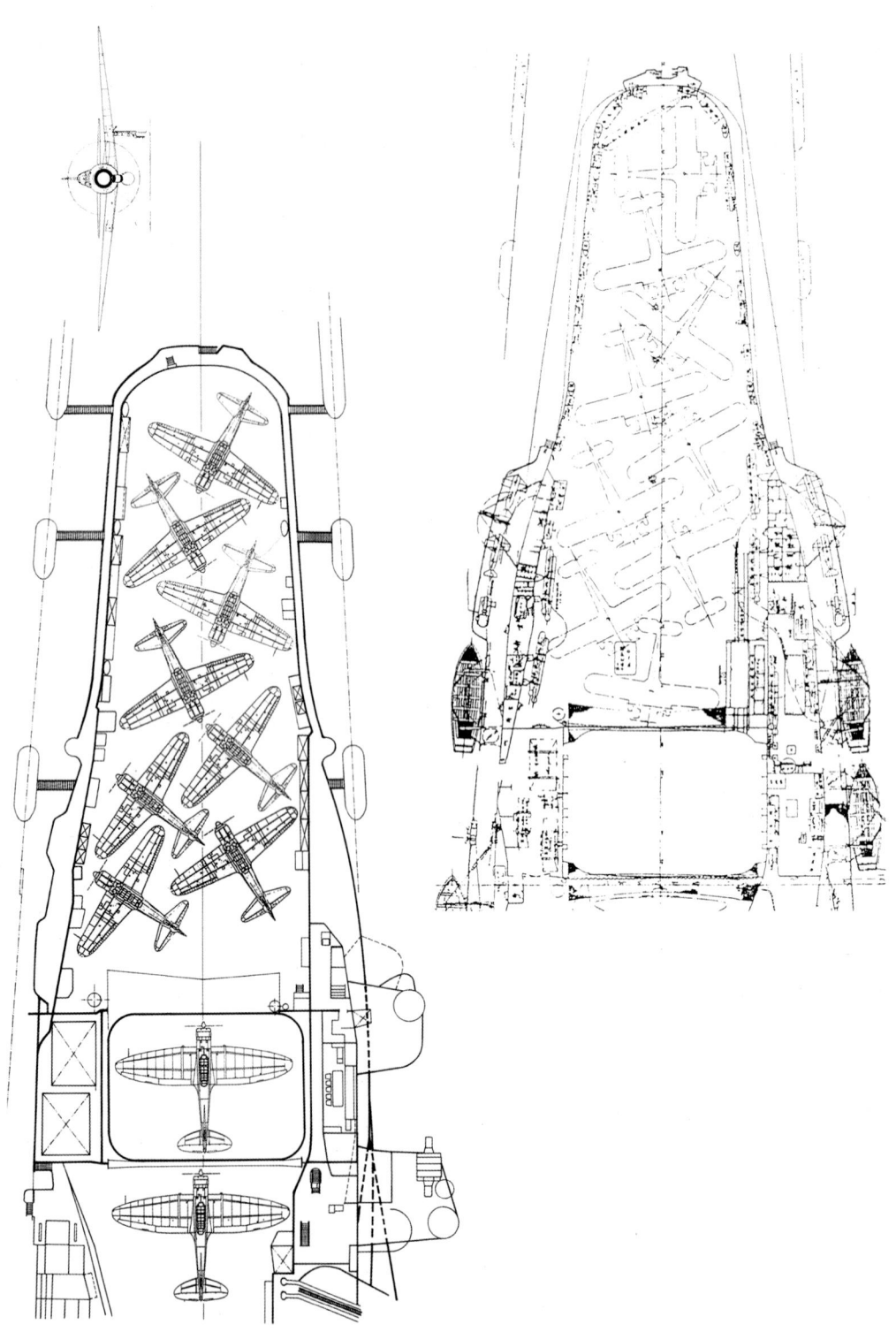

赤城号的载机配置示意图

▲ 这张照片拍摄于赤城成为南云机动舰队旗舰,于1941年12月初向珍珠港进击时

▼ 赤城号上的爱知九九式舰载爆击机

▲ 中岛九七式舰载攻击机

至秋，"Z计划"终于拟定完成，日美之间的谈判趋向破裂，开战已是板上钉钉。

1941年11月18日上午9点，以航母赤城为首的南云机动舰队在以山本为首的联合舰队全体幕僚的目光注视下，由佐伯湾起航驶向北方择捉岛单冠湾。11月24日，南云忠一在赤城号的机库中召集机动舰队中所有飞行队长召开联席会议，第一次告知他们偷袭珍珠港的行动计划。从这一天开始，参加攻击行动的各飞行队轮流来到赤城舰上，观摩瓦胡岛和珍珠港的沙盘模型，渊田中佐拿着教鞭说明攻击要领。预定参与第一攻击波的空中指挥官几乎都来自于旗舰赤城：总指挥官（兼水平轰炸队指挥官）是赤城舰爆队长渊田美津雄中佐，鱼雷攻击队指挥官是赤城雷击队队长村田重治少佐，制空掩护指挥官是赤城制空队队长板谷茂少佐——只有俯冲轰炸指挥官高桥赫一少佐来自翔鹤号航母。11月26日清晨，南云舰队驶出单冠湾，取北太平洋航线接近夏威夷。12月2日下午，赤城的电报室收到山本总司令发来的暗语指令——"攀登新高山1208"，意味着突袭行动按原计划于日本时间12月8日（夏威夷时间12月7日）实施。12月8日1时30分，各航母甲板上待发战机

1939年4月27日，与机动部队其他军舰一同在宿毛湾进行合成演练的赤城位于照片右边，左边是金刚型战舰四号雾岛

▲ 1941年11月6日，在佐伯湾为突袭珍珠港进行演练的赤城号甲板上的场景。赤城号后跟随着加贺号航母，南云机动舰队其余四艘航母在更远处

已准备就绪，赤城舰桅上升起与日俄对马海战时的Z旗意义相同的DG信号旗，南云司令官宣读训令："皇国兴废，在此一战，我军将士务必不惧粉身碎骨，全力奋战。"渊田中佐和司令部全体幕僚告别后，最后一个离开赤城舰桥下的飞行员待机室。在登上战机时，一名地勤军官递上一条白头巾，渊田点头致意，将头巾紧紧绑在飞行帽上。赤城带领整支南云机动舰队转舵，顶风航行。飞行指挥所的起飞蓝色信号灯不断画着圆圈，飞机引擎声隆隆作响，在全体水兵的欢呼声中，第一攻击波183架战机陆续飞入苍茫夜空，其中有赤城的九七式舰攻27架（12架携带鱼雷、15架携带炸弹）与零战6架。整个集群用15分钟在空中编整好队形，又在机动舰队上空盘旋一周，最后飞跃旗舰赤城上空，直奔珍珠港而去。接着第二攻击波立刻开始准备，赤城号航空队并非主力，但仍然提供了9架零式舰战（队长近藤三郎海军大尉）和18架九九式舰爆（队长千早猛彦海军大尉），近藤曾于1940年在中国璧山空战中驾驶零式逞威，他也是第二攻击波整个制空队的指挥官。第二攻击波于2时45分起飞。

南云忠一与全体幕僚都在焦急等待突袭成功与否的消息。终于，"虎！虎！虎！"渊

▲ 在择捉岛单冠湾中，为突袭珍珠港做最后准备的赤城号甲板上停放着制空飞行队队长板谷茂少佐的零式座机

1942年3月26日正在参与印度洋作战的赤城号甲板上的场景。除加贺号未参加这次作战外,苍龙、飞龙、翔鹤、瑞鹤四艘航母在其右舷后面跟随,当中还夹着以高岛舰桥为特征出征的四艘金刚型战舰

▲ 停在赤城舰桥前的零式舰战，可以看到舰桥顶部最前端有一挺7.7毫米机枪

▼ 突袭珍珠港时舰载机正准备从赤城号上起飞

▲ 在择捉岛单冠湾中,赤城甲板上放置着九一式低潜航空鱼雷,艏部装有为控制入水姿态而专门设计的木制姿态稳定板。九七式舰攻机可以在超过378千米/时的速度下施放该型鱼雷,并可在海港内浅水中顺利实施攻击

田中佐于2时23分发回意为"我奇袭成功!"的电报,赤城收到之后立即将其转发给停泊在广岛湾的联合舰队旗舰长门号战列舰,山本五十六正在静候佳音,听闻喜讯之后不动声色,继续下棋。在珍珠港,赤城的雷击队在"雷击之神"村田重治的带领下,领头直冲"战列舰大街",将苦练而成的低潜鱼雷发射本领百分之百地发挥了出来。第一个遭到其破坏性攻击的是西弗吉尼亚号(BB-48),两枚鱼雷令这艘战列舰发生大爆炸,火光冲天。接着渊田又亲率水平轰炸队反复攻击,赤城舰攻战机又命中了加利福尼亚号战列舰(BB-44)。日军第一攻击波结束对珍珠港的蹂躏返航时,赤城舰载机仅损失了1架零战(平野隆一飞曹座机)。夏威夷时间8点54分日军第二攻击波机群抵达,随即在瑞鹤航母飞行队队长岛崎重和海军少佐的率领下展开攻击。此时港内火焰冲天、高炮密集,来自赤城的山田昌平海军大尉看到高射火力最密处,判断下面一定有个"大家伙",立刻率领舰爆小分队直冲下去,结果一看是一群陆

地高射炮,只得又拉起战机,转过头来找到美太平洋舰队旗舰宾夕法尼亚号战列舰(BB-38)进行攻击,最后又将轻巡洋舰兰利号炸成重伤。到这时港内已经没有什么值得攻击的舰艇目标了,而赤城舰载机队亦在第二攻击波中损失了4架九九式舰爆机,其中一架是在被击伤后以最早的神风特攻姿态直撞上美海军辅助舰柯蒂斯号并爆炸而损失的。渊田驾机返回到赤城降落后,立即兴奋地直奔舰桥汇报,并建议派出第三攻击波,巩固军舰破坏战果后再破坏船坞设施等目标,彻底瘫痪珍珠港。但一向自信心不足的南云已经对巨大的成功心满意足,便以美军防空火力越来越猛,而且美军航母舰队动向不明、很可能正在暗中准备发起反击为由下令撤退。赤城舰信号桅上升起转向信号旗,这场震惊全世界、同时也彻底颠覆了旧有海战规则的突袭战就此结束,机动舰队返航日本。

从珍珠港到中途岛的半年时间内,赤城继续作为南云机动舰队的旗舰四处征战,所向披靡。1942年1月中旬掩护入侵新不列颠岛拉

▲ 1941年12月8日清晨,赤城甲板上零式舰战正在为突袭珍珠港做最后的准备工作,军舰旗正在北风中狂舞,预示着大战一触即发

▼ 赤城舰上突袭珍珠港部队起飞前最后一刻从舰桥望向飞行甲板的场景

▲ 舰员正在将捆绑起来的吊床加装在赤城的舰桥外壁,以增强防弹片能力

包尔的部队;2月支援入侵荷属印尼爪哇并空袭澳大利亚达尔文港;3月挥师西进印度洋;4月5日空袭斯里兰卡首都科伦坡,舰爆队在阿布善次大尉的指挥下击沉英军多艘军舰;4月9日空袭亭可马里,发现英军老旧的竞技神号航母(当年日本建造凤翔航母时所借鉴的对象),舰爆队立即出动,没用半个小时便将其干脆利落地击沉,使竞技神成为世界上第一艘被舰载机击沉的航母。这些战果看似辉煌,实际都是杀鸡用牛刀,日本想要结束这场战争,就必须继续重创美国舰队,直到美国人感到无法取胜、叩头告饶。可是眼下美国人不但没有一点求饶的意思,还打到日本人家门口来了——4月17日,哈尔西指挥的以大黄蜂号为首的特混舰队接近日本,放飞杜立特指挥的B-25轰炸机队,示威性地轰炸了东京。进攻中途岛,将美海军舰队封死在夏威夷家门口的

作战方案(MI方案)此前就已制定,但与南下入侵澳大利亚的作战方案(先进攻莫尔兹比港,称为MO方案)之间大有冲突。于是南云机动舰队被拆分,第五航空战队(瑞鹤、翔鹤号航母为首)于5月初挺进珊瑚海,遭遇美军航母特混舰队,而以赤城为首的日军其他大型航母则趁机进行休整。虽然珊瑚海海战的结果是美军损失大于日军损失,但莫尔兹比港入侵计划却不得不放弃了,瑞鹤、翔鹤两航母被迫进行创伤修理作业,补充舰载机和兵员,使得南云机动舰队只有4艘大型航母能够参加中途岛行动,而赤城仍然是当仁不让的旗舰,舰载航空兵之主力所在。南云舰队再次出击的日子特意选在了5月27日"海军纪念日"(纪念胜利的对马海战),旗舰赤城由新任舰长青木二泰郎指挥。早上9时他率全舰官兵向皇宫方向深鞠躬,并在讲话中引用了当年东乡平八郎

在对马海战后的告诫："胜利之后，要束紧钢盔带。"在他掀动嘴皮子的同时，美国人正在珍珠港默默地拼命抢修珊瑚海海战中受创的约克城号航母，并暗中破译了日军密码，大致掌握了日军的行动计划。

夏威夷时间6月4日（日本时间6月5日）凌晨2时45分，赤城号上一片忙乱的喇叭声和飞机引擎启动的轰鸣声，又一场决定日本国运的决战开始了。4时整，喇叭中传来"飞行员集合"的命令，飞行员们挤入飞行指挥所听取指令。在空袭中途岛的第一攻击波中，赤城将出动九九舰爆18架、零战9架。渊田中佐由于急发阑尾炎，无法出击，只好口头给予出击将士鼓励。青木舰长将赤城号转向逆风，增加航速，4时30分第一架零战在欢呼声中起飞。第一攻击波全部起飞之后，加贺上起飞了9架零战负责舰队空中掩护，另外在赤城甲板上还有9架零战待命，南云舰队就全靠这18架战斗机掩护。5时30分，美军一架PBY水上飞机发现了赤城号，报告中途岛方面，美军对南云舰队的多方位进攻随即展开。从中途岛起飞的陆基飞机刚过早上7时便发起了第一次进攻，赤城最先报告："敌机9架，方位150°，距离2.5万米……"空中掩护的零式机冲上去一通杀戮，奋勇的美军B-26轰炸机队直逼日本舰队"中央部队一艘大型航空母舰"（即赤城）投下鱼雷，青木舰长指挥操舵，左躲右闪，把所有鱼雷都躲过去了，舰员们眼看着一架B-26掠过舰桥栽入海中，一片欢闹，心觉不妙的渊田中佐说了一句"真逗"。赤城的损失仅是2名高射炮手因B-26机枪扫射负伤，第二攻击波的准备工作照常进行，九七式舰攻机下挂载鱼雷，准备对付敌舰队，飞行员们已准备起飞。但鉴于中途岛第一攻击波返回后报告说战果寥寥，还需实施进一步攻击，南云下令将舰攻机上的鱼雷换成轰炸陆地目标用炸弹。大约7时40分，令人震惊的情报传到了赤城舰桥上——延迟出发的利根号侦察机报告发现美军大型舰队！事实上，侦察机发回电报是在7时28分，但南云舰队脆弱的通信系统经常要将情报传递延迟十几分钟，千里之堤溃于蚁穴！7时45分，著名的"二次换弹"令下达，赤城以及加贺立即停止挂炸弹，已经挂上炸弹的舰攻被送回机库挂装鱼雷和穿甲弹。随即中途岛美军轰炸机又发动了数波攻击，包括B-17轰炸机从高空投弹。这对于移动中的南云舰队自然没有效果，但赤城舰桥旋即接到了侦察机报告："美军舰队后面似有航母跟随！"第二航空战队司令山口多闻打出信号："宜立即派出攻击部队。"但南云司令官以更加坚决的态度迅速下了决断：舰攻机全部送回机库，炸弹换鱼雷，第一攻击波战机回收，做好充分准备后再出击。舰员纷纷议论起来："司令部究竟在搞什么名堂？"9时18分，最后一架飞机降落，整个赤城舰上忙得不亦乐乎，辛苦的作业员没有将拆下来的800千克陆用炸弹送回弹药库，而是胡乱堆放在机库附近。虽然由大黄蜂号航母起飞的TBD鱼雷机队也找到了南云舰队，但攻击行动仍然没有效果，反而都遭零式机击落，赤城舰桥上人人兴高采烈，观察哨兵兴奋地大喊："还剩5架……还剩3架……全部击落！"航空参谋源田实此时不禁叹道："原来我对机动部队能否抵抗得住空中袭击还有过怀疑，现在我看到它的巨大威力了！敌机再多我们也不用怕！"

几分钟后，源田脚下的赤城号航母就变成了一个炙热的大火盆。自企业号航母起飞的SBD俯冲轰炸机队于10时20分抵达南云舰队上空，约克城号的SBD紧随而至。此时在赤城与其他日军航母的后甲板上，即将对美航母舰队发起攻击的机群已排列整齐，进入起飞前最后准备，但此时也是南云舰队最脆弱的时刻，掩护的零式机要么已经降落了，要么还在低空盘旋防备鱼雷机。SBD机群于10点25分呼啸着向下俯冲，赤城号上刚刚还得意忘形的瞭望哨兵尖声高喊："俯冲轰炸机！"然而一切都晚了，有6架SBD开始向赤城投弹。第一枚近失弹在舰桥左舷数十米处爆炸，第二枚命中炸弹落在中部升降机靠后位置，击破甲板进入机库爆炸，此时机库中有零战3架、挂载鱼雷的舰攻机18架、刚刚回收的第一攻击波舰爆机18架，准备出发的舰攻机油箱内装满汽油，而舰爆机的炸弹随便放在近旁，穿过甲板的那枚炸弹引发连环爆炸，整个机库立即化为火海地狱。第三枚命中炸弹落在飞行甲板左后方，正在做出发准备的机群的汽油也被引爆，所有人被热浪与飞舞的碎片击倒在地，船舵也被炸坏。一名先前被击落的美军飞行员此时正泡在近旁海水中，眼前壮观的景象令其心情由冰冻急升至沸腾，事后他描述赤城爆炸如同"一条火龙"。爆炸发生几秒钟前正好有一架零战机由木村惟雄一飞曹驾驶，从赤城甲板上起飞，据木村回忆，紧接着第二架零战滑行到甲板中央，便掉入了熊熊燃烧的地狱之口。火势迅速蔓延至舰桥，一条绳子从舰桥下部的舷窗连接至一艘汽艇，南云司令部由此转移到长良号巡洋舰上去了，留下青木舰长指挥灭火。但甲板下的大火无法控制，机关舱室内舰员绝大部分死亡，甲板上亦是一片火海，最终青木舰长于18时下令弃舰，本想与舰同沉，但在最后时刻被转移到了驱逐舰上。曾经担任赤城舰长的山本五十六忍痛亲自下令由己方驱逐舰击沉无可救药的赤城。此时赤城上的火焰因为可燃物都已燃尽而接近熄灭，战舰不过是冒着黑烟的海上漂流物而已。于是第4驱逐队各舰向赤城右舷发射鱼雷，赤城先由舰艉下沉，于6月5日4时55分最终沉没于北纬30度30分、西经178度08分海域，263名舰员阵亡。为了隐瞒中途岛海战惨败的消息，赤城号保留在编制序列中，至9月25日才正式被除籍。

加贺号大型航空母舰

第一次世界大战令欧洲列强流尽鲜血、国力大损的同时，日本却进入了迅速上升期，占据国家资金投入最大份额的海军建设亦随之大为膨胀。1916年的"超弩级八四舰队"案至1920年正式确定为"超弩级八八舰队"案，扩军案中为首的2艘长门型战舰刚刚开始建造，其后续的2艘新战列舰便紧锣密鼓开始了设计工作，设计者仍是平贺让，因此新战列舰实为长门型战舰的放大版：设计标准排水量39900吨、满载排水量44200吨，增加1座双联主炮塔，使410毫米主炮数量达到10门；主装甲带与长门型一样是280毫米，但从垂直安装改为内倾15度。长门型日后在"海军假日七巨头"中占有两席，而此新战列舰如果建成，将以其领先一截的火炮威力和防护性能而实现日本海军自明治维新以来之夙愿——成为世界最强战舰的拥有者。1920年7月19日，首艘新战列舰在神户的川崎造船厂开工，并以古代加贺国之国名命名。在江户时代，加贺前田藩是百万石雄藩，藩祖是大名鼎鼎的前田利家,以"加贺"为此型战舰之名,极富气魄。同年12月6日开工的天城型战列巡洋舰二号舰赤城号实际是平贺让在加贺型战列舰的基础上改动而来的,舰体更长一些,装甲带削弱一些,副炮减少一些,锅炉和主机的数量相应增加(导致排水量也比加贺型更大),以便实现高航速。所以加贺、赤城这两艘日后形同姊妹的军舰之间,从一开始便有着千丝万缕的血缘关系。1921年11月17日,舰体部分基本建造完毕的加贺号下水,转眼之间,1922年2月《华盛顿海军条约》签订,战列舰加贺自然被列入了预定废弃之列。7月,加贺被拖船拖入横须贺港,日本海军计划将其转为标的试验舰,用于试验新型水雷、炮弹等,在试验过后解体,将回收的资材改用于正在横须贺建造中的战列巡洋舰天城、赤城。但是计划没有变化快,关东大地震中天城号舰体被摔成一堆巨大的废钢铁,眼看生命就要走到终点的加贺却走运了,被选为天城的替代舰,改造为航母,从而成为赤城之后的日本第二艘大型航空母舰。加贺原本的姊妹舰,同样半途停工的土佐号战列舰就没这般幸运了,被用于武器试验后废弃。1924年9月2日,加贺在横须贺海军工厂开始航空母舰改造工程。

由于赤城改航母工程自1923年初便已开始,而加贺改航母工程的实际设计者仍是藤本喜久雄,所以大量已用于赤城改造的设计当然也被转用于加贺身上,下文只需要阐述一番。与赤城一样,加贺采用三段阶梯式飞行甲板与三层机库,同样也就继承了舰载机数量大大受限的缺点。但加贺还有先天性的不足,它是作为一艘装甲非常厚实的战列舰下水的,其舰体宽度大于赤城的同时,长度却比赤城要短20米,导致加贺的最上飞行甲板长度也缩短了20米左右,只有231.7米。舰体长宽比较小,所装锅炉数量也比赤城要少7座,自然航速要低许多,设计的最高时速为26.5节,改装为航母后也只达到26.7节(对外宣称27.5节),相比赤城有4节以上的差距,在两舰同行时很容易看出速度差。加贺进行改装时,藤本没有采用虽然可以节省重量,却不利于飞机养护的开放式机库,而是采用封闭式机库。与飞行甲板一样,加贺的机库虽然在长度上不及赤城,但在宽度上胜之,所以即

1922年8月1日,已经停工的加贺型二号土佐战列舰被拖出长崎港前往吴港时的场景

使采用了封闭设计，两舰搭载舰载机的数量仍保持一致。加贺的主炮装备也与赤城保持一致，而且同样令藤本感觉不爽：安装与赤城在数量和位置上一模一样的50倍径三年式200毫米炮10门，其中2座双联装200毫米炮塔挡在中层飞行甲板之前端左右两侧，再加上基本一致的横跨两舷大型舰桥设计，加贺的中层飞行甲板同样丧失了藤本最初设计的起飞功能。作为战列舰改装的航母，加贺的舰体水线部装甲厚度要大于赤城，在改装时也进行了削减厚度处理，但具体数据有127毫米至190毫米等不同说法。综上所述，原本是战列舰的加贺在改造为航母的先天条件上是不如赤城的，只得强行采取了许多与赤城一样的改造举措。改造为航母以后的加贺尽管在三层式飞行甲板等外观特征上与赤城一致，但也有非常容易辨识的不同之处——因为藤本放弃了赤城上首次采用的下弯式大烟囱。藤本总疑心这个下弯接近海面的烟囱会带来安全隐患，便查看英国老师有无其他方案，想采用后进行比较。看到百眼巨人号航母在舰体两侧设置通烟管道、使烟气通过靠近舰艉的排气口再向外舷方向排出，藤本便将其运用到加贺舰上来。但如此设计引来了无数恶评：赤城号上的下弯式大烟囱已造成与其接近的部分舱室温度奇高，不得不喷淋海水降温；加贺采用了两条长长的烟道，其结果不只是部分舱室的问题了，而是几乎全舰都处于烘烤状态！另外修建烟道增加的额外重量也造成舰体重心不稳。先天的不足，人为的缺陷，再加上因为一战后日本经济不景气，日本军方为了维持民间造船能力，将部分工程分包给其他造船厂——例如从凤翔号航母开始接触军船建造的浅野造船厂，还派遣了一批工人到横须贺造船厂中接手加贺的一小部分改造工程，工程进度更加缓慢了。

1928年3月31日，即赤城改航母的工程结束整一年后，加贺终于也完成改造成为航母，但舾装工程等一直进行到1929年11月才算彻底完工。加贺与赤城一同编入第一航空战队，舰载机总数同为60架，其中三式舰战16架（常用12架、备用4架），十式舰侦16架（常用12架、备用4架），十三式舰攻28架（常用24架、备用4架）。1930年，加贺号在最上甲板上率先开始试用从法国引进的横索式着舰制动装置，效果颇佳，日本海军随即开始仿制。随后赤城号开始拆除横跨两舷的舰桥、搭设右舷小型航海舰桥，不料1932年"一·二八"上海事变爆发，赤城无法参战。能登吕号水上飞机母舰首先投入空中掩护、对地支援作战，随即加贺与老前辈凤翔共同组成第三舰队第一航空战队，紧急赶赴华东。该航空战队还拥有3艘轻巡洋舰与数艘驱逐舰，实为日本海军首支投入实战的航母混成舰队。1月31日，从加贺航母上起飞的17架舰载机飞临虹桥，向地面中国军队示威，这是日本海军航母舰载飞行队的首次实战出动。2月5日，从加贺舰上起飞的6架三式舰战掩护4架十三式舰攻去轰炸中国军队阵地，在真如上空与中国空军战机发生空战。虽然当天参加空战的凤翔飞行队宣称取得了日本海军航空兵第一个击落战果，但一架加贺飞行队的十三式舰攻也被地面防空炮火击落，矢部让五郎、藤井齐、芹川良一三名飞行员死亡，分别成为日本海军航空兵第一架战损战机和第一批死于实战的飞行员。如前所述，退役美国飞行员罗伯特·肖特于2月20日驾驶波音218战斗机力战凤翔飞行队，差点击落其舰战队长所茂八郎座机。2月22日，肖特再次上天作战，对手换成了加贺飞行队的三式舰战3

1928年9月15日在馆山湾进行公试航行的加贺

1928年11月20日,在横须贺工厂实施舾装工程的加贺,两侧设置的通烟管道非常引人注目

拍摄于1930年的"加贺"空中俯瞰照片。三层飞行甲板的中островного甲板已经因为设置舰桥与烟囱排气末下起降功能，最下飞行甲板原本计划起飞大型战机，但此时也只能停放一些三式舰战机。最上甲板上则依次停有一式舰攻机、一三式舰攻机，并目前均装备着从向三组索为助制动装置

正在训练航行的加贺。最上飞行甲板上停放着一二式舰攻机,最下飞行甲板则停放着二式舰战机

拍摄于1930年的加贺，舰艏甲板挂满了洗涤床单、衣物

拍摄于1930年的加贺,可见其舰桥位于中层甲板两门舰炮之间,可以想见在这座舰桥中指挥如此庞然大物航行将是多么困难的事情

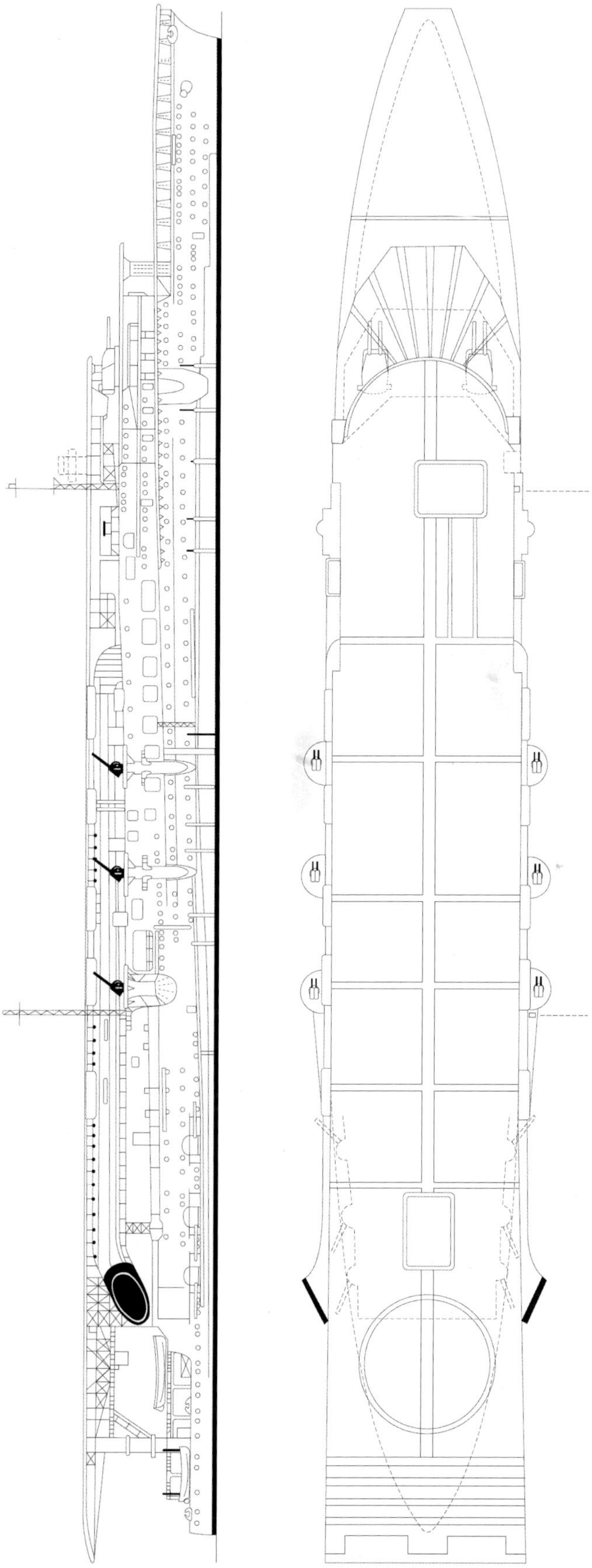

第一章 初创 /073

1930年时的加贺号双视线图

架（为首的是生田大尉座机）和十三式舰攻3架，虽然敌我悬殊，但肖特战斗极其英勇，最后被生田乃木次大尉所驾驶的舰战机击落，坠地牺牲，国民政府追授其空军上尉军衔，隆重安葬于上海虹口万国公墓，苏州人民亦为其敬立义士纪念碑。这是日本海军航空兵可以得到敌我双方证实的第一个空战击落战果——而对象居然还是个美国人。关于取得这个战果的生田大尉倒也有些趣闻可说：其人生于1905年，正值日俄战争期间，其名"乃木次"就是"继乃木将军武勇"之意。击落肖特机使他顿时成为国家英雄，女性的求爱信雪片般飞来，其中一位艺伎出身、名为森光子的女人赢得了他的心，却被海军当局否决，再加上受到嫉妒、冷遇，于是生田愤而辞去军职，大西泷治郎上下通融，好歹给他在递信省航空局找了一份航空行政管理的差事。二战时生田虽然再度入役但并没有上战场，战后

▲ "一·二八"上海事变时隶属于加贺号飞行队并参与击落肖特机的三名日军飞行员，最左边即一般公认将肖特机最终击落的生田乃木次大尉，他们身后就是三式舰载战斗机

一直活到97岁高龄去世，而去世日期竟是2002年2月22日——他将肖特击落整整70年后的同一天！

结束上海战事后加贺回到日本，赤城、加贺两舰大规模改造的议题已提上议事日程，而加贺的改造又特别紧迫。加贺舰体两侧的通烟管道不仅导致船员住舱被烘烤至40

加贺与战列舰山城号及其他日本军舰停泊在神户海湾中。在日后的太平洋战争中，尽管两舰都惨烈战沉，但加贺沉没意味着日本海军失去了赢得战争的机会，而山城的沉没只不过是日本海军不想承认战败的牺牲

度以上高温，而且从舰艉排出烟气的方式还导致航行时舰后方气流严重紊乱，对于试图着舰的飞机构成了重大影响，比机库容量小、舰桥指挥不畅、舰内结构复杂等问题更需立即改正。1934年6月25日，加贺先于赤城被送入佐世保海军造船厂实施改造工程。下部两层飞行甲板被拆除，最上甲板大幅延伸长度，增设甲板前部升降机，机库面积亦大幅度扩展（后来赤城也进行了相同改造）。另外在甲板尾端画了一个大大的平假名"カ"（"加贺"发音"KAGA"，"カ"即为"KA"）作为识别标示。根据1939年日本海军《战时舰船飞行机搭载标准》的记录，经改造后加贺最多可搭载九六式舰战24架（常用18架、备用6架）、九六式舰爆24架（常用15架、备用9架）、九七式舰攻54架（常用45架、备用9架），合计总数达102架，成为日本航母搭载机数最多的。又经过新机换装，舰载机数下降至75架。着舰制动装置从引进的法国横索式改为仿制并改进后的国产吴式四型。加贺最为人诟病的两舷通烟管道被拆除，并模仿效果不错的赤城先例，安装了右舷下弯式烟囱，不过尺寸上要比赤城小很多（因为加贺的锅炉数量少、排烟较少）。因为烟囱尺寸、重量控制在一定限度以内，加贺得以避免后来赤城奇怪的左舷舰岛之误，在右舷靠甲板前部设置半圆形岛型舰桥，体积亦控制在所需最低程度。藤本喜久雄坐镇舰政本部第四部多年以来一味迎合日本海军加强火力之要求、大搞头重脚轻的"小船抗大炮"而导致许多舰船复原性极差的问题，终于通过1934年3月的友鹤事件充分暴露了出来。藤本失势后再次掌握海军舰艇设计指导权力的平贺让对复原性增强改造很重视，接下来的数年改造工程使得日本海军军舰在二战期间很少发生被海上狂风一吹就倾覆的事故（倒是美国海军在二战中发生了不少此类事故）。虽然平贺让对藤本不无鄙夷，但只要有助于维持军舰复原性，藤本的设计也是可以沿用的——完全属于藤本奇思杰作的舷侧下弯式烟囱，比高耸于舰体上方的直立式烟囱更有助于增强复原性，因此平贺让继续沿用此设计至包含加贺在内的其他大型航母。平贺让虽然理智地保留了成功设计，但他自己固有的保守设计理念却也赫然出现在加贺舰上——随着中层飞行甲板的取消，原先阻挡在该层甲板前方的2座双联装200毫米炮也被拆除，而平贺让却坚持在舰体后部预备炮廊内又安装上4门200毫米炮！如此一来，200毫米主炮仍然维持在10门不变，虽然没有违反《华盛顿海军条约》之规定，但这10门主炮直至加贺沉没都没有在实战中开过一炮，可谓是以平贺让为首的日本海军保守势力极端迂腐之明证。由于遭到许多人的反对，平贺让才勉强没有在赤城改造时同样这么干。加贺的旧有锅炉全部被拆除，更换为8台舰本式高温高压锅炉，输出总功率提高至125000马力。该新型锅炉最早试验采用是在最上型巡洋舰上。配合加贺舰体的减重措施，加贺缓慢的航速多少提高了一些（虽然仍是最慢的大型航母），可编入横跨太平洋作战的机动舰队中共同行动。另外赤城的燃油搭载量也有所增加，这对续航距离延长大为有利。

改造后的加贺号航空母舰主要性能参数：

标准排水量：38200吨（改造前26900吨）。公试排水量：42541吨（改造前33693吨）。舰体全长：247.6米（改造前238.5米）。最大舰宽：32.5米（改造前29.6米）。平均吃水深度：9.48米。飞行甲板全长：248.6米。飞行甲板最大宽度：30.5米。动力装置：技本式蒸汽轮机2台，布朗柯蒂斯式蒸汽轮机2台，吕号舰本式重油高温高压锅炉8座。输出功率：125000马力（改造前91000马力），四轴推进。航速：28.3节（改造前实际是26.7节）。燃料搭载量：重油7500吨。续航距离：10000海里/16节。武器装备：50倍口径三年式200毫米炮10门，双联装45倍径89式127毫米高射炮8座，双联装96式25毫米机关炮11座。搭载舰载机：75架，全部是常用机，其中零式21型舰战21架，九九式舰爆27架，九七式舰攻27架。乘员：2000人（改造前1269人）。

大改造完毕的加贺又赶上了1937年卢沟桥事变后的侵略中国战事，被编入第三舰队第二航空战队序列，与其共同行动的是凤翔、龙骧这一老一新的两艘小型航母，毫无疑问加贺成了侵华日军航母的主力。日军大举入侵、信心爆棚，认为"三个月灭亡'支那'（中国）"理所当然，加贺舰上的第二航空战队参谋城英一郎海军中佐——这个疯子在太平洋战争末期是神风特攻的主要策划者之一——甚至狂妄叫嚣："由我海军航空部队进行奇袭攻击，日华事变三天之内即可结束！""八一三"第二次上海事变引发了规模宏大的淞沪会战，8月15日加贺舰起飞九四式

▲ 经过改造后的加贺，可见右舷已经去除长烟道而加装了下弯式烟囱。照片顶端的无线电桅杆被放倒，可见正在准备起降战机

舰爆16架、九六式舰攻13架、八九式舰攻16架，企图于凌晨时分偷袭中国军队机场，一举夺取制空权。因为日军以为中国空军战力不值一提，也由于当时日军首脑中盛行"战斗机无用论"，该突袭没有任何战斗机掩护，结果吃了大亏。在杭州笕桥机场上空，高志航大

▲ 1936年，正在实施舰载机着舰作业的加贺。为了防止热烟干扰着舰，冷却装置正在运作，烟囱中排出的是混合水蒸气的白烟。信号桅杆和无线电桅杆已放倒，甲板靠前部已经设置有小型舰桥

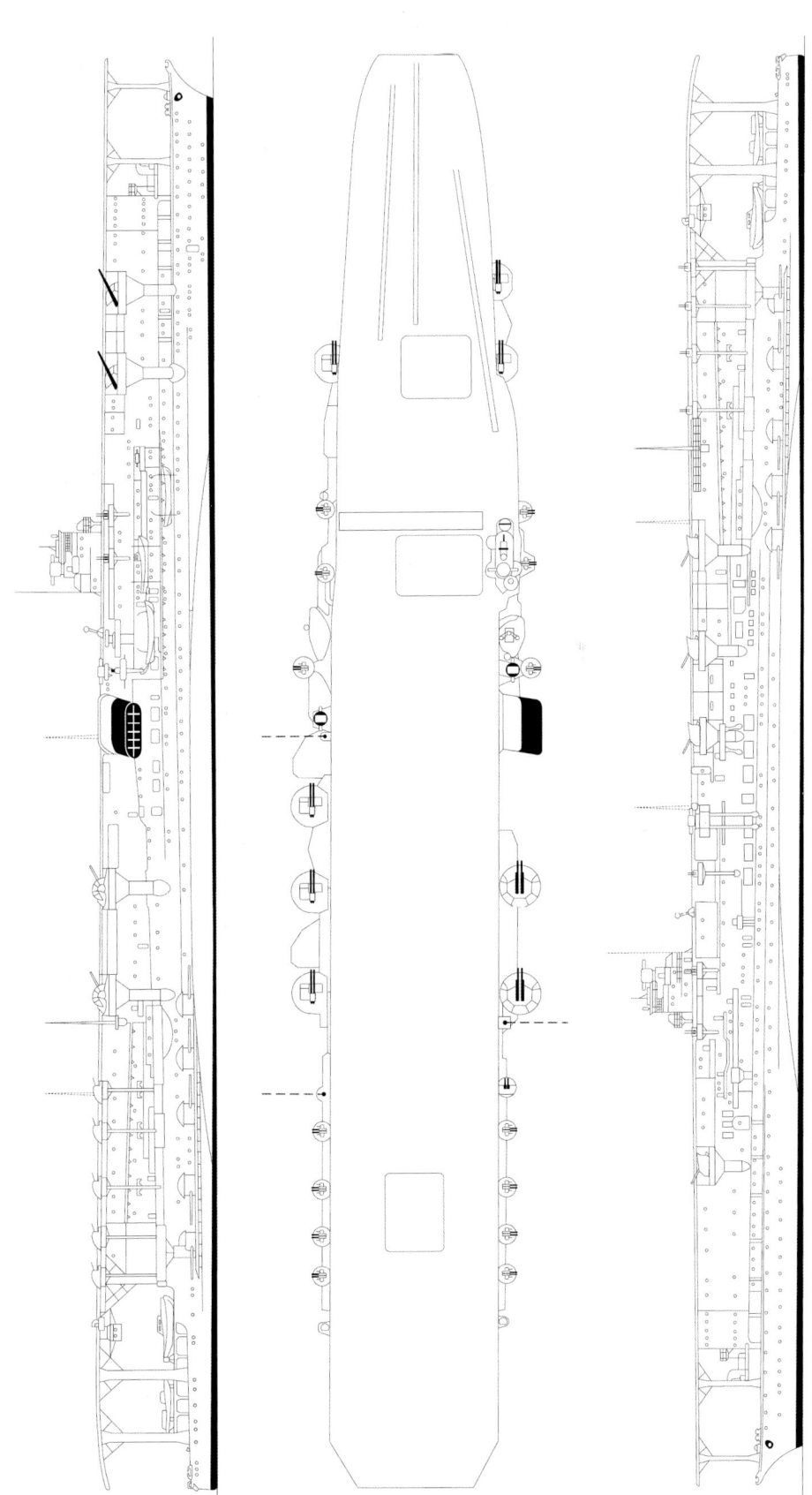

1942年时的加贺号三视线图

队长奋勇出击，前往曹娥机场的其他加贺战机也遭到了抵抗，结果在一整天的空战中，加贺损失了8架八九式舰攻、2架九四式舰攻，只有较为先进的九六式舰攻没有损失，战力损失了三分之一。"战斗机无用论"经此一战完全破产，8月22日加贺舰上紧急补充了6架新型的九六式舰战，这种全金属单翼战斗机相对中国空军停留在一战水准的战机来说领先幅度太大了，但中国空军仍奋勇抵抗。9月7日，中国空军的4架霍克3战机又取得了太湖空战的胜利，击落来自加贺的九五式舰战和九六式舰战各1架，这也是九六式舰战的第一次损失。但随着日军部署的九六式舰战越来越多，中国空军终于无法挽回颓势，其后数次空战中蒙受了较大损失，到9月末已难有作为。而加贺的舰攻队参加多次南京轰炸行动，并攻击长江江面上的中国海军舰艇，对封锁咽喉江阴要塞进行重点轰炸。舰攻队与陆基轰炸机协同将中国海军仅有的大型军舰——宁海、平海炸毁，中国海军基本壮烈毁灭。华东战事告一段落后，加贺转战前往华南，轰炸广州，支援登陆广东的陆军推进，1938年8月30日参与了在中国大陆上的最后一次较大规模空战——南雄空战。10月，广州被日军攻占，加贺在中国华东至华南海域一年多的作战结束。加贺是这段时间内参加激烈空战最多、蒙受损失最多、取得战果最多的日本航母，比起在船坞中耗费了太多时间的赤城和刚刚服役的苍龙、飞龙，加贺舰上的"海鹫"们毫无疑问是实战经验最丰富的。

当南云机动舰队1941年11月18日启程前往北方择捉岛单冠湾时，加贺与旗舰赤城共同组成了第一航空战队。赤城率领众舰先行前往单冠湾后，加贺仍在集合分布于佐伯湾各个陆地基地的舰载机，20日才出发追赶先行队伍。加贺舰载所携带的低潜鱼雷是特别为攻击珍珠港而紧急研制、生产的，还有来自三菱重工长崎工厂的技术人员随行，前往单冠湾的这几天路程中，他们仍在加紧对100枚低潜鱼雷做最后的技术调整。进入单冠湾之后，运输艇从加贺舰载将这些鱼雷卸下，分送给赤城、飞龙、苍龙各航母雷击队，三菱技术人员也下船了，但因为严密封锁情报的需要，这些人被暂留在荒凉的择捉岛直至12月8日行动结束。12月3日，北太平洋上航行中的南云舰队已经收到命令、确定按计划空袭珍珠港，加贺舰载却有一名下士官落水，当然静默中的机动舰队不可能为了一个人停下来搜索，只能将这个倒霉的首位阵亡者勉强划入失踪名单。12月8日1时30分，空袭珍珠港的第一攻击波战机在山本五十六"皇国兴废在此一举"的鼓励下陆续升空，加贺出动九七式舰攻26架（飞行队长桥口乔少佐），其中有携带炸弹的水平轰炸机14架、携带鱼雷的雷击机8架（另由分队长北岛一良大尉率领），另外还有负责制空的零式舰战9架（分队长志贺淑雄大尉）。突入珍珠港后，加贺雷击队立刻投入对"战列舰大街"的攻击，鱼雷首先命中了俄克拉荷马号战列舰，该舰立刻被烈火与浓烟笼罩。随后水平轰炸队在渊田亲率下开始进攻，加贺九七舰攻机上投下的一枚炸弹将田纳西号战列舰的炮塔炸飞，狂舞的碎片击中近旁西弗吉尼亚号舰桥中的本尼昂舰长，致其牺牲。第一攻击波结束战斗，加贺损失4架舰攻和2架零战。第二攻击波，加贺出动九九式舰爆26架作为俯冲轰炸队（分队长牧野三郎大尉），以及零式舰战9架（分队长二阶堂易大尉）。俯冲轰炸队找到了港内唯一尚有航行能力的内华达号战列舰，当时该舰正努力绕过火焰笼罩中的亚利桑那号，

▲ 1937年5月，停泊于宿毛湾进行训练的加贺，飞行甲板上摆满战机。最前面是九〇式舰战，其后是九四式舰爆，再往后是八九式舰爆，这些落后的多翼机都将在太平洋战争打响前被更先进的战机取代

▼ 1937年10月14日，正在中国南方沿海参与军事行动的加贺，上空飞过九六式舰攻机。加贺的下弯式烟囱排出冷却白烟，说明正在进行着舰准备。飞机机轮旁海面上有一艘驱逐舰，它伴随加贺行动，随时准备救助落水飞行员

牧野大尉试图将其炸沉在海军船厂前。九九式舰爆一架接一架俯冲、投弹,发挥得比在训练中还要好,连续5枚250千克炸弹命中了内华达号,该舰眼看支撑不住,为避免阻塞主航道(那样一来珍珠港将瘫痪半年时间),只得靠向医院角滩头搁浅。第二攻击波结束战斗,加贺损失舰爆6架、零战2架,损失较大的原因是围绕内华达号的战斗吸引了当时珍珠港内几乎所有防空火炮操作手的注意。整个袭击行动,南云机动舰队损失战机29架,其中15架属于加贺,加贺损失最大,但仍保有充足的战斗力。

此后数月是机动舰队"阳光灿烂的日子",加贺与赤城紧密协同,参加了侵占拉包尔、轰炸澳大利亚达尔文港等行动。由于2月

▲ 属于第一攻击波的加贺九七式舰攻已经投弹完毕,机翼下的珍珠港熊熊燃烧,日军战机正向返航集结点飞去

8日加贺的推进轴在帛琉泊地稍有撞伤,3月中旬返回日本进入佐世保港修理,赤城率领其他军舰前往印度洋作战。5月初修理工程结

▲ 突袭珍珠港前一天,在飞行甲板前合影的加贺攻击队飞行员。照片上标出名字的赤松勇二三等飞曹在前排左起第四位,最终军衔是海军中尉;第二排左起第三位是雷击分队队长北岛一良大尉,第四位是福田稔大尉

▲ 北岛一良大尉正在加贺甲板上向雷击队飞行员讲解珍珠港情况,用粉笔画出大体攻击路线与位置

▼ 一架来自加贺的九七式舰攻机在珍珠港被击落

束,而赤城也从印度洋胜利返航,两舰遂再度协同,准备参加中途岛MI作战行动,时任加贺舰长的是冈田次作大佐(冈田早年曾任霞之浦飞行队队长兼教官、横须贺空教官、航母加贺飞行长、航母龙骧舰长等职,是航空俯冲轰炸战术的主要研究制定者)。联合舰队针对MI作战行动进行图上演习时,出现了红军(美军)突然发动袭击将赤城与加贺两舰击沉的情况,但主持演习的宇垣参谋竟趾高气扬地认为"美军实际没有这样的战斗力",违反规则将赤城、加贺都给捞了起来。当地时间6月4日(日本时间6月5日)凌晨4时30分,真刀真枪的中途岛袭击战开始了,紧随在赤城身后的加贺起飞18架九九式舰爆(分队长小川大尉)和9架零式舰战(分队长饭塚大尉)参与第一攻击波机群。加贺舰爆队攻击的重点对象是中途岛附近的沙岛美军飞机场,战斗中被高射炮击落1架舰爆、1架舰战。美军地面人员事后回忆说:"(被高炮击落的敌机)起火后还继续在编队中飞行了很长一段时间,直到最后失去控制而打转坠落。"另有4架加贺舰爆被击伤。沙岛上的水上飞机机库被加贺舰爆机投弹炸毁,同时被夷平的还有一个禁闭室,好在当时没有美国大兵在禁闭室中,而且大概没有人对禁闭室就此消失感到不快。虽然加贺攻击队损失不大,但第一攻击波毕竟没有达到预期作战效果,加贺舰上的作业员与其他航母上的作业员一样,开始将舰攻机上的鱼雷换成炸弹,准备以此实施第二波攻击。发现美军航母特混编队的消息传来后,又不得不再将炸弹换成鱼雷。于是,加贺的机库中也堆积了不少来不及

航向珍珠港的南云机动舰队,从瑞鹤号航母甲板上看到列队航行中的加贺号航母

处理的鱼雷、炸弹。美军自中途岛起飞的攻击机随后发起几波攻势，进攻重点放在赤城与飞龙两舰上，不过也有美机发现赤城身后还有一艘日军航母，比相应的美国航母要短些、宽些，飞行甲板无上层建筑——这当然就是加贺，体积较小的舰桥在高空很难看清楚。美机向加贺投下的炸弹主要集中在舰艉方向，希望击伤螺旋桨，但很遗憾全部失之交臂，加贺留下的记录表明有一颗美军炸弹在距离左舷舰艉仅20米处落入海中。加贺舰上防空火力全开，有一架受创美军战机勉强回到中途岛降落后，美军在其机身上数出了210个弹孔！加贺与整个南云机动舰队的好运道都快挥霍完毕了。

自企业号航母起飞的SBD俯冲轰炸机队于10时20分抵达南云舰队上空，6架向赤城俯冲，而向加贺俯冲的却达到25架之多！此时的加贺在机库中堆放着炸弹、鱼雷，飞行甲板上则排满了油量充足的第二攻击波机群。飞行长天谷孝久海军中佐回忆道："他们（美军SBD）背着阳光，利用间歇云的掩护向我们俯冲，战术实在高明。"狂乱的尖啸声越来越近，在拼命转舵、躲开三枚炸弹后，加贺飞行甲板终于被一枚炸弹命中，接着又连续被命中三弹——在这"决定命运的五分钟"里面，加贺被命中炸弹数最多。四枚炸弹分别落于飞行甲板的前部、中部、后部以及舰桥附近。落于甲板后部的炸弹在准备起飞的机群中猛烈爆炸，接着又引发一连串连环爆炸。许多舰载机被整个掀翻过来，机身变成了烟火管道，喷吐着烈火浓烟，四周到处是浑身着火、遍地打滚的人。又一枚炸弹直落入升降机井里，将机库中停放着的飞机、近旁的炸弹引爆。相距不远的战列舰榛名号上，一位军官数

着加贺舰上发生爆炸的次数，当数到第七次的时候，不禁想这艘航母上恐怕不会有人幸存了。冈田舰长眼见此景，目瞪口呆。一名军官狂奔上舰桥报告说甲板下通道已被大火全部隔断，大部分舰员被困，并催促舰长赶快离舰，但冈田舰长摇了摇头说："我要留在舰上。"这名军官刚刚奔出舰桥，炸弹便落在了舰桥旁，引爆了停在那里的小加油车，舰桥顿时被炸飞，冈田舰长与舰桥中所有人全部殒命。天谷孝久海军中佐接管指挥权，但对眼前局面已无能为力，14时左右损管队长报告说主机已经停转，照明、电力皆无，天谷中佐只得下令准备弃舰。几乎与此同时，埋伏在附近水域的美军鹦鹉螺号潜艇（SS-168）露出水面，向加贺发射了三枚鱼雷，虽有一枚命中，但据说没有爆炸。参与救助的萩风号驱逐舰上的军官则回忆说，加贺的甲板上从头到尾，只有最前部和最后部30米左右的两段没有火苗，大多负伤的幸存者都集中在这两处向前来救助的驱逐舰转移。19时25分，加贺内部又传来两次巨大的爆炸声，随后迅速翻覆，沉没于北纬30度20分、西经179度17分海域。整个中途岛战役中，加贺是遭受人员损失最重大的军舰——舰上冈田大佐以下811人阵亡。虽然有7架属于加贺的零战降落在此番攻击后唯一幸存的飞龙号航母上继续战斗，但随着飞龙的沉没又全部损失了。这甚至都不是最后的损失——加贺舰上的幸存者搭乘萩风号驱逐舰与联合舰队本队会合然后搭乘小运输艇向长门号战舰转移时，据说因为许多人蜂拥而上、小艇翻沉，再度造成了人员损失。日本海军航空兵中实战经验最为丰富的加贺精锐飞行队几近全灭。1942年8月10日，加贺号航空母舰被除籍。

▲ 袭击加贺号的美国海军鹦鹉螺号潜艇

▼ 鹦鹉螺号潜艇主张这幅通过潜望镜拍摄的照片可以证明其发射的鱼雷命中了加贺号航母

龙骧号小型航空母舰

《华盛顿海军条约》限制日本海军的航母吨位在英美的六成比例，总额81000吨。日本将天城（后被加贺取代）、赤城两舰改装为大型航母后，合计吨位已经接近限额，在条约有效期内继续建造大型航母已不可能。美国、日本各自改造建成两条大型航母，成为世界上分庭抗礼的两大海军航空兵。这两国海军中同时也在流行一种观点：航母是一种甲板上挨了一枚炸弹，便有极大可能整个失去战力的海战武器，简而言之便是攻强守弱。大型航母等于是将所有鸡蛋都放在一个篮子里，不如分别建造几艘小型航母，灵活机动，提高生存率的同时还能维持一样的战力——后来的事实证明此预想大错特错，但毕竟前方无先行者，两国都依照此观点开始设计建造较为小型的新航母。美国海军经过数年的争论、摸索，最终于1934年得到突击者号小型航母，其标准排水量超出预计（14000吨以上），航速、战机起飞速度等却不如预期，甚至在不利海况条件下连顺利起降战机都无法做到！——同等海况下列克星敦型大型航母却可以。装了满满一肚子舰载机（76架常用机以及36架备用机，并采取将备用机吊挂在机库顶棚框架上的讨巧举措）的突击者号刚开始服役便被视为失败之作，美国海军由此论断：2万吨以下航母无法正常发挥航母功效。相比突击者号，日本海军领先一步也建造了小型航母，这便是龙骧号。与凤翔、赤城相似的是，"龙骧"这个舰名也曾经被用于明治时代的一艘木制海防炮舰。美国海军建造突击者号航母，是为了充分利用剩余航母建造吨位，而日本海军建造龙骧的目的却是为了

▲ 横须贺海军工厂第5船渠中正在建造的龙骧

▲ 竣工后停泊在横须贺港内的龙骧。从舰艏前方看，其上层结构明显过于庞大

▲ 从舰艉后方看竣工后的龙骧

在航母建造吨位以外获得额外战力！因《华盛顿海军条约》并不限制10000吨以下的航母（其主要着眼于限制大吨位主力舰），日本海军觉得这是个可钻的空子，遂决定建造至少4艘万吨级以下小型航母——却将其称为"航空补给舰"，这当然只是文字游戏。原本用于建造新水上飞机母舰（以取代若宫号）的预算资金于1925年被转移到第一艘航空补给舰上。此舰与突击者号一样，属于试验性质，设计者当然又是那位善于在螺蛳壳里做道场的藤本喜久雄。

当时日本最新型的重巡洋舰是1926年9月首舰刚刚下水的青叶型，其舰体被藤本选来延用于龙骧号航母。青叶型重巡是日本努力在裁军条约的"10000吨辅助舰艇"规定范围内尽可能实现强火力与高航速的设计产物，明显外张的双曲线舰艏具有很好的凌波性能。1929年11月26日，龙骧号在民间造船厂横滨船渠开工建造，这也是政府扶持民间造船业的举措之一。然而开工后没多长时间，1930年4月，日本在伦敦海军会议后签署进一步限制海军军备的条约，10000吨以下的航母也被列入了吨位限制范畴（这说明列强对于舰载航空兵在未来海战中的功用更加重视了）。日本海军见龙骧的排水吨位反正是要占份额，便强令其扩展载机量，而藤本对于这样的要求一向来者不拒。龙骧初始设计只有一层机库，遂应海军要求变更为两层，将原设计的24机搭载量强行提高至36机。如此匆忙地增设机库，造成龙骧一眼望去便有重心不稳之感。横跨两舷的大型罗经舰桥位于飞行甲板下，最高的飞行甲板由于没有舰桥而完全平坦，但前后两端有少许向下倾斜。龙骧原本计划达到33节最高航速，但增加机库、舰载机之后只能勉强达到29节。龙骧的烟囱安装于右舷侧甲板下方位置，并根据赤城的经验装有喷淋冷却装置。龙骧是最早装备较为先进的89式127毫米高射炮的日本航母，迫于吨位有限无法装备重巡级别的主炮，不过考量到日后实战中更重要的防空火力，龙骧能够赶上赤城型航母的水准。继凤翔之后，龙骧也采用了自美国引进的回转稳定仪，以便在不良海况下稳定舰体。龙骧还是最早采用横索着舰制动装置的日本航母，一开始是萱场式，后来更换为国产吴式四型。1931年4月2日，龙骧舰体建造完毕下水，前往横须贺海军工厂进行舾装，1933年5月9日服役——领先突击者号一年。

前海军技术大佐玉崎坦的回忆中有一段发生于龙骧舾装过程中的故事：由于服役日期临近，一天晚上他命令龙骧舰上的舾装工人通宵工作。第二天早上上班时，他刚到厂便听说昨夜有一个当班的舾装员机关大尉（即海军监察人员）因为喝得酩酊大醉想睡觉却被加班工作的声音吵醒，竟借着酒劲拿棍子追打现场工作的一个组长，后者躲避的时候把脸都摔伤了。玉崎当即怒发冲冠，下令停止工作，于是工人们全都从龙骧舰上下来了。就在玉崎转念担心事态如何收拾时，看到

▲ 停泊于吴港内的龙骧，可见其右舷侧甲板下方位置上的两个烟囱

那个机关大尉紧绷着脸走向吉良俊一副长道歉去了。此事以机关大尉受相应处罚,工人们马上复工而结束。

据说龙骧出海进行海试航行时,舰体倾斜相当严重——被吓坏了的舰员回忆说倾斜达到20度,根本站不稳!1934年4月友鹤事件发生,服役不足一年的龙骧很快被送入吴海军工厂实施第一次改造,措施包括扩大舰体腹部、增加压舱配重物、下层机库一部分改作仓库(减少3架载机)、取消部分高射炮(2座双联装89式)及设备以削减上部重量、提高烟囱位置与飞行甲板齐平等等。改造完毕后不久,龙骧号便在1935年9月的第四舰队事件中与许多日舰一样被狂风巨浪摧残,舰桥前壁扭曲变形,飞行甲板也被海浪击伤,大量海水涌入机库。于是龙骧于当年11月再度被送入船厂实施改造,主要措施仍然是削减上部重量(舰桥宽度显著向中间缩短)、强化结构强度(加装钢板等),舰桥前壁与飞行甲板前段改为弧形,舰艏部增加一层甲板以提高凌波性。

两次改造后的龙骧号航空母舰主要性能参数:

标准排水量:10600吨(改造前8000

▲ 九五式舰载战斗机驾驶员铃木实中尉。此人后来改驾驶零战后,在中国战场上又取得不少战果,晋升很快,但由于事故负伤,错过了太平洋战争初期的战斗。这张肖像照拍摄于1942年4月,其胸前佩戴有功四级金鵄勋章,表彰其在上海宝山等地空战中的优异表现

吨)。公试排水量:12575吨(改造前11733吨)。舰体全长:180米(改造前179.9米)。最大舰宽:20.78米(改造前20.32米)。平均吃水深度:7.08米。飞行甲板全长:156.5米。飞行甲板最大宽度:23米。动力装置:舰本式高低压蒸汽轮机4台,吕号舰本式重油锅炉6座。输出功率:65000马力,双轴推进。航速:28节(改造前29节)。燃料搭载量:重油2934吨。续航距离:10000海里/14节。武器装备:双

▲ 在横须贺海军工厂实施舾装工程的龙骧,正在铺设木制甲板。可见两个烟囱的尺寸是不同的。89式双联装127毫米高射炮已经设置完毕

▲ 开战之初的1941年12月12日,来自航母龙骧号的舰载机队正飞过菲律宾吕宋岛上的马荣火山附近。这座活火山被称为"地球上最完美的圆锥体",通过这种非常明显的地标来计算确认航线对于飞行员来说是基本技术

龙骧正在伊予滩海面进行全功率公试航行,虽然最高航速有29.5节,但舰体倾斜相当严重

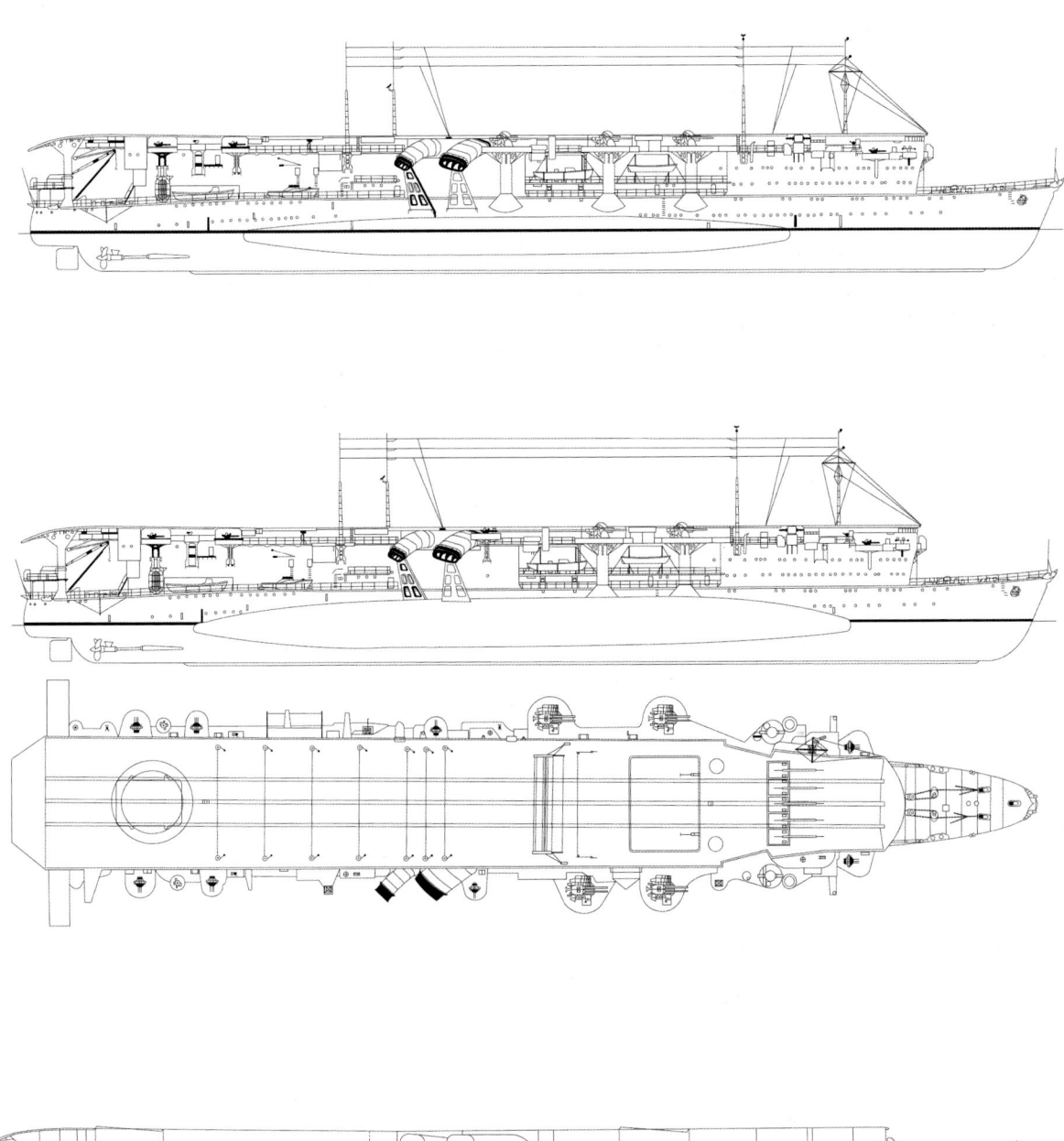

1933年刚建成时与1941年经过改造后的龙骧线图对比,舰体腹部的膨大是很明显的

▲ 战前属于航母龙骧的九五式舰载战斗机,其后方是鹿屋航空基地北方的乡之原丘。战争末期鹿屋基地沦为自杀攻击的大本营,现在乡之原丘上设有特攻慰灵塔

▼ 战前属于航母龙骧的九五式舰载战斗机

联装45倍径89式127毫米高射炮4座（改造前6座），双联装96式25毫米机关炮2座，四连装13毫米高射机枪4座。至太平洋战争爆发时搭载舰载机：40架，其中九六式舰战19架（常用16架，备用3架），九七式舰攻21架（常用18架，备用3架）。乘员：924人（改造前600人）。

龙骧号航母与美军突击者号小型航母一样，虽然广遭诟病，但本身在服役期间却是尽心尽力，圆满完成了被赋予的任务。由于卢沟桥事变发生时赤城还在进行改造，新近改造完毕的龙骧遂与加贺组成海军航空兵之主力第三舰队第一航空战队，前往中国沿海作战。经过华东地区的多次战斗，龙骧又与凤翔搭档前往华南参加厦门进攻作战，9月21日与中国空军在广州激烈空战。

日后成为超级王牌的岩本彻三，1935年时曾在龙骧号上作为整备兵（地勤人员）服役。转科成为海军战斗机飞行员、于中国战场上取得击落14架的战绩后，1940年4月岩本又回到龙骧上接受舰载战斗机飞行员培训。太平洋战争爆发时，龙骧与春日丸特设航母（后称"大鹰"）组成第四航空战队，支援东南亚侵略作战，战队司令官是以"见敌必战"闻名的角田觉治海军少将。龙骧不能加入袭击珍珠港的南云机动舰队的原因，在于续航力不足以跟随大型航母实施远航程机动作战。龙骧在东南亚先后参加了棉兰老岛、苏门答腊岛、爪哇岛、缅甸安达曼群岛进攻作战，击沉击伤多艘盟军军舰，于4月返回日本，在休整的同时将九六式舰战陆续替换为零式舰战，准备参加中途岛入侵行动——但龙骧还是没有捞到主力位置，而是与刚刚改装完毕服役的隼鹰号航母组成第四航空战队，航向极北，侵占美国阿拉斯加州阿留申群岛。占领

▼ 两架中岛九七式舰攻机于1942年2月17日飞过印尼爪哇海上空，海面上被龙骧舰载攻击机发射鱼雷命中的荷兰驱逐舰正在燃烧、沉没

这片荒无人烟的美国领土，除了政治意义，还有为进攻中途岛的主力部队打掩护的意图，当然此意图由于日军密码被破译、作战动向完全被美军掌握而破产了。1942年6月3日至4日，龙骧与隼鹰出动数波战机空袭荷兰港及周边美军据点，战斗中龙骧飞行队第二小队2号机（制造编号4593）——由古贺忠一飞曹驾驶的零战是唯一损失的战斗机，偏巧这架战机迫降后机身没有严重损伤（但古贺飞曹受撞击当场死亡）。美军后来找到这架宝贵的零战并回收，进行技术分析后终于找到了对付零战的办法。中途岛战役导致4艘大型航母覆灭，龙骧在此危难时期也必须投入主要作战区域了。7月14日，龙骧与缺乏经验的隼鹰、飞鹰（7月31日正式服役）组建第三舰队第二航空战队（司令仍是角田觉治），任务是协助第一航空战队（翔鹤、瑞鹤、瑞凤），不过由于瑞凤的出击准备没有按时完成，龙骧作为瑞凤替代舰于8月16日随同一航战驶往形势紧张的所罗门群岛海域。

8月20日，有报告称发现瓜岛以东海域有美军航母舰队活动（实为弗莱彻中将指挥的企业、萨拉托加、黄蜂三航母编组的TF61特混舰队），第三舰队南云司令下令龙骧与重巡洋舰利根号、驱逐舰天津风及时津风组成临时编队南下攻击瓜岛机场，试图以此吸引美军航母编队，然后由一航战主力翔鹤、瑞鹤歼灭之。龙骧支队遂于24日2时离开机动部队主力，7时左右与美军侦察机接触，10时20分起飞零战6架、舰攻6架的第一攻击波，10时48分起飞零战9架的第二攻击波，前往瓜岛实施轰炸，空战中损失零战2架、舰攻3架，龙骧支队则向北方退避。12时55分开始，美军陆基B-17轰炸机和萨拉托加、企业号航母上起飞的SBD、TBF攻击队陆续来到龙骧上空，负责掩护的9架零战已无法应对。B-17的高空投弹和企业号鱼雷攻击机的进攻虽然没有命中，但给萨拉托加号俯冲轰炸机创造了绝佳战机——负责掩护的零战机没有击落哪怕一架萨拉托加俯冲轰炸机。根据美军报告，正当有一两架战机从龙骧甲板上起飞的一刻，第一枚命中炸弹落下，爆炸将待机日军战机掀入海中，紧接着又有三枚炸弹命中，龙骧甲板完全损坏。掩护零战机与自瓜岛返回的攻击队无法降落，多数迫降水面而损失。此时龙骧舰上火势已无法遏制，丧失航行能力，并向右舷倾斜近20度，舰长只得下令弃舰，三百余名舰员由利根、天津风、时津风救助。17时30分，驱逐舰将龙骧击沉，沉没海域在南纬6度20分、东经160度50分，有资料称阵亡官兵有121名。

龙骧以其小型航母之有限战力奋勇对抗美军陆基与两艘航母的战机集群攻击，完成吸引美军注意、为主力部队创造战机的任务后沉没，可谓鞠躬尽瘁，但是随后的战事中一航战却没能取得令人满意的战果。第二次所罗门海战以龙骧沉没为标志，宣告日本海军再次败北，瓜岛战局越发严峻了。

第二章
跃进

香久丸型、神川丸型特设水上飞机母舰

日本海军第一艘能够搭载飞机上舰的军舰是若宫水上飞机母舰，1931年已经退役。侵华战争全面爆发时，水上飞机母舰只有后续改装的能登吕、神威这两艘，可立即投入作战，但其承担任务异常繁重，急需补充新的水上飞机母舰。最快捷简便的办法，自然是直接将合适的民用船只征集来临时改造。自明治维新以来，日本海军与民间造船企业之间便存在着盘根错节的关系，前者从技术、资金方面大力扶持民间造船业发展，并掌握国内船舶公司所保有船舶的详细技术信息，一旦有战事需要便可征集来立即使用或经改造后使用。

说句题外话，此"寓军于民"政策在1931年"九·一八"事变之后也被急需机动运输力的陆军所采用，以技术规定、资金扶持、信息掌握等手段令一批民间企业投入内燃机车辆的研发、生产事业，今日我们身边随处可见的丰田、本田汽车，均得益于此政策才得以崭露头角。

总而言之，卢沟桥事变发生之后，日本海军立即查找适合改装的运输类船舶，很快选定了东京国际汽船社所拥有的三艘同型远洋蒸汽货轮中的两艘——1936年11月于播磨船厂竣工的香久丸和1937年2月于川崎船厂竣工的衣笠丸（还有一艘是于播磨船厂竣工的香椎丸，未被征用）。东京国际汽船社的这些货轮采用柴油机推进，是拥有遮浪甲板的高航速船型（航速达到19节），该公司将其用于日本与纽约、欧洲之间的跨洋航线。如此性能指标是很有利于战时转为军用的，因此，以战时可立即征用为条件，这些货轮的建造得到了日本海军的资助。

被紧急征用之后，两艘货船都只用了二十余日便改造为水上飞机母舰，于1937年9月至10月间紧急前往中国沿海及内河参战。改造项目主要包括：上甲板上铺设水上飞机作业用木制甲板，前甲板搭载6架水上飞机，后甲板搭载4架。拆除货物起吊用起重机，加装水上飞机用起重机。舰内设置人员住舱、航空燃料库、弹药库、发动机小型修理厂、军

▲ 1938年在中国沿海地区作战的香久丸。在这张照片中，船首下方海面上以及后部甲板上搭载的是九四式水侦机，执行多种任务。香久丸是继若宫、能登吕、神威之后日本海军所拥有的第四艘水上飞机母舰，同时是日本海军所动员征用的第一艘与航空兵相关的特设舰

▲ 1938年10月左右停泊于中国长江下游的香久丸。舰艏艉的炮座上各装备一门120毫米高射炮。前甲板停放九五式水侦,后甲板搭载九四式水侦。当年1月香久丸曾与妙高号重巡搭档前往广西沿海,轰炸南宁、柳州等地,并与中国空军交战

▲ 1937—1938年,参加入侵中国行动的衣笠丸舰上甲板特写。可见前甲板上两架系留的九五式水侦。这一时期水上飞机母舰的航空设施是很简陋的,连飞机移动轨道都没有,只不过是露天系留而已。舰桥与桅杆等与一般货船并无二致

▲ 入侵中国的衣笠丸由海面放飞一架九五式水侦的场景。该舰在1937年中先后转战杭州湾、厦门、青岛等地

▲ 1938年在中国沿海停泊的衣笠丸，可清楚看到舰艏高射炮正处于对空警戒状态

舰用信号系统等等，船的艏艉各设置1门高射炮，另外还有4门高射机枪。

改造后的香久丸型特设水上飞机母舰主要性能参数：

总吨位：6806吨（衣笠丸6808吨）。水线舰体长：137.17米。最大舰宽：18.59米。平均吃水深度：8.77米。动力装置：川崎MAN式柴油机1台。输出功率：7000马力，单轴推进。航速：19.7节。武器装备：45倍口径十年式120毫米高射炮2门，25毫米单装高射炮4门。搭载舰载机：九五式水侦6架，九四式水侦4架，共10架。

来自东京国际汽船社的这两艘货船当然是不够的，日本海军又征用了川崎汽船社于1936年订购的四艘柴油推进高速货运船，分别为神川丸、圣川丸、君川丸、国川丸，它们都得到了日本海军船舶赞助制度的资助，这通过其近乎顶礼膜拜的名称首字组合"神圣君国"就可看出来。神川丸于1937年3月15日竣工，圣川丸同年5月15日竣工，君川丸同年7月15日竣工，国川丸同年11月1日竣工，建造船厂同为川崎造船厂。川崎汽船社原本将这四艘远洋高速货船用于日本往返纽约的商业航线，而首舰神川丸竣工半年后便被征用、改造，投入中国战场作战，余下三舰则在1941—1942年间陆续被征用，也在改造后投入了太平洋战场。

神川丸型的改造相对于香川丸型最大的不同之处是从1941年起增设了水上飞机弹射器。神川丸在1941年5月的第二次改造中在后甲板增设了一部吴式二号5型弹射器，可用于弹射最新式的零式水观和零式三座水侦，其洋上侦察、战斗的执行能力由此大为提升。

改造后的神川丸型特设水上飞机母舰主要性能参数（以神川丸为例）：

总吨位：6853吨。水线舰体长：146.15米。最大舰宽：19米。平均吃水深度：8.23米。动力装置：川崎MAN式柴油机1台。输出功率：7500马力，单轴推进。航速：19.5节。武器装备：45倍口径152毫米舰炮2门（从其他报废舰上拆装得来），13毫米双联装高射机枪2座。搭载舰载机：零式水侦4架，零式水观8架，共12架。

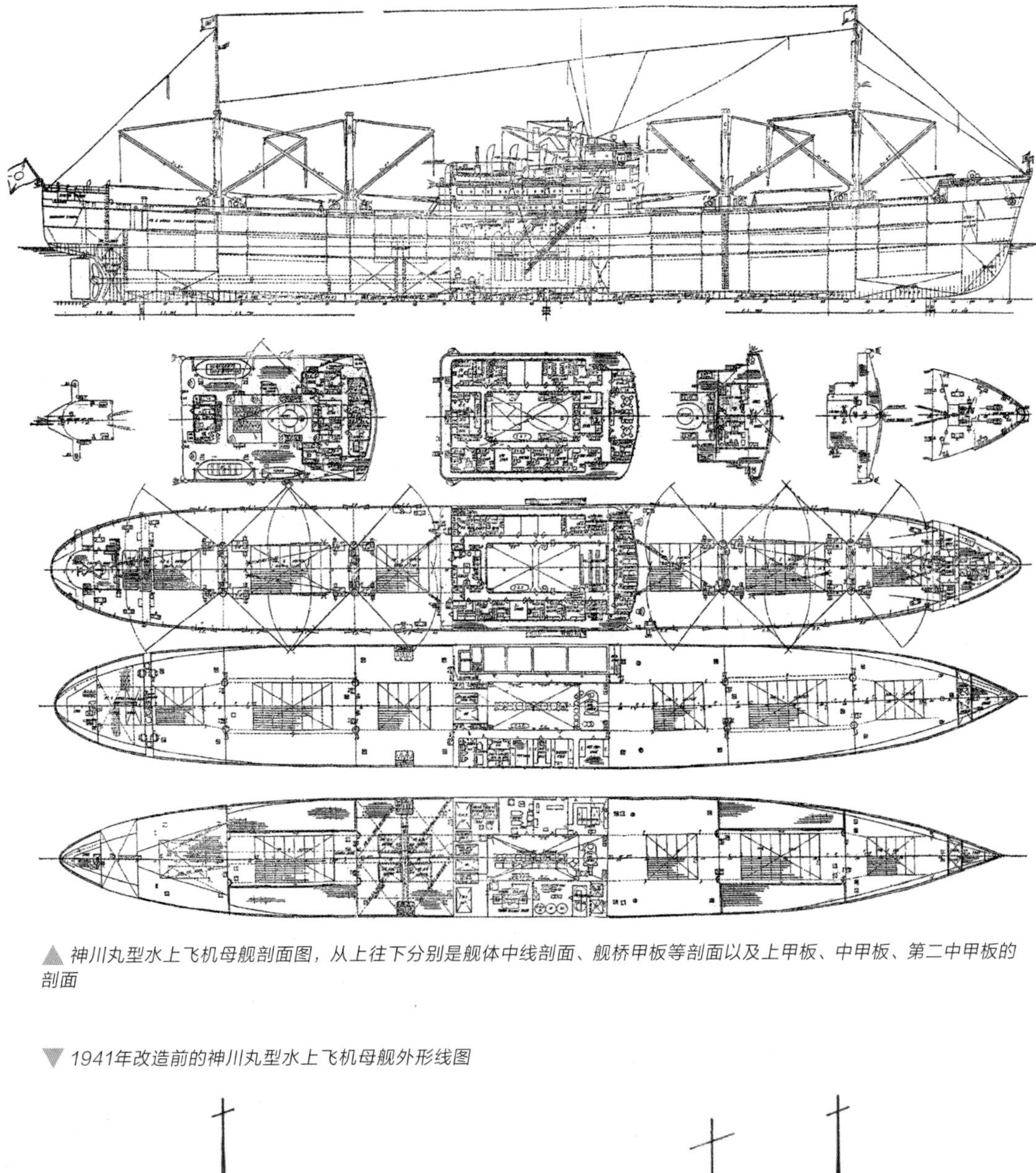

▲ 神川丸型水上飞机母舰剖面图，从上往下分别是舰体中线剖面、舰桥甲板等剖面以及上甲板、中甲板、第二中甲板的剖面

▼ 1941年改造前的神川丸型水上飞机母舰外形线图

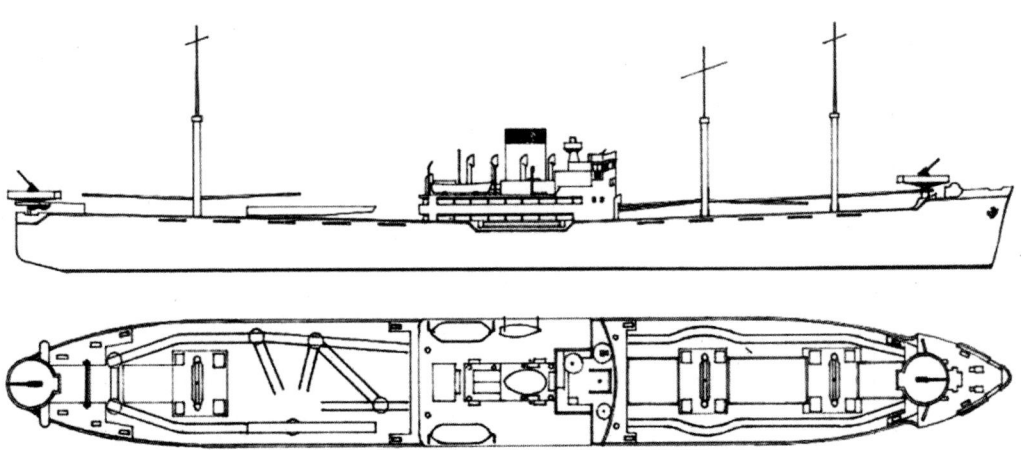

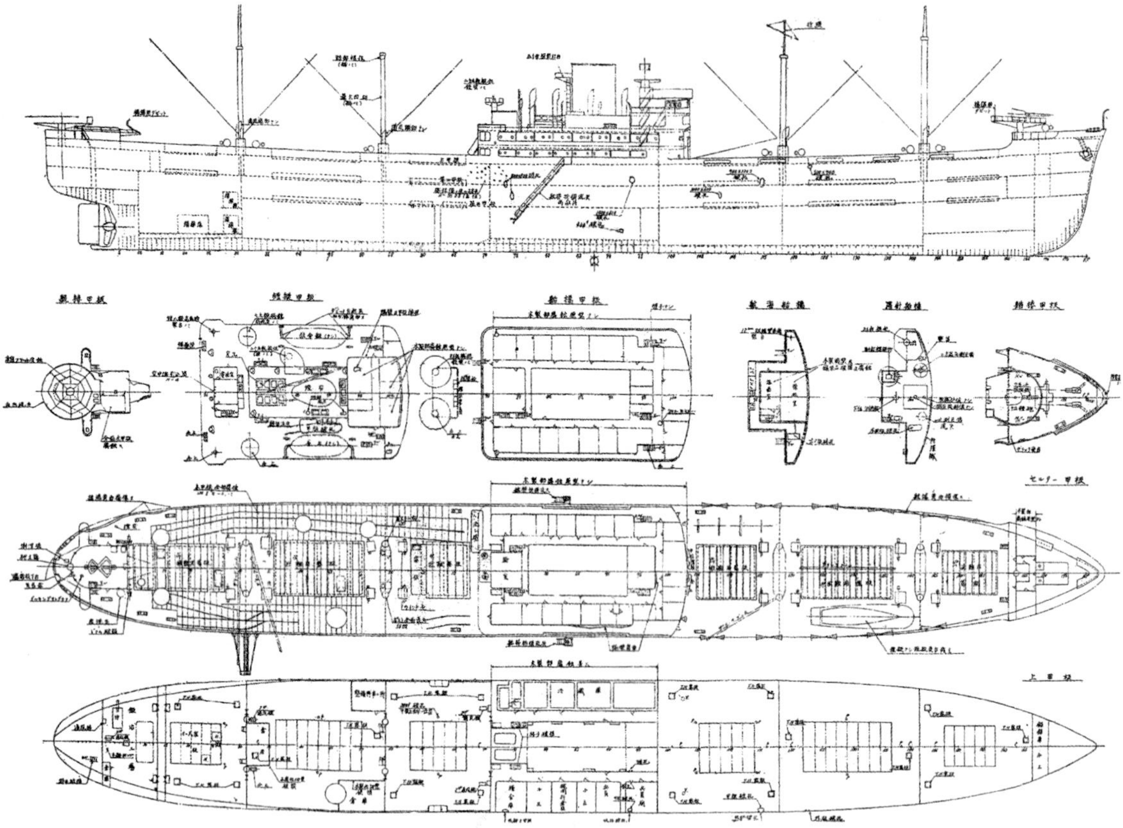

▲ 手写标注的圣川丸号受伤位置图

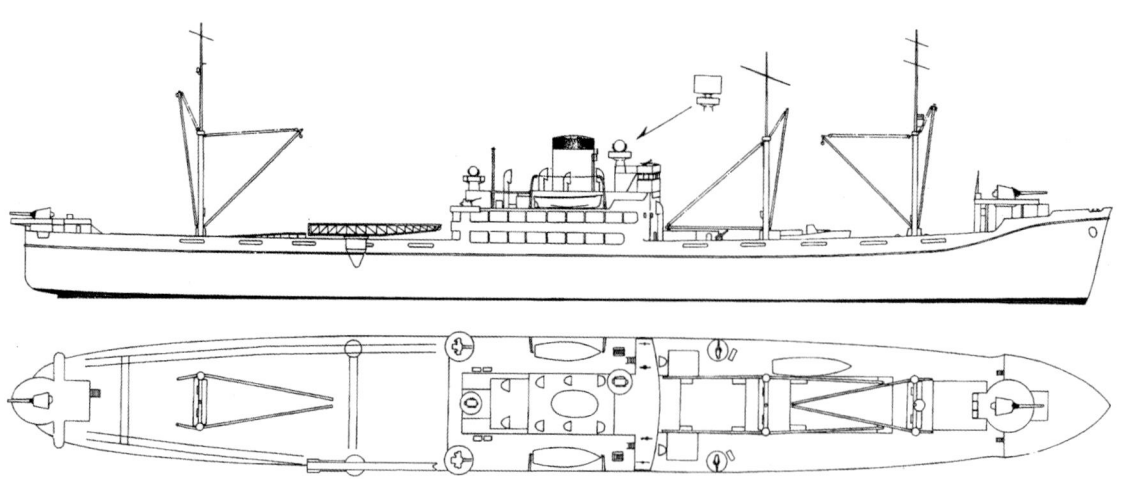

▲ 1943年改造后的神川丸型水上飞机母舰外形线图

▲ 停泊于厦门港的神川丸,拍摄于1937—1939年间。可见其前甲板搭载九五式水侦,后甲板搭载九四式二号水侦

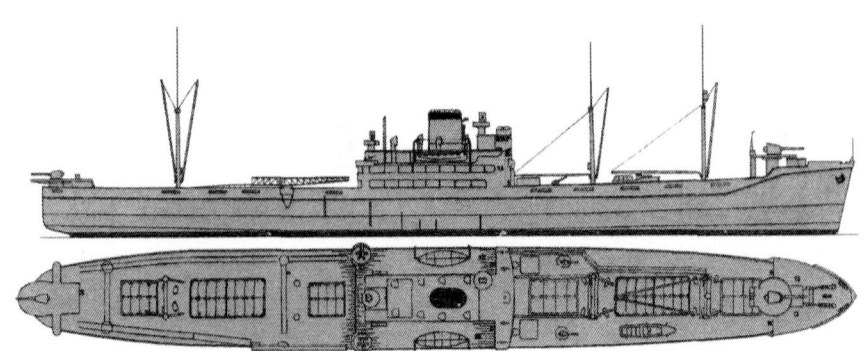
▲ 1942年的神川丸外形图,主要是在后甲板上增设了吴式二号5型弹射器

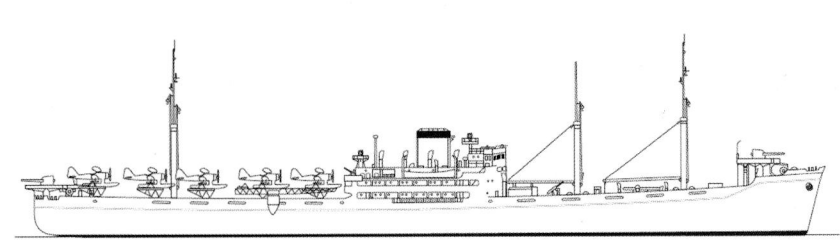
▲ 1943年改造后的君川丸水上飞机母舰外形线图

▲ 在中国作战期间，神川丸正在实施九四式水侦吊放作业，而前甲板上的九五式水侦正在进行整备作业

▼ 经过改造之后的神川丸型水上飞机母舰可搭载中岛二式水上战斗机。可见二式水战放载在运输车上，而车下是移动用轨道。中岛二式水战是中岛公司在三菱零式舰战的基础上研制的，是全世界生产量最大的水上战斗机。让水上飞机母舰通过这种水上战机得到更强的进攻能力，只有对进攻精神有着狂热偏好的日本海军才会如此行事

▲ 战后重新成为川崎汽船社所属商船的圣川丸

▼ 1943年5月28—29日停泊在大凑港的君川丸，舰桥前敷设有防弹片帆布，可见舰上炮座上的45倍口径152毫米舰炮

▼ 神川丸的右舷弹射器上，一架零式水上观测机引擎发动，正准备起飞。零式水观尽管是双翼机，但具有高度的操纵安定性和机动格斗能力，可用于护卫船队、对潜警戒、轰炸敌军设施等许多任务，很多时候还与战斗机一起并肩进行防空作战

▲ 1943年5月28—29日停泊在大凑港的君川丸,正准备增援阿留申群岛日军驻守部队

▲ 停泊在大凑港的君川丸,该舰被广泛用于整机运输水上飞机到前线

▼ 停泊在大凑港的君川丸,拍摄于1942年秋,船体被涂上了灰白相间的迷彩色

▲ 1943年5月28—29日停泊在大凑港的君川丸，正在从中部舷梯载入人员与补给物资。后部甲板上搭载着8架零式水观和2架二式水战，都将用于增援阿留申群岛守军，还可见其舰体上敷设了舷外电缆

▼ 拍摄于1943—1944年间，可能是在北方阿留申群岛海域航行中的君川丸舰体后部，可以较清楚地看到飞机移动轨道、搬运车以及搭载的零式水观。5吨起重机桅杆之间以梁型结构相连，犹如一座门

经过改装的特设水上飞机母舰以其承担任务的多样性而活跃于中国战场乃至广阔的太平洋战场。香川丸于1937年7月抵达华东沿海，加入第三舰队第三航空战队，活动范围自浙江至福建、自广东至广西，武汉会战时深入长江中下游作战，会战结束后于1938年12月解除征用，但在袭击珍珠港之前的1941年11月再度被征用为特设运输船，一直服役到1944年11月4日在吕宋岛以西海域被美军潜艇发射的鱼雷击沉，1945年1月10日被除籍。衣笠丸于1937年10月来到中国参战，编入第四舰队第四航空战队，也参加了1938年2月的南雄空战，1938年4月转为特设运输舰，1939年10月解除征用，1941年11月再度被征用，在其姊妹舰沉没前一个月的1944年10月7日被美军潜艇击沉于菲律宾以西海域，1945年3月10日被除籍。

神川丸也于1937年10月来到中国参战，

参与入侵厦门、汉口等地的行动，1938年12月转为特设运输舰，但次年11月又转回特设水上飞机母舰，1941年5月第二次改造时加装弹射器，开战后参与了入侵马来半岛、莫尔兹比港（担当建立水上飞机基地的任务）、阿留申群岛、瓜岛等诸多行动。1943年5月28日深夜，神川丸在新爱尔兰岛卡维恩北方海域遭美潜艇鱼雷攻击沉没，成为第一艘被击沉的特设水上飞机母舰——当时美军潜艇刚刚克服鱼雷质量极差等弱点，展开了对日军运输船、辅助船只的大规模水下绞杀战。君川丸于1941年7月成为特设水上飞机母舰，1943年10月转为特设运输舰，1944年10月23日在吕宋岛西方海域遭美潜艇鱼雷攻击沉没。国川丸于1942年7月成为特设水上飞机母舰，1943年10月转为特设运输船，1945年5月21日在巴厘巴板港湾遭美军战机炸弹攻击而沉没，1945年11月30日被除籍。

最后只剩下圣川丸，该舰1941年10月成为特设水上飞机母舰，1942年12月、1943年4月、1943年10月在特设运输舰和水上飞机母舰的身份之间数次转换，战争结束前的1945年7月20日在濑户内海被美军战机炸至重伤搁

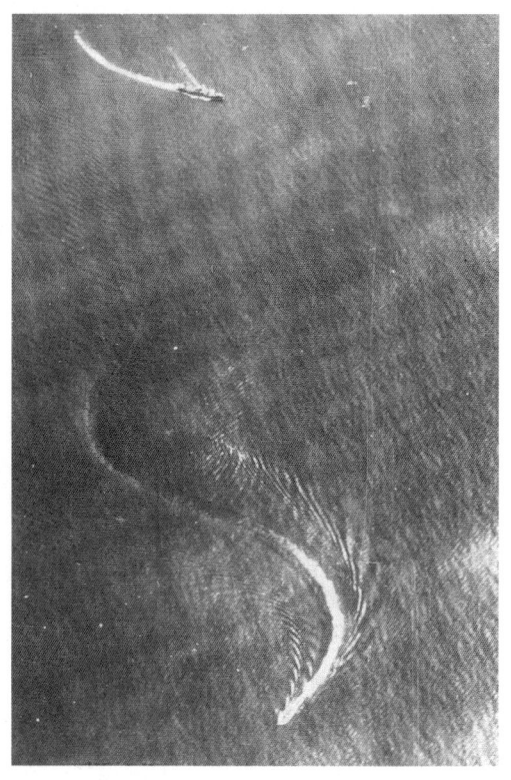

▲ 1942年3月10日，在新几内亚海域作战的圣川丸与一艘伴随驱逐舰遭到美军舰载机攻击，正在实施机动躲避炸弹，照片由美军拍摄。两舰都没有被炸弹命中

浅，9月29日被除籍。其船体在战后又被川崎汽船社打捞出水，再度从事已与阵亡友舰无缘的日本至纽约商业航行，1969年最终解体。

苍龙号航空母舰

《华盛顿海军条约》签订之后，日本海军减去两艘巨大的天城级战列巡洋舰改造为航空母舰之后所占去的份额，然后让最老旧的凤翔号退役，剩下的航母建造吨位只剩下两万余吨。因此日本海军将目光投向了吨位在一万吨以下、不受限制的轻型航母，由此，龙骧于1933年诞生。然而龙骧在建成之时便被认为难当重任，日本海军不得不放弃以小型航母数量取得优势的想法。由于1930年《伦敦海军条约》将一万吨以下航母也算入吨位限制范围，日本海军就只能充分利用手中剩下的两万余吨额度了。

日本海军面前有两个选择：建造一艘两万吨左右的中型航母，或者两艘稍稍超出一万吨的航母，归类为中型航母。日本航母建造吨位只及美国六成，作为当时世界上另外

一个正在积极建造航母的国家,美国决定在两艘列克星敦型、一艘突击者号之后再建造两艘较大型的航母,也就是后来的约克城、大黄蜂。日本海军听说消息,立即否决了建造一艘两万吨级航母的方案,要求新建造两艘一万吨级的小型航母,这样在数量上也能达到五艘。而与美国航母的吨位差所导致的战力差距,尽管已有龙骧号的深刻教训,军令部却仍然指望在10500吨的小型航母舰体内塞入100架舰载机、6门203毫米炮来弥补,称为G6方案。

藤本喜久雄从军令部拿到此方案便两手一摊,说这样的要求绝对做不到,于是修改为G8方案,舰载机数降至72架,火炮改为5门155毫米炮,装甲防护也相应削减。没等G8方案航母动工,1934年友鹤事件发生,藤本被批判声浪淹没,动手修改G8方案以减少不安全因素。世界上各海军大国都已流露出不准备延续《限制海军军备条约》的意向,因此日本海军决定将新航母的公试排水量直接放大至18000吨,但对外却宣称其仍在条约限定范围内,只要这艘航母下水的时候条约已经过期作废,那就没有问题了。G8方案遂改为最终的G9方案,大口径主炮装备被放弃,舰载机继续削减至68架,续航力降至7800海里/18节,除排水量上升外,其余的指标要求均有大幅让步,后世的日本海军研究学者称赞军令部做出的这些让步为"英明决断"。

在巨大的精神压力下仍拼命工作的藤本于1935年1月9日突发脑溢血去世,倒是不必再去忍受第四舰队事件发生后不可避免的全国性讨伐声浪了。而这艘新航母——继"龙骧"之后继续以"龙"为名,沿用明治时代一艘木制天皇御召舰的名称而称为"苍龙"——遂成

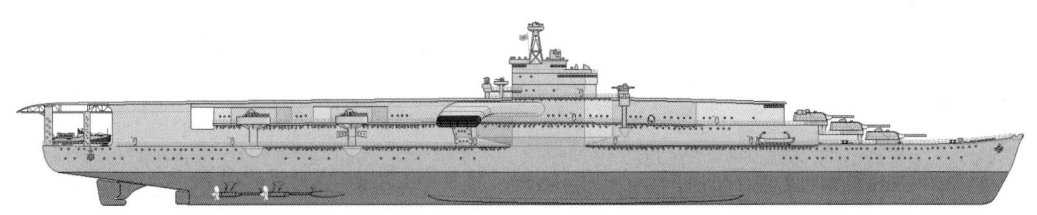

▲ 苍龙最初G6方案完成预想图。其最大特征就是飞行甲板前阶梯状设置的3座双联装203毫米主炮

▼ 苍龙G8方案完成预想图。三联装和双联装155毫米主炮被设置在飞行甲板下,其射界还不如舷侧炮廓台,实际作用非常令人怀疑

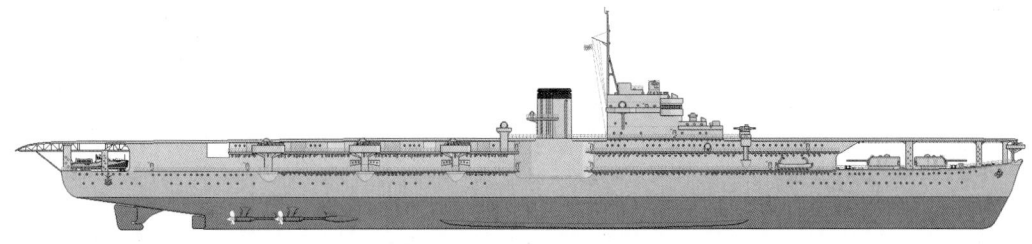

这是在吴海军工厂第3号船坞内进行最后舾装作业的苍龙，工人正在舰体上的脚手架上涂油漆。飞行甲板下方可见25毫米机枪炮台。日本的大型航空母舰上首次取消重巡级别的主炮，而以防空机炮替代。

▲ 正在进行最后舾装作业的苍龙,照片在舰艉方向拍摄。在飞行甲板尾端与舰体艉部之间有一层短艇甲板,可能是由于舰艉设置有锚孔,所以舰名被涂写在偏右舰体上,还可见右舷突出下弯的烟囱

▼ 1937年12月在丰后水道进行飞机降落试验的苍龙。飞行甲板中央喷出蒸汽,对飞行员进行风向指示,甲板上吴式四型着舰制动装置的拦阻索已经立起,准备拦阻降落的九二式舰攻,还可以看见中部与后部的两台升降机

▲ 1938年1月23日在馆山湾进行全力公试航行的苍龙。差不多一个月前赤城已经在吴港竣工并举行了交付仪式，但还有些残余工程转到横须贺实施，并直到1月23日这一天才驶出外洋海面进行全力公试航行

为一代鬼才藤本喜久雄最后的舰艇设计作品。

1934年11月20日，作为日本第一艘并未经过任何改造、从最初图纸绘制阶段便作为战机搭载舰设计的正规航空母舰，苍龙在吴海军工厂开工。苍龙的舰体与最上型重巡洋舰十分相似，当然尺寸上放大了很多，采用适应高航速的双曲线舰艏。虽然当时日本的焊接质量并不过关（这个问题将在第四舰队事件中充分暴露），但为了尽可能减轻舰体重量，苍龙还是采用了大量焊接工艺，后来为了补强其结构强度而不得不追加工程作业（藤本已去世，这当然是由平贺让主持的），重新以铆接结构替代焊接。为了加强航行稳定性，苍龙采用舵轴外倾的并列双平衡舵，不过这项设计似乎作用不大，以后没有继续采用。

作为藤本对赤城、加贺失败的多层飞行甲板之教训总结，苍龙从一开始就只有最上一层飞行甲板，而且尽最大可能延伸长度、宽度，舰体的艉艏从正上方几乎看不到，甲板最宽处达26米，使得甲板右侧的舰桥对于降落的飞行员而言不会构成任何障碍。苍龙的舰桥也是日本航母中首次于设计阶段就规划好的，原先由于要容纳大口径舰炮的指挥装置而相当巨大，在改为G9方案之后就大幅缩小了，其位置在飞行甲板右舷前部，类似于加贺的右舷小型舰桥。两个带有浓厚藤本特色的下弯烟囱也出现在右舷中部，同样有海水喷淋冷却装置和紧急排烟盲盖，靠舰艏的烟囱比后面的弯曲角度稍大一些。

苍龙在飞行甲板下拥有上下两层机库，高度分别为4.57米和4.27米，下层机库由于在前部设有军官居住舱而比上层机库稍短。由于担心苍龙的高航速会导致海水进入机库，龙骧号上层机库后端开放式的卷帘门结构设计（用于快速运送舰载机）被取消，而在后部升降机侧旁增设电动起重机来实现快速吊送飞机上舰。建成时苍龙能够搭载的战机是重量较轻的九六式舰战与九七式舰攻，总数达到73架（常用57架、备用16架），比军令部要求的68架还多出了5架。

苍龙采用带空气预热器的重油锅炉与高中低压蒸汽轮机，锅炉蒸汽产生量达到日本军舰中最大的170吨/小时，实现计划输出最大功率152000马力，公试航行时在排水量18871吨的情况下航速达34.9节，而公试最高航速是34.5节，虽然离设计目标值35节稍微差一点，但已经创下了日本航母的最高航速纪录，完全能够与同样飞快的巡洋舰甚至驱逐舰协同作战。在苍龙的动力舱室中，8座锅炉分别置于8个锅炉舱内，4座蒸汽轮机也分别置于4座田字形布局的轮机舱内，这种布置方式从防御和性能发挥的角度看非常合理。苍龙的弹药库、燃料库、动力舱室部位进行了重点装甲防护，但飞行甲板和机库都谈不上有任何防御力。其火炮武器主要是防空所用，拥有自龙骧号沿用而来的127毫米高射炮等。

1935年12月23日，苍龙舰体下水，但受当年第四舰队事件影响，又追加补强结构工程，直至两年后的1937年12月29日才最终竣工。《限制海军军备条约》已经在1937年初宣告终结，所以苍龙航母大举超出原计划的排水量（当然这个"计划"本身就是障眼法）也就不构成问题了。总体而言，苍龙的设计是成功的，成了后来日本航母设计之典范。

苍龙号航空母舰主要性能参数：

标准排水量：15900吨。公试排水量：18450吨。满载排水量：19800吨。舰体全长：227.5米。最大舰宽：21.3米。平均吃水深度：7.62米。飞行甲板全长：216.9米。飞行甲板最大宽度：26米。动力装置：舰本式高中低压蒸汽轮机4台，吕号舰本式重油锅炉8座。输出功率：152000马力，四轴推进。航速：34.5节。燃料搭载量：重油3400吨。续航距离：7680海里/18节。武器装备：双联装40倍径89式127毫米高射炮6座，双联装96式25毫米机关炮14座。至太平洋战争爆发时搭载舰载机：63架，其中零式舰战21架（常用18架，备用3架），九七式舰攻21架（常用18架，备用3架），九九式舰爆21架（常用18架，备用3架）。乘员：1100人。

苍龙竣工时侵华战争正处于最激烈时期，仅仅经过数月磨合，该舰就于1938年4月被编入第二航空战队，与已经参加过华东作战的龙骧搭档前往华南作战，参加轰炸广州天河机场等作战行动，并封锁珠江口以切断中国获取宝贵外国物资的通道。10月12日，由苍龙、龙骧两舰起飞大量九六式舰爆与九六式舰战，狂轰滥炸中国军队阵地以掩护地面日军进攻，为成功攻占广州做出了极大贡献。1939年中，苍龙级二号舰飞龙也竣工并投入中国战争，这两条姊妹舰遂搭档空袭广西南宁、滇缅公路等，至1940年秋季之后战事已趋平静。1941年3月，以法属印度支那（当时法国本土已被德国占领）与泰国发生冲突为借口，苍龙率第23驱逐队驶向南海示威，不料与

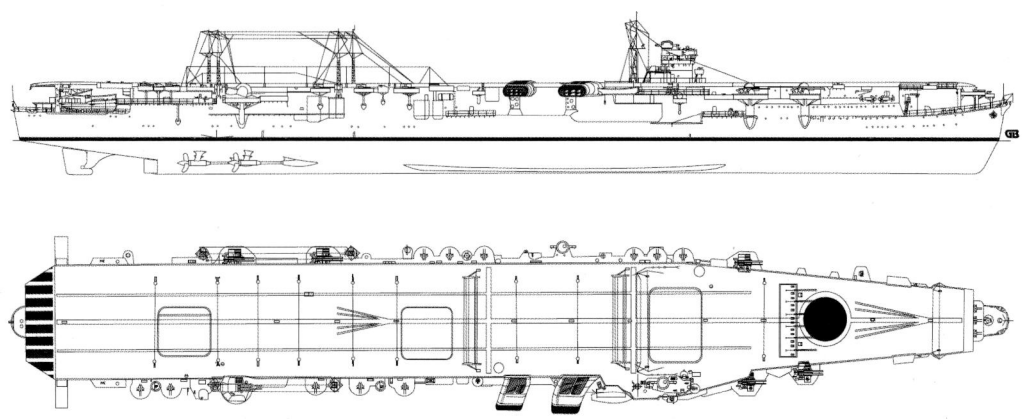

▲ 1942年状态的苍龙航母线图，由俯视图可以看到前后两个烟囱在尺寸和形状上都有区别

驱逐队中的夕月号驱逐舰发生相撞事故，所幸并无大碍。苍龙返回日本进行简单修理后，4月10日与飞龙一道编成第一航空舰队（南云机动舰队）第二航空战队，苍龙为战队旗舰，7月支援了日军占领法属印度支那南部的作战。再次返回日本后，苍龙开始为对美开战进行积极准备。

由于苍龙型航母的续航距离不如加贺与最新的翔鹤型航母，一开始军令部想把苍龙、飞龙撤出南云机动舰队，转用于其他方向作战，但第二航空战队司令山口多闻采用在舰内储备大量重油罐的做法，强行延长其续航距离，终使两舰得以参与珍珠港突袭战——此战中日军方并没有在途中受到攻击，否则山口此举便如同当年在舱室内塞满燃煤的俄国罗杰斯特温斯基舰队，是非常危险与愚蠢的。尽管战后日本海军研究者们喜欢幻想中途岛战役不是由南云而是由山口指挥的话将会如何如何，但笔者以为，以当时美军在暗、日军在明的形势而言，山口担任司令的话很可能令机动舰队更快败亡。

日本时间12月8日凌晨珍珠港突袭作战开始，从苍龙起飞的第一攻击波有九七式舰攻18架（其中水平轰炸队10架由分队长阿部平次郎海军大尉率领，鱼雷攻击队8架由分队长长井疆海军大尉率领）和零式舰战8架（由分队长菅波政治大尉率领）。尽管事先已经说明珍珠港福特岛北岸停靠的那些辅助舰船虽然看上去很大，但并非有价值目标，苍龙雷击队仍然攻击了位于该处的犹他号靶舰，使其沉没，随后攻击了"战列舰大街"中的加利福尼亚号与内华达号战舰。苍龙水平轰炸队则以一枚800千克炸弹命中亚利桑那号战舰，贯穿甲板引爆了火药库。随之发生了最令人心惊胆战的大爆炸，滚滚烈火浓烟直冲云霄，上千名美海军官兵随该舰倾覆而牺牲，该舰成为当天美国军舰中牺牲最惨重的一舰。顺便对此战例多说几句：战后资料一般认为是苍龙水平轰炸队中的金井飞曹座机投下了这枚800千克炸弹，之所以不能百分百确认，是因为当时采取的对舰水平轰炸战术是一个小分队5架战机由领机带领一同投弹，5枚炸弹形成火力覆盖，力求至少一两枚能够命中目标。至于这种800千克炸弹，由战后资料来看是很特殊的：日本海军当时正在研制的是"十三试80番（800千克）5号炸弹"，目标就是能够一发击穿美国最新战列舰的所有防护甲板，钻入底舱爆炸，将整舰一举炸沉。但这种炸弹研制起来很困难，最终至1942年才以"二式80番5号炸弹"为名正式采用，也就是说没赶上开战。在珍珠港使用的是什么炸弹呢？其实是一种临时替用品，名为"九九式80番5号炸弹"，是由战舰长门所用410毫米主炮的九一式穿甲弹改造而来的，其炸药量从原先的14.9千克增加到了22.8千克。拿军舰用穿甲弹来改造轰炸用穿甲弹，对于航空本部来说是一件很不高兴的事情，因为还得征得舰政本部的同意。第一批改造得来的九九式80番5号炸弹只有50枚，以后的数量也不会太多。根据渊田美津雄的回忆录，他所直接率领的第一攻击波的水平轰炸机（来自赤城、加贺、苍龙、飞龙的49架）全部携带这种炸弹；第二攻击波中就只有大约30架九七式舰攻携带了这种特殊穿甲弹，其他的还是携带250千克炸弹。日军用以击沉美军军舰的主力还是航空鱼雷（说起这一点航空本部还是不高兴，因为用鱼雷就意味着继续依靠舰政本部）。

苍龙第一攻击波的战果十分辉煌，并且战机全都平安回归，只有一架返航机不能顺利降落而迫降于苍龙附近海中，飞行员被救起。苍龙的第二攻击波有九七式舰攻18架

（指挥官是日后鼎鼎大名的"舰爆之神"、飞行队队长江草隆繁少佐）以及零式舰战9架（由分队长饭田房太大尉率领），不过港内值得攻击的舰艇目标已经不多了。江草隆繁率俯冲轰炸队攻击新奥尔良号重巡洋舰等目标，不过造成的损害不大，值得一提的只有檀香山号巡洋舰被炸成重伤。但制空队的饭田大尉的座机却被防空火力给打了下来，美方资料认为将其击落的就是珍珠港战斗中堪称最为英勇的人物——卡内奥赫海军航空站的约翰·威廉·芬恩军械军士长。日军战机疯狂轰炸机场跑道时，美军官兵都只能缩着脑袋躲藏，约翰军士长终于无法忍耐，跑出去操作一挺重机枪对空猛烈开起火来。饭田在座机被击中之后，向僚机打了个手势表示油箱被命中，无法飞回航母去了，随后便往航空站的军械库俯冲下去。但是电影《虎！虎！虎！》中表现的日机正命中机库的事实际上没有发生，饭田机擦过了军械库顶端，坠毁在高级军官宿舍附近的小山后面，着地时翻滚了数圈，机腹向上又滑行了一段，最后跌入堤围里面才停住。美军随后搜索这架零式机的残骸，从饭田身边搜出一份珍珠港地图，不无讽刺地说：这份地图上面将水箱标成了油库，日军向水箱拼命扫射子弹却不能将其引爆，一定感觉很扫兴吧。珍珠港当地时间12月8日，美军为饭田上尉举行了庄重的葬礼（也包括其他在珍珠港战死的日军官兵）。至于约翰军士长则获得了最高的国会荣誉勋章嘉奖。制空第二小队的藤田怡与藏中尉（战后曾担任"零战飞行员会"的会长）也差点丧命，他的零战被前来拦截的P-40战机击伤，勉强飞回苍龙降落时，发动机零件都掉在了甲板上。第二攻击波苍龙总共损失了2架舰爆和3架零战，突袭行动遂告结束。回到苍龙的江草立刻向舰长柳本柳作大佐和山口多闻战队司令报告，认为有必要实施更多空袭，山口亦将此意见提交给了南云忠一，但终未扭转后者立即撤退的决定。

南云机动舰队在珍珠港取得的战果尽管十分巨大，但并不包括任何美国航母，因为它们恰巧都不在港内。其中企业号航母（CV-

▲ 1937年12月29日苍龙正式竣工，为举行移交给海军的仪式，正从吴港中缓缓驶出。外舷舰体上画有测量舰艇波高用的线标

▲ 1939年4月停泊在有明湾的苍龙,当时刚刚完成在中国青岛海域的巡航任务返回日本。飞行甲板后部有九七式舰攻和九六式舰战各一架

6)运送海军陆战队第211战斗机中队的12架F4F野猫式战机到夏威夷以西3700公里之遥的威克环礁岛,袭击发生时还在返回路上。对威克岛这一必须拔除的美军最前沿据点,由井上成美海军少将指挥的第四舰队以3艘轻巡洋舰、6艘驱逐舰及大量辅助船编成压倒性兵力,于珍珠港袭击的同日发动了第一次攻击。这支日军舰队虽然在水面上的优势是压倒性的,但却有着对空防御能力严重不足的弱点。虽然美军12架野猫战机在地面上受到突然攻击而被炸毁7架,但剩余的战机仍然痛击了进犯日舰,如月号驱逐舰被炸弹命中爆炸而沉(作为战斗机的野猫F4F不过是以临时挂装炸弹充当攻击机而已),日军第一次攻击遭到惨败。

第四舰队连忙向联合舰队司令部紧急求援,与井上成美关系颇好的山本五十六当然不能坐视不管,遂派遣第二航空战队即山口多闻率领的苍龙、飞龙脱离南云舰队,前去助拳。12月21日,第二航空战队进抵威克岛附近海域,苍龙起飞零战9架、九九舰爆14架与飞龙舰载机群协同实施第一波空袭,22日又起飞多架零战与九七舰攻实施第二波空袭,当日岛上仅仅剩下两架美军野猫战斗机,但仍奋勇迎战。其中一架美机冲入苍龙舰攻队中,迎头便将一架舰攻打爆,此机正是两周前珍珠港内亚利桑那号大爆炸的凶手金井升一飞曹的座机,这位苍龙舰上的"水平爆击名手"坠海阵亡。两架野猫随后遭日机围攻也损失殆尽,日军登陆部队终于在23日迫使威克岛上的残余美军投降。

回到日本进行多日休整后,苍龙与飞龙协同于1942年1月24日开始攻击荷属东印度群岛中的安汶岛,后又回归南云机动舰队序列,南下空袭澳大利亚达尔文港,参加入侵爪哇等作战。3月末,南云机动舰队中除了加贺回国休整以外,其余五艘航母均驶往印度洋作战,4月5日上午空袭科伦坡港,下午发现英军力量薄弱的舰队,江草隆繁少佐率领18架九九式舰爆机升空,与来自赤城、飞龙的舰爆队配合(总共达53架舰爆机),发起了日军史上最成功的一次俯冲轰炸攻击——由江草隆繁少佐统领各机有条不紊地向康沃尔号和多塞特郡号两艘巡洋舰投弹,命中率高达不可思议的88%!日机仅用17分钟便将两舰击沉,并且己方无一损失。4月9日,江草隆繁又统领85架九九式舰爆(其中18架来自苍龙)向以老旧的竞技神号航母为首的英军舰队发起集群攻击,命中率达82%,竞技神号亦立即沉没。此战中苍龙舰爆队的命中率为78%,不过随后被赶来的英军岸基战斗机击落了4架九九式舰爆。创造历史性战绩后回到日本的苍龙将二航战旗舰的身份转给姊妹舰飞龙,舰上官兵对于未来作战胜利的信心已然爆棚,当听说中途岛成为下一个进攻目标时,无不认为"日本海军一去,区区中途岛肯定马上举手投降"。

6月4日(日本时间6月5日)凌晨4时30分,中途岛突袭作战开始,第一攻击波以苍龙、飞龙机群为主力。由苍龙舰上起飞作为水平轰炸队的18架九七式舰攻(装载用于轰炸地面目标的800千克炸弹,分队长阿部平次郎海军大尉率领)以及9架零式舰战(飞行队长菅波政治大尉率领,同时负责统领整个第一攻击波空掩队)。第一攻击波的攻击效果不佳,报告请求实施第二攻击波,赤城、加贺遂开始将鱼雷换成陆用炸弹,而苍龙、飞龙甲板上的九九式舰爆机则挂载着250千克炸弹并加满油,做好了应对任何可能出现的美军舰队的准备。陆续有一些美军TBF鱼雷机和B-26轰炸机前来攻击苍龙,但大部分未及投弹便被击落,也没有鱼雷命中苍龙。南云舰队上空负责防空的零式战斗机拼命地攻击来袭美机,而缺乏经验的美军飞行员采取的攻击路线相当僵化,也给了零战飞行员们刷战绩的好机会,其中最杰出的是苍龙制空队藤田怡与藏中尉,他见美军战机不管不顾地排成一线攻来,抛弃了惯常的绕行敌机身后实施点射

1939年4月下旬至5月上旬停泊于宿毛湾的苍龙,甲板上停放着九七式舰攻。苍龙舰体从横向看没有特别伟岸的感觉,但从这个角度看却是一艘巨舰

的办法，而从美军编队头顶直降而下实施扫射。结果他宣称这一场战斗中他击落了4架鱼雷攻击机（其中3架是协同击落）、3架战斗机（其中2架是协同击落）。不过藤田自己也被击落坠海（官方说法是藤田被己方防空炮火误击），在海水里泡了四个小时后（即苍龙已被炸成废铁之后）才被驱逐舰救起。

苍龙舰上搭载的一架二式舰侦（原本是新式舰爆机彗星的前身十三试舰爆，采用德国BF-109战斗机DB601A发动机的仿制液冷发动机）受南云司令部的命令，于8时30分起飞航向西北，试图证实先前利根号侦察机传来的发现美军舰队、其中很有可能存在航母的情报，明确美军舰队所在位置。这架速度飞快（546公里/小时）的二式舰侦上的电信发报员是近藤勇飞曹长，他于11时30分发现美军航母编队，却发现发报机失灵，无法将情报传回——当然，在这个时间点，传回来也没用了。二式舰侦还未能将确认情报传回前方，山口多闻已经向南云机动舰队司令部建议立即派遣苍龙、飞龙的舰爆队起飞，率先攻击美军舰队，但南云忠一为保证一招毙敌，决定待赤城、加贺舰攻机的陆用炸弹（第一次换弹令后装上去的）全部再换回鱼雷之后，以鱼雷、俯冲轰炸并行的方式实施总攻击（这才是符合日本海军航空兵战术教典的攻击方式）。苍龙的舰爆队官兵遂无所事事地等待至10时20分，眼看第二波攻击即将开始，来自美军企业号的SBD俯冲轰炸机群飞抵机动舰队上空，短短两分钟内就将一航战赤城、加贺两艘航母炸成了两条火龙。

苍龙舰上的官兵看得目瞪口呆，仅仅一两分钟过后，来自约克城号航母的俯冲轰炸队的17架SBD也杀到了，立刻利用间歇云的掩护向苍龙俯冲投弹。三枚炸弹正好命中前、中、后三部升降机的靠前一点位置，爆炸气浪将正在待机的舰攻机掀入海中。机库中发生一串连环爆炸，一阵阵火光热浪席卷全舰。当时正在苍龙甲板下的佐佐木寿男海军大尉回忆道："猛烈的爆炸将电线和睡床都震落了，发电机停止运转，灯光熄灭，我向指挥所呼叫，没有回应。……我的左脚负伤，血流不止，拉开医务室舱门，做了简单处置。……我向后部爬去，看到六号炮塔的炮长抱着死去部下在哭泣。我终于上到后甲板，不顾一切地大叫起来，终于有十二三名水兵集中到后甲板来。此时大火已蔓延至发动机调试区，我命令水兵们将后部轻油库里面的油罐抛入海中，要是这些被引爆可不得了。"

再来看一段来自苍龙舰的鱼雷调整员元木茂男上等整备兵曹极其真切的回忆：

"苍龙舰上的（航空）鱼雷调整场在舰桥正对面的舰舷侧即左舷的舰底部舱室中……6月5日（日本时间）全员都比平常更早起床，投入紧张的工作。……我在鱼雷调整场里面接到斋藤的电话，说敌人的进攻已全部被漂亮地击退。工作交替之后，我上到飞行甲板上，正好赶上早上的战斗配食。我从炊事员那里拿到饭团，刚吃完两三个，就眼见并行在苍龙左舷的加贺舰中弹了。随即苍龙的防空战斗警报也拉响了。

"此时摄影班长阿部兵曹正架着摄像机进行拍摄，我和三十多名整备员一同在舰桥前面的飞行甲板上休息，甲板后部有十架左右的舰攻机在待机。突然之间，在那些舰攻机中间落下第一枚命中炸弹，飞机与近旁人员都被炸得飞起。这之后（不知是三十秒还是一分钟），我又看到敌人的俯冲轰炸机投下一个芝麻大的黑点，所有人都趴在了甲板上。第二枚炸弹落在了甲板前部，这就决定了一切。……我也被卷入了第二弹的爆炸，回过神来的时候被掀倒在三四米开外的地方，动弹不得，身边没有任何人。也不知过了多长时间，总之身边一片火海，我只能拼命喘气呼吸。我拿两手摸头，居然毫无触感，作业服都开始燃烧起来。

"刚才与我在一起的三十几个人都去哪了呢？被炸飞了？还是躲去什么地方了？我抬头看舰桥，看见两三名士官的身影，信号枪已经完全消失不见。……我努力爬到舰桥下面的高射炮台里面去，摔在一堆高射炮弹上面，又动弹不得好一会，火苗再次逼近。炮台下面是放雷具甲板，上有单舰式扫海具展开器，（展开器所在平台）向舷外伸出有两三米。……我爬过去时，引爆发生了，虽然这里是死角，没有受到直接伤害，但弥漫的火星好似一条火龙，将我和三名同分队的兵曹都包裹在其中。我看到海面上有大量战友，正努力从舰体旁边游开……弃舰命令已经发出。还能活动的人做好了在海上漂流的心理准备，开始找材料组装漂流筏。其间引爆的声音和震动在舰体内隆隆回响。下午三点左右，我两手指甲掉落后的皮因为长时间受烘烤变成了一层壳，剥开时感觉格外疼痛。头部开始感觉极度疼痛，原来头发一根不剩地被烧光了，摸头还是没触感。……矶风号驱逐舰靠近，放下了救助艇……"

短时间内遭到攻击而爆炸的3艘日军航母中苍龙的火势最为迅猛、最早丧失动力，被炸伤的柳本柳作舰长在爆炸之后不到半小时的10时45分便下令弃舰，同时拒绝了幕僚的共同离舰请求。火焰将至的最后时刻，柳本毅然道："我害死诸多部下，使国家重要战舰落到这步田地。诸多阵亡舰员正等着他们的舰长。你们快走！"众人只得放弃，回头只

▲ 苍龙舰桥正面特写，能清楚看到顶端的九四式高射指挥仪、60厘米探照灯等设备，近处是右舷3号127毫米双联装高射炮

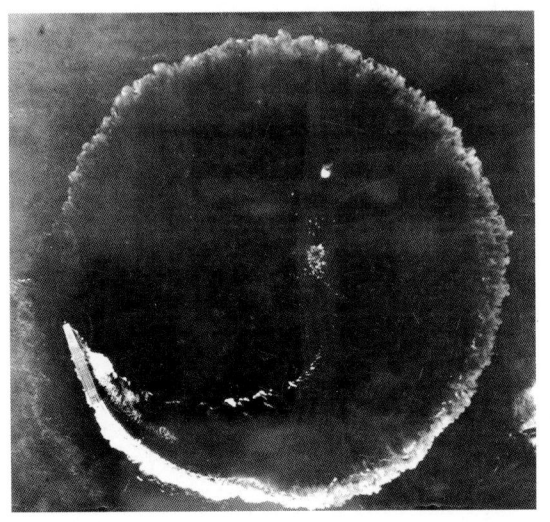

▲ 中途岛海战中正在做大幅度海上机动回旋，躲避美军B-17E轰炸机投下炸弹的苍龙，回旋航迹构成一个圆形，炸弹落于近旁。这些高空水平投弹对于操舰技巧高超的日本军舰来说并不构成太大的威胁，但苍龙的生命将很快被美国舰载俯冲轰炸机终结

见柳本舰长被大火包围，高喊"万岁！"后倒在了罗盘上。还在空中的苍龙零战机以及没能给苍龙传回情报的那架二式舰侦，都只能降落到南云机动舰队最后幸存的航母飞龙上，但随着飞龙的战沉，也终究没能逃过全部损失的命运。晚上7时左右，在痛苦中挣扎了9个小时的苍龙舰内发生大爆炸，将周边的驱逐舰也震得猛烈摇晃。驱逐舰上的舰员、来自航母的幸存者们个个眼含热泪，高呼："苍龙万岁！"几乎在一瞬间苍龙便无声无息地沉入海底，位置在北纬30度38分、西经179度13分。舰长柳本大佐和718名官兵与舰同沉（不过江草隆繁少佐幸免于难）。苍龙号航母于1942年8月10日被除籍。

飞龙号航空母舰

如前所述，苍龙型航母是藤本喜久雄1935年初去世前最后的设计作品，其计划中的二号舰在其去世时还未在船台上开工，因此平贺让重新把持的舰政本部第四部便有机会对藤本的设计方案进行大幅度修改。同时日本海军已确定《限制海军军备条约》绝不可能在1936年末到期后延续，要在1937年后才可能下水的二号舰的排水量因此被认可进一步放大，相应的飞行甲板尺寸也要放大。该舰取中国《易经》中的"飞龙在天"一意，名为"飞龙"。

首舰苍龙的设计图纸拷贝件从吴海军工厂打包发往横须贺海军工厂，由造船部设计主任龙三郎造船中佐领导，在此基础上进行重新设计，因此也有人打趣说这是"龙设计飞龙"。飞龙舰的设计方案还有不少修改之处：鉴于第四舰队事件暴露出了舰体焊接品质不佳，特别是焊棒的质量完全不符合军舰舰体结构的严苛要求的问题，原方案的焊接工艺改为铆接，并对重点结构部位如舰体外板进行补强。苍龙试验性采用的并列双平衡舵改为单面式半平衡舵，不过后来在实际使用中发现回旋性方面并无多大改善。飞龙的舰艏干舷相比苍龙都增设了一层甲板——具体来说，舰艏要高出1米，舰艉要高出40厘米，由此整体增加的干舷高度有助于提高其凌波性。飞龙的甲板要比苍龙宽大约1米，仅仅这一点变化，便要求造船部进行整体的重新设计和图纸绘制。飞龙的动力装置和烟囱都与苍龙无甚区别，但舰桥做出了重大调整——如前所述，1935年时，已服役多年的赤城号航母被送回船厂改造，需要设置大型舰桥，海军航空本部向舰政本部提出了一项设计指导意见："赤城的大改装，以及飞龙以后的新造舰所设置的舰桥与烟囱须分别放置在两舷，烟囱设置在舰体后部，舰桥在舰体中央位置。"

舰政本部接受此意见，原因在于舰桥和烟囱如果分置两舷，将有利于舰体左右平衡，对于舰体舱室通往舰桥的交通道设计、飞机库形状设计等都大为有利，舰桥设置在中央部（相比苍龙、加贺的舰桥位置来说是往后移动了一些）也有利于同时观察舰艏和舰艉的情况。航空本部的考虑则是随着舰载机大型化、起飞滑跑距离延长，设置在飞行甲板靠前部位的右舷舰岛必然会阻碍起飞——尽管完全不设舰岛的设计已被证明不可行，但飞行员在猛踩油门起飞时是不想让视野内出现任何障碍物的。后来，事实证明此项考虑很欠周到——飞行员在降落滑行过程中习惯性地会稍向左偏，舰桥在左舷反而容易造成事故，同时也会造成甲板气流紊乱。总之，在1935年时航空本部并没有过多考虑左舷舰桥的不利因素，只一味希望舰桥的位置能够更加靠后一些。当这个要求与已经设置于右舷的烟囱位置产生冲突时，最终得出的结论是"舰桥位置向后靠对于起飞降落安全是重要的，左舷设置舰岛无问题"。赤城的大改造工程比飞龙的建造工程早完工，公试航行证明左舷舰岛是有问题的，但此时飞龙的建造工程已经不能推倒重来了，新建的飞龙与进行大改造的赤城一样成了此后再也不会见到的左舷舰岛航母。飞龙的舰桥比苍龙的更高大，视野更好，这也是后来第二航空战队旗舰由苍龙转至飞龙的原因。

飞龙的飞行甲板也比苍龙的甲板尺寸更大（排水量方面飞龙则比苍龙多出1300吨左右），同样设有前、中、后三部升降机。飞龙的127毫米双联装高射炮仍有6座（配合最新式的九四式高射指挥装置），不过25毫米机关炮改为7座三联装和5座双联装，即炮管总数从苍龙的28门上升至31门，配置区域也更趋合理。1936年7月8日，经过诸多争论、修改，飞龙终于在横须贺海军工厂开工建造，石川岛造船厂、日本钢管鹤见工厂、横滨船渠、浦贺船渠这四家民间船厂也参与施工。1937年11月16日飞龙下水，舾装工程同样在横须贺工厂进行。1939年7月5日飞龙竣工，并在随后的公试航行中以20000吨以上的排水量获得了最高航速34.28节。

飞龙的建成也代表着日本航母经过二十年左右的发展，终于在太平洋战争前达到了设计理想状态——除了左舷舰岛这一失败设计不会出现在以后的航母上以外，其20000吨左右的排水量、尽可能自舰艏覆盖至舰艉的全通式飞行甲板、独特的下弯式烟囱，都已经是成熟的设计，将会在以后的各级航母上沿用下去，特别是战争后期日本海军试图用来扭转乾坤的量产型云龙级航母，就是在飞龙的基础上小改而成的。11月15日飞龙正式服役，被编入第二航空战队与姊妹舰苍龙搭档，并迅速赶往中国参与战事。

飞龙号航空母舰主要性能参数：

标准排水量：17300吨。公试排水量：20250吨。满载排水量：21900吨。舰体全长：227.4米。最大舰宽：22.3米。平均吃水深度：

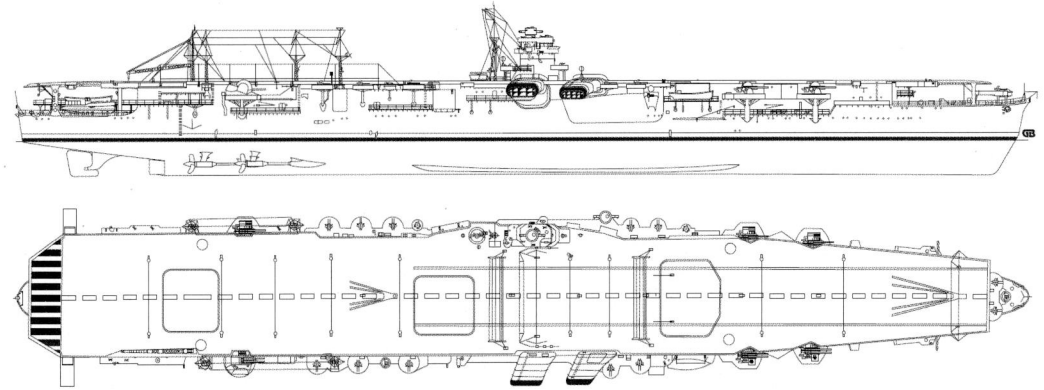

▲ 1942年状态的苍龙航母线图。岛型舰桥设置在左舷，似乎在舰体左右平衡方面更有利，但对于飞行员的降落绝对是不利的

▲ 1939年3月20日，在横须贺工厂中实施舾装工程的飞龙。距离竣工还有数月，可见舰体内外大量设施都还在安装中，舰舷还堆积着工程垃圾

▼ 1939年5月，正在进行公试航行的苍龙，可见其舰上机炮已经装备完毕

◀ 1939年4月28日，在馆山湾海面全力航行时的飞龙，舰艉激起层层白浪，显示其高速性能。127毫米高射炮已经装备完毕，但九四式高射指挥仪和机炮等还未装备。飞龙进行公试航行的照片有不少，这张是各局部都最为清晰的

1939年7月5日，举行竣工仪式的飞龙。从左舷看起来，舰桥比苍龙的更有视觉冲击力。关于左舷设置舰桥的设计初衷，也有为了机群在归来时可以向相反方向盘旋、同时并排航行的苍龙上的主要目的还是为了让舰体左右的重量更加均衡的苍龙效率高率的说法，但如果设计负责人的主要目的出于这个目的，基本上的主要目的是出于降潜上峰上龙的说法，就实在太愚蠢了，

7.84米。飞行甲板全长：216.9米。飞行甲板最大宽度：27米。动力装置：舰本式高中低压蒸汽轮机4台，吕号舰本式重油锅炉8座。输出功率：153000马力，四轴推进。航速：34.3节。燃料搭载量：重油3750吨。续航距离：7670海里/18节。武器装备：双联装40倍径89式127毫米高射炮6座，三联装96式25毫米机关炮7座，双联装96式25毫米机关炮5座。至太平洋战争爆发时搭载舰载机：63架，其中零式舰战21架（常用18架，备用3架），九七式舰攻21架（常用18架，备用3架），九九式舰爆21架（常用18架，备用3架）。乘员：1101人。

飞龙急匆匆赶到中国时，侵华战事激烈阶段已经过去，于是它与苍龙搭档在华南执行了一些不痛不痒的任务，并在1940年9月独自前往中国南海，为日军强行进驻法属印度支那北部、从而切断中国对外重要交通线提供威慑后盾，本土已经被纳粹德国占领的法军自然是无力抵抗的。一度回到日本后，1941年7月，第二航空战队的苍龙、飞龙再度联手，支援日军进一步鲸吞印度支那南部的行动。此行动在美国看来完全印证了日本帝国抱有吞并整个东南亚、将美欧国家势力排挤出西太平洋地区之野心，于是向其施加更为强硬的经济制裁，由此日本踏上了对美英开战之路。

回到日本的苍龙、飞龙舰上航空队也开始在九州鹿儿岛各航空基地进行强化训练，期间发生了一起重大事故：一名已经习惯于苍龙右舷舰岛的飞行员驾机在飞龙甲板上降落时，不自觉地在中心线偏左位置着舰，结果撞上了飞龙的左舷舰岛，战机坠海。左舷舰岛实为失败设计一事由此得到确证，但开战在即，赤城（同为左舷舰岛）、飞龙都不可能有余暇为此问题去实施大规模改造工程。12月8日凌晨珍珠港突袭作战开始，从飞龙起飞的第一攻击波有九七式舰攻18架（其中水平轰炸队10架由飞行队长楠美正海军少佐率领，鱼雷攻击队8架由分队长松村平太海军大尉率领）和零式舰战6架（由分队长冈岛清熊大尉率领）。由于赤城、加贺舰载机队首先发动的炸弹攻击造成了大量烟雾，目标识别困难，飞龙攻击队几乎只攻击了一些小舰艇目标，没有一架战机战损。飞龙的第二攻击波有九九式舰爆18架（由分队长小林道雄海军大尉率领，但其座机因为发动机故障而不得不中途折返）和零式战机9架（由分队长熊野澄夫海军大尉率领），与其他攻击队一样要面对已经回过神来、疯狂向空中回击的美军防空炮火，损失舰爆2架、零战1架。

这架损失的零式战斗机差点成为开战后被美军俘获的第一架零战。该机飞行员是西开地重德一等飞曹，可能是战机被打漏油之

1939年4月28日，在馆山湾海面全力航行时的苍龙

后,只好在日本海军战前指定的紧急迫降场所——夏威夷群岛最西面的尼伊豪(Niihau)岛迫降,等待日军潜水艇前来救援。但岛上的原住民蜂拥而来将之俘虏,夺走了其所携带的书本(误认为是密码本)和手枪等。之后原住民的态度还算客气,找来一个叫作原田义雄的日裔移民充当翻译。不料原田没有将西开地参加了珍珠港偷袭行动的事实传达给众村民,随后还帮助西开地逃跑。两人发现无线电机已经损坏,无法向外求援,遂放火烧毁了零战。感觉遭到了背叛(原田与日裔妻子和岛民共同生活了三年,关系良好)的岛民们怒不可遏,找到西开地和原田两人,并将他们围殴致死。这一事件与后来美国调查发现居住于檀香山的日裔为日军传递珍珠港内美军情报的事实一道,成了美国社会普遍认为所有日裔都是潜在危险分子,最终决定将在美日裔全部关入集中拘留地的导火索。

如前所述,自珍珠港归航途中的飞龙与苍龙一道被派去威克岛解决坚持抵抗的美军守卫部队。12月21日,飞龙舰上起飞9架舰战、15架舰爆、2架舰攻,与苍龙攻击队协同,狂轰滥炸美军阵地。22日,以为岛上美军已不可能继续抵抗的两艘航母继续出动33架舰攻前去轰炸,不料损失了1架舰攻、1架零战。坠落的舰攻机属于苍龙舰上的"水平爆击名手"金井升一飞曹,而战损的零战是飞龙制空队的3号机、田原力三飞曹座机,这两机是被美海军陆战队飞行员弗洛伊勒上尉在很短的时间内连续两次攻击击落的。随后威克岛被彻底占领,飞龙回到日本稍事休整之后,陆续参加了入侵安汶岛、空袭达尔文港、入侵爪哇岛等行动。

4月的印度洋进击作战中,飞龙与其他日军航母的舰爆队配合,在击沉多艘英舰的同时创造了俯冲轰炸命中率的纪录。不过4月9日迎击英军前来向赤城投弹的轰炸机队时,飞龙的制空队虽然很快击落了4架英机,但在珍珠港行动中就运道不佳的熊野澄夫大尉也被对方击落身亡。回到日本之后,飞龙补充了5架零战、4架舰爆,而在赤城与加贺两舰上都有丰富服役经历、曾任霞之浦海军航空队教官的友永丈市海军大尉此时也来到飞龙舰上,担任舰攻飞行队队长。友永大尉虽然在中国战场上战绩不错,但在广阔的太平洋战场上阵还是头一遭。5月8日,山口多闻司令率领全体幕僚移乘至飞龙舰桥内,飞龙遂成为第二航空战队旗舰。在袭击珍珠港之前,山口司令曾下令在苍龙、飞龙舰内大量储备重油罐,尽可能地延长续航距离,但5月末飞龙却在动力舱室的上部通道乃至舱室内部堆积了大量的米袋子,甚至堆到了接近天花板,貌似是准备在远航攻克某敌方岛屿之后供守军长期坚守的补给物资。很快,这个"敌方岛屿"被证实就是中途岛,而美国人也知道了。至于那些米袋子,后来在飞龙被炸后疯狂燃烧,阻断救生通道,此时却是无人能够想到的。

如前所述,夏威夷时间6月4日(日本时间6月5日)凌晨4时30分开始的中途岛第一攻击波是以苍龙、飞龙机群为主力的。飞龙起飞了负责制空的零战9架和负责水平轰炸的九七式舰攻18架,水平轰炸队由飞行队长友永丈市大尉率领,他同时也是整个第一攻击波108架战机的总指挥。原本应担当总指挥任务的渊田美津雄正好生病,只好不安地强撑身体爬上赤城舰桥,注视友永大尉率领第一攻击波起飞。友永大尉率机群飞到中途岛上空,却发现跑道上空空如也,一架美机也没有(都已经起飞去反击南云舰队了)。显然,突然袭击的预想没有达成,机群只好去轰炸跑道、机库、油库以及其他设施。飞龙水平轰炸队前去轰

▲ 1939年6月21日，在馆山湾海面进行最终测试航行的飞龙，很快将举行竣工交付仪式

▼ 同为1939年6月21日，在馆山湾海面进行最终测试航行的飞龙

炸东岛美军设施，刚一飞到，还未及投弹，地面美军猛烈的防空炮火便打了上来，立即命中了总指挥友永大尉座机左翼的油箱，幸好没有发生爆炸。但跟在他后面的飞龙水平轰炸队第二分队分队长菊池六郎大尉就没有这么走运了，一枚炮弹直接命中其座机，令其爆炸起火，笔直坠地。友永返回飞龙后报告说：菊池大尉被命中后知道自己必死无疑了，就打开舱盖向战友们挥手诀别，然后关闭舱盖坠落阵亡。我们当然无从得知这是否是事后粉饰，但地面上的美军却确有英勇行为——菊池座机刚坠地，一名黑人炊事兵就不顾四周雨点一般的炸弹直冲过去，将菊池的尸体从飞机残骸里拖了出来，以便搜索鬼子飞行员口袋里有情报价值的东西。

这一波攻击中飞龙损失了4架舰攻机和1

▲ 1939年6月20日,在横须贺港内加紧实施收尾工程的飞龙

名分队长,炸毁了美军多个储油罐,大火熊熊燃烧了两天。当第一攻击波把炸弹都扔完,于6时43分返航时,地面美军火力仍然非常猛烈,而应该存在于中途岛的美军陆基战机却不见踪影。友永大尉于7点整在返航途中又发报说:"需要进行第二次攻击。"(友永机的电报机被打坏了,因此他拿一块小黑板将发报内容写给僚机看,由僚机发报。)正是因为这一份电报,和五分钟之后由中途岛起飞的美陆基战机向南云舰队发动的悲壮却无效的进攻,促使南云做出了让赤城、加贺将鱼雷换为陆用炸弹,以便向中途岛发动第二进攻波的决定(即第一次换弹令)。

随后,南云舰队陆续遭受美军空中攻击,B17轰炸机的高空投弹大量落在飞龙附近,激起冲天水柱,爆炸声浪震耳欲聋。其他军舰上的官兵看到飞龙被水柱淹没后过了相当长一段时间终于从消散的水雾中奋勇杀出,不禁爆发出欢呼声(美军B17轰炸机飞行员与战争末期的日本飞行员一样,将水柱升起当成炸弹命中,返回之后胡乱报告说两艘日军航母被命中了4至5枚炸弹)。接着美军俯冲轰炸机(来自中途岛的SBD和SB2U)向飞龙袭来,第一批9架、第二批9架由舰艏方向突来,第三批3架由舰艉方向突来,飞龙及其周边护卫军舰猛烈对空开火,却没有一枚炸弹命中。美机用机枪扫射造成了数人伤亡,还有一架美机在飞龙近旁坠海爆炸时将充满硝酸味的海水大量泼上了舰桥。

南云司令部证实突然出现的美军舰队中有航母存在时,飞龙舰上正忙于将机库中的18架九九式舰爆提升至飞行甲板上,因为它们携带有对舰俯冲轰炸用250千克炸弹和航空鱼雷。但是零式战斗机都在天上攻击美军来袭战机,已经精疲力竭,急需降落加油及休整。由于南云忠一决定实施二次换弹,无视了山口多闻发出的立即让飞龙、苍龙舰爆队前往攻击之请求,飞龙只得一边继续与美军来袭的鱼雷机、轰炸机交战,一边等待出击命令,并接收第一攻击波战机归来降落。友永大尉降落之后,向桥本海军大尉(桥本敏男,时任飞龙舰攻队第二小队队长,《证言:中途岛海战——我从火焰之海生还》的主要叙述者之一)说道:"离(中途)岛不远时我们遭到敌战斗机攻击,我以为这下完蛋了。自'支那事变'(日本当时如此称呼入侵中国的战争）以来，我多次死里逃生，所以我这次即使死，也死而无憾了。但我想，像你这样的年轻人可不该死。"这个在中国战场上双手沾满鲜血的老资格轰炸机飞行员，此时似乎已有所预感。

此时飞龙的位置处于四艘航母编队的最北面，离其他三艘航母有一段距离。美军舰载俯冲轰炸机队由企业号、约克城号飞来，并在负责掩护的零式战机群濒临无油状态的最脆弱时刻（有3架零战因受损和燃料耗尽而坠落，9架零战被击落），向南云机动舰队发动了凌厉的攻击，短短五分钟内就将赤城、加贺、苍龙打爆起火，只有飞龙没有引起注意。飞龙舰桥内，山口多闻与众幕僚无比惊异地看着眼前的悲惨景象。11时30分，他们得到已经转移至长良号轻巡洋舰上的南云司令官发来的指令："由第二航空战队司令官接替指挥航空作战。"

一场必胜之役竟突然变成了几乎毫无希望的决死反击战，但是即使只有飞龙一舰，也必须打下去。山口多闻与飞龙舰长加来止男大佐来到飞行员待机室中，向舰爆分队队长小林道雄及35名飞行员道别，悲壮宣告："除飞龙以外的三舰均受创，特别是苍龙正在猛烈燃烧。为了延续帝国荣光，只有靠飞龙继续奋战了。"小林攻击队18架舰爆机起飞，由飞行队长重松康弘大尉率领的6架零战掩护，循着美机群攻击完毕后返回的方向飞去。他们幸运地跟上了向约克城号返航的美军攻击机，并根据其航向找到了约克城号，突破美军对空防御后将三枚炸弹掷中目标，但包括小林队长座机在内的13架舰爆机也被击落，零战则被击落3架。尽管攻击力量被削弱至如此，但山口多闻到这个时候还认为美军舰队中只有一艘航母，友永丈市攻击队还在为第

二波中途岛攻击做准备，而没有全部出去攻击美军航母。就在小林队奋勇攻击约克城号的几乎同时，原先属于苍龙舰的那架二式舰侦返回了。当然，它已不能降落在燃烧中的母舰上，于是向北搜索到飞龙以后于13时45分左右降落，飞机刚停下，近藤勇曹长就跳下来直奔舰桥，向山口多闻报告了先前因为电报机故障而无法及时传回的情报，至此山口才了解到真相：美军舰队拥有三艘航母！

小林攻击队的幸存机返回后证实了此情报，并报告已经重创了一艘美军航母。山口遂命令友永丈市攻击队全部改装航空鱼雷，10架九七式舰攻（包括来自赤城的舰攻机）在6架零战的掩护下开始进行第二波对舰攻击。友永大尉座机的油箱在中途岛被打漏后未来得及修复，但他毫不迟疑地跨入了座舱，还亲口对桥本大尉说："敌人离得很近，我攻击之后是可以返航的。"当时的报告说美军舰队距离仅有100海里，因此友永大概认为他驾驶这架只能装一半油的战机出击，也有希望飞回来。在极端不利的情况下，友永队仍以"海鹫"的高超技巧再次成功攻击美航母，命中两枚鱼雷——尽管在出发前山口千叮万嘱不要攻击已受创美航母，但友永队攻击的仍然是约克城，原因是美海军杰出的损管队在极短时间内就恢复了约克城的正常运行，扑灭了火烟，其外表看上去就跟没事似的！飞龙又损失了包括友永机在内的5架舰攻、3架零战，舰上可作战力量只剩下4架舰攻、5架舰爆、6架零战。山口决心破釜沉舟，于黄昏时刻的18时左右再出动第三攻击波，炸沉他头脑中认为的美军最后一艘残余航母，实现大翻盘！

但幻想很快破灭了。17时整，企业号、约克城号的大批SBD飞来，完成了他们早在当日上午就应该完成的工作。关于飞龙遭受灭

顶之灾的具体情况，引用当时飞龙号右舷高射炮指挥官长友安邦海军少尉的描述：

"下午2时（日本时间，夏威夷时间下午5时，以下回忆中均为日本时间），我正坐在高射指挥塔内的椅子上抽烟休息，塔下警戒瞭望台中的瞭望兵高喊：'敌机！'我立刻扔掉香烟抬头看去，只见高度五千米左右13架敌军俯冲轰炸机抖动着灰色机翼，直冲而下。我不等命令就喊：'开始射击！'各门25毫米机关炮纷纷开火，左舷高射炮也开火，从炮弹射出到爆炸的三秒时间在我的感觉中似乎很漫长。炮弹噼噼啪啪地炸裂后形成黑色弹幕，但敌机还是突破弹幕俯冲而下。先落下的三枚炸弹都没有命中，但第四枚直朝着我落下。那一瞬我就想这下死定了，炸弹却落在了飞行甲板前部，'咣当'一声炸裂，舰体好似被大鱼叉射中的鲸鱼一般颤抖起来。四周都是浓烟，一时间什么都看不见。接着又有三枚炸弹命中（都在飞行甲板前部和中部），时间为下午2时4分。……飞行甲板前部三分之一已经被爆炸摧毁，舰桥前面被炸飞的升降机犹如屏风一般矗立着，猛烈大火熊熊燃烧覆盖了全舰，开始引爆高射炮弹，我打开消防栓却没有水。

"日头已经西沉，抬头是满天的美丽星辰。……我终于从舰内消防栓拉来几根水管，开始飞行甲板灭火作业，但机库后部的火却无论如何也灭不掉。敢死队试图冲入轮机舱取得联络，但通道都已经被烧得通红，实在无法进入。……接近午夜的11时30分，全员集合，首先由加来止男舰长训示，随后由山口司令官训示。6日0时10分，将旗与军舰旗降下，舰长下令全员弃舰。山口司令官与舰长决意与舰共命运。诀别之际，我们用水碗交盏，舰长与各位士官一一握手告别。我至今仍然不能忘记舰长脸上的微笑，他与我握手时带来的温暖……"

山口多闻以悲壮的语调说道，自己身为第二航空战队司令官，对飞龙和苍龙的损失应负全部责任（也就是对天皇负责，日本帝国海军的军舰是属于天皇的），因此他决意留下，但命令其他人全部离舰，以继续报效天皇。美国海军对于山口抱有敬意，事后听闻如此优秀的海军航空兵指挥官竟然选择与舰同沉，认为这是能与击沉日军航母相提并论的重大战果。

长友安邦继续回忆道："天将泛白之时，全员移乘到风云与卷云（驱逐舰）上。司令官与舰长一同在舰桥中挥手告别。我所乘坐的卷云绕过冒着黑烟向左舷倾斜、已静止不动的飞龙舰艉，根据司令官命令，向飞龙右舷发射鱼雷。鱼雷命中，红色的火柱冲天而起。"

随后凤翔的舰载机却发现被鱼雷命中的飞龙仍然在海面上坚持不沉，拍摄了几张照片，甚至报告说船上还有人。山本五十六于是又派出谷风号驱逐舰去查看飞龙能否挽救，但谷风赶到时飞龙已经踪影全无。上午8时20分，飞龙最终沉没于北纬31度38分、西经178度51分海域，9月25日被除籍。

值得一提的是，卷云在离开时向飞龙发射的鱼雷炸破了舰底舱壁，被困在里面的39名轮机舱乘员得以逃出（包括轮机长相宗邦造中佐，他被美军俘虏后给自己取了个假名叫作荣造中佐）。在海上漂流十三天后，6月18日，这些幸运儿（只有4人死亡）被美军水上飞机从海上救起，留下不少双手掩面、垂头丧气的战俘照，在美国媒体上广为宣传。这些从"光荣的飞龙"上幸存下来的"帝国军人"失去了所有脆弱的荣誉感，在美军审讯中知无不言，战后无人愿意返回日本。

1942年6月6日早晨，从中途岛进攻本队所属凤翔号航母起飞的一架九六式舰攻发现已被放弃的飞龙仍漂流在海面上，并拍下了一些照片，这是其中之一。可见三枚直接命中的炸弹引发的大爆炸已经将其前部甲板彻底摧毁，形成了一个可怕的大洞

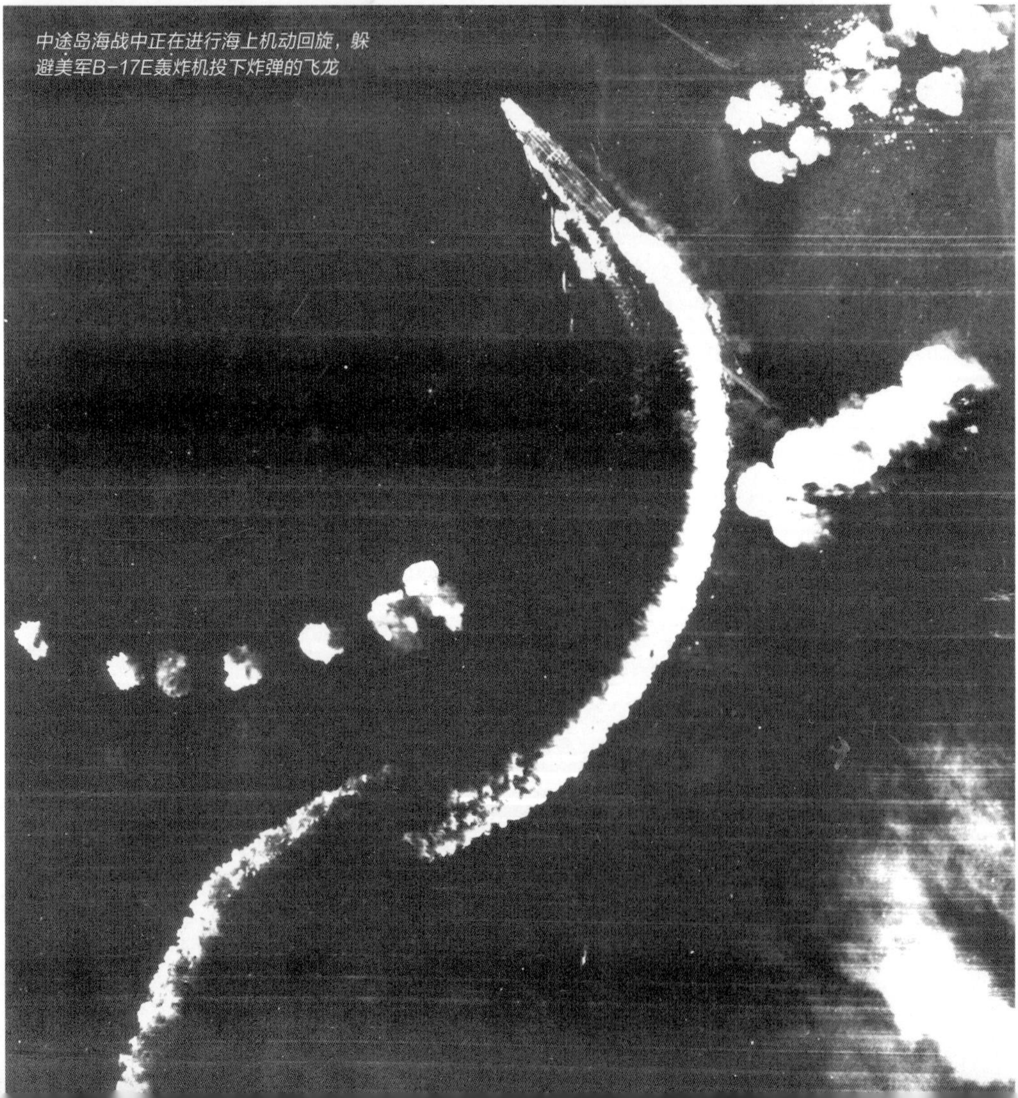

中途岛海战中正在进行海上机动回旋，躲避美军B-17E轰炸机投下炸弹的飞龙

▲ 另一张飞龙躲避B-17E轰炸机投下炸弹时的照片。飞龙采用的是半平衡舵，机动回旋能力还是合格的

▼ 另一张凤翔舰载机所拍摄的飞龙漂流照片。除飞行甲板被完全破坏外，舰桥前面左舷的一部分也被炸得面目全非。被炸成这般模样仍然不沉，可见日本航母的舰体抗沉设计是完全合格的（另外也与美军所用炸弹并无穿甲性能有关）。凤翔舰载机将飞龙仍然未沉的消息通知给联合舰队，谷风号驱逐舰被派来查看情况，但抵达时飞龙已经沉入大海。根据飞龙沉没时侥幸逃出、在海上漂流后被美军俘虏的相宗邦造中佐在战后的回忆，美军炸弹摧毁的只是飞龙的上层建筑。在山口多闻听说与轮机舱已失去联系、以为舰体下部无人生存而下令弃舰时，轮机舱内实际有上百名幸存者，蒸汽轮机都完好无损，8台锅炉中有3台蒸汽压力值低下，其他5台也没有问题。飞龙事实上仍可维持30节航速，只要将火灾彻底扑灭，就可以挣扎着驶回日本！轮机舱官兵无法再运转机械的原因只是大火的热量传导下来，达到六七十摄氏度的高温，人体根本无法坚持。如果轮机舱的排热系统好一些，甚至如果没有那些碍事的米袋子燃烧阻断联络通道，甲板上的人员没有因此而放弃救火的话，飞龙是有可能幸存的。山口司令与加来舰长悲壮共沉的幕后真相却是如此，实在是太过于讽刺了

祥凤号、瑞凤号改造航空母舰

《华盛顿海军条约》签订之后，日本海军试验性地设计建造了小型航母龙骧，却在服役时发现大量缺陷，又被《伦敦海军条约》纳入航母限制吨位，其后续舰建造计划遂被取消。美国同一时期建造的突击者号小型航母虽然也没有后续舰，但有关经验、技术被日后的护航航母吸收了。这些并不在最前线冲杀，而是承担美军后勤航线巡航、登陆滩头护卫等辅助性任务的护航航母，一般直接采用民用船只（大多数是运油船）的船体小改而成，虽然防护较为薄弱，航速一般，携带战机数量有限，但是成本低廉、建造数量多，能够充分发挥美军飞机制造能力、飞行员培养能力之优势，对于其所承担的二线辅助任务来说是完全合格的。

日本海军似乎与美国海军殊途同归，龙骧建成服役的1933年便在造舰计划中编入了3艘辅助舰船，分别是潜水母舰大鲸号和给油舰剑崎号、高崎号，其实质是航母预备舰。同样是万吨左右排水量的舰体，同样是所谓的"给油舰"，但与美国人改造真正的油船不同，日本的"给油舰"从一开始就按照军舰标准进行设计，采用与高速重巡洋舰相似的舰艏与舰艉，并为未来设置机库、升降机、飞行甲板预留下空间。大型民用船只的舰桥一般是在船体后部，但剑崎、高崎两舰的舰桥则位于前部。计划要达到的最高航速是28节——显而易见，这是军舰的航速，不可能有给油舰需要如此高的航速。美国的护航航母承担二线辅助任务，但日本海军偷偷摸摸搞所谓的"航母预备舰"，可不是为了防守，而是为了将来一旦发生战事，可以迅速将此类预备舰改造为真正的航母（但计划书上仍然不称之为航母，而称其为"第二状态"），投入一线作战，尽可能地提升日本海军的攻击能力，以达成出人意表之意图。

1934年12月3日，高速给油舰剑崎在横须贺海军工厂开工建造，1935年6月1日下水。同月20日，高速给油舰高崎开工建造，1936年6月19日下水。受1935年9月第四舰队事件余波影响，剑崎的船体刚刚下水就不得不送回船坞，将焊接结构改为铆接结构，以增强复原性。而刚刚在船台上动工的高崎则直接采用铆接结构。待剑崎改造完毕，高崎也下水时，《限制海军军备条约》的终结已近在眼前，日本海军内部对于下水后的两舰是继续伪装身份还是直接改造为航母举棋不定，两舰只好停泊于横须贺空闲度日。1937年12月，面对中国战场上泥潭深陷的战事以及与美英等国越来越紧张的关系，日本海军终于拿定主意，将剑崎、高崎两舰升格为潜水母舰。实际上两舰的舰桥、机库、升降机都已按照航母形态建造完毕（只不过暂时予以封闭），未来基本上只需要将烟囱改为舷侧下弯式、铺设飞行甲板，便可立即成为航空母舰。

1938年9月15日，剑崎首先开始改造，很快于1939年1月15日竣工，作为潜水母舰于2月5日编入第二舰队第二潜水战队，标准排水量为9500吨，可搭载3架九四式水侦。但在实际航行中日本海军很快发现剑崎所采用的国产舰本式柴油机经常出故障，航速最多只能达到17节，这就与军方千方百计隐瞒其真实身份、将其用于航空兵突击的意图相违背了。接下来本应开始改造高崎，但1939年时日本海军对于正规航母的需求已变得非常紧迫，干脆撕掉了"潜水母舰"的最后遮羞布，令高崎直接以航母形态改造完工,并更改其名称为"瑞凤"。由于船厂中挤满了在建的军用舰艇,瑞凤号航母直到1940年12月27日才竣工。先于其诞生的剑崎则是在1940年11月15日才返回船厂开始改造为航母。与瑞凤不同,剑崎所采用的柴油机必须拆除并更换为蒸汽轮机,这也就意味着其改造工程事与愿违,不是只安装飞行甲板就能大体完工,而是需要剖开舰体、大动干戈!直至太平洋战争打响之后的1941年12月22日,剑崎的改造工程才最终竣工。改造而成的航空母舰更名为"祥凤",于次年1月26日服役。

祥凤级航空母舰主要性能参数:

标准排水量:11200吨。公试排水量:13100吨。满载排水量:14200吨。舰体全长:205.5米。最大舰宽:18.14米。平均吃水深度:6.64米。飞行甲板全长:180米(瑞凤在1943年改造后甲板延长至195米)。飞行甲板最大宽度:23米。动力装置:舰本式高中低压蒸汽轮机2台,吕号舰本式重油锅炉4座。输出功率:52000马力,双轴推进。航速:28节。燃料搭载量:重油2320吨。续航距离:7800海里/18节。武器装备:双联装40倍径89式127毫米高射炮2座,瑞凤有双联装96式25毫米机关炮2座,祥凤则有3座。1940年计划搭载舰载机:32架,其中九六式舰攻23架(常用18架,备用5架),九七式舰攻9架(全部常用)。乘员:785人。

日本海军遮遮掩掩多年搞出来的两艘祥凤级小型航母,由于时间关系已来不及按其原先预想那般整体编入第一航空舰队(南云机动舰队),加强其"开战第一枪"的突击性进攻力量(不过南云舰队还是顺利完成了突袭珍珠港之使命)。瑞凤在等待祥凤建成的这段时间里被配置给第一舰队,承担一些辅助性任务。祥凤于1942年1月服役之后,两舰也没有配属在一起,祥凤归属于第四航空战队,2月初运送一批飞机前往南洋日军基地特鲁克,随后返回日本。4月18日杜立特轰炸机队空袭东京后,祥凤参与了美舰队搜索行动,无功而返,随后在24日再次起航前往特鲁克,准备参加侵略新几内亚莫尔兹比港的MO作战。实际上,正在制定入侵中途岛作战计划的联合舰队司令山本五十六对于MO作战兴趣不大,只派遣了以翔鹤、瑞鹤号航母为中心的第五航空战队编入第四舰队与美军交战,祥凤不过是紧急派遣而来的补充战力,事前没有与友军进行任何交流、训练等。

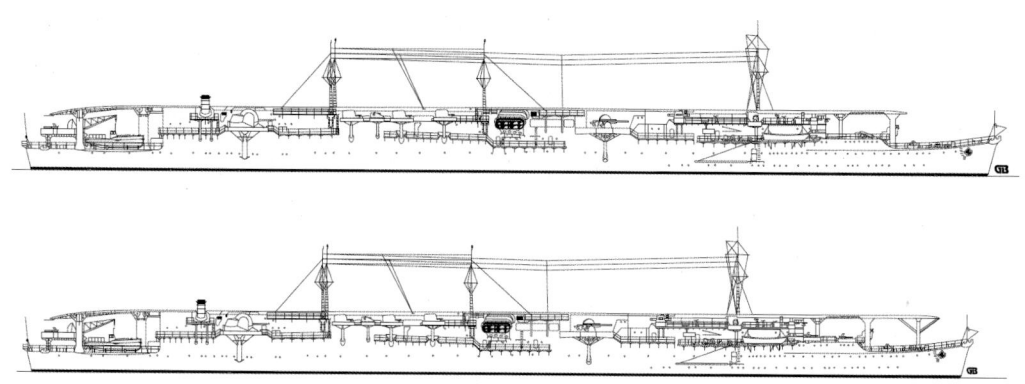

▲ 1942年的祥凤和1943年的瑞凤舰体线图,可见1943年改造后瑞凤的飞行甲板有所延长

1941年9月2日，正在横须贺海军工厂内实施舾装工程的祥凤

1941年12月20日，在横须贺港内刚刚完成航母改造工程的剑崎。它将在第二天正式得到"祥凤"的名称，作为航空母舰加入日本海军。舾装员正集结在飞行甲板遮风栅的后面，可能在为竣工仪式做彩排

1941年12月25日,停泊在横须贺港内的祥凤。此时的舰上官兵很难想到祥凤短短数月之后第一次正式投入战斗便被击沉,成为日本海军在太平洋战争中损失的第一艘正式军舰

1940年12月28日，刚刚竣工的瑞凤号航母。瑞凤与祥凤在舷窗位置方面稍有不同，另外的主要不同点就是建成时瑞凤采用了双联装机炮，而祥凤采用了三联装机炮

▲ 1940年12月17日，在馆山湾海面进行全力公试航行的瑞凤

由于陆军强烈希望海军派遣航母为MO作战登陆部队的11艘运输船提供空中掩护，第四舰队司令井上成美中将遂将祥凤单独划分出来，与特设水上飞机母舰神川丸协同掩护陆军登陆部队。在作战会议上祥凤航母飞行长杉山利一等人公然表示反对，希望集中所有航空兵力量去消灭可能出现的美军舰队，但此反对意见还是被井上否决了。事实上，祥凤从最初作为高速给油舰诞生，到多番改造后成为一艘高速航母，目的就是在第一线与敌军交战。如果是执行在后方掩护登陆舰船部队的任务，美军后来所设计的商船舰体之护航航母更合适，而日本海军当时正准备打一场短促的战争，压根没心思搞缺乏进攻性的慢速航母。总之事后看来，井上这个分兵决策削弱了本来占优势的第五航空战队之战力。5月2日，祥凤舰上的一架零式机发生事故而损失，其舰上还有9架零式舰战、4架九式舰战、6架九六式舰攻。5月3日，祥凤的舰载机起飞，掩护进攻图拉吉岛的第十九战队顺利登陆，神川丸号水上飞机母舰设置了一个水上飞机基地。为阻止日军登陆，弗莱彻率领由列克星敦、约克城两艘航母组成的TF17特混舰队赶来，而祥凤于5月6日在肖特兰泊地实施补给之后，与第六战队的古鹰、衣笠、加古、青叶4艘重巡洋舰协同出航。

7日早晨，双方舰队主力开始接触，但由于侦察机的报告实在缺乏精确性，翔鹤、瑞鹤的飞行队只是攻击了美军油船等非重要目标。而美军侦察机则找到了日军重巡队，同样很不靠谱地将其误认为航母，弗莱彻当机立断，全力动员列克星敦、约克城舰上合计93架战机杀来。当地时间上午11时左右，美军攻击机群飞临祥凤上空，将祥凤误认为"右舷有小型舰桥的大型翔鹤型航母"，发起猛攻。此时祥凤上空的防御力量只有3架九六舰战，一番空战后日机击落1架美军SBD，己方全部损失了。随后美军战机一拥而上，又是投炸弹又是扔鱼雷，祥凤在海面上拼命左闪右避，但终于还是被击中了13枚炸弹和7枚鱼雷（美军记录是10枚鱼雷），这艘13000吨的小型航母自然是无药可救了。顺便提一下，第六战队的4艘重巡洋舰在祥凤遭遇围攻时，拒绝以高射炮保护祥凤，反而迅速从其身边驶离，美军飞行员判断这些日军巡洋舰至少跑到8000码以外的海面去了——在日本海军的"铁炮屋"看来，航母是为己方军舰提供保护的角色，根本谈不上军舰去为航母提供保护。

不过半小时后，11时35分，祥凤迅速沉没于南纬10度29分、东经152度55分海域，舰战分队长纳富健次郎大尉率残存的3架舰战前往陆地迫降。祥凤舰上竟有631名官兵阵亡，幸存者寥寥。祥凤于5月20日被除籍，这艘战争开始后才加入日本海军序列的小型改造航母，竟成为这场战争中日本损失的第一艘航母。

比祥凤更早服役的瑞凤一直无所事事，1942年4月参加追击轰炸东京的美海军航母编队的行动，无功而返。其后祥凤前往南洋

▲ 1944年10月25日恩加诺角海战中,瑞凤被美军炸弹命中后所拍摄的照片。舰体后部升降机已被炸至变形,火灾的滚滚浓烟涌出。由这张照片可看到经过改造以后,瑞凤的飞行甲板向前延伸了15米,并被涂上了迷彩色

▼ 1940年12月6日在馆山湾海面进行公试航行的瑞凤

▲ 1940年12月17日在馆山湾海面进行公试航行的瑞凤

并很快战沉，珊瑚海海战的结果宣告莫尔兹比港入侵行动告吹，日本海军将下一步行动重点彻底转至中途岛方向，无比庞大的行动规模意味着瑞凤这样的小型航母也要参与作战。然而，瑞凤必须面对的问题是日本军工生产来不及满足所有部队的需求，其舰上搭载的新式零战机仅有6架，另外还有老旧的九六式舰战机6架、九七式舰攻机9架。作战能力有限的瑞凤只好编入计划登陆中途岛的第二舰队负责掩护运输船，而不是为第一线的南云机动舰队补充战力。山本五十六及其先任参谋黑岛龟人还派遣以龙骧、隼鹰两艘航母为中心的部队前往北方入侵阿留申群岛，更进一步分散了宝贵的航空战力。结果南云机动舰队的4艘大型航母全部覆灭。没有任何实际战斗行动的瑞凤只得跟随舰队返回。

7月14日，瑞凤终于被编入主力机动舰队——中途岛惨败后并没有被撤职的南云忠一司令麾下又编成了第三舰队，瑞凤成为舰队主力第一航空战队的一员，与翔鹤、瑞鹤协同作战。由于瑞凤的修缮工作未能及时完成，原属第二航空战队的龙骧号航母替代瑞凤的位置，与翔鹤、瑞鹤一同前往瓜岛海域，最后在诱饵攻击行动中被美军击沉。9月1日瑞凤终于驶出吴港，参加美日两军航母机动编队隔空对决的南太平洋海战。此时瑞凤舰上已有21架零式舰战，搭配6架九七式舰攻。

10月26日早晨，第三舰队派出第一攻击波的21架零战，其中有来自瑞凤的9架（由舰战分队长日高盛康大尉率领）。美日双方互朝对方航母飞去的机群恰好在空中相遇，瑞凤9架零战冲上前去与来自美军大黄蜂号航母的舰载机进行激烈空战，击落美军3架F4F战斗机和3架TBF鱼雷机。瑞凤零战被击落2架，另有2架在回航途中失踪。而在瑞凤舰上空，两架前来侦察的美军SBD轰炸机突然钻破云层俯冲袭击，一枚炸弹（也有资料说两枚）击中瑞凤飞行甲板后部，炸出一个大洞，使瑞凤丧失了起降能力，返回的瑞凤飞行队不得不前往瑞鹤号航母降落，瑞凤则脱离舰队撤退。瑞凤舰攻队在瑞鹤舰上降落后得到的待遇倒是不错：此时的瑞鹤舰长野元为辉曾是瑞凤的初代舰长，他任命来自瑞凤的田中一郎中尉为第三攻击波总指挥官，取得了炸弹命中美军大黄蜂号航母的战果，总算使这场海战在战术层面上以双方基本平手而终结。

然而瑞凤飞行队转移到陆地基地以后，却在所罗门群岛后续作战中损失大部，而瑞凤本身则回到日本修理炸弹损伤，无奈地看着一批又一批原本计划上舰的"海鹫"被派往南洋，又覆灭于万里波涛之中。修理完成后瑞凤只得从事运输及后方航线护卫等辅助任务，并在濑户内海训练培养新一批舰载航空兵。1944年2月1日，瑞凤与水上飞机母舰改造得来的千岁、千代田两艘小型航母共同编成第三舰队第三航空战队（瑞凤位列战队第3号舰），日本海军决心在"绝对国防圈"上与气势汹汹杀来的美军庞大舰群进行最终决战。配属给3艘小型航母的空中力量则是第653海军航空队，使用战机更新为零式52型舰战、天山舰攻等，并在零式21型舰战上装备250千克炸弹而使其成为战爆机（日军认为零战投弹后可立即投入空战），但飞行员素质与过往完全不可同日而语。

6月13日，日本海军第一航空舰队（小泽机动舰队）以堂堂之阵驶往出现美军进攻舰队的马里亚纳群岛海域，第三航空战队被配属给作为前卫的第二舰队提供空中掩护。但其搭载的大量攻击机（包括战爆机）表明小泽治三郎司令官是要坚决执行远程先发打击

▲ 1942年10月南太平洋海战期间，一架九七式舰攻为搜索美军舰队位置而从瑞凤舰上起飞，这张照片拍摄于翔鹤舰上

战术的。6月19日清晨攻击行动拉开帷幕,第三航空战队起飞64架战机充当第一攻击波。然而这一天是以"马里亚纳射火鸡比赛"的戏称被载入海战史史册的,第653海军航空队好不容易积攒起来的力量,一天之内就在美军严密凶猛的防御网中损失殆尽了。小泽机动舰队遭受美军反击,损失惨重,多艘航母或沉或伤,瑞凤侥幸毫发无伤,接收了少数几架逃回来的战机,随大部队黯然退回本土。7月,瑞凤运输12架九七式舰攻与军需品到小笠原诸岛中的父岛上,但美军的进攻箭头已向西指向菲律宾,日军制定了"捷号作战"方案,此方案中,已经没有多少舰载机可用,更缺乏合格飞行员的小泽机动舰队只好充当"诱饵舰队",瑞凤也在其中。

10月20日,"捷号作战"命令发布,此时瑞凤舰上仅拥有8架零式52舰战、4架零式21战爆和6架天山舰攻,而整个机动舰队的战机数量不过100架左右,与对面哈尔西上将统率的TF38特混舰队庞大到骇人的舰载机群相比,显然不值一提。经过小泽司令的多番引诱,哈尔西舰队终于气势汹汹地北上攻击,恩加诺角海战开始了。美军到来之前,小泽舰队以对空战斗队形展开,瑞凤在瑞鹤左舷2公里处与瑞鹤搭档战斗。10月25日8时15分,美军机群杀到,日军各舰立刻投入对空防御战,8时35分瑞凤的后部升降机被第一枚炸弹命中,10分钟后火势被扑灭。但美军的攻击波接

1942年5月7日,祥凤在珊瑚湖海战中遭到美军大批舰载机猛烈攻击,燃起大火正在下沉。可以清晰地看到一架TBD鱼雷攻击机在低空掠过,另有数架美军战机在周围盘旋

踵而来，千岁、千代田航母接连损失。攻击火力逐渐向瑞凤、瑞鹤集中，近失弹激起的无数水柱将瑞凤四面包裹，无法逃离。13时17分，瑞凤右舷被一枚鱼雷命中，速度大降，美军命中率遂大为提高，又接连击中两枚炸弹。瑞凤舰体开始倾斜，轮机舱进水，机库中火势蔓延，无法扑灭。右舷舰桥下又被一枚鱼雷命中后，舰长杉浦矩郎海军大佐判断航母已经没救了，于是下令取下军舰旗和天皇照片，全员撤离。此时已有215名官兵阵亡。15时26分，瑞凤从舰艉开始下沉，然后从中央部折断为两截，迅速沉没于北纬19度20分、东经125度15分海域，于12月20日被除籍。

至此，短命的祥凤以及虽然长命却并无特别战绩的瑞凤俱已损失，与恩加诺角海战同时发生的战事也有必要在此提及。

小泽机动舰队的自我牺牲将哈尔西麾下的特混舰队挑逗得非常彻底，圆满完成了诱敌任务。同日（25日）清晨，以大和战列舰为首的栗田舰队突入美军莱特湾登陆场时，激动地发现眼前的美军护卫舰队孱弱得可怜：最靠近的是第77特混舰队第4大队的第3分队（代号"塔菲3号"），只拥有数艘驱逐舰与6艘护航航母，且舰载机基本都在外执行任务。这些美军护航航母如本节开始时所描写的那样，完全是无装甲的商船船体，航速又很低，很难逃离，武器一般只有一门127毫米炮。但这些舰上剩余的舰载机表现得无比英勇，使用从炸弹到机枪的一切武器向栗田舰队发动攻击，美军驱逐舰亦发起决死冲锋。而栗田舰队在激动中胡乱发射对舰穿甲弹，穿透了护航航母舰体，但不过只搞出了几个小洞而已，最终只有甘比尔号护航航母沉没，而栗田舰队却遭受重创，又担心美军其余部队赶来，所以转身逃跑了。这一天，日本帝国海军宣告完全失去战力，同时也等于宣告：日本海军战前鬼鬼祟祟将小型、高速军用舰体改装为航母却归于失败，美军以合理、适用原则建造的民用船体护航航母却在日军的"大舰巨炮"面前赢得了辉煌战果与英勇之名。

第三章
苦战

翔鹤号航空母舰

若论战前最为重要，并且令无数军事学者至今仍津津乐道、反复探究的日本海军军备计划，毫无疑问是日本海军高层预见1936年年底《限制海军军备条约》必定失效，为与当时的一流海军豪强美国、英国开战做准备，于当年6月立案，计划自1937年开始全面执行的"第三次海军军备扩充计划"（亦称"丸三计划"）。此计划包含追加在内共有舰艇70艘，总计32万吨位，要求建造吨位、火炮口径皆为世界之冠的两艘战列舰（即超级战列舰大和、武藏），还要求建造更多速度极快、装备重炮重雷的驱逐舰（即阳炎型第十七至三十一号舰）。当然，丸三计划没有漏过航母——它要求在相当成功的苍龙型航母基础上，设计建造两艘扩大改良版的大型航母，列为丸三计划的三号舰、四号舰（前面两号自然属于大和、武藏）。

实际上，丸三计划只是一个为期十年的超大规模扩军计划的开始，日本海军预计在该计划结束的1946年拥有10艘中型以上航母，辅佐10艘超级战列舰，实现世界第一的终极梦想。海军军令部其实早在1934年就开始认真总结龙骧小型航母、苍龙型中型航母的经验教训，由此得出了丸三计划中两艘新型航母的具体要求：一、飞机搭载数量要与现代化改装后的赤城、加贺相当，常用机72架、备用机24架左右。二、航速至少要与苍龙型航母等同，即34.5节。三、武器方面，装备双联装127毫米高射炮8座（16门）、25毫米三联装机炮12座（36门），即放弃巡洋舰级别的主炮。四、续航力为10000海里/18节。五、舰体防御力方面，弹药库要能够抵御12000—20000米距离上飞来的200毫米炮弹，还能够抵御800千克炸弹的水平轰炸（但高度不明）；轮机舱要能够完全抵御127毫米炮弹以及450千克炸弹的俯冲轰炸；水线舰体要能够经受炸药当量450千克的鱼雷击中。六、对于飞行甲板的要求是能够对应最大制动距离40米、着舰速度60节以上、最大重量达到4吨的战机起降。七、标准排水量要达到23500吨。

以上性能要求基本可用中规中矩来形容，只有对于防御能力的要求，特别是详细列出的抵御水平轰炸和俯冲轰炸炸弹的要求值得注意。毫无疑问，航空母舰上飞行甲板从舰艏一直覆盖到舰艉，如果想要抵挡空中战机投下的炸弹，真正确实有效的办法就是铺设装甲飞行甲板。这一点英国海军也想到了，在日本人制定丸三计划的同时（1936年），英国人也决定建造铺设装甲飞行甲板的光辉级航母。该级航母确实能够抵挡450千克炸弹（即最常用的1000磅航空炸弹）的攻击，排水量也接近于日本丸三计划航母。然而，巨大而沉重的装甲飞行甲板带来了整舰重心上升的问题，光辉级航母只能拥有一层机库，舰载机数量仅36架，英国海军后来不得不想尽办法扩展机库空间。丸三计划的航母上同样存在这一矛盾，要实现军令部对于防御力的要求，那么与赤城、加贺相当的舰载机数就指望不上了。同一时期，同样作为秘密武器紧张研制中的零式战斗机也面临着同样的性能矛盾：既然海军高层极力主张远航程、强火力、高机动性，又怎么可能再有余地安装装甲防护板呢？面对攻防的根本矛盾，日本军方最终的选择是：先保证与攻击力切实相关的武器数量、速度机动能力等，防御性能可以牺牲。

丸三计划三号、四号舰由舰政本部第四

▲ 英国皇家海军光辉号航母。它的诞生是为了应对欧洲战场作战环境，即从陆地机场起飞的大量德国轰炸机将飞往海上投掷炸弹，严重威胁航母生存。针对载机量少的弱点，英国在后续舰胜利号与不屈号上又增加了一层机库，然而这又是以减少航母本身的燃料库存为代价的，还带来了前部升降机只能供上层机库使用等麻烦。无论如何，凭借光辉级航母的建成，二战爆发时，英国皇家海军舰载航空兵实力又一次位列世界三强之一

部负责具体设计，1937年12月12日在横须贺海军工厂开工，1939年5月16日得到了一个好名字——"翔鹤"。日军航母继"凤"、"龙"之后，又有了"鹤"。日本海军中上一艘同名舰是明治初期的英国制运输船，当年被《华盛顿海军条约》腰斩的"八八舰队"案中，凤翔的替代舰也叫这个名字。1939年6月1日，翔鹤舰体建成下水，下水仪式当天狂风暴雨，似有不吉之兆。由于中国战事逐渐深入，日本对美关系越发紧张，丸三计划中的舰艇都全力加速，翔鹤也不分日夜赶工进行舾装工作，终于在1941年8月8日建成完工。

翔鹤的舰体基本上是在飞龙的基础上放大改良而来的，更为修长，以便获得高航速。舰艏下端采用了日本海军技术研究所的最新研究成果——球鼻艏，内部安装了用于潜艇侦测的水中听音器和探信仪（声呐），理论探测距离达到两万米。日本海军对于球鼻艏的使用还在试验中，落后数月服役的大和号战舰的球鼻艏就更加向前突出，而翔鹤的球鼻艏只从舰桥正面方向看是球形，站到舰体侧面就看不出来了。翔鹤舰艉采用了两部半平衡舵，于中心线上前后纵向布置。与苍龙级航母一样，翔鹤采用了两层机库，下层机库稍小于上层机库，虽然是封闭式的，但上层机库的壁板比较薄，即使炸弹落入机库中也能够散发

1941年8月23日，新建成的翔鹤号航母正在等待一个月后姊妹舰瑞鹤的建成

部分爆炸能量。翔鹤及其姊妹舰瑞鹤的机库还有一个特点，即高度不是太高，如此一来整舰看上去也就较低矮，在公试航行状态下从吃水线到飞行甲板的高度是14.1米，比同状态下三层甲板的赤城号低5.5米之多。如此一来舰体侧向受风面积大大减小，有利于提高复原性，这也是第四舰队事件之后舰政本部特别注意的事项——实际上最初设计曾试图将翔鹤型航母的水线上高度压缩至12米以内，不过最终14米左右的高度亦无碍于台风海况下的航行。

翔鹤沿用过去日本航母前中后三部升降机的设计，升降机全部贯通两层机库。同样沿用的还有动力舱室的配置，8座吕号舰本式重油专烧锅炉和4座舰本式高中低压减速齿轮蒸汽轮机布置于左右并列的四组舱室中，每两台锅炉为一台蒸汽轮机提供蒸汽，总功率达到160000马力，甚至超过丸三计划中排在前两号的大和、武藏，夺得了日本海军输出动力最大值之殊荣——其后日本海军中也仅有大凤号航母能够达到同等功率值，由大和型三号舰改造而来的信浓号航母自然还是比不上的。这汹涌澎湃的动力系统加上高速化处理的舰体设计，使得翔鹤级航母完美达到了设计要求航速——公布最高航速值为34.2节，实际在公试航行中取得了34.58节的最高航速。在舰体防御力方面，弹药库的顶部铺设了25毫米厚的钢板，其上又铺设132毫米厚的装甲，舷侧水线部分则设有165毫米厚装甲带。动力舱室上方也有25毫米厚的钢板，其上又铺设65毫米厚的装甲，舷侧水线部分则设有46毫米厚装甲带。作为加强水中防御的手段，翔鹤采用了美国海军惯用的多层式隔舱结构，设置钢板壁厚度在30—42毫米之间的隔舱，而在动力舱室部分特别用五层隔舱加

强防御，确保安全。从这些过去日本航母上未曾见过的强力防护手段来看，日本海军是设想翔鹤型航母将与美国海军前卫部队遭遇至炮击距离以内交锋，需要防御对方重巡洋舰与驱逐舰所发射的炮弹与鱼雷。但是，登上翔鹤的飞行甲板，却又看不到任何针对空中投下的炸弹的防御措施。

翔鹤的最上飞行甲板比飞龙更为狭长，这是出于减小敌机空投炸弹命中概率的考虑。但飞行甲板绝大部分仍然是12—15厘米木板铺设，只有在最前端一小段采用了耐磨涂装的钢板，最后端一小段采用了挤压成型钢板，其目的都不在提高防护性，而在于帮助战机顺利起降及抵抗风浪。翔鹤的舰体最上甲板，即上层机库的那一层甲板拥有84毫米装甲，可以在一定程度上保护下层机库。舰体最上甲板上的装甲，与弹药库、动力舱上方特别设置的装甲相结合，基本可以保证舰体内重点部位即使被炸弹击中也不会让航母立即失去动力或发生大爆炸。但是没有防护的木制最上飞行甲板到底留下了巨大的防护隐患，只要被一枚炸弹命中就可使航母失去起降战机的能力。

在此，笔者需要从美日两国海军航空兵的使用武器与作战思想角度，分析翔鹤未设钢铁飞行甲板所带来的致命弱点，尽管限于篇幅只能简要阐述。经过1921—1925年反复进行空中轰炸军舰试验，美国海军最终得出的结论是：未来战列舰经过装甲强化、结构细分，就不会遭受空袭带来的致命危险而损毁，海军航空兵没有必要承担击沉敌军战舰的任务。美、日双方海军都设想，未来太平洋战争爆发、双方主力舰队决战之前，由重巡洋舰和航母组成的先头部队将率先交手，但是双方赋予先头部队的任务完全不同。日本海

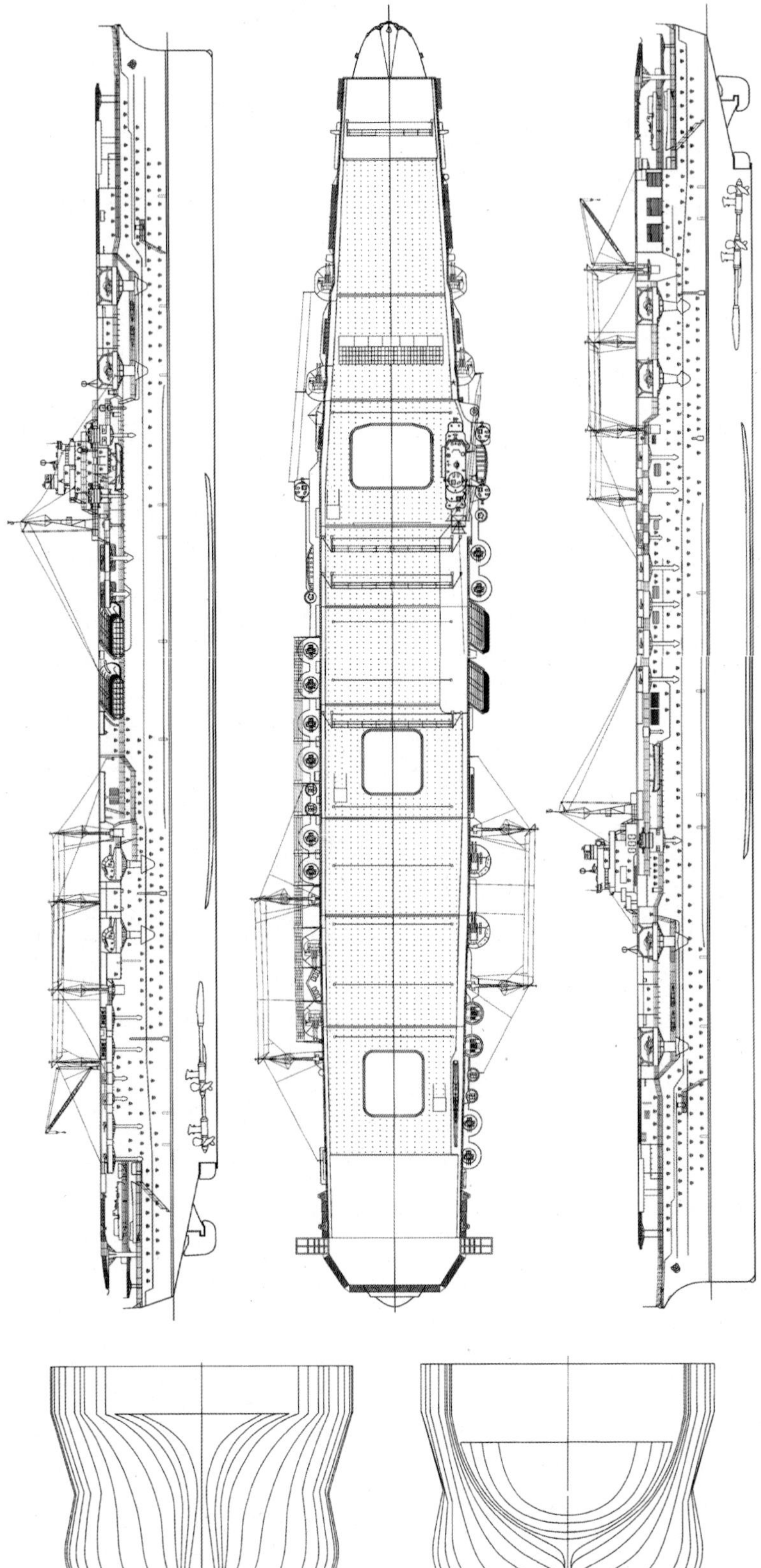

第三章 苦战 /147

1941年开战时的翔鹤号航母线图

军希望己方先头部队消灭对方先头部队,进而再向前攻击并削弱对方主力战列舰队,给己方处于劣势的主力舰队随后展开决战提供有利条件,这是"渐减作战"重要部分。因此日本海军航空兵重点发展航空鱼雷,认为这是击沉敌主力舰的有效手段,同时也致力于研制可以穿过敌主力舰数层甲板至底舱爆炸的穿甲航空炸弹。也就是说,日本海军航空兵极端坚持"击沉主义"。美国海军舰队的先头部队任务则大不相同,只要能够令日方先头部队丧失战斗力就行了,有日本海军史学者将之称为"中破主义"。至于主力舰队决战,反正美国舰队是拥有优势的,正常打起来肯定是美军赢。

正是因为抱着这样的想法,美国海军的俯冲轰炸机性能远比鱼雷机要好,以俯冲轰炸机攻击敌舰为核心战术,只要能够将敌舰击伤至退出战斗序列就可以了,不追求将其彻底击沉。于是,在战争中,以下情况屡屡发生:美军空中投弹将某日军军舰炸至火焰飞腾,而只要旁边还有其他没着火的目标,美军机就会立即掉头去攻击。双方使用炸弹之差异也可由此分析一二:日军在九九舰爆上使用250千克穿甲弹做俯冲轰炸,在九七舰攻上使用800千克穿甲弹做水平轰炸,总之目的都是穿透敌军军舰数层甲板,至底舱爆炸,以求击沉敌舰,延时引信往往设置在0.2秒左右。而美军竟然是直至菲律宾海战才开始使用穿甲、半穿甲炸弹,马里亚纳海战中使用的仍然是通用GP炸弹。通用GP既可以攻击军舰也可以轰炸陆地(日本海军攻击军舰的是"通常炸弹",轰炸陆地的是"陆用炸弹",战前就分得很清楚),延时引信只设置0.01秒。正因为不追求穿甲能力,美军GP炸弹炸药装量要比日军炸弹多得多,重量不到日军250千克炸弹两倍的1000磅GP炸弹,装药量竟然多出后者六倍! 其结果就是用来对付无装甲飞行甲板防护的日军航母正好可以发挥出大威力,破坏飞行甲板或捣毁下一层的飞机库。因此战争中屡屡发生日军航母挨了几颗美军炸弹,整个上层结构就彻底损毁的情况,尽管由于底部没被炸穿,航母还能挺一段时间,但也毫无用处了。而美军航母挨几颗日军炸弹,往往很快就能恢复,虽然这与美军损管水平高有很大关系,但与日军炸弹威力不足也紧密相关。

日军使用穿甲弹战术最典型的例子,除了珍珠港那枚穿入亚利桑那号底部爆炸的800千克炸弹外,还有后文将提到的珊瑚海海战中由九九式舰爆投下的一枚250千克炸弹(穿透美军约克城号航母四层甲板后爆炸,但约克城并未丧失战力)。总体来说,日本海军航空兵(当然特别是航空本部及大西泷治郎)以穿甲弹轰炸对抗美国海军的想法是失败的,而美国海军从飞机不能击沉战舰这个错误理念出发所制定的轰炸战术,却歪打正着获得了成功,这当然是谁都没想到的。在翔鹤的研制阶段,日本海军认为付出英国光辉级航母那样的战力损失代价——机库减少一层、舰载机数量减半——以换取钢制飞行甲板的全方位保护是不可接受的,但航母舰体对于敌军大口径舰炮与鱼雷对舷侧特别是水线部打击的防范能力又是不可放弃的。日本海军当时的这种思维绝不为错——众所周知,二战于1939年9月开始以后,欧洲战场上最初沉没的两艘航母都属于英国(当然轴心国方面也并没有航母服役):第一艘是老旧的改装航母勇敢号,1939年9月17日遭德国潜艇U-29发射的鱼雷命中而沉没(成为世界海战史上第一艘战沉航母)。第二艘是光荣号,1940年6月8日在

▲ 英国皇家海军光荣号航母。该舰上装备有4.7英寸（120毫米）舰炮，却没有安装雷达。突然袭来的德军格奈森瑙号、沙恩霍斯特号不但最大舰炮口径有280毫米，且安装有雷达，锁定目标后高速靠近并发起了迅猛炮击

本神风特攻机击中钢铁飞行甲板，却终究没有任何一艘沉没。这些事实此时的日本海军自然无从知晓，因此在翔鹤型航母进行设计建造的时候，放弃钢铁飞行甲板绝不会被认为是一个天大的错误。顺便说一句，美国在战争打响前开始建造埃塞克斯级航母时，首先是以约克城、企业号航母为蓝本，其次也设置了装甲飞行甲板，但厚度减到38毫米，明显是用来抵挡日军60千克炸弹并削弱250千克穿甲弹所造成的伤害的。

翔鹤飞行甲板上也安装了10座吴式四型着舰制动装置，有10条横向拦阻索，甲板前部

从挪威撤退回英国的途中不幸遭遇德军舰队（战舰格奈森瑙号和沙恩霍斯特号）。由于光荣号本身舰载机数量就很少，没有起飞侦察机实施警戒，又没有配备足够的护卫舰船，当瞭望哨发现海平线上出现敌舰时已经无法躲避。德舰远程炮弹很快击中光荣号飞行甲板，令其丧失起降功能，并击穿锅炉舱引发大火，最终将其击沉，牺牲官兵1500人以上。

站在今天的角度看，二战爆发后英国海军航母部队所遭受的这两次惨痛损失，说明要让航母确保安全，从而发挥战力，需要以庞大的护卫舰队对航母实行近距离保护，并且要以各种侦察手段特别是空中侦察掌握敌方动向来预先采取防御措施（当时英国还在测试如何在航母上装备雷达）。但是，在当时的各国海军看来，这两个战例却说明了航母在海战中的脆弱性，航母只能用于有限的战略战术目的，不能取代以巨大战列舰为中心的舰队决战，日本海军亦不例外。而英国的光辉级航母却在其后的战争岁月中发挥了重大作用，并且多次被德军俯冲轰炸炸弹甚至日

▲ 英国皇家海军勇敢号航母。它被击沉的主要原因是皇家海军对航母的错误使用方式：二战爆发后德军潜艇在英国近海造成威胁，于是皇家海军派遣皇家方舟、勇敢、竞技神三艘航母去执行搜索反潜任务，却没有为航母本身配备足够的驱逐舰护卫。9月17日勇敢号与四艘驱逐舰联合搜索，竟为保护一艘商船而分走两艘驱逐舰，结果勇敢号遭到德军U-29潜艇鱼雷袭击而沉没

还有白色识别线,结合喷嘴中喷出的少量蒸汽,可供飞行员在起飞过程中判断风向,调整起飞动作。甲板尾端左右两侧各设置一个突出部,作为着舰标识;继续沿用舷侧下弯式烟囱,同样装有海水喷淋冷却装置和排烟盲盖。翔鹤的舰桥在设计阶段还是被安置在左舷,但由于赤城和飞龙的实际使用经验证明其设计错误,舰桥改为安置在靠甲板前方的右舷侧,基本结构与飞龙类似,尺寸略有放大,有五层舰桥甲板,内置罗经舰桥、操舵室、作战室、海图室、防空指挥所等,顶端设有高射指挥仪、方位测定仪、测距仪等,后方设置三角式信号桅。翔鹤本身的武器装备与设计无甚区别,双联装127毫米高射炮8座(16门)分别设置于左右舷前后,25毫米三联装机炮12座(36门)同样平均分配于左右舷,形成全方位覆盖的对空防御火力。

翔鹤级航空母舰主要性能参数:

标准排水量:25675吨。公试排水量:29800吨。满载排水量:32105吨。舰体全长:257.5米。最大舰宽:26米。平均吃水深度:8.87米。飞行甲板全长:242.2米。飞行甲板最大宽度:29米。动力装置:舰本式高中低压蒸汽轮机4台,吕号舰本式重油锅炉8座。输出功率:160000马力,四轴推进。航速:34.2节。燃料搭载量:重油5000吨。续航距离:9700海里/18节。武器装备:双联装40倍径89式127毫米高射炮8座,双联装96式25毫米机关炮12座。开战时搭载舰载机:84架,其中九七式舰攻32架(常用27架,备用5架),九九式舰爆32架(常用27架,备用5架),零式舰战20架(常用18架,备用2架)。乘员:1660人。

▲ 1939年6月1日14时30分,在横须贺港建成下水的翔鹤号航母,可见当日的狂风暴雨

▲ 翔鹤号航母举行建成入水仪式前,主要建造负责人在球鼻艏前合影

1941年8月8日，翔鹤建成服役，与9月25日建成服役的姊妹舰瑞鹤一起编成为第一航空舰队（南云机动舰队）下属第五航空战队，首任舰长是城岛高次大佐，航空战队司令是原忠一少将。两舰立刻投入九州岛各基地的火热训练，舰攻队在宇佐基地训练，舰爆队在大分基地训练，舰战队在佐世保基地训练。对于当时正在制定远程突袭珍珠港计划的山本五十六司令和先任参谋黑岛龟人来说，翔鹤、瑞鹤两航母及时服役加入机动舰队阵容，取代原先准备放入的两艘祥凤级改造航母（本身实力弱小，且最终时间上也没能赶上），可谓是解了燃眉之急。拥有三个航空战队的南云机动舰队的强大实力已基本确保只要达成袭击突然性，便有极大可能取得辉煌成功。

11月18日，南云机动舰队全体集结（除了加贺还在收容战机），由佐伯湾起航，驶向北方择捉岛单冠湾。12月8日凌晨珍珠港突袭行动开始，城岛舰长严肃地站在舰桥前，背后黑板上写着从旗舰赤城转来的"皇国兴废在此一举"之电令。由于飞行队训练时间不长，使用低潜深度的航空鱼雷实施攻击的任务没有交给翔鹤及瑞鹤（由此也可看出日本海军航空兵更重视鱼雷攻击即击沉敌舰最有效的攻击方式），翔鹤在第一攻击波中起飞的是5架零战（由分队长兼子正大尉率领）与26架九九式舰爆机，舰爆队由高桥赫一少佐率领，他也是第一攻击波中所有俯冲轰炸舰爆机（共51架，全部来自翔鹤、瑞鹤）的带队指挥官。飞到接近珍珠港上空，总指挥官渊田美津雄见没有任何美机起飞迎战，地面亦无炮火，可见奇袭目的达到，便打出一发信号弹，让舰攻队首先以低潜鱼雷向美军大型军舰发起攻击。但是渊田又看到高处的制空队没有根据信号弹展开，显然是视线被云层所阻，便又打了一发信号弹。身为俯冲轰炸队指挥官的高桥少佐把两枚信号弹都真切地看在眼里，也不动脑筋判断一下此时周围空域的情况，便断定渊田的意思是让他的舰爆队打头阵（这是事前说明的打两发信号弹表示的攻击信号），毫不迟疑地率队兵分两路直杀下去。其中一路由他亲自率领奔向福特岛和希凯姆机场，身后跟随着来自翔鹤、瑞鹤的舰爆机以及零式机。

高桥眼见着希凯姆机场上巨大的机库前"重轰炸机"一排排被拖出来，整齐地放置在停机坪上，真是高兴极了！此处停放着美国陆军航空队的大批B-18中型轰炸机、B-17重型轰炸机和A-20攻击机。仅仅几分钟，希凯姆机场就成了人间地狱，猛烈的爆炸和燃烧激起冲天浓烟。同一时刻，正好从美国本土飞来的11架B-17轰炸机至希凯姆机场降落，没有携带任何自卫武器。正是因为有了B-17机群会在这天前来的消息，美军雷达站明明发现了日军机群飞来的可怕信号，却被值勤军官给疏忽了。倒霉的B-17轰炸机队在空中遭到了日军战机的攻击（他们以为是友军在攻击，感到莫名其妙），降落时又真的被友军攻击了（地面美军认为是日军运输机想降落抢占机场），结果大部分被击毁起火。希凯姆机场陷入火海的同时，其余舰爆机也将驻扎于福特岛海军航空站的大量卡特琳娜水上飞机炸毁了。第一攻击波所取得的战果极其辉煌。第二攻击波中翔鹤起飞的是装载炸弹的27架九七式舰攻（由分队长市原辰雄大尉率领），主要任务是将卡内奥赫海军航空站等美军基地再扫荡一番。他们顺利地完成了这一任务，直至视线所及之处全部笼罩于烈焰之中，才得意返航。

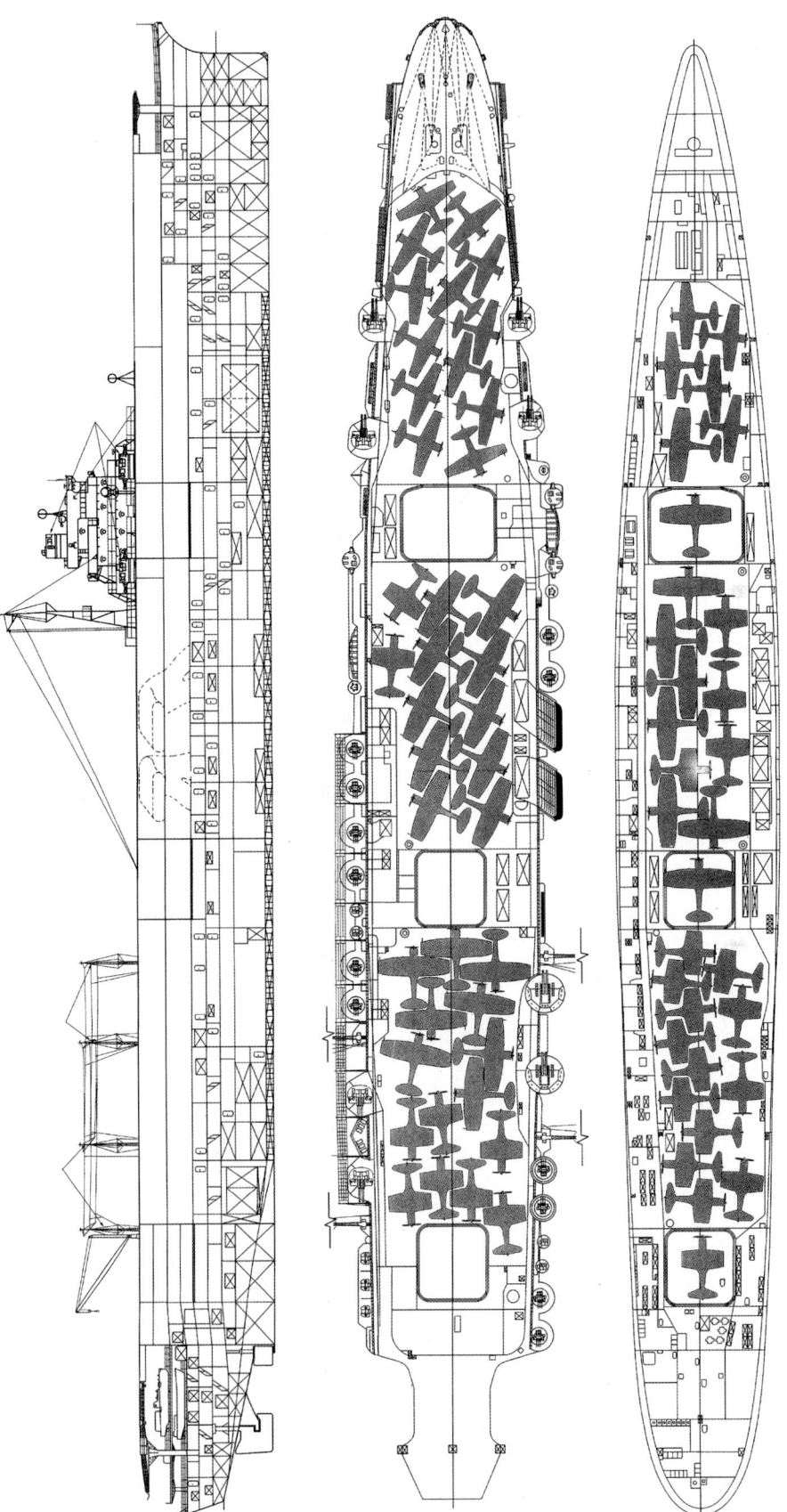

翔鹤号的舱室分布图以及上层飞行甲板、下层飞行甲板的战斗机存放示意图

▲ 目标珍珠港！12月8日凌晨一架九七式舰攻正从翔鹤号上起飞，舰员们在旁挥帽欢呼，祝其武运昌盛

▼ 翔鹤号上的零式战机准备起飞前去进攻珍珠港

回到日本的翔鹤与瑞鹤一道将搭载的常用机数量削减至与苍龙、飞龙一样的舰战、舰爆、舰攻各18架。虽然只有其实际最大搭载能力的三分之二，但应对近阶段任务已经足够。翔鹤于1942年1月5日再度出港，航向特鲁克，支援拉包尔侵占行动，接着前往东南亚作战，2月3日回到日本。3月初再次出港，24日与南云机动舰队会合前往印度洋作战，其舰爆队在江草隆繁少佐的指挥下取得了惊人的命中率。好似武装巡游表演般的印度洋作战行动结束，南云机动舰队返回日本。归航途中，第五航空战队翔鹤、瑞鹤两舰接到指令，前往特鲁克加入第四舰队，支援入侵莫尔兹比港的行动即MO作战行动。一开始山本五十六只打算给MO作战部队派去加贺号航母（因为维修小故障而没有参加印度洋作战）提供最低限度的空中掩护就完事，但第四舰队司令官是山本的"航空主兵"派伙伴井上成美海军中将，他提出了务必增加航空兵力的强烈要求。最终山本决定派遣第五航空战队作为后盾，但要求其在执行完初期掩护任务、消灭或重创可能出现的美军舰队后必须立即返回日本，重归南云机动舰队序列，参加正在精心准备的中途岛突袭MI作战计划——当然，这是在南方作战行动一切顺利，第五航空战队没有较大损伤的前提下，当时的日本海军认为这是完全没有疑问的事情。

4月25日，第五航空战队进抵特鲁克，5月1日向拉包尔进发。此时美军情报部门已经破译日军密码，从大局上掌握了日军舰队的行动方向与目的，只缺乏战场上的具体战术情报，于是派遣实力与日军旗鼓相当的海军中将弗莱彻麾下的列克星敦与约克城两航母（美特混舰队代号TF17）前来拦截日军，5月1日集结于圣埃斯皮里图岛。双方经过数日对战场"迷雾"的摸索，已明确对方必有航母舰队存在。5月6日日军侦察机发现美军TF17航母舰队踪迹，第五航空战队立即南下迎战，但航空战队派出的侦察机（翔鹤和瑞鹤本身是没有专用侦察机的，派出侦察的是九七式舰攻机）未能在日落前找到美军舰队。第二天即5月7日，双方舰队已经非常接近，珊瑚海海战正式打响，早晨6时（当地时间）翔鹤和瑞鹤又派出6架九七式舰攻机向南方搜索，同时攻击机群也做好了起飞准备。7时22分，驾驶翔鹤舰攻机的柴田正信飞曹长报告称发现美军特混舰队，但这是一个天大的错误，他所发现的"航母"其实是尼奥肖号油船。8时刚过，日军攻击机群由两艘航母上起飞，翔鹤出动19架九九式舰爆、13架九七式舰攻、9架零式舰战，指挥官为高桥赫一。攻击机群心急火燎地飞到侦察舰攻机所报告的海域上空，翻来覆去却只能找到美军的油船，不得不承认先前柴田机所发现的所谓美军航母就是这艘油船。

于是高桥赫一率领舰爆队向倒霉的尼奥肖号油船及其护卫西姆斯号驱逐舰（DD-409）扔下炸弹，后者立即沉没，尼奥肖号的残骸在海上漂流数日后被美军自己击沉。就在第五航空战队的舰爆机拿油船作为俯冲轰炸练习对象的时候，TF17侦察机也发现了日军航母，但那其实是给MO登陆部队提供掩护的改造航母祥凤。弗莱彻立即起飞攻击机群，找到祥凤并迅速将其击沉。下午3时20分，日军水上侦察机再次发现TF17舰队，虽然已近黄昏，但航空战队司令原忠一仍然下令起飞攻击机群，其中翔鹤起飞6架九九式舰爆和6架九七式舰攻。因为日落后视野不佳、难以发现海上目标，日军机群又遭到美军战斗机拦截，损失数架战机（翔鹤损失3架舰攻

▲ 井上成美不但是日本海军中的"航空主兵"派，甚至比大西泷治郎等更进一步，认为制造航母都是在浪费资源，海军应该彻底航空化，只以飞机为主要武器，依托陆地岛屿作为"不沉航母"作战。他的整个战略思想都遵循数字合理主义，一旦运用到实际战争中，面对珊瑚海海战这样双方都莫名其妙犯错的现实，便手足失措了

机），这次攻击以惨败告终。日机纷纷丢弃炸弹、鱼雷掉头逃跑，而高桥赫一甚至慌不择路地想在美军约克城航母上降落，美军水兵也奇怪了好一会，终于将防空炮弹劈头盖脸打去，高桥这才醒悟过来逃跑。这一天的战斗在混乱中结束了。

5月8日，第五航空战队与MO攻略部队的4艘重巡洋舰（妙高、羽黑、衣笠、古鹰）、5艘驱逐舰（潮、曙、时雨、白露、夕暮）全部集结，决心与美舰队决一死战。美日双方都在天色渐明之时起飞侦察机开始搜索对方，美军侦察机于8时22分发现云层下方的翔鹤，仅仅两分钟后从翔鹤起飞的舰爆机（机长菅野兼藏飞曹长、飞行员后藤继男一等飞曹、电报员

岸田清次郎一等飞曹）也向母舰报告发现美军两艘航母，并且不顾燃油消耗，持续在美舰队上空盘旋指示目标。菅野于此战阵亡之后军衔被特晋两级。得到消息后，日军攻击机群立即起飞，其中翔鹤起飞9架零式舰战、19架九九式舰爆、10架九七式舰攻，指挥官仍为高桥赫一，11时10分进抵TF17上空，随即兵分两路，舰攻队向列克星敦航母飞奔而去投放鱼雷，连续击中两枚，列克星敦航速降低。高桥随即率领舰爆队一拥而上，将两枚炸弹掷向列克星敦。其中一枚将巨型烟囱摧毁，大火燃起。

高桥发回"击沉萨拉托加号"的报捷电报（这完全是高桥误认了），并得意扬扬地继续在现场盘旋视察战果，结果突然遭到美军F4F野猫战机攻击，当即坠海身亡。此战翔鹤共损失7架舰爆、5架舰攻，攻击机群返回后却发现母舰翔鹤已经不在了。原来在日军向美舰队发起攻击前，10时55分，由列克星敦与约克城上起飞的美军俯冲轰炸机、鱼雷攻击机飞临日军舰队上空，瑞鹤迅速躲入了暴雨带中，于是美军战机全部朝向翔鹤蜂拥而来（但他们向母舰发回的报告和高桥一样弄错了——声称攻击的是瑞鹤号）。这就是"翔鹤总是为姊妹舰瑞鹤充当盾牌"之传说

◀ 翔鹤号航母在珊瑚海海战中被一枚炸弹击中了右舷，这张照片表现了其损伤情况，三连装25毫米高射机炮位的操作员凶多吉少

▲ 翔鹤号航母在珊瑚海海战受创后回国，这是在吴海军工厂码头上拍摄的照片，可见飞行甲板前方及上层机库前部被彻底摧毁。美军俯冲轰炸战术的目标就在于摧毁日军航母起降飞机的能力，有条件的情况下才会追求将敌舰击沉

的开始。第一枚炸弹命中翔鹤左舷舰艏前甲板，当即将两舷主锚炸飞，前甲板一团扭曲，前部升降机掉入机库，随即又引燃前甲板右舷下方的航空燃料，引发了大火灾。第二枚命中炸弹紧接着落在右舷飞行甲板靠近小艇甲板的地方，小艇都燃烧起来。第三枚命中炸弹则落在舰桥后方的机炮台、信号桅杆附近，造成机炮操作员和舰桥勤务兵大量死伤。

远处的瑞鹤看到只在海平线上露出舰桥的翔鹤舰上冒出火柱、被黑烟包围，瞭望哨报告："翔鹤遇袭沉没！"（美军飞行员同样回报说"日军航母迅速沉没！"）不过负责护卫的零战中有来自瑞鹤的岩本彻三等优秀战斗机飞行员，迫使随后发起攻击的美军SBD仓促投弹，未击中目标。而翔鹤的动力系统有钢板保护，没有受损，总算能够一边躲避美军鱼雷，一边逃出战场——美军以为受创的翔

鹤航速会比较低，所以在远距离上发射鱼雷并希望仍然可以命中。但是翔鹤水线以下的舱室完全没有受损，根据翔鹤舰员的证言，撤离中的翔鹤竟然能够开足34节，自然没有任何鱼雷能够命中，而返航的舰载机大多只好在瑞鹤舰上降落。遭到重创的翔鹤舰上阵亡76人，还有114人负伤，另有33人失踪。次日战事沉寂，翔鹤接到命令返回横须贺。

海战史上首次双方舰队不见面，只以舰载航空兵于空中交手的海战——珊瑚海海战至此结束。这场海战一般被史学家认为是日本海军在战术上小胜（实际双方都错误连连）而在战略上败北之役。事实上，如果山本五十六干脆推迟中途岛MI作战，将整支机动舰队都派遣至珊瑚海支援陆军，那么日军的胜利几乎是板上钉钉的事情。又或者他强硬坚持原定的中途岛MI作战，只派遣加贺号航母前来支援，或者干脆什么都不派，那么翔鹤、瑞鹤必定能够参加中途岛作战，如此一来中途岛的局面将对美军极端不利。世上没有后悔药，而此时的日本海军还认为即使只用南云机动舰队余下的4艘航母，照样能够轻

▲ 反映翔鹤号航母在珊瑚海海战中被来自约克城号的俯冲轰炸机攻击的画作。美军进行俯冲轰炸时，更注重对飞行甲板中前部的攻击，因为这样可以尽快封死日军飞机继续起飞的能力

▲ 1942年5月7日，一架来自于翔鹤号的九九式舰爆机。并不确定它是在攻击尼奥肖号油船的途中（上午）还是在寻找美军航母舰队的途中（下午）

而易举地攻克中途岛、消灭螳臂当车的美军舰队呢，哪里需要什么后悔药！

5月17日，翔鹤返回吴港。见其创伤情况，渊田美津雄声称太平洋战争开始至现在，翔鹤是进港维修的伤势最重的舰艇。虽然翔鹤的官兵自认很倒霉，但其实他们在毫不知情的情况下算躲过了一劫——一艘美军潜艇曾经在四国岛以南海域发现正往吴港去的翔鹤，好在翔鹤航速不慢，美潜艇没有捞到攻击机会。虽然翔鹤船籍所在的海军镇守府是横须贺，但由于横须贺海军工厂正在实施潜水母舰大鲸号改造为航母的工程，无暇修理翔鹤，该舰只能先在吴港待机。翔鹤进入吴港的当天，山本五十六便率领联合舰队司令部的幕僚们登舰视察，但视察过后司令部主要的关心事项却是应否对所有阵亡人员特晋二级军阶的问题（结果是珍珠港突袭战中的阵亡甲标的潜艇乘员得到了这个待遇，阵亡飞行员却没有）。翔鹤舰上的运用长福地周夫被山本五十六召去了联合舰队司令部。在南云机动舰队出发前往中途岛之前，福地举办战训演讲会，以翔鹤被美军炸弹击中后发生火灾并扑灭的实际经验，强调要将舰内的可燃物撤走，当前不需要的弹药一定要收入弹药库，甲板上要事先准备好灭火用的水管以备不时之需等等。但是，联合舰队司令部主要幕僚却没有出席这个演讲会，他们都参加"机动舰队航母被击沉但又自动浮出水面"的图上演习去了——顺便提一句，福地周夫在战后成为日本海军史作者，著有《空母翔鹤海战记》、《予科练物语》等。

翔鹤实际开始在吴海军工场的船坞里面

实施大修工程是6月17日，南云机动舰队此前已经折戟中途岛，赤城、加贺、苍龙、飞龙4艘主力航母全部损失。中途岛战役前日本海军对翔鹤的修理工作马马虎虎，战役结束后立刻转变为心急火燎，据说修理飞行甲板的时候，负责监工的人员对作业工人态度很粗暴。6月27日，翔鹤基本完成修理工程，修复了机库和飞行甲板，福地周夫在战前就建议增设的消防设备也得到了增设，舰艏和舰艉还各增加了两座三联装25毫米机炮，舰桥前后各加装了一座三联装25毫米机炮，舰桥顶部也增设了一部实战中很难发挥作用的21号电探（雷达），对空防御能力有所提升。

可资比较的是，美军在珊瑚海海战中受到重创的约克城号航母，在中途岛海战前实施了紧急修理工程，出港参战时还在敲敲打打，却在海战中立下了击沉日军航母的头功，又挺过了飞龙发动的连番绝地反击，却很倒霉地在撤往珍珠港的途中被日军潜艇伊–168偷偷发射鱼雷击中，最终沉没。当然，翔鹤就算紧急实施修理工程，其损失超过定额半数的舰载机和飞行员也肯定不能在一个月内补充完毕，所以光是修好舰体并没有用。而美国人针对同样消耗严重的约克城舰载机队，则迅速灵活地以萨拉托加的舰载机队替换补充。勉强逃生的南云舰队4艘航母上的舰载机组搭乘败退军舰返回日本，反倒成了翔鹤补充战力的源泉。翔鹤与瑞鹤的搭载机数都上升至舰战27架、舰爆27架、舰攻18架，总计72架。1942年7月14日，第一航空舰队编制被取消，转换为第三舰队，南云忠一仍然担任司令长官，翔鹤与瑞鹤、瑞凤共同组成第三舰队下属第一航空战队，成为毫无疑义的机动舰队绝对主力。

曾在战前历任水上飞机母舰神川丸舰长，佐世保、木更津、横滨海军航空队司令的有马正文海军大佐于5月25日被任命为翔鹤舰长，这位外表儒雅、内心狂野的新舰长向仍然担任运用长的福地周夫训诫道："即使翔鹤即将沉没，也不得下令全员撤离，必须要以全体舰员与舰共命运的觉悟进行战斗！"——此君于1944年10月15日搭乘一架一式陆攻向美军决死冲击而亡，对于大西泷治郎随即着手推动系统性的特攻作战有很大影响。原赤城舰攻队队长村田重治少佐（号称"雷击之神"）任翔鹤舰攻队队长，原赤城舰爆分队队长山田昌平任翔鹤舰爆分队队长，原赤城舰战分队队长白根斐夫（早在中国战场上是最早驾驶零战参加战斗的飞行员之一）任翔鹤舰战分队队长。这一批中途岛的幸存者均为"海鹫"精华。此时的翔鹤战斗力处于最

▲ 珊瑚海海战中，约克城派遣来的俯冲轰炸机队正向翔鹤号航母投弹，后者正在拼命转舵躲避。照片由美军TBD鱼雷机飞行员拍摄

高峰，而美国海军虽然取得了中途岛大捷，但其工业生产力的强大优势还未能发挥，如果将其主力航母特混舰队与日本海军第三舰队比较，仍然是日军方面稍占优势。但是，日本海军虽然变更了机动舰队的编制，着力加强航母的新建、改造（例如将大和级战舰三号舰信浓改建为航母）与航空兵建设，却仍留用着南云忠一这样的败军之将，以战列舰队实施最终决战以定战争胜负之战略亦未有根本性转变。美军一旦发起反击攻势，仍然是翔鹤、瑞鹤冲锋在前，大和、武藏却在后方打水漂玩。

美军的反击很快就在8月7日开始于所罗门群岛东南方向的瓜达尔卡纳尔岛，迅速夺取了日本海军设营工兵队未能修建完毕的飞机场，整修完工后命名为亨德森机场后派驻了航空队。这一天之前，据说日本陆军方面连这个岛的名字都未听说过（就好像日本的海军与陆军并不是在打同一场战争），而且并不重视这次遥远岛屿上的交战，只派遣一木清直率领少许部队登陆试图夺回机场。但18—21日间一木支队实施的非常愚蠢的夜间冲锋在美海军陆战队火力网前被完全粉碎。8月10日，山本五十六下令第二舰队与第三舰队前往所罗门群岛海域，夺回瓜岛。第二、第三舰队拥有航母、战列巡洋舰、重巡洋舰以及大量驱逐舰，表明山本对突然开始的瓜岛作战非常重视，与全体日本海军一道希望很快打一场胜仗，消除中途岛惨败之阴霾，从一开始便遏制美军的反击势头。可是不派遣第一舰队的战列舰参战，却又表明山本并不以为瓜岛作战是一场终极决战——尽管这场战役结束时，凡是有理智的人都看清日本海军伤筋动骨、再也翻不了身了。

总之，兵贵神速，第三舰队第一航空战队的翔鹤、瑞鹤、龙骧三艘航母于8月14日由柱岛基地出发，高速航向南洋基地特鲁克，第三舰队司令南云忠一坐镇翔鹤舰上。8月20日，日军巡逻机发现瓜岛东南海域出现美军航母特混舰队，这是南云的老对手弗莱彻中将所率领的TF61特混舰队，拥有企业、黄蜂、萨拉托加三艘航母。由第八舰队司令三川军一护卫的运输船队急忙向北退避，并召唤南云机动舰队消灭美舰队以确保登陆安全。如果说山本和南云从中途岛惨败中学到了点什么教训，那就是打仗不能两眼一抹黑，应在本方主力不为敌所知、却掌握敌方主力所在的情况下，率先予敌打击。于是南云派遣轻型航母龙骧与数艘军舰脱离编队组成"诱饵舰队"，南下攻击瓜岛美军亨德森机场，真实目的是吸引TF61率先动手，翔鹤、瑞鹤趁其不备捕捉战机歼灭之。派遣"诱饵舰队"这一招此后竟然成了日本海军的看家本领，1944年莱特大海战时也照用不误，不过充当诱饵的角色是两年前的主力航母，颇具讽刺意味。

8月24日上午开始，龙骧舰载机空袭瓜岛，从萨拉托加号起飞的美军攻击机群找到龙骧并在下午4时左右将其击沉。但龙骧的诱敌任务实际上差点就失败了。日军侦察机在2时05分（当地时间）发现TF61，南云立即命令第一攻击波机群起飞，包括10架零战和27架九九式舰爆（其中18架来自翔鹤），由新任翔鹤飞行队长关卫少佐率领。与对面的美军一样，日军的通信系统处于混乱之中，翔鹤舰上的无线电装置又发生故障，因此第一航空战队已经起飞攻击机群的消息竟然没有传给第二舰队以及联合舰队司令部（山本正坐镇特鲁克等待消息），导致近藤信竹中将率领第二舰队擅自南下准备实施夜间鱼雷突击战。来自企业号的SBD侦察机搜索发现日军第一航空战队的时间是下午2时50分,发出无线电报告后突然从云层中俯冲而下,向翔鹤投下2枚炸弹,所幸落入了舰桥近旁的海水中,激起的水柱卷走了飞行甲板上的1架零式战机和6名整备员。当时第一攻击波战机已差不多起飞完毕(全部起飞完毕在2时55分),翔鹤虽然受到一次惊吓和少许损失,仍立即开始为第二攻击波的战机做准备。美军萨拉托加号航母收到了SBD侦察机发来的报告,但由于发报装置也有故障,无法命令已经出发的攻击机群调整方向,因此最终被美军机群击沉的仍然是龙骧号航母。

下午4时整,日军第二攻击波机群也起飞了,其中包括来自翔鹤的9架九九式舰爆、3架零战。与此同时,第一攻击波已经接近TF61,美军的混乱指挥导致大部分掩护战机都去拦截瑞鹤机群了,关卫少佐的18架翔鹤舰载机几乎毫无阻碍,直逼企业号上空,随即开始呼啸着俯冲投弹,先后击中3枚炸弹,引发了爆炸火灾,不过这艘号称"大E"的功勋航母仍然没有沉没。如果日军第二攻击波能够找到企业号实施追加打击,那么后者基本上在劫难逃,可是第二攻击波机群居然没有找到TF61所在方位,于是受伤的企业号借助夜色撤退了。第二次所罗门海战仅仅进行了一天混战便宣告结束,这一次日军损失了一艘轻型航母,却只让企业号暂时退出战争,从战术上来讲都是失败的,更不用说美军亨德森机场几乎未受损失,从战略上看瓜岛战局日军几乎已注定失败。翔鹤在此战中仅仅发动了一波成功的攻击,连同战损、归航着舰失败落水在内共损失29架舰载机,撤退途中将15架零战派遣至布卡岛协助作战,9月4日零战回归舰上时又损失了5架,经过警戒巡航后于9月24日返回特鲁克。

没有了第三舰队舰载航空兵的近距离支援,拉包尔陆基航空队飞行遥远距离后与就近出击的美军驻亨德森机场"仙人掌"航空队交手总是处于不利处境。日军战机只能在瓜岛上空停留15分钟,而且即使只受轻伤,也极难支撑漫长航程回到基地,美军战机却可以立即降落修补——著名王牌坂井三郎于8月7日从拉包尔飞到瓜岛上空作战,击落两架美机后自己也被打中负伤,以视力几乎丧失的状态(此战后右眼无视力)飞行了四个半小时回到拉包尔基地,如此堪称奇迹的事情总不能指望经常发生。瓜岛及其附近海空成了吞没大量日军战机、舰船、海陆军士兵的黑洞。这场痛苦的拉锯消耗战对于日军特别是联合舰队司令山本五十六来说,已经成为即使只是为了面子也要打到底的战事。由于日军潜艇在9月15日偶遇并击沉了美军黄蜂号航母,企业号又未修理完毕,而日军方面有隼鹰、飞鹰两艘中型航母(编成第二航空战队)和瑞凤号小型航母(该舰原本位置是被已沉没的龙骧所取代的)于9月上旬进抵特鲁克,日本航母战队的实力似乎大大凌驾于美军之上。日军大本营遂制定了10月22日同时发动瓜岛陆

▲ 第二次所罗门海战中,自翔鹤起飞的九九式舰爆机正向美军舰队飞去

▲ 翔鹤号舰舷侧炮位，旁边停靠着姊妹舰瑞鹤

上与海上总攻击的计划，妄图一击定乾坤。

翔鹤仍为第一航空战队的1号舰（2号舰瑞鹤、3号舰瑞凤）、第三舰队司令南云中将座舰。不过翔鹤与其他日军航母一样，舰载机并未满员，而南云的对手也从弗莱彻换成了金凯德少将（顶头上司是经常高喊要杀光日本人的"蛮牛"哈尔西中将）。由于飞鹰发生主机事故返回特鲁克等因素影响，原定22日发动的全面进攻推迟至25日，日本陆军在这一天的攻势中差点攻占了亨德森机场，但最后还是以失败告终，而日美双方舰队都发现了对方踪迹，但未捕捉到出手机会。10月26日清晨，又一场海军航空兵对决开始，双方都派出了大批侦察机实施搜索。6点50分，翔鹤派出的4号舰攻机发现位于东南方210海里处的美军航母编队，向母舰通报"敌舰队航母萨拉托加型1艘、战列舰2艘、巡洋舰4艘、驱逐舰16艘，航向西北"。但由于该机弄错了自己的路线号码，翔鹤随即派去进行确认的二式舰侦没有找到目标。直至7时30分左右，美军舰队位置才最终确定，南云立即命令第一攻击波出击，其中翔鹤起飞九七式舰攻机24架、零式舰战4架，舰攻队的指挥官是翔鹤飞行队队长村田重治少佐，而制空队的指挥官是翔鹤分队队长白根斐夫大尉。

就在日军舰载机陆续起飞的时候，美军战机也搜索而来，投下一枚炸弹（也有资料说两枚）命中了瑞凤小型航母的甲板，迫使其退出战场。屡战屡败的南云忠一似乎变得果断一些了，命令翔鹤与瑞鹤立刻准备第二攻击波。由于翔鹤的雷达捕捉到美军机群踪迹，8时10分翔鹤舰载机不等瑞鹤准备完成便开始起飞，包括19架九九式舰爆（由第二次所罗门海战中立下战功的关卫少佐率领）和5架零战。由于母舰上空还要部署零战提供掩护，派出掩护攻击队的零战数量有限，现在就看"海鹫"们能否一击毙敌了。8时55分，日军第一攻击波终于发现美军默里少将指挥的TF17特混舰队（金凯德亲自坐镇的TF16距离有10海里），舰队中心是大黄蜂号航母。第一攻击波遂开始发动攻击。瑞鹤舰爆队首先击中3枚炸弹，随即村田重治率20架装载鱼雷的舰攻机向大黄蜂号两舷同时发起进攻，1枚鱼雷落在大黄蜂右舷前部轮机舱和高射炮弹库附近。大黄蜂被炸开的舰体洞口中涌入大量海水，完全失去了运行动力。一架被击伤的日军舰攻机试图撞击该舰，在离舰艏数十米处被凌空打爆。第一攻击波结束攻击返航时，大黄蜂被熊熊烈焰所笼罩，但翔鹤的20架舰攻机也被击落了10架，其中包括村田重治座机。返航时又有6架舰攻机迫降水面，零战也有多架损失。此战结束后南云忠一专门访问了村

▲ 翔鹤号航母在南太平洋海战中被炸弹击中飞行甲板，照片为飞行甲板上努力灭火的景象

田老家，表示悼念之情（南云平常遭到机动舰队飞行军官们的普遍鄙视，但村田重治却很理解他，与他私交甚好）。

大黄蜂号上空正在激战的时候，美军三艘航母上起飞的攻击机群尽管于途中遭遇了一些损失，仍然于9时27分发现了日军航母编队。负责空中掩护的零战机群一拥而上击落2架F4F，接着又击落2架SBD，但其他美机仍然

▲ 1942年10月26日，翔鹤号的舰载机群正准备起飞参加南太平洋海战

奋勇向前。当日的天气与珊瑚海海战时几乎一样，于是瑞鹤又熟练地躲入了降雨带（距离翔鹤大约2万米）。美军飞行员视野中又只剩下翔鹤浮在海面上，便冲出云层向其俯冲投弹。翔鹤舰长有马正文下令拼命转舵，躲过了最初的3、4枚炸弹。美军SBD的投弹高度越来越低，甚至直到差不多无法拉起的高度才投弹，终于连续将4枚炸弹掷中翔鹤甲板后部，靠左舷3枚，右舷1枚。第一枚炸弹摧毁了两座三联装机炮，其后两枚穿透甲板在机库中爆炸，甲板被炸得卷曲变形，第四枚炸弹又命中了甲板中部的高射炮台，引发高射炮弹殉爆，许多炮手死伤。尽管有福地周夫自吹自擂的成分在内，但翔鹤舰的损管工作确实是日军航母中水准较高的，美军炸弹爆炸没有引发航空燃料和弹药的连环殉爆，增设的消防设备在一小时内便控制住了火灾范围，动力系统也基本没受影响。

将目光转向美军舰队上空，日军第二攻击波机群于10时15分找到了美军企业号及一边熊熊燃烧一边不受控制漂流的大黄蜂号，关卫少佐决定放过大黄蜂号，攻击企业号。翔鹤19架舰爆机开始俯冲投弹，美军防空炮火疯狂射击，关卫座机未及投弹便被打爆，分队长山田昌平的座机也被击落，投下的炸弹仅有两枚命中了企业号，对于这艘损管经验无比丰富的"大E"航母来说完全不构成挑战。翔鹤两波攻击机群造成美军航母一艘重创一艘轻创，但翔鹤也已经丧失起降能力，无线电设备彻底损坏，无法履行旗舰指挥功能。南云忠一遂命令司令部转移至瑞鹤舰上，翔鹤与瑞凤一同撤退回了特鲁克基地。有马正文舰长强烈建议翔鹤不要撤离，追击美军航母，即使充当诱饵亦在所不惜，平常语气温和的第三舰队草鹿龙之介参谋长闻言劈头大骂

▲ 在南太平洋海战中又被炸成"大破"的翔鹤号航母返回日本大修，这是在横须贺海军工厂拍摄的损伤状况照片

道："飞行甲板被重创的航母如何战斗！"有马舰长不得不乖乖退下。这场日方称作南太平洋海战、美方称作圣克鲁斯海战的战役结束了，翔鹤舰上战死144人，最悲剧的是依靠中途岛幸存者重建的舰载机组又一次折损近半，村田重治、关卫、山田昌平等经验丰富、技术娴熟的老飞行员的损失是重大且不可弥补的。

美军大黄蜂号航母最终的结局是被放弃漂流海上，由日军驱逐舰击沉，而企业号再次暂时退出战事。从战术角度看似乎很难为双方定胜负，但美军只要达到迫使日军航母舰队退出战局的目的，在瓜岛战役总体战略上便已取胜。翔鹤10月28日返回特鲁克，稍作修补后11月2日启程返回横须贺大修，军令部向翔鹤舰颁发了第三次奖励状（前两次颁发于珍珠港突袭、珊瑚海海战之后）。而翔鹤的舰员们则颇郁闷地瞧着毫无损伤、"连一发机枪子弹都没挨到"的姊妹舰瑞鹤叹道："多么幸运的瑞鹤！"在修复工程中，翔鹤进一步强化了损管措施，增设了泡沫灭火装置和水箱，并可以通过遍布全舰的喷嘴灭火。过去日本航母的升降机井是一大防御弱点，翔

鹤改进了防火门,一旦遭到攻击可迅速关闭,使损害不至于蔓延到机库。

翔鹤、瑞鹤连同整个日本航母机动舰队不得不进入漫长的待机状态,经过一段时间其飞行队的战机数量就补足了。美军于1943年2月彻底赢得瓜岛战役胜利之后,趁势沿着所罗门群岛继续向新几内亚方向推进。为了遏制美军攻势,机动舰队所属飞行队纷纷被抽离母舰,调往南洋陆上基地,投入自4月"伊号作战"开始的一系列空袭行动。但美军在雷达性能提升、编队防御组织等方面相对日军的优势已堪称巨大,日军空袭成果寥寥却损失严重,翔鹤、瑞鹤只得再次组建飞行队。

1943年9月至10月间,翔鹤、瑞鹤在联合舰队新任司令长官古贺峰一郎以及机动舰队新任司令小泽治三郎中将的率领下,两次赶赴特鲁克及威克岛海域,但都没能与美军航母展开战斗。11月,翔鹤最后一任舰长松原博大佐上任。此后翔鹤、瑞鹤的飞行队又被抽调去所罗门—新几内亚海域,而美军已经在军舰防空炮上使用了带有无线电近炸引信的炮弹,结果日军又损失了大部分战机与飞行员。1943年的年历就这样翻过去了,在翔鹤、瑞鹤两艘航母没有正经战斗的一年半里,舰载飞行队却重复了三次被调走、被灭又重建的循环!1944年初,日军海军战机得到更新,零战推出使用荣式21型发动机(1130马力)的零式52型,九七式舰攻更新为天山舰攻,九九式舰爆更新为使用热田液冷发动机(1200马力)的彗星舰爆(但这种看似先进的发动机故障率是非常高的),这些战机都有各自的特色优势但同时也有明显短板,综合性能远

修复好在南太平洋海战中所受损伤的翔鹤号航母,一架九七式舰攻正在可以说是崭新的飞行甲板上降落

不如同样取得了极大进步的美军舰载战机。日本海军终于明白，这场战争的后续战事中，战列舰的作用已经无足轻重，必须以航母为中心整合组建新的机动部队，并配置其他舰种作为航母机动部队之护卫力量，于是在1944年3月1日将原第二舰队与第三舰队混编为新的第一机动舰队，小泽治三郎任司令长官。

翔鹤担任第一机动舰队旗舰的时间只有短短一个多月。3月10日，被日本海军视为"最终决战秘密兵器"、拥有钢铁飞行甲板的大凤号航空母舰加入机动部队序列，4月15日取代翔鹤成为小泽治三郎司令的旗舰。第一机动舰队的航母总数达到9艘之多，而第一航空战队的大凤、翔鹤、瑞鹤三航母毫无疑问是机动舰队的顶梁柱。日本海军也开始建立一个航空战队的航母配属一个航空队战机的组织体系（如此一来航空战队内部各航母之间的舰载机可以互相调剂），配属给大凤、翔鹤、瑞鹤的是第601航空队，拥有225架战机，但绝大部分飞行员都是新手。为了加强防空战力，翔鹤、瑞鹤舰体的艏艉中心线上又各自增设了1座三联装25毫米机炮，其他位置见缝插针地增设了10门单管25毫米机炮，总数达到70门，不过射击指挥装置仍然老旧，难以应对高速敌机，当然更不用说日军根本闻所未闻的美军防空炮弹近炸引信。1943年年底，翔鹤、瑞鹤各拆除了1座左舷探照灯，在空位上安装了第二部21号电探，翔鹤后来在增设10门单管机炮的同时在信号桅上又安装了1部13号电探。

至"阿号决战"开始前，日军航母在战机性能、防御水平、编组体系、战术战法（即小泽司令设计的"超航程攻击"）等各方面都有很大革新，小泽治三郎对于取得决战胜利颇有信心——只不过日军飞行员几乎都是菜鸟，导致小泽舰队总体实力其实根本比不上当年的南云舰队，而美军实力比两年前中途岛海战时翻了几番。5月6日，第一航空战队开始收容第601航空队分散于新加坡附近训练基地的舰载机，当满脸稚气却意气风发的年轻"海鹫"们驾驶天山、彗星等崭新战机陆续降落于甲板上时，士气低沉的老舰员们又不禁开始妄想："这还能输么！应该可以干掉美军航母了吧！"

5月12日，第一航空战队3艘航母驶出新加坡林加泊地前往联合舰队塔威塔威基地集结，5月14日夜间抵达。随后各航空队试图在当地继续进行突击性训练，却遭到美军潜艇袭扰，航母被迫龟缩于基地内，训练被打断，年轻飞行员的技术水平反而更下降了（因为日军航母要起飞战机，是必须在一定风速条件下进行的，塔威塔威当时酷热无风，而航母如果只龟缩在基地内不航行，就无法人为制造出起飞的风速条件）。6月11日，美军庞大的航母舰队群出现在马里亚纳群岛海域，开始狂轰滥炸，联合舰队决定展开决战，6月15日早晨7时发布"阿号作战"命令。第一机动舰队即小泽舰队之大批军舰驶出泊地，向马里亚纳群岛海域挺进。前往决战战场的翔鹤舰上载有34架零式舰战、12架天山舰攻（其中3架可实施侦察）、18架彗星舰爆、10架二式舰侦（彗星舰爆的侦察机版）、3架九九式舰爆，总计77架战机。

6月18日，小泽舰队进至塞班岛以西700海里处，起飞侦察机。从翔鹤舰上起飞了4架航程远、速度快的二式舰侦。日落前侦察机确定美军航母在机动舰队东北方距离380海里处。从翔鹤起飞的二式舰侦有一架没有返回，只能发送短促诱导无线电波，却没有回应，这架侦察机最后发回的电文是："我机将自爆，天皇陛下万岁！"虽然翔鹤连发"等下！"电文过去，却始终没有回音。第二天即6月19日，决战开始。向东行进的小泽舰队刚过凌晨4时便接连起飞三波次侦察机，实施细致的三段式搜索。6时30分开始，陆续有侦察机发现美军舰队并发回方位报告，小泽立即命令进行"超航程攻击"。8时刚过，第一航空战队（称甲部队）3艘航母同时迎风转向，出动128架战机的第一攻击波飞向美舰队。不料机群飞行30分钟后，在通过担任前卫的栗田第二舰队时，被神经紧张的己方防空炮手一通乱射，损失3架。翔鹤的电信室几乎同时收到栗田舰队"发现上空航空机100架，敌友不明！"和第一攻击波战机"受到己方水面部队攻击！"的紧急电文，众人哭笑不得。10时30分，翔鹤开始起飞第二攻击波战机，与此同时第一攻击波发回"突击队形！"电文，几分钟后又连续发回"突突突！"电文，开始向美军舰队犹如钢铁铸就的空中防御圈疯狂发起突击，结果自然极其悲惨。

第二攻击波刚刚起飞完毕，11时20分，航母翔鹤突然发生爆炸，舰体剧烈摇晃起来。原来，美国海军刺鳍号潜艇（Cavalla，SS-244）从17日开始就在跟踪小泽舰队，当日接近11时，它通过潜望镜偶然找到了攻击机会——一艘大型日军航母正在掉头，似乎准备迎接战机降落，这正是翔鹤。刺鳍号抓住机会，在1200码距离上齐射出6枚鱼雷，随后迅速下潜。6枚鱼雷中有4枚命中了翔鹤右舷，分别是舰艏1枚、舰体中部2枚、舰艉1枚。鱼雷造成的洞口首先导致右舷大量进水，右舷外侧推进轴损毁，油库和油料管道破损，易挥发的婆罗洲原油汽化弥漫。最后一点最为致命，虽然副长、内务长率领全舰官兵拼命扑火，但12时10分机库内的一枚250千克炸弹爆炸，造成舰内弥漫的汽化原油多次连环引爆。应急电源被切断，大火蔓延至大半个机库，通信天线损毁，终于航空弹药库也被引爆。此时躲在水面下的刺鳍号听到连续四声巨大爆炸，心满意足地发出了"相信目标已沉没"的报捷电报。在太平洋上征战足足两年十个月的翔鹤确实已无药可救，下午1时50分，松原舰长终于下令全员在甲板集合、准备弃舰。

翔鹤舰体已见倾斜，舰内不断发生的引爆使木制甲板犹如波浪一般起伏，3部升降机全部陷入舰体内，留下3个洞口不断喷出火焰与黑烟。在火势蔓延至舰桥前的最后一刻，军舰旗降下，松原舰长最后做了简单的训示，开始撤离。轻巡洋舰矢矧和驱逐舰秋月靠近，放下救援艇。突然之间，原本向左舷前方倾斜的翔鹤（本来右舷被鱼雷命中后向右倾，但为了恢复平衡向左舷注水过多，反而造成了左倾）的舰艏突然猛沉下去，正在甲板上等待撤离的大群官兵（按照幸存者的说法，"好似被放在巨大滑梯上的婴儿一般"）刷的一下纷纷滑落海中，很多人被翔鹤迅速沉没所造成的漩涡卷入了海底。不过这样的死法还算是幸运的，很多年轻官兵由于舰体左

▲ 美军官兵正在优哉游哉地观看天空中上演的"射火鸡比赛"

▲ 向翔鹤发射鱼雷引发爆炸的美军刺鳍号潜艇，它退役之后在德克萨斯州成了纪念博物馆

倾而站在甲板中心线偏右位置，舰体迅速倾覆将他们中很多人倒入了熊熊燃烧的升降机井内，但他们的哀号声也迅速消失了。

翔鹤号的最终沉没时间是6月19日下午2时10分，位置在北纬12度00分、东经137度46分海域。被救起的官兵有570人，战死的有1263人。该舰于1945年8月31日即日本已宣告投降后才被除籍。

瑞鹤号航空母舰

日本海军丸三计划四号舰瑞鹤号航母，与姊妹舰翔鹤共同战斗直至马里亚纳海战翔鹤沉没，细细讲来有很多内容重复，因此以下结合相关人士的回忆来补充介绍翔鹤级的特点及瑞鹤航母的生涯历程。

丸三计划四号舰于1938年5月25日在川崎神户造船厂开工建造，与建造翔鹤的海军横须贺工厂不同，川崎神户船厂是民间造船厂。此前并无任何民间船厂拥有建造大型航母的经验，川崎神户船厂在一年前开工建造了瑞穗号水上飞机母舰兼给油舰（实质是袖珍潜艇母舰），这么快就开始建造大型主力航母，简直是一口气三级跳。不过当年因《限制海军军备条约》而被放弃的原定名"翔鹤"的航母，计划中就是由川崎神户船厂建造的，因此这也算是迟到多年的订单。海军横须贺船厂将图纸发给川崎神户船厂并派遣技术人员协助其工程设计。建造中非常重视的一点就是保密：丸三计划中的这些战列舰、航母都是重要的"决战兵器"，所以一切都要严格保密。例如装甲板是向日本制钢发订单购入的，但却不能够说明到底用在什么船体上面。现从时任川崎造船技师、瑞鹤舰体工程负责技师的长谷川键二战后的回忆录中截取如下段落，以帮助我们了解当时军舰建造的实际情况：

"讲述两三件（瑞鹤舰体建造过程中）技术面上值得回忆的事情。首先是由于航母的特殊性而导致舰体极端复杂的情况。防鱼雷隔舱、轻质油料库等都是首次在图纸上看到的东西，给工程带来了无数困难。比如说，舰上装有127毫米双联装高射炮8座合计16门，需要由弹药库供弹。船体工程中隔板、外板、甲板一层层码上去，光甲板就有11层！要到达弹药库，光是人孔就需要钻三十几个，想到其密封作业量，脑子里就轰轰作响了。前往舰底对供弹马达系统进行组装检查，需要往返穿越两百个以上的人孔，那些拖着空气管穿来穿去的工员之辛苦，真是难以想象。而且为了船体安全还不能用电灯，都是靠着腰间的手电筒照明，因此还要携带备用电池。当时已经选择了焊接工艺，但由于焊接材料的问题，焊接时工人吸入毒烟，十分痛苦，且作业场脚下不稳、通风条件也差，让现在的造船者看到了会以为是在做苦行。为了不在去弹药库时迷失方向，工员每穿过一个人孔就用粉笔在旁边做个记号，昨天用了白粉笔，今天就用红粉笔，到最后就混乱到认不出了。

"有一次一个工员因弹药库中毒烟浓重，窒息而死，偏巧又是个身材高大的人，为了把他的尸体弄出来，费了好大工夫。我有一次命令部下在现场某处碰头，结果老是等不来，后来一问说是迷路了。……如前所述，舰体工程部分使用了焊接工艺，但主要还是用铆接，这也是非常困难的事。比如说为了铆合装甲板所订购来的铆钉，其长度与所有对应的铆接孔都不符合，今天的技术员听到这种事会觉得是天方夜谭，但在当时却是常有的事。……由于日光照射及气温变化，舰体局部温度差会导致热胀冷缩。进行铁木工程作业的木工昨天刚紧固好的木架，第二天早上就发现两头松垮，再进行紧固，到了中午中间部分就开裂了。……本舰在各区域船壳建造完毕后，要进行驱动轴贯穿检查（检查驱动轴孔是否保持在同一轴心）。此检查作业在夜间进行，以500瓦灯光照射，然后在另一端观察，对轴孔做细微调整。此项作业在商船上也是要进行的，但本舰比普通商船要长得多，加上有四根驱动轴，检查调整完最初的一根，另外三根的精度稍微受点影响，整体检查就不合格，所以得提前两三个晚上进行预先检查。

"正式检查时海军监督官必须在场监督，所以全体人员还要配合监督官的时间表做准备。如前所述，光是气温的影响就会让船体在短时间内伸缩2至3毫米，而对驱动轴孔的调整就是以毫米为单位进行的，只要调整时天上下一场雨，整个状态就变了，公差就大到无法通过检查。最关键的是需要左右两舷、四根驱动轴同时通过检查，所以想想以前做单轴驱动的商船实在是太简单了。虽然本舰没有采用钢铁飞行甲板（其后同样在神户川崎建造的大凤拥有钢铁飞行甲板），但飞行甲板毕竟犹如航母生命一般重要，军方对于其精度之保持要求极为严格。而且由于采用焊接工艺，甲板有6毫米厚，扭曲相当严重，这也是当时焊接技术所限，没有办法。下水仪式完成，舰体工程终于告一段落，那时我感觉这辈子就没这么累过。"

1939年11月27日，在翔鹤下水的半年后，四号舰完成舰体工程并下水，得名"瑞鹤"，此前并无日本海军军舰使用过这个名称。1941年9月25日，仅仅迟于翔鹤一个多月时间，瑞鹤也竣工服役，首任舰长为横川市平大佐。不过它在服役前的8月份就发生了一次事故，相关情况我们还是看看长谷川键二先生的回忆："由于川崎造船当时没有大型船坞，坞内（舾装）工程需要移交给吴（海军）工厂。1941年8月14日，为了配合吴工厂船坞的时间表，虽然听到有台风警报，但（瑞鹤）还是驶出了神户港，结果在室户湾遭遇台风，风速超过每秒60米，至土佐湾海面时舰内进水相当严重，甚至一时感觉将有遇难的危险。事后查明进水原因是机关科仓库的舷窗忘关了（需要说明的是，此时瑞鹤已经移交给海军，忘关舷窗的是水兵）。无论如何也不能让军舰在服役前发生损伤，工员们本来还是游山玩水的心态，这一下子都认真进行排水作业了。此时已有很多作为舾装员上舰的水兵，他们竟也被台风晃得晕船，脸色铁青。倒是我们这些人不为所动地实施抢救，恐怕是因为完全交付前的军舰是自己'需要守护的责任'这份精神力在起作用。台风圈内舰体瞬间最大倾斜角度达到40度，台风通过后一直航行到鹿儿岛附近的海面上躲避，看没事了便转向通过丰后水道直达吴港，进入预定船坞。……9月下旬最后的公试航行也完成了，25日正式交付。压在肩上五年

▲1941年9月25日，竣工服役的瑞鹤号停泊于神户湾内

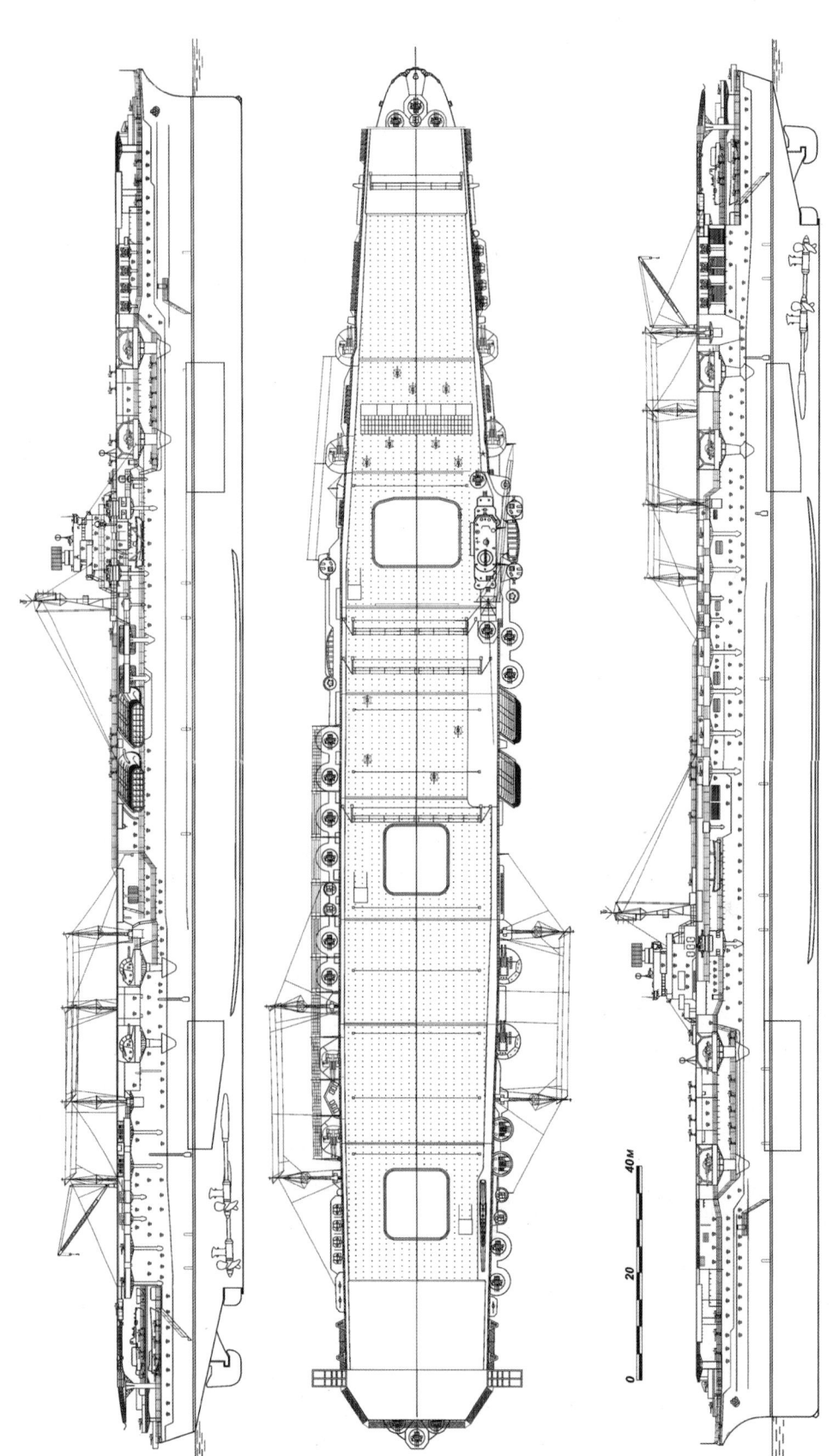

1944年的瑞鹤号线图，已经安装雷达并增设了大量防空炮

的重担终于放下，我和全体工员一起终于可以睡个安稳觉。想想已经多年没有饮酒，连续三天不回家也是常有之事。支持所有人走过来的，是让日本成为世界造船技术先进国家的一股炙热爱国之情。"

竣工时的瑞鹤与翔鹤在舰体、舰桥、机库、甲板、动力、武备、搭载战机等各方面均保持一致，因此不再赘述。

完成战前训练后，瑞鹤成为第五航空战队原忠一少将的旗舰。12月8日凌晨珍珠港突袭行动开始，瑞鹤在第一攻击波中起飞25架九九式舰爆（由分队长坂本明大尉率领）与6架零战（由分队长佐藤正夫大尉率领），在来自翔鹤的舰爆队长高桥赫一少佐的统一指挥下向美军惠勒尔机场、福特岛海军航空站等目标发起突击。据说分队长坂本明大尉在夏威夷时间7点55分向惠勒尔机场投下的炸弹是日军投下的第一颗炸弹，这被认为是揭开太平洋战争序幕的第一弹。虽然高桥少佐的突击行动是第一攻击波指挥官渊田美津雄发射两枚信号弹的误会，但舰爆队俯冲轰炸所取得的战果还是非常丰厚的。此时在南云机动舰队上空，瑞鹤剩余的零战机起飞实施空中巡逻警戒，其中一名飞行员便是岩本彻三，他是在龙骧完成舰载飞行员相关训练后，于10月被配属给刚刚组建的第五航空战队、成为瑞鹤制空队一员的。瑞鹤在第二攻击波中起飞的是27架九七式舰攻，指挥官是飞行队长岛崎重和少佐，他也是整个机动舰队第二攻击波的指挥官。他所亲自率领的54架九七式舰攻携带2枚250千克炸弹或1枚250千克炸弹与6枚60千克炸弹，对地面目标及人员实施了水平轰炸。在日本的第一攻击波下已经损失惨重的卡内奥赫航空站、福特岛航空站、希凯姆机场受到了更大的损伤。不过由于黑烟滚滚视野不佳，日机并没有多少炸弹直接命中目标，而损失却比第一攻击波多出不少。但瑞鹤舰载机是个例外——南云机动舰队总共损失了29架战机，没有一架是属于瑞鹤的，其在两波攻击中起飞的58架战机全部胜利返航，6艘日军参战大型航母中只有瑞鹤做到了这一点，这也是瑞鹤成为日军"最幸运航母"之开端。

随后瑞鹤与翔鹤多次结伴参加了东南亚海域至印度洋比较轻松的作战行动，直至1942年5月在珊瑚海受到严峻考验。5月7日清晨，瑞鹤起飞17架九九式舰爆、11架九七式舰攻、9架零战，由飞行队长岛崎重和少佐指挥，与高桥赫一指挥的翔鹤攻击队配合攻击美军尼奥肖号油船。下午3点左右日军侦察机再次发现TF17特混舰队，瑞鹤舰上的第五航

▲ 九七式舰攻机正从瑞鹤号航母上起飞前去参加珍珠港偷袭行动

▲ 日军攻击珍珠港时留下的著名照片之一，一架来自瑞鹤的九七式舰攻机正威武地掠过燃烧中的希凯姆机场上空

1941年秋,刚刚建成的瑞鹤号为准备参加珍珠港袭击行动正在进行训练

▲ 参加印度洋作战的瑞鹤号的甲板上舰载机队满员待发

空战队参谋们对于要不要在近黄昏时分发动攻击产生争论，瑞鹤飞行长下田久夫中佐代表飞行员陈情说黄昏时分攻击也是有利的，敌军军舰的防御受视线影响将大为削弱，于是原忠一下令挑选能够实施夜间盲降的老飞行员参加这次行动。6架九九式舰爆和9架九七式舰攻从瑞鹤起飞，仍由岛崎重和少佐指挥。日军"日落时分视野不佳会影响美军防御"的观点，其实只是基于他们自己的防御经验提出的，当时没有任何日军军舰装备雷达，无论要发现海平线上的舰船踪迹还是空中的飞机踪迹，都只能依靠瞭望台上的双筒望远镜和瞭望兵的一双利眼。但美军航母已经装备了对空警戒雷达，尽管性能还有待改进，但足以令美军在视野不佳的情况下仍然能得到早期预警，让舰载战斗机提前起飞准确地拦截到日军攻击队机群。而当时日本飞行员还在睁大眼睛拼命搜索光线昏暗的海面上美军航母在哪里，就被突然袭来的美军战机打散了，日军的这次黄昏攻击自然是完全失败。

5月8日清晨战事再起，瑞鹤起飞8架九七式舰攻、14架九九式舰爆、9架零战（由分队长塚本祐造大尉率领），与翔鹤攻击队协同攻击美军航母，负责指挥所有舰攻机实施鱼雷攻击的仍是岛崎重和少佐。攻击队飞到美军TF17特混舰队上空，瑞鹤的舰爆机队在分队长江间保少尉的率领下攻击约克城号航母，但是被美军F4F野猫护卫机群冲散了队形，结果只有江间保投下的一枚250千克炸弹击中了约克城号。按照美军的报告，炸弹先穿透了约克城的飞行甲板，然后向下一直插入船体15英尺，击破了四层甲板才最终爆炸，炸死37人，许多人受伤。轮机员以为战舰已经被打穿了，于是暂时关闭了两个锅炉房。笔者在前面已描述过日军对炸弹穿甲能力的重视，而这枚基本可以确定是"九九式25番通常爆弹"的炸弹（与九九式舰爆机配套研制），在研制阶段就是拿"敌方拥有70毫米防护装甲之新型航母"也就是约克城级航母作为目标，要将其甲板全部击穿的。不过这枚穿透力

▲ 1942年初正在参加南洋攻略行动的瑞鹤号，飞行员全体集合于甲板上听取任务简报

▼ 1942年3月30日，正在向印度洋挺进的南云机动舰队，照片从瑞鹤上拍摄。在最后面排列航行的是航母赤城、苍龙、飞龙，而在稍近处航行的是4艘金刚级战列舰

惊人但炸药装量不足的炸弹到底没有完成它原来的使命。虽然约克城内部被炸得一片混乱，但受损最严重的只是冷饮柜、洗衣房和水兵宿舍，当然它也没有因为甲板上的小洞而丧失作战能力，还回收了所属舰载机和列克星敦的舰载机。而受到日军鱼雷打击的列克星敦号却因燃油引爆而最终沉没了。事实证明，对于日军来说，鱼雷还是比炸弹可靠。尽管如此，TF17事实上已完全失去战力，而日军继前一日祥凤号航母沉没之后，在5月8日翔鹤号航母亦遭到重创：如前所述，上午10时55分，美军攻击队飞临日军舰队上空，瑞鹤迅速躲入暴雨带中，结果翔鹤因遭受密集攻击而重创，只得脱离战场撤退。返航的日军攻击队只好全部降落在瑞鹤的飞行甲板上，12架受创过重的战机刚停下便立即被推入海中，为后续降落的战机腾出空间，瑞鹤这才圆满完成收容战机工作。

但是没有被推入海中的战机也大多负有轻伤，瑞鹤实际能够再次出动的战机只有9架舰爆、6架舰攻、24架零战，守则有余攻则不足。经过一番商讨，战队司令原忠一向第四舰队司令长官井上成美建议保存实力、撤出战场，后者很快接受了。但山本五十六得知战况之后，立即命令瑞鹤返回战场消灭残敌，于是5月9日瑞鹤又掉头向东驶去并派出了侦察机，但列克星敦号完全沉没之后弗莱彻已率残舰撤退，瑞鹤再也找不到攻击目标，最终于5月10日撤退，结束了珊瑚海海战。回到日本的翔鹤因受创过重而无法参加中途岛作战，但毫发无损的瑞鹤同样没有参加，原因在于其舰载机及飞行队机组损失过多，短时间内无法补充至最低限度的战力水平。虽然这有当时日本海军飞行队完全附属于航母、不能根据需要灵活调整机组的因素在，但最深层的

原因还是日本根本没有为这场战争做长期持续进行的准备——航母所附属的舰载机组全部是拼光、换一批、再拼光，如此循环反复，这对于战前的日本海军来说是不可想象的光景，但却是他们很快将面对的惨淡现实。

1942年6月5日（日本时间），中途岛战役在一天之内便宣告结束了。赤城、加贺、苍龙、飞龙4艘日军主力航母全部沉没。就在这

▲ 1942年5月8日，一架九九式舰爆机从瑞鹤甲板上起飞去攻击美军航母

▲ 1942年5月8日，一架九七式舰攻机装载鱼雷从瑞鹤甲板上起飞去攻击美军航母

▲ 1942年5月5日，瑞鹤号的舰载机正在甲板上进行整备，准备投入珊瑚海海战

一天，瑞鹤的第二任舰长野元为辉大佐上任了。野元为辉原籍鹿儿岛县，以海军兵校44期第二名的成绩毕业，海军大学27期毕业，随后历任第四舰队各参谋职，在舰政本部时曾参与大和级战列舰的设计，在侵华战争中曾参与轰炸南京的行动。1939年升任海军大佐，同时就任第十四航空队司令，其后历任千岁号水上飞机母舰、瑞凤号小型航母舰长，开战时是筑波航空队司令。顺便一说，此君在战后成了"海军反省会"的主要推动者之一（该反省发言会的最早非正式名称就是"野元会"）。野元正式上任瑞鹤舰长前几天得到内部通知，便前往航空本部询问今后作战计划，接待者当着满屋子人的面毫无遮掩地说，机动部队在攻克中途岛后将大举进攻澳大利亚云云，毫无任何防止泄密的考虑，确为当时日本海军极端骄纵之写照。

中途岛海战后日本海军剩下唯一完好的大型航母只有瑞鹤一艘了，翔鹤要到6月底才能完成修理，新近服役的隼鹰、飞鹰虽说吨位接近大型航母但毕竟是商船改装，搭载机数、航速都不足，其余都是瑞凤等不堪用的小型航母。6月28日，瑞鹤在倍感压力的野元舰长的指挥下协同重巡洋舰妙高、羽黑前往阿留申群岛海域警戒，所幸美军舰队也在休整，双方没有照面。瑞鹤返回日本后和翔鹤一样加装了防空机炮，增设了泡沫（肥皂水）喷射消防设备，撤去了可燃物（去除可燃性涂料）等等，并得到了自中途岛归来的南云机动舰队幸存机组的补充。

第三舰队第一航空战队的翔鹤、瑞鹤、龙骧3艘航母于8月14日出发前往所罗门群岛海域攻击瓜岛美军及附近舰队（TF61特混舰队），第二次所罗门海战爆发。8月24日起飞的第一攻击波中有瑞鹤的9架九九式舰爆。在美军萨拉托加号航母附近，这些瑞鹤舰爆机遭到大量美机拦截，大部分被击落，无法取得战果。但他们吸引了美军拦截机的注意，从而为翔鹤舰爆队创造了绝佳机会，后者重创企业号航母。由于日军第二攻击波机群（由瑞鹤飞行队队长高桥定大尉指挥）无法再次找到企业号施加攻击，第二次所罗门海战就这样虎头蛇尾地结束了。且第二攻击波返航时天色已暗，4架日军战机无法找到母舰降落而坠海失踪。返回特鲁克的瑞鹤参与了数次较小规模的作战行动（如攻击美军运输船队），但也发生了战机在夜间着舰时擦碰到信号桅与舰桥，失控落入海中的事故。

10月26日清晨，以第一航空战队的翔鹤、瑞鹤、瑞凤3艘航母为主力的日本舰队再次与美军航母特混舰队进行对决，南太平洋海战爆发。起飞的第一攻击波中有瑞鹤的11架九九式舰爆和8架零战，3艘日军航母合计起飞62架战机，舰爆队统一由来自瑞鹤的高桥定大尉指挥。第一攻击波8时55分左右飞临美军TF17特混舰队大黄蜂号航母上空，日军开始学习美军的战法：先用炸弹实施攻击，使目标舰受创而降低航速，再让鱼雷机发起突击。高桥定大尉亲自率领7架瑞鹤舰爆机发起突击，成功将3枚炸弹掷中大黄蜂号后部甲板，炸弹再度发挥穿甲威力，穿透飞行甲板及上层机库甲板，直至下层机库内爆炸，当场炸死近百名美军水兵，大黄蜂号浓烟滚滚。其他日军舰爆机蜂拥而上继续攻击，由佐藤茂行飞曹长驾驶的战机被美军高射炮火击伤后，直接俯冲撞击了大黄蜂号甲板，爆炸火焰笼罩了整个舰桥，不过其所携带的250千克炸弹没有同时爆炸，才没有导致整个TF17司令部被一锅端的惨痛后果。舰攻队随后的攻击使大黄蜂号又挨了两枚鱼雷，奄奄一息。南云忠一又派出了第二攻击波，其中有瑞鹤的16架九七式舰攻和4架零战。但由于已经装备了雷达的翔鹤捕捉到正在逼近的美军攻击队信号，同时收到了瑞鹤发来的准备工作还需要30分钟的报告，南云忠一便让翔鹤攻击队在关卫少佐的率领下先行起飞。30分钟后，瑞鹤的攻击队在飞行队长今宿滋一郎大尉的率领下起飞。

关卫少佐率队将两枚炸弹掷中企业号航母甲板后20分钟，瑞鹤攻击队也赶到了，看到企业号已冒出滚滚浓烟，觉得攻击价值不大，便转头攻击波特兰号重巡洋舰（CA-33），但倒霉的是先后3枚命中波特兰号的鱼雷都是哑弹。美军掩护战斗机拼命进行反击，瑞鹤舰攻机被击落大半，包括今宿大尉座机。有一架瑞鹤舰攻机被击中起火后，又按习惯做法向美国人的军舰撞去，这一次挨撞的倒霉鬼是史密斯号驱逐舰，日机撞击在该舰2号炮塔位置。这架自我牺牲的舰攻机上所搭载的鱼雷同时爆炸，引爆了炮塔弹药库，造成大火，但史密斯号的舰长冷静沉着地驾驶驱逐舰靠近南达科他号战列舰（BB-57），借助战列舰舰艉的浪涌奇迹般地成功灭了火。美军3艘航母上起飞的攻击机群于9时27分发现日军航母编队，瑞鹤迅速逃入降雨带，成为标靶的翔鹤被击中4枚炸弹，不得不退出战场。南云司令部转移至瑞鹤舰上，收容返回的攻击队战机。

双方在这一轮攻击中都损失惨重，但美军的两艘航母都已受创，大黄蜂号上大火熊熊，企业号虽然性命无虞但也因为甲板被炸出直径3米的洞口而暂时丧失了起降功能，形势显然对日军有利。此时搭载机数较少的日军隼鹰号航母在第二航空战队司令角田觉治少将的率领下亦加入了战局，中午时分开始向企业号连续发动两轮进攻。一些翔鹤、瑞鹤的战机没有找到母舰而降落至隼鹰甲板上，其中包括瑞鹤舰战队队长白根斐夫大尉。于是白根大尉成为下午1点隼鹰所发动的第二攻击波的指挥官,这一波攻击中包括2架瑞鹤零战。仅仅几分钟后,瑞鹤舰上也拼尽最后一丝力量,起飞了6架舰攻、2架舰爆、5架零战,组成这一天内的第三攻击波,指挥官是从已被击伤退出战场的瑞凤航母转飞而来的田中一郎中尉。在隼鹰的第二攻击波又一次用鱼雷击中大黄蜂号后,田中中尉率领舰爆队最后一次将炸弹掷到大黄蜂号甲板上,本来已经得到控制的大火再次蔓延开来,很快舰长只能下令全员弃舰。瑞鹤的进攻力量此时几乎已消耗完毕,舰上只剩下大多带伤的10架舰爆、9架舰攻和33架零战。最后日军派出战列舰、重巡洋舰和驱逐舰打扫战场,将美军放弃并撤离后仍顽固漂浮在海面上不肯沉没的大黄蜂号彻底击沉。

南太平洋海战至此结束,瑞鹤虽然又一次幸运地舰体无伤,但舰载机组消耗过多,只能经由特鲁克返回本土进行整编。抵达吴港后,日本海军新一代舰载攻击机天山利用瑞鹤甲板进行了起飞降落试验。瑞鹤1943年

▼ 南太平洋海战(美方称圣克鲁斯海战)中,日军俯冲轰炸机正在攻击企业号航母,而企业号及其他美舰打出的还击炮火布满天空,令人骇然

初在舰桥顶部安装21号电探,舰桥周边加装防空机炮。与翔鹤一样,瑞鹤的舰载机组在这一年内也被频繁抽调去南洋陆地基地参加航空作战,消耗不少,造成舰载机飞行员素质每况愈下。9月至10月间,翔鹤、瑞鹤曾两次赶赴特鲁克及威克岛海域,但都没能与美军航母展开战斗。1943年底瑞鹤安装了第二部21号电探。1944年3月1日第一机动舰队组建,大凤、翔鹤、瑞鹤组成第一航空战队,瑞鹤继续实行在中心线上增设三联装25毫米机炮等防御措施。为了能够迅速将受损战机推入海中,瑞鹤还在下弯式烟囱的顶部加装了铁板。瑞鹤机库后部的壁板则被切去,这样舰艉的小艇甲板上也可以多搭载3架天山舰攻。6月,瑞鹤跟随小泽机动舰队向马里亚纳海域进发时,舰上与翔鹤一样载有34架零式舰战、12架天山舰攻、18架彗星舰爆、10架二式舰侦、3架九九式舰爆,总计77架战机。

6月19日清晨,实力对比极为悬殊的美日航母舰队在马里亚纳海域展开最终决战。第一航空战队的128架战机中,从瑞鹤起飞的有16架零战、15架彗星舰爆、9架天山舰攻,与其他战机同样在美军庞大的TF58特混舰队的铜墙铁壁前撞得头破血流。最终返回到瑞鹤舰降落的只有15架零战、2架零战爆、6架彗星舰爆、2架九九式舰爆、7架天山舰攻,其中5架零战、4架彗星舰爆、3架天山舰攻是属于瑞鹤自己的舰载机,其他都是无法降落母舰的其他航母载机,且这些成功着舰的战机大多也已受创,无法再战。美军方面则只因近失弹而造成了个位数字的死伤而已。优哉游哉的美国水兵仰望着天空中日机纷纷冒火坠落,

▲ 1943年4月7日,瑞鹤号正在所罗门群岛海域航行,准备执行轰炸图拉吉附近美军舰队的任务,飞行员们正在听取任务简报

▲ 1943年上半年，瑞鹤号的舰载机队被大量调离母舰，执行从陆地机场起飞的"伊号作战"任务。这些来自瑞鹤的零式战斗机被部署在布因基地

犹如欣赏焰火表演。大凤和翔鹤先后遭到美军潜艇的鱼雷偷袭，由于舰内轻质油挥发弥漫引发连环爆炸，翔鹤在中午时分沉没，下午大凤也沉没了。瑞鹤官兵默默看着相伴已久的姊妹舰翔鹤沉入海中的凄凉身影，此时整个日本海军又只剩下了一艘完好的大型正规航母，仍然是瑞鹤！仿佛冥冥之中自有天意，从翔鹤沉没的这一刻起，瑞鹤每次参加大战均无受创的好运也到头了。

第二天（6月20日）清晨，心有不甘的小泽治三郎将舰队司令部转移到瑞鹤舰上，纠集残余兵力，试图继续进攻。舰队此时以瑞鹤为中心，周围由重巡洋舰妙高、羽黑和多艘驱逐舰组成防空圆形阵作为护卫，准备迎击美军机群的反击。清晨起飞的日军侦察机中包括3架从瑞鹤起飞的天山舰攻。这天下午再度找到美军TF58舰队后，小泽命瑞鹤起飞攻击队，但瑞鹤实际上已经耗尽力量，下午5时以后才勉强起飞7架携带鱼雷的天山舰攻，由舰攻队长小野贤次指挥。这点可怜的兵力连给美军挠痒都不够，小野攻击队的结局比全部被美军击落还要惨：舰攻队在海上搜索至漆黑的晚上10时还没有找到TF58的影子，3架天山失踪，只得放弃攻击行动往回飞。由于不敢打开探照灯指引着舰路线（但大获全胜的美军这样做了），剩余4架天山迫降于海面，就这样全部损失了。不敢打开探照灯的原因在于TF58终于在这天下午发现小泽舰队，出动100多架舰载战机向其发起全面空中反击，其中前来攻击第一航空战队即瑞鹤的有50架战机，包括大量SB2C地狱俯冲者，瑞鹤看似已无幸存可能。

不过此时的瑞鹤不仅是机动舰队仅存的大型航母，而且还是从突袭珍珠港以来幸存至今、参加过数次海空大战的少数日军军舰之一，躲避攻击的能力之强，恐怕只有雪风驱逐舰可与之相比。这一点也给前来攻击的美军飞行员留下了深刻印象，他们投下的大量炸弹因瑞鹤高速灵巧的躲闪机动，竟然只有一枚命中其舰桥附近的飞行甲板。爆炸弹片大量射入舰桥，在距离小泽司令只有半米处飞过，将他身后几乎所有人员扫倒。当时在舰桥内的机动舰队副官麓多祯中佐心惊胆战地抬头看时，只见石黑参谋满面鲜血，右眼被小弹片扎入而痛苦叫喊，幸好其他人并无重伤（不过命中麓多祯的大量小弹片却在战后十年间才陆续从身体里"挤"出来）。美军炸弹激起的水柱和翔鹤高射炮疯狂射击造成的烟雾，再加上飞行甲板上留置的一部本应在空袭开始前便移走的小型移动式加油车也被引燃，使得美军误以为瑞鹤已经受到重创。美军飞行员头脑中的"中破主义"理念再度发挥作用，撇下瑞鹤掉头返航了。马里亚纳海战至此宣告结束。

瑞鹤在服役生涯中第一次被炸弹直接命中，但伤情并不严重，7月14日进入海军吴工厂修理，加强油库及输油管道的防护（增加混凝土防护墙，主要目的是防止挥发性轻质油泄漏）并增设通风装置，以期避免大凤及翔鹤的悲剧重演，舰体与飞行甲板上施加迷彩涂装。瑞鹤刚服役时为了与几乎一模一样的翔鹤区别，在飞行甲板前部标有一个"ス"字记号，现在既然翔鹤已经不在了，记号也就一起被涂抹掉了。除了更多的25毫米单装防空机炮（总数达到96门）之外还增设8座28连装120毫米对空火箭弹发射器，其他加装的还有13号电探、水中听音器（声呐）等。已经被彻底打残的小泽机动舰队只能用再次整编来麻醉自己。8月10日翔鹤被编入第三航空战队，带领瑞凤、千岁、千代田3艘小型航母前往濑户内海，培养日本海军最后一批舰载机飞行员。

事实上，小泽机动舰队此时只在名义上拥有3支航空战队，真正可以作战的只有第三航空战队，而瑞鹤又占其战力大部。9月瑞鹤还参加了东宝电影公司的电影拍摄。至10月莱特海战开始前，瑞鹤搭载有28架零战、16架零式战爆、7架彗星舰爆、14架天山舰攻。由于莱特海战前美军TF38舰队扫荡了菲律宾至中国台湾的日军基地，大批日军年轻飞行员被调去参加台湾冲航空战而损失殆尽，就连舰上搭载的65架战机都没有足够的飞行员来驾驶。瑞鹤只能在如此凄惨的状态下，率3艘小型航母及其他航空战列舰、巡洋舰、驱逐舰前往日本海军机动舰队的最终墓地——菲律宾北方恩加诺角海面。这支部队被后世称为"小泽诱饵舰队"，任务是掩护栗田舰队等其他日军海上部队进击莱特岛美军登陆场，以自己的身躯引开美军的攻击浪潮。

10月24日清晨，小泽诱饵舰队的4艘航母总共起飞58架战机前去攻击哈尔西麾下的TF38舰队，其中从瑞鹤起飞的有零战16架、零式战爆16架、彗星舰爆2架、天山1架，也就是说，小泽舰队这波攻击队的大多数战机都出自瑞鹤。这波攻击不过是在美军埃克塞斯号航母等军舰周围扔下了几枚近失弹而已，毫无实际战果，攻击队很快就被蜂拥而上的美军掩护战斗机消灭了，10架幸存日机前往陆地机场着陆，只有4架返回小泽舰队航母甲板降落。TF38舰队完全没有上钩的意思（因为他们没有意识到这波无力的攻击来自日军最后的机动舰队），但下午一架美军侦察机终于光临小泽舰队上空，向哈尔西发去电报。瑞鹤随即也向栗田舰队发去引诱美军成功的电报，不过日军信息系统每到战时便极度混乱的情况毫无改善，栗田竟然是在三天之后

1944年10月，正在向着命运之地疾驰而去的瑞鹤，身旁有两艘驱逐舰护卫

才看到来自翔鹤的这份电报的。哈尔西接到侦察机的报告终于上钩了，TF38舰队集结向北驶去，对付实际已经失去航空兵战力的小泽舰队。于是应由其守卫的圣贝纳迪诺海峡门户洞开，栗田舰队趁机穿过，引发了第二天的在世界海战史上堪称最为奇怪的萨马岛海战，此处不提。

10月25日清晨，小泽司令下令机动舰队只留下18架零战担任空中掩护（其中9架属于瑞鹤），其余战机都疏散去陆地机场。瑞鹤与瑞凤结伴而行，周围由伊势号航空战列舰、大淀号巡洋舰以及4艘驱逐舰组成第一防空圆形阵。7时30分，瑞鹤的电探（雷达）侦测到美军大集群正在靠近，掩护零战随即升空。8时20分，美军第一攻击波超过170架战机汹汹袭来，开始向小泽舰队倾泻炸弹和鱼雷。瑞凤于8时33分被炸弹命中，仅仅五分钟后，一架美军SB2C俯冲轰炸机将一枚炸弹掷中瑞鹤飞行甲板中央偏左舷位置，炸弹贯穿甲板后在锅炉舱附近爆炸（有资料显示美海军战机由此战开始使用1000磅的SAP半穿甲炸弹和AP穿甲炸弹），又过了五分钟不到，一枚鱼雷同样命中瑞鹤左舷，在舰体后部水线上炸开一个大洞。1943年12月上任瑞鹤舰长的贝塚武男大佐急忙从舰桥顶部的防空指挥所走下来，用响亮的大嗓门向小泽司令报告："长官！对不住了！那个（鱼雷）无论如何都躲不过去！"这一枚鱼雷造成瑞鹤左舷推进轴全部因进水而故障，通风装置停止工作，导致轮机舱温度急剧上升，人都待不下去了。同时舰体向左侧倾斜近10度，速度大减，也丧失了舰载机起降能力（当然此时也谈不上起降舰载

▲ 恩加诺角海战中，已经被美军击中1枚鱼雷、3枚炸弹的瑞鹤号的俯拍照片。不过由于损管水平较高，火灾规模不大，战舰仍然维持着15—18节航速

▲ 照片中央是恩加诺角海战中的瑞鹤，已经中弹，向左舷倾斜，美军复仇者号已将其团团围住

机了）。由于舵机电源也失灵了，瑞鹤被迫采用人力操舵，同时拼命抢修，终于在8时45分恢复舵机运转，火势也随后控制住，舰体倾斜被纠正至6度。

8时48分，确认瑞鹤已经丧失通讯功能，电报只能经由大淀号巡洋舰收发。瑞鹤的僚舰在这一波攻击中或者沉没或者重创，防空圆形阵已经无法维持。小泽命令还能够航行的舰只以20节航速北上，试图吸引美军舰队远离萨马岛战场。不到10时，小泽及其司令部幕僚已开始准备将旗舰更换为通讯装置完备的大淀巡洋舰，但美军第二攻击波机群又出现了，大淀暂时离开瑞鹤身旁。美军第二攻击波的战机数量并不多，向瑞鹤投下的炸弹没有一枚直接命中，只有几枚近失弹小有损害。10时26分，小泽司令与其幕僚离开瑞鹤转移至大淀舰上，11时左右在该舰信号桅上升起将旗。几乎与此同时，在舰队上空掩护的9架零战因燃油耗尽而迫降海中，日本海军航空兵从航母起飞作战的历史就此画下句号。

在另一边，上当受骗的哈尔西被尼米兹劈头盖脸骂了一通（尼米兹向他发了一份电报称"全世界都为之惊诧"），于是愤然回头去追击栗田舰队，但还是留下了足够的舰载机兵力收拾小泽舰队残余。13时10分，美军第三攻击波机群来袭，是足有220架战机的庞大规模！由于小泽舰队其他的航母此时要么已经沉没要么奄奄一息，只有瑞鹤虽然还在冒烟,但航行姿态正常,所以自然成了美军战机的集中攻击目标。本来航速就大为下降的瑞鹤只躲避了几分钟便被鱼雷连连命中,左舷被击中4枚(一说5枚),右舷2枚,同时飞行甲板后部也被5至7枚炸弹击中。瑞鹤痛苦地震颤着,浓重的黑烟升腾起来,全舰上下大火蔓延,燃料库也被炸开,易挥发的燃油更助长了火势。锅炉舱中大量进水,舰体左倾迅速达到20度。13时25分,舰内军官向贝塚舰长报告"进水、火灾猛烈,已无处置手段",后者随即下令全员离开舰内舱室来到飞行甲板上,准备弃舰。

13时55分左右,舰旗降下,舰员开始撤离,此时美军攻击已经结束,全体舰员在倾斜角度已达22度的飞行甲板上立正、敬礼并高

▲ 瑞鹤沉没前拍摄的全员山呼万岁照。战后由麓多祯赠予美方

呼万岁。此场景被拍摄下来,照片颇为有名,时任小泽舰队副官的麓多祯中佐在战后访问美国安纳波利斯海军军官学校(United States Naval Academy)时,还特地将这幅照片赠予

▲ 最后时刻的瑞鹤。两艘秋月型驱逐舰以防空火力护卫,但美军机群对其不屑一顾,爆炸水柱都在瑞鹤身边

▲ 一枚美军TBM复仇者鱼雷机发射的鱼雷命中瑞鹤左舷，激起冲天水柱，瑞鹤即将沉没

校方，校方将其展示于醒目之处。14时14分，最后一艘参加过珍珠港突袭的日本航母瑞鹤号沉没于菲律宾恩加诺角东北260海里处，具体位置在北纬19度20分、东经125度15分，包括舰长贝塚武男大佐在内的843人与舰同沉。1945年8月31日，瑞鹤于日本投降后被除籍。

大鹰型改造航空母舰

日本海军于1934年陆续开工建造的剑崎、高崎高速给油舰在《限制海军军备条约》到期后被改造为两艘小型航母祥凤、瑞凤，加入海军服役，其改造花费的预算与时间所换来的战斗性能是不能令人满意的。早在祥凤、瑞凤还没有作为给油舰建造完成前，日本海军已经选定日本邮船公司建造的大型邮轮作为战时航母的改造来源。前文提到的香久丸、神川丸型特设水上飞机母舰就是由日本海军资助民间船运公司购入的，在战时进行简单改造便可转为军用，日本海军对日本邮船公司的大型邮轮进行资助自然也是出于同样的考虑。

日本邮船公司以此资助为后盾，于1937年9月决定建造3艘新田丸型大型客货两用邮轮，订单发给三菱长崎船厂，要求邮轮排水量达17150吨，航速达22.5节，用于欧洲航线的运营。当时该公司航行于欧洲航线上的邮轮如香久丸等已经老化，急需更换。既然接受了日本海军的金钱资助和舰政本部的技术指导，3艘邮轮在建造过程中当然事先便为改造成航母进行了准备。其舰体采用中央船楼平甲板船型，前部第一船舱预备用作重油燃料舱，第二船舱则预备用作航空炸弹、鱼雷等储备弹药舱。在预计成为升降机井的位置留有开口，不过在作为邮船建造时将开口封闭了。上层建筑和客轮设备都可以快速拆除。作为邮船来说，3艘新田丸型还是非常舒服、奢华的，有宽阔的观光甲板、可载客285名的众多客房，有精心布置的餐厅和舞厅、社交室、读书室、美容室等娱乐设施，且装修风格具有"日本风情的摩登气息"，不少高级场所甚至使用了当时极少见的船上冷暖空调设备，68间一等客舱中有59间带有私人浴室。

总之，尽管新田丸型邮轮建造时使用了海军公帑，且当时侵华战争已经爆发，日本国内到处是"厉行节约，供应前线"的呼声，但这3艘邮船毕竟是要代表日本脸面的（最本质的目的当然是要"赚外国人的钱"），因此不惜工本"集我国造船科学之精粹"也就不令人意外了。新田丸型邮轮所采用的动力系统也可以证明其早就为改装成航母做了准备：并未采用大型客货船一般使用的柴油机，而采用了4座带有空气预热器的三菱重油专烧锅炉和2台三菱—帕森斯式高低压蒸汽轮机。当然，采用较为昂贵、高速的动力系统（这个"高速"是相对一般邮轮而言的，对于军舰来说仍然是慢速）不但对以后改造成航母大为有利——在改造时用不着开膛剖腹更换动力系统——对于邮轮本身来说也是有利的，不仅节省了动力舱室占据的空间，还减轻了整船重量，降低了噪音，减少了煤烟排放，使客人感觉更舒适。新田丸的船上设备几乎全部电力化，直流、交流发电机都有装备，发电量可以满足当时日本七八万人城镇的需求。

1938年5月9日首舰新田丸开始建造，1939年5月20日下水，1940年3月23日竣工。二号舰八幡丸于1938年12月14日开始建造，1939年10月31日下水，1940年7月31日竣工。由于此时日本在中国的侵略战争完全陷入泥潭，欧洲也已爆发大战，航线基本断绝，三号舰春日丸推迟至1940年1月6日开始建造，9月19日舰体完工下水，但舾装工程还在进行中时便被日本海军征用并改造为航母了。新田丸与八幡丸服役后被日本邮船公司用在日本至北美航运线上，但随着美日关系转恶，两舰也预先制造了升降机等，开始做改装航母的准备。

1940年11月15日，日本海军实施第一次船舶征用计划，日本邮船公司正在建造中的橿原丸、出云丸、春日丸邮轮都被列入了征用计划。前两艘并非新田丸型的邮轮之经历下文再做介绍。作为新田丸型三号舰的春日丸临时改称第1003号舰，1941年5月1日前往佐世保海军工厂改造为特设航空母舰（该型航母也就暂时被定名为"春日丸"级特设航空母舰），9月5日改造完成，1942年8月31日改名为"大鹰"，成为正规航母。1941年8月9日第二次船舶征用计划实施，一号舰新田丸也被征用，但一开始是作为运输舰使用的。几乎同时，日本时任首相近卫文麿下令新田丸随时做好出航准备。原来近卫此人虽然对中国态度极其强硬，但却很害怕对美国开战。他向罗斯福总统连续发出呼吁，请求进行两国首脑会晤，争取在最后时刻阻止对美开战。只要罗斯福同意会晤，不管地点为何，近卫都会乘坐新田丸立即赶去。由于罗斯福最终没有同意会晤，近卫于10月辞职，对美开战的大锅扔给了摩拳擦掌的东条英机，新田丸的这项出航待机任务也就取消了。1942年5月27日新田丸才开始在吴海军工厂改造为特设航母，8月20日改名为"冲鹰"，成为正规航母，11月25日改造完成，即大鹰型航母三号舰。在此之前，1941年11月5日，开战前的第三次船舶征用计划实施，二号舰八幡丸被征用，1941年11月21日开始在吴海军工厂改造为特设航母（后来新田丸改造成为冲鹰是在同一船坞），1942年5月31日改造完成，8月31日改名为"云鹰"，成为正规航母，即大鹰型航母二号舰。综上所述，新田丸型货轮的船号顺序与改造为大鹰型航母后的船号顺序正好是前后颠倒的。

新田丸型邮轮的改造工程本身并不复杂，动力系统保持不变，右舷中央舷侧设置日本航母标志性的下弯式烟囱。原邮轮的观光甲板下方舱室只稍作修改，转变为重油库、弹药库。观光甲板以上的所有邮轮设备被拆除，设置一层飞机库，舰体前部与后部各设置一台升降机，机库以上便是飞行甲板，由舰舷侧的支柱支撑，支柱之间有薄钢板作防浪侧壁。相对于先进行改装的大鹰、云鹰，最后改装的冲鹰飞行甲板尺寸有所放大。着舰制动装置是8座吴式四型。由于甲板较为狭窄的原因，没有设置甲板舷侧舰桥，舰桥设置在甲板下的机库前端，甲板两舷各有2座起倒式无线电桅杆。对由毫无防护力的邮轮改造而来的大鹰型航母来说，增加少许装甲防护都将使其复原性、航速等指标下降到不可接受的地步，因此改造工程并未加装任何装甲板。

大鹰型航母的武备方面也相当可怜，只有冲鹰装备了较先进的双联装40倍径89式127毫米高射炮4座，两艘姊妹舰不过是拿老旧的十年式45倍径120毫米高射炮充数。1941年时

▲ 新田丸船内的布置装潢，可以看出其奢华程度

新田丸豪华邮轮投入使用后不久绘制的油画

零式战机已经开始服役,大鹰型航母建成时的载机遂确定为零战和九七式舰攻,总数为27架,最后改装的冲鹰载机达到30架,以其两万吨以上的满载排水量来看载机数偏少,这是冲鹰由于船体结构限制,只能拥有一层机库所带来的缺憾。总体来说,大鹰型航母航速一般,载机数也不多,且舰体防护能力严重不足,并不适合执行第一线作战任务,如果与美国的护航航母进行比较,性能差异倒是并不大,适合用来执行二线辅助作战任务。但是,美日两国造船能力相差巨大,美军的护航航母可以一串串地接连下水,日军的所谓"特设航母"却是办不到的。

▲ 1943年5月初,正从特鲁克出发向横须贺驶去的云鹰号航母。在其后方可看到联合舰队的战列舰依次排列:金刚、榛名、大和

大鹰型航空母舰主要性能参数:

标准排水量:17830吨。公试排水量:20000吨。舰体全长:180.24米。最大舰宽:22.5米。平均吃水深度:8米。飞行甲板全长:162米(冲鹰172米,经过改造后的大鹰、云鹰达到180米)。飞行甲板最大宽度:23.5米(冲鹰23.7米)。动力装置:三菱—帕森斯式高低压蒸汽轮机2台,三菱重油专烧锅炉4座。输出功率:25200马力,双轴推进。航速:21节。燃料搭载量:重油2250吨。续航距离:8500海里/18节。武器装备:单管十年式45倍径120毫米高射炮4座(冲鹰为双联装40倍径89式127毫米高射炮4座),双联装96式25毫米机炮4座(冲鹰为三联装96式25毫米机炮10座)。至太平洋战争爆发时搭载舰载机:27架,其中零式舰战11架(常用9架,备用2架),九七式舰攻16架(常用14架,备用2架)(冲鹰的零战达到14架,常用12架,备用2架)。乘员:747人

▲ 1943年5月,停泊于特鲁克的冲鹰号航母,其左方是正面朝向镜头的云鹰号航母

1943年9月30日,由于被鱼雷击伤而进入横须贺港等待修理的大鹰号航母

（冲鹰为850人）。

1942年5月和8月云鹰、冲鹰两舰相继完成航母改造工程之前，大鹰型一号舰（此时仍然叫春日丸特设航母）已经于1941年9月1日与翔鹤号航母一同被编为第五航空战队。也就是说，如果瑞鹤没能及时完工（或者很倒霉地在服役前就被台风给吹翻），春日丸将会与翔鹤一起去突袭珍珠港。不过这个组合到底是不现实的，因为翔鹤与春日丸之间的航速差距太大。瑞鹤于9月25日正式服役，当天春日丸被改编入第四航空战队与龙骧结伴，在司令官角田觉治海军少将的指挥下参加进攻东南亚各地的作战行动。不过由于预定要搭载的零式战机、九七式舰攻迟迟没有到来，这一阶段春日丸上搭载的仍然是老旧的九六式舰战和九六式舰爆，所担负的具体任务也就是侦察、运输飞机到前线机场等辅助性任务。

1942年1月初，还没有入港改造的新田丸号邮轮执行了运送日本海军陆战队从上海到太平洋中部威克岛的任务。该岛礁遭到苍龙、飞龙舰载机队的猛攻之后，美军抵抗部队投降，被俘的1200人（其中美军士兵400多人，工人等其他身份者700多人）遂由新田丸负责运回美国本土。虽然新田丸此时仍然是一艘豪华邮轮，但战俘都被关押在潮湿、闷热、卫生条件极差的底部舱室，受尽折磨。日军还声称航行途中美军战俘试图暴动夺取新田丸，时任吴镇守府司令的丰田副武海军大将下令处死5名俘虏作为报复，处决方式是日军惯用的挥刀斩首，尸体被随意扔进海中。战后该事件由远东国际战争法庭重点调查，但最终丰田与当时舰上的日军军官均没有得到惩罚。

5月3日，特设航母春日丸在凯塞林环礁附近遭到美潜艇鱼雷攻击，所幸没有被击中。中途岛海战失败后，8月初瓜岛战事又起，手上缺兵少将的山本五十六竟临时将连正式军舰身份都还没有的春日丸与联合舰队旗舰大和号编组前往特鲁克基地督战。8月9日，结束了改造工程的八幡丸特设航母也搭

▲ 美国海军潜艇鳟鱼号（SS-202）

载16架舰攻机、16架舰爆机经由塞班岛前往乌利西环礁。第二次所罗门海战结束后的8月底，3艘新田丸型邮轮改造为大鹰型航母的工程全部宣告结束，航母正式投入服役。大鹰、云鹰继续在所罗门群岛海域执行运输任务。9月28日，在回航至特鲁克前，大鹰被美国潜艇鳟鱼号（SS-202）发射的一枚鱼雷命中舰体中部，轮机舱内死亡3人，另有10人受伤，在特鲁克紧急维修后由驱逐舰时津风、涟护送回吴港修理，1942年年末才返回战场。也是在1942年年末，冲鹰第一次作为航母前往前线执行任务，与龙凤号航母搭档运送日本陆军的九九式双发轻轰炸机前往特鲁克基地（轻轰炸机用绳索固定在飞行甲板上）。

在瓜岛战事走向穷途的同时，大鹰型航母往返于本土与特鲁克、菲律宾、爪哇等地，而在日军缺乏护航力量保护的漫长航线上，美军潜艇所构成的水下威胁自1943年开始就越发严重了。大鹰、冲鹰于4月初运送陆军三式战斗机（即飞燕）前往拉包尔，4月9日遭到美军金枪鱼号潜艇（SS-282）的鱼雷攻击，不过此时美军鱼雷质量仍然不高，命中大鹰右舷中央部的鱼雷没有爆炸，大鹰躲过一劫。9月24日，大鹰又在小笠原群岛中父岛附近海域

▲ 美国海军潜艇海鲈鱼号（SS-288）

遭到海鲈鱼号潜艇（SS-288）的鱼雷攻击，观察兵看到右舷500米处有鱼雷射来时已来不及躲闪，万幸的是6枚命中鱼雷中只有命中舰艉的1枚爆炸（返回本土后查明右舷还有5个被撞击的凹坑而得知，最奇怪的是在左舷还发现了几个不知什么时候被鱼雷命中的凹坑），但仍造成推进轴损坏并大量进水，舰只无法航行，9名人员身亡，大鹰被拖回到本土修理。至1943年底，美国海军力量的爆发性增长与日本海军战力的大量消耗、无法补充相结合，迫使由民用船舶改造而来的航母也必须投入最前线，承担各项任务。

11月30日，冲鹰与瑞凤、云鹰一同从特

▲ 美国海军潜艇金枪鱼号（SS-282）

鲁克航向本土。冲鹰舰上除了从所罗门、新几内亚撤出的士兵、器材以外还有很多搭便船的平民以及美军战俘（他们是从一艘被日本驱逐舰击沉的美军潜艇上幸存下来的）。而美军通过破译日军密码电报，引导潜水艇到日军航母编队将通过的航线上，等候伏击。当天就有一艘美军潜艇向瑞凤发射了3枚鱼雷，但没有收效。日军航母编队继续前进，12月3日凌晨在海上遭遇暴风雨，能见度很低，美军潜艇旗鱼号（SS-192）使用雷达捕捉到日军航母所在位置，发射鱼雷命中冲鹰右舷舰艉部位，爆炸导致冲鹰飞行甲板前端损坏。旗鱼号冷静地继续跟踪日本航母，早晨5时50分再次发起鱼雷攻击，这一次的鱼雷爆炸造成冲鹰舰体内大量进水，螺旋桨损坏，无法航行。9时40分旗鱼号发起第三次攻击，再中1枚鱼雷的冲鹰舰上燃起大火，迅速翻覆沉没，位置在北纬32度37分、东经143度39分。由于来

▲ 美国海军潜艇旗鱼号（SS-192）

不及施救，包括舰长大仓留三郎大佐在内的1250人被卷入海底，另有资料称舰上有官兵533人、搭乘者3000人左右（这个数字似乎太过夸大），最终仅幸存170人，21名美军战俘中只有1人获救。冲鹰是日军损失的第一艘民用商船改造航母，其沉没堪称一场大规模海难。1944年2月5日冲鹰被除籍。

海鹰号、神鹰号改造航空母舰

虽然已经讲述到冲鹰沉没，但笔者需在此时引领各位读者回过头去看一看日本海军另外两艘商用客轮改造得来的以"鹰"为名的航母——海鹰、神鹰，因为这两艘改造航母将在1944年初与大鹰、云鹰兵合一处。海鹰、神鹰的前身分别是大阪商船公司的客轮阿根廷丸、德国北德意志—劳埃德航运公司的客轮沙恩霍斯特号，以下分别进行简要的介绍。

大阪商船公司与日本邮船公司一样，是趁着第一次世界大战时日本航运业喜逢爆发式增长期而脱颖而出开始经营远洋运输航线的。该公司同样也得益于日本海军的资金赞助与技术支持，1938年至1939年间建成了两艘近13000吨排水量的客轮，分别命名为阿根廷丸和巴西丸，用于日本至南美洲的航线。两船采用三菱MS式大功率柴油机驱动，最高航速在21节以上，能够搭载900名旅客，从日本抵达巴西仅需一个多月。由于两船排水量偏小，又采用柴油机，日本海军一开始并无明确计划将其改造为航母。1941年9月巴西丸被征用，1942年5月阿根廷丸也被征用，都被用作特设运输船为日军输送物资。6月中途岛海战惨败之后，两船很快被编入日本海军的紧急航母增加计划。然而巴西丸未及回到本土改造，便于8月5日在特鲁克附近被美军潜艇六

线鱼号（SS-213）发射鱼雷击沉，这样就只剩下阿根廷丸于12月驶入三菱长崎造船厂开始实施改造。由于日本海军要求其航速必须提高到23节左右，船厂只能拆除其柴油机动力系统，换装阳炎型驱逐舰所采用的蒸汽轮机，因此改造工程颇费时日，直至1943年11月23日才完成，阿根廷丸改名为"海鹰"。除了在动力系统方面大动干戈以外，海鹰改造工程的技术标准基本与大鹰型航母相同。

海鹰号航空母舰主要性能参数：

标准排水量：13600吨。公试排水量：16700吨。舰体全长：166.55米。最大舰宽：21.5米。平均吃水深度：8.25米。飞行甲板全长：160米。飞行甲板最大宽度：23米。动力装置：舰本式高低压蒸汽轮机2台，吕号舰本式重油专烧锅炉4座。输出功率：52000马力，双轴推进。航速：23节。燃料搭载量：重油2500吨。续航距离：7000海里/18节。武器装备：双联装40倍径89式127毫米高射炮4座，三联装96式25毫米机炮8座，单管96式25毫米机炮20门。服役时搭载舰载机：24架，其中零式舰战18架（全部常用），九七式舰攻6架（全部常用）。乘员：587人。

再来看同一时期被日本海军改造为航母的德国沙恩霍斯特号大型客轮。如果说新田丸型大型邮轮是日本造船业的结晶，那么1934年12月14日下水的沙恩霍斯特号及其后续的格奈森瑙号、波茨坦号大型客轮就是德国造船业的结晶。该船排水量达18000吨，装修豪华、乘坐舒适，由北德意志—劳埃德航运公司用于远东航线运输（主要从不莱梅至日本横滨），促使日本邮船公司建造了新田丸型与之竞争。1939年8月沙恩霍斯特号来到日本神户港，26日启程回国，不料接到国内发来的将要开战的密电，为了不落入英、法手中，只得于9月1日返回神户，后来船员抛弃该船，由陆路辗转回国。沙恩霍斯特号闲置至太平洋战争爆发后，德国纳粹政权向美国宣战，随即承诺将沙恩霍斯特号的所有权转让给日本海军。该船于1942年2月7日被日本海军征用为特设运输船，中途岛海战后也被编入航母紧急增加计划。

作为一艘高级德国客轮，沙恩霍斯特号使用新颖的涡轮—电力推进系统，这是过去日本海军由美国引进技术、在神威号水上飞机母舰上试用过的推进系统，事实证明其并不成熟。沙恩霍斯特号的瓦格纳式锅炉最为独特，其高温高压性能超出了日本海军使用过的所有锅炉。而由于该船已经在日本弃置多年无人保养，娇贵的瓦格纳式锅炉频发故障也就不奇怪了。战事紧急，日本海军并不想为这艘外国船只更换动力系统，9月21日在吴海军工厂开始的改造工程遵循大鹰型航母旧例，只拆除观光甲板以上的结构，铺设由舰舷侧支柱支撑的飞行甲板，设置前后两台升降机和一层机库，不过这些改造因为缺少该客轮的原始图纸而进度缓慢。1943年10月沙恩霍斯特号开始公试航行，瓦格纳式锅炉却不断

▲ 1943年11月1日，正在伊予海湾进行公试航行的神鹰号航母

1943年11月15日,正在德山湾航行,准备数日后交付服役的海鹰号航母,可见其舰艏的菊花纹章被覆草覆盖了

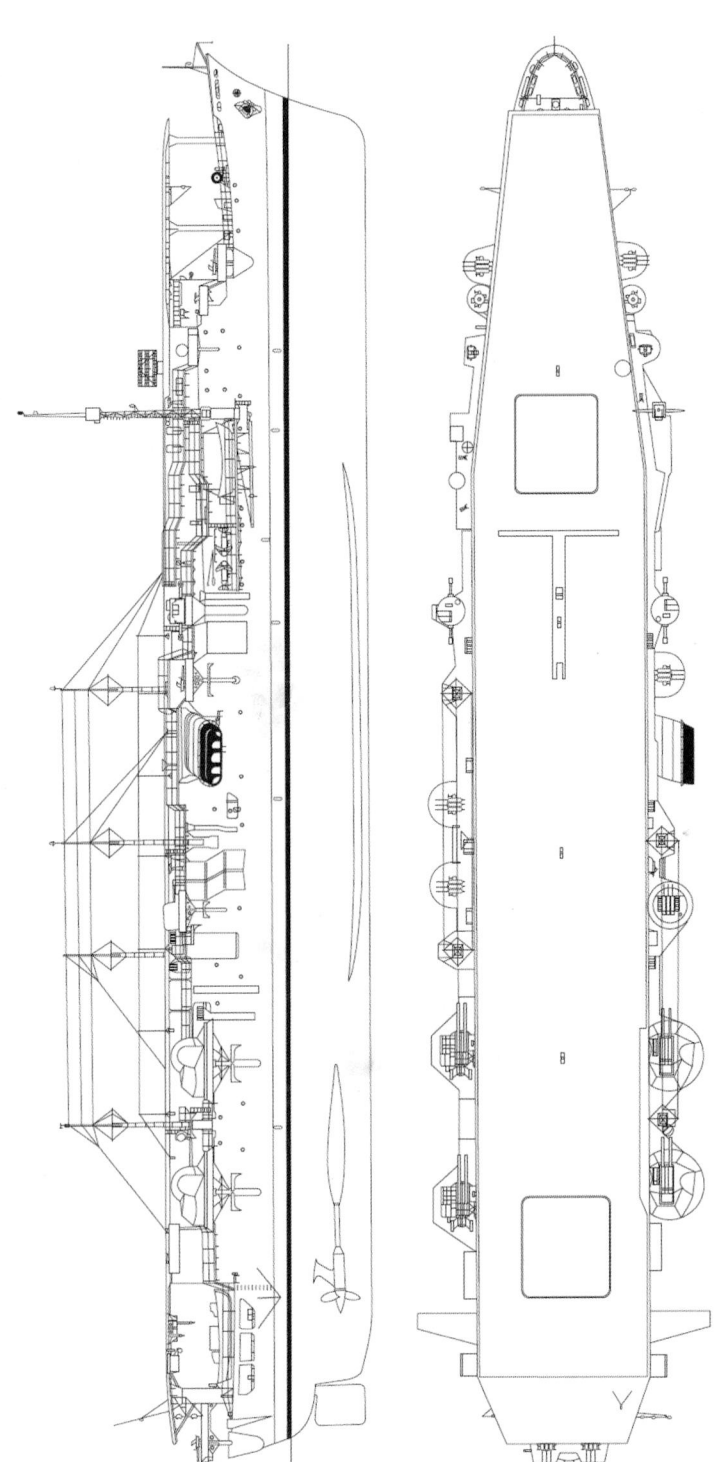

海鹰号航母线图

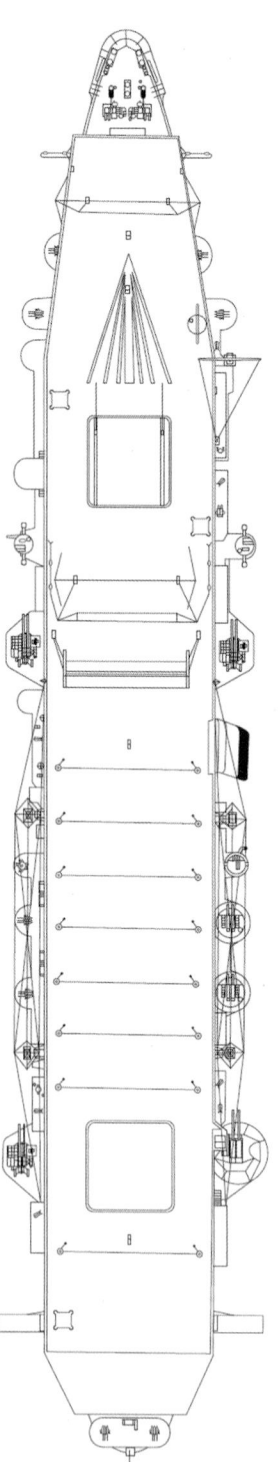

神鹰号航母线图

发生事故,几近报废。日本海军不得不在其于1943年12月15日宣布正式服役、得名"神鹰"之后,又将其送回吴海军工厂,再次开膛剖腹,将瓦格纳式锅炉替换为高温高压性能在日本锅炉中首屈一指的大型吕号舰本式重油专烧锅炉。

神鹰号航空母舰主要性能参数:

标准排水量:17500吨。公试排水量:20900吨。舰体全长:198.34米。最大舰宽:25.6米。平均吃水深度:8.18米。飞行甲板全长:180米。飞行甲板最大宽度:24.5米。动力装置:AEG式涡轮交流发电/电动机2台,吕号舰本式重油专烧锅炉2座。输出功率:26000马力,双轴推进。航速:21节。燃料搭载量:重油2460吨。续航距离:8000海里/18节。武器装备:双联装40倍径89式127毫米高射炮4座,三联装96式25毫米机炮10座,单管96式25毫米机炮20门。搭载舰载机:33架,其中零式舰战12架(常用9架,备用3架),九七式舰攻21架(常用18架,备用3架)。乘员:834人。

1943年是盟军海上力量在北大西洋向德军肆虐多年的"狼群"潜艇部队发动大规模反击之年,盟军以远程反潜巡逻机、护航航母搭载反潜机与各种反潜武器相结合的综合性反潜体系持续搜索、打击德军潜艇,令大西洋水下的德军潜艇都不敢露出海面,冒出头来就挨打,损失直线上升的同时战果直线下降。而同一年的太平洋战场上,对日本维持战争所需至关重要的运输船舶,却因为盟军(当然主要是美军)潜艇开始扬威而损失直线上升。建立完备的反潜护航体系对于战前只想速战速决的日本海军来说是根本不会考虑的事情。开战后,日本海军也不过是让一些老旧驱逐舰、海防舰去随便应对而已。至1943年9月,日本在这场战争中损失的船舶吨位已达500万吨左右,是开战时预计战争损失吨位极限数字的2.5倍——而这惊人庞大的损失还未到顶。

1943年11月15日,由及川古志郎大将(及川在两次担任策动战争的近卫内阁之海军大臣期间,对德意日法西斯轴心结成、日军进驻法属印度支那等将日本推向太平洋战争的决策有重大影响,但战争开始后却只担任军事参议官、海军大学校长这样的闲职)就任司令长官的海上护卫总司令部(也称海上护卫总队,简称海护总队)成立,下属除了一些驱逐舰、海防舰以外,较为重要的护航力量便是大鹰、云鹰、海鹰、神鹰4艘航母,配备陆基攻击机、飞行艇的第901海军航空队,配备九七式舰攻机(总数48架)的第931海军航空队和配备水上侦察机的第453海军航空队。时任护卫总司令部作战参谋的大井笃在战后说,他的作战构想是:"通过建立潜水艇阻止带而开辟安全海域,船舶在此自由航行以提高运货效率。这些岛与陆地(按照战后的说法就是"第一岛链")以铺设水雷的方式连接起来成为(潜艇)阻止线。设置临近海域陆地瞭望所,并以雷达、水中听音装置(声呐)进行监视。"但事实上由于日军配备的雷达、声呐等设备数量严重不足,性能又较低劣,让船舶集中于所谓"航海安全带"的狭长航线上,反而令美军潜艇部队喜出望外——他们免去了搜索日本船舶所在位置的麻烦,直接开到固定航线上大开杀戒便是。继冲鹰之后其他日军改装航母也陆续被美军潜艇击沉就是日本海军大难临头才抱佛脚的反潜战彻底失败之明证,以下一一道来。

护卫总司令部建立之后仅仅一个月,1944年1月19日,云鹰便在塞班岛海域遭到美军黑线鳕号潜艇(SS-231)的鱼雷攻击,所幸没有沉没,返回横须贺修理至6月底。在此之前,神鹰终于完成动力系统的更换,也加入到了反潜护航任务中。8月8日,大鹰协同3艘驱逐舰、9艘海防舰护送"ヒ"71船队从日本前往菲律宾,17日抵达台湾马公港,预计20日下午抵达马尼拉,这条航线完全就是紧贴着"第一岛链"的所谓"安全航线"。结果18日早上开始船队中便不断有船舶遭到美军潜艇攻击,晚上10时15分左右,负责护航的大鹰终于也被红石鱼号潜艇(SS-269)发射3枚鱼雷命中,航空汽油库被引爆,26分钟后沉入海底,沉没位置是北纬18度16分、东经120度20分。超过700人与大鹰同沉海底,由于人员损失太过惨重,战后日本还专门在佐世保市的旧海军墓地东公园中设立了慰灵碑。"ヒ"71船队中的其他船只四散奔逃,船队解体,10月10日大鹰被除籍。而最后一艘大鹰型航母云鹰也没能幸存多久。9月11日,云鹰与其他若干军舰护卫"ヒ"74船队从新加坡向中国台湾方向航行,17日凌晨美军石首鱼号潜艇(SS-220)首先攻击航行在云鹰右舷后方的一艘运输船,在云鹰见运输船爆炸起火而转舵时,又趁机于0时42分发射两枚鱼雷,命中了云鹰的舰体中部与后部。云鹰抢救至7时30分仍无法扭转下沉趋势,只得弃舰,7时55分全舰沉没,沉没位置是北纬19度18分、东经116度26分海域。约有760人获救,舰长木村行藏大佐及手下270人阵亡。11月10日云鹰被除籍。

大鹰型航母全部沉没,其他改装航母亦朝不保夕。神鹰于1944年7月14日首次出海执行海上护航任务,16日下午通过确认海面油迹向水下疑似潜艇发起攻击,其后在8月、9月间的护航任务中又多次发起深水炸弹攻击,但这些潜艇击沉战果在战后均无法在美军相关资料上得到证实。11月13日,神鹰护送包括秋津洲号陆军航母在内的"ヒ"81船队从门司港经由中国舟山群岛前往马尼拉、新加坡,但已经深入日本近海的美军潜艇在对马海峡附近就盯上了这支船队。17日夜间22时05分,美军鳅鱼号潜艇(SS-411)突然向神鹰齐射6枚鱼雷,其中4枚命中神鹰右舷,当即造成航空燃料库爆炸,全舰陷入火海,30分钟后便沉入海底,沉没位置是北纬33度02分、东经123度33分海域,全舰1160人中竟只有60人幸存。1945年1月10日神鹰号被除籍。

最后幸存的是海鹰,它同时也是上述这些改装航母中排水量最小的一艘,以至于舰上负责对潜警戒的九七式舰攻机只能一次性起飞少数几架,然后轮替交换实施警戒。不过海鹰的运气实在很好,从1944年初开始执行护航任务直至1945年1月参加日本最后一支成功运送兵力抵达新加坡并将石油等物资运回日本的船队的护卫行动,这一年多时间里曾数次在海上遭遇美军潜艇的猎杀,却并无损伤。前往东南亚的航线被夺取了菲律宾的美军完全切断后,海鹰只得驻留在吴港,3月19日被空袭吴港的美军战机炸弹命中。4月20日,除海鹰以外的所有日军航母都转为预备役,海鹰由此成为日本海军最后一艘现役航母,在别府湾充当樱花特攻弹的训练目标舰。美军于7月24日再次空袭吴港,躲避锋芒的海鹰却在四国佐田岬附近撞触水雷而丧失航行能力,搁浅于大分县别府外海海滩上。数日后海鹰又遭英军胜利号航母舰载机空袭,发电机舱被炸毁,进水过多,舰长大须贺秀一大佐只得下令弃舰。8月15日日本投降的同一天,海鹰被指定为第四预备舰,而事实上它已经是废舰,11月20日正式被除籍,1946年9月开始解体工作,1948年1月解体完毕。

▲ 美国海军潜艇石首鱼号（SS-220）

▼ 美国海军潜艇红石鱼号（SS-269）

▲ 美国海军潜艇鳅鱼号（SS-411）

飞鹰型改造航空母舰

前述的大鹰型、海鹰号、神鹰号这些改造航空母舰，虽然前身属于大型民用船舶，但经过改造成为航母后却吨位偏小、速度缓慢，进而导致搭载机数量较少，甲板狭窄又导致搭载机种较为落后，能够同时起飞的战机更是只有寥寥数架，显然是不能作为前线作战航母参与战争的，在1943年底匆匆投入的护卫海上航线任务中发挥的作用也极其有限。但日本海军毕竟还是拥有可以作为前线战力参与战争的民船改造航母的，这就是飞鹰、隼鹰两艘航母，其前身是同样来自于日本邮船公司的橿原丸级大型货客船。

日本邮船在1937年9月决定建造3艘用于欧洲航线的新田丸级邮轮（后改造为大鹰型航母）的同时，也计划以更大型、更豪华的客货轮取代当时航行于北美航线（主要是从横滨出发经夏威夷至旧金山）的浅间丸级客轮。1938年5月日本海军即向日本邮船公司提出了其所赞助的新型客轮所需的性能指标：全长210米，宽25米以上，最快航速24节，输出功率60000马力；上层结构要简化到能够在3个月内改造为航母，而排水量要达到26000至27000吨；船体结构、舱室布设等方面的设计都要考虑到日后的航母改造。毫无疑问这就是一艘准航母。

对日本邮船公司来说，27000吨这样庞大的客货轮是否有必要呢？虽然东京原计划于1940年举办奥林匹克运动会（因1939年二战爆发而停办），预期会有大量海外旅客前来日本，但1937年日本发动侵华战争之后日美关系已经转冷，用于北美航线的该客轮能否吸引到足够的美国客源实在很有疑问，更不必说其最高航速24节的指标就是为航母起飞战机所用的，对客轮来说实无必要，而两艘新型客轮建造单价为惊人的2400万日元，相当于翔鹤型大型航母的四分之一造价。

日本邮船公司于是通过递信省提出，如此两艘新型客货轮需要政府赞助八成资金方可建造，但管钱的大藏省只愿意给五成，并考虑如果日本邮船公司拒绝，便将这单买卖转给日本国内另一个商船运营巨头——大阪商船公司。这一撒手锏使出来，日本邮船公司面子上实在挂不住，再加上海军省从中斡旋，将政府出资比例提高至六成，日本邮船公司终于点头同意，将第一艘的订单给了三菱长崎船厂，第二艘的订单按照海军建议发给了川崎神户船厂——这当然也是出于培养川崎船厂航母建造能力的考量。新型大型客货轮取名为"橿原丸"级，此名称来自传说中神武天皇的橿原神宫。1939年3月20日橿原丸在三菱长崎船厂开工建造，1939年11月30日橿原丸级二号出云丸在川崎神户船厂开工建造，"出云"之名当然是取自日本另一个著名神社——出云大社。

两艘橿原丸级客货轮在建造中就为增强防护性而在重要部位安装了两层壁板，在水线下设置了水密舱，海水灭火装置则从英国购买，船体设计参考了德国的超大型客轮（51600吨左右）不莱梅号。作为豪华客轮来说橿原丸级是无可挑剔的，拥有大量冷暖空调房、充足的卫生设备，连洗脸盆、便器都是由东洋陶器公司（今日该公司的名称是我们所熟知的TOTO）专门设计的高档货，室内装潢还专门派出了考察团去德国不莱梅号等豪华游轮上学习借鉴。当时参与橿原丸设计工作的设计师如村野藤吾，在战后设计了广岛世界和平纪念堂、日本兴业银行大楼等，成了响当当的建筑设计大师。

然而，这两艘日本战前最大、最豪华的客轮最终被卷入了时代黑潮之中，无法作为客轮诞生于世。由于日军进驻法属印度支那加剧了远东地区的紧张局势，日本海军必须立即扩充航母力量，于是在1940年9月根据船舶赞助法的规定命令两艘橿原丸级停工。1940年11月15日日本海军实施第一次船舶征用计划，橿原丸（暂时得名第1001号舰）、出云丸（暂时得名第1002号舰）、春日丸（被改为航母大鹰）都被征用。日本海军正式出资收购两艘橿原丸级是在1941年2月10日，合计金额48364000日元。此时橿原丸、出云丸已经建造到上甲板，不过前者需要拆除的结构比后者多一些，因此随后的改造工程反而是出云丸更早完成。从东洋陶器以500日元之高昂单价购买的浴缸，其后被转用为航母上的消防水槽，真是浪费之极。

▲ 1943年10月7日，停泊于横须贺港内的飞鹰号航母正在飞行甲板上进行泡沫灭火试验，舰桥外侧的倾斜烟囱清晰可见

橿原丸于1941年6月26日完成舰体改造工程下水，改名为"隼鹰"。出云丸提前两天于6月24日完成舰体改造工程下水，改名为"飞鹰"。两舰排名顺序又倒了过来，一般称作飞鹰型航母，尽管日本海军的公开记录中仍将隼鹰称为一号舰，飞鹰称为二号舰。由于在船体设计中就以高速航行为目标，飞鹰型在日本商船中首次采用了大和型战列舰和翔鹤型航母采用的球鼻艏，较高的舰艏干舷及军舰型舰艉对于减小阻力、提高航速都是有利的。飞鹰型采用中央支撑的半平衡舵，螺旋桨直径为5.5米，尺寸仅次于大和型战舰。客货船时期飞鹰型的最高航速要求24节已堪称优秀，成为航母之后航速更是达到了25节以上，其中飞鹰号在试航时留下了25.63节的最高航速记录，完全满足起飞新式战机的需求，并且勉强可以跟上机动舰队的航速与续航距离。在已经完工的上甲板上，飞鹰型设置了机库、飞行甲板与舰桥。机库有上下两层，如此一来搭载的战机数量便大大多于其他商船改造航母，不过由于改造工程不涉及上甲板以下区域，需要将部分舰内通道和居住舱室设置在机库两侧，所以机库本身面积还是显得不足，有些战机需要系留在飞行甲板上。

飞鹰型的飞行甲板长度达到210.3米，中间宽度27.3米，这样的尺寸基本达到了大型航母的标准，远大于大鹰型的162米长度，这就为飞鹰型搭载更新型的舰载机、成为正规舰队航母奠定了基础。与翔鹤型一样，飞鹰型的飞行甲板是木制的，但在首尾两端采用了钢板，以方便舰载机起飞降落并预防受大浪打击而受损。升降机仍然是前后各一部，制动装置是9座吴式四型。飞鹰型的舰桥最有特色，采用了烟囱与舰桥结合为一体的大型舰桥，这是从欧美国家海军航母上学来的，颠覆了一直以来航母烟囱装于舷侧并且向海面下弯的日式构造。不过日本海军还是做了一些改进：为了避免排气妨碍舰载机起降，舰桥向右上方偏斜，特别是烟囱向外倾斜的角度达到26度。飞鹰型的一体式大型舰桥也是为大凤号航母进行的先期试验，首先由海军航空技术厂（一般简称"空技厂"）用1:100模型进行了风洞试验，在飞鹰型航母上的使用情况证明这个设计行得通，于是沿用到了大凤乃至后来改造大和型战列舰三号舰得到的信浓号航母上。不过这个大型舰桥及其向舷外偏去的姿态也造成了问题，据说在装满油料或是完全没有油料（即没有配重物）的情况

▲ 1944年5月13日，为实施"阿号作战"而从林加泊地驶向塔威塔威港的联合舰队，这张照片在摩耶号重巡上拍摄，其后跟随的是飞鹰、隼鹰两航母

下，飞鹰型舰体会向右舷倾斜7度。1943年末海军在左舷空置舱室放入配重物，使其满载时的倾斜角降低至3度。

飞鹰型舰桥顶端装备有一部21号电探，这是日本航母第一次在竣工时就配备了雷达装备。飞鹰型的动力装置没有改变，仍为大型客货船所采用的蒸汽轮机系统，不过三菱长崎造船厂和川崎神户造船厂采用的都是各自的蒸汽轮机，为了让航母尽早服役，动力值方面的少许差异日本海军也就认了。飞鹰型采用的锅炉都是日本海军中的顶级锅炉，高温高压，达到了4兆帕压强和420摄氏度高温的水平，几乎可与美军埃塞克斯级航母匹敌，不过同时也导致处于锅炉舱正上方的机库温度很高，整备员大遭其罪。锅炉舱、轮机舱、航空燃料库等重点部位加装了25毫米DS特殊钢板防护。不过由于舰体内部防水区域的分隔还是不能像正常建造的军舰那样细，因此其抗倾覆能力仍然很有限。飞鹰型两舰的建成时间正好在中途岛战役的一前一后，因此日军很快根据这场战役的惨痛教训，撤去了易燃物，增设了消防装备，增加了防空武器等。

飞鹰型航空母舰主要性能参数：

标准排水量：24140吨。公试排水量：27500吨。满载排水量：28300吨。舰体全长：219.3米。最大舰宽：26.7米。平均吃水深度：8.15米。飞行甲板全长：210.3米。飞行甲板最大宽度：27.3米。动力装置：飞鹰为川崎式高中低压蒸汽轮机2台、川崎循环式重油专烧锅炉6座；隼鹰为三菱式高中低压蒸汽轮机2台、三菱水管式重油专烧锅炉6座。输出功率：56250马力，双轴推进。航速：25.5节。燃料搭载量：重油4100吨。续航距离：12251海里/18节。武器装备：双联装40倍径89式127毫米高射炮6座，三联装96式25毫米机炮8座。开战时搭载舰载机：48架，其中九七式舰攻9架，九九式舰爆18架，零式舰战21架。乘员：1187人。

1942年5月3日二号舰隼鹰首先竣工服役，当然已经赶不上近在眼前的珊瑚海海战。经过与舰载机的紧张磨合，隼鹰装载32架零式舰战（其中12架打算行动完成后运送到"已被攻克"的中途岛上去）和19架九九式舰爆被编入第四航空战队，与小型航母龙骧协同，由战队司令角田觉治少将率领航向极北（角田坐镇于龙骧舰上），进攻美国阿拉斯加州阿留申群岛。阿留申群岛进攻行动的目的是为同时开始的中途岛入侵行动打掩护，联合舰队希望第四航空战队提前72小时对阿留申群岛发起进攻的消息会让美军的判断产生混乱，无法及时为中途岛守军派去援军或者派去的援军较少，从而被南云机动舰队顺利歼灭。山本五十六及他所钟爱的先任参谋黑岛龟人几乎打破了一切明智稳妥的军事计划原则：阿留申群岛和中途岛相距两千多公里，在这样广阔的洋面上倾巢出动的联合舰

▲ 战后的1945年10月19日，停泊于佐世保的隼鹰号航母正在接受美军调查

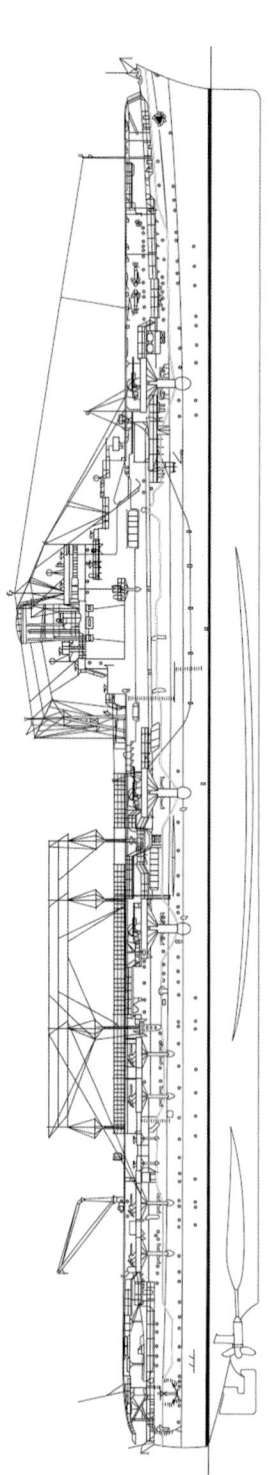
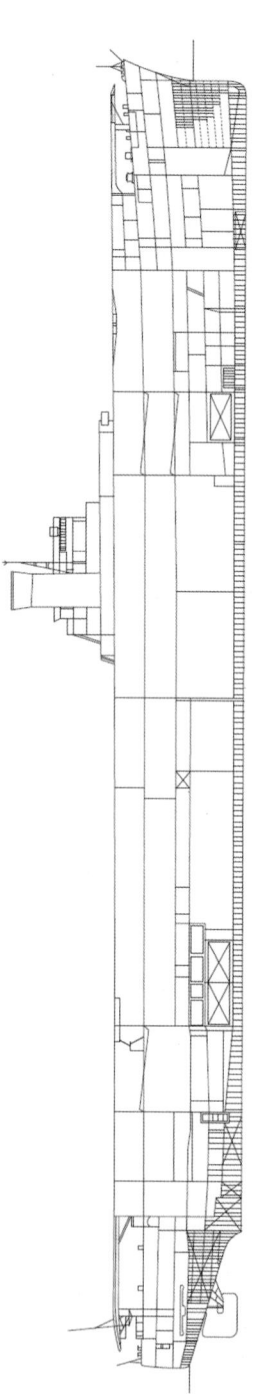

1942年状态的隼鹰号航空母舰线图

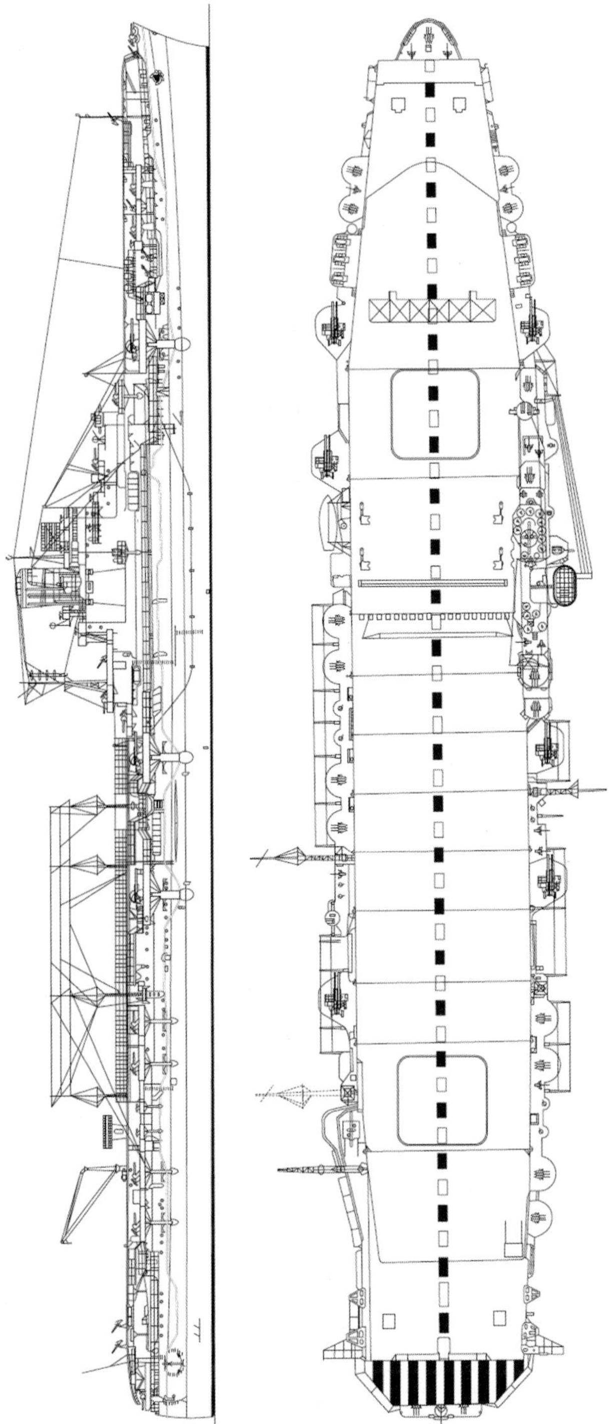

第三章 苦战 /211

1944年状态的隼鹰号航空母舰线图

队分成了多支孤立的分舰队，各分舰队开始行动的时间必须要紧密配合，但他们却又要求各分舰队之间保持无线电静默。万一出现不利状况，各分舰队根本来不及互相支援。

具体到航母隼鹰来说，虽然其舰载飞行队与母舰仅仅磨合了数周时间，要加入到南云机动舰队中去一同轰炸中途岛是有些勉为其难，但如果多增加一些零式战机在舰队中担负对空防御以及加强侦察力量的任务，此时的隼鹰也是完全合格的。这多出来的几十架零战和舰爆将在中途岛发挥极大的作用，然而隼鹰却被派往阿留申群岛进行战术性搅乱作战。不用说阿留申群岛的美驻军力量相当薄弱（6月初阿留申群岛上美军部署的战斗机只有12架P-40），即使只派出一艘龙骧，也足够应付那些老式的P-40战斗机、PBY卡特琳娜巡逻机，退一万步讲，即使美军在阿留申群岛拥有足够多的驻军，将只有龙骧的角田部队给打败了，那又如何呢？归根结底这不过是一次战术性搅乱作战而已，最后是不是真能够占领阿留申群岛，完全无关战争大局。山本五十六和他的参谋们所违反的最重要的军事原则是：核心进攻方向上，即朝向中途岛突击的南云机动舰队没有配备足够兵力，却寄希望于美国海军指挥官被他们的宏伟计划牵着鼻子走。这当然是不可能实现的，因为美军已经通过情报破译，大体掌握了山本的计划。

5月20日，中途岛作战北方部队以第四航空战队为核心，航向极北。6月3日凌晨时分，一片浓重的雾气中，作战行动开始了。在针对群岛上最大港口——荷兰港的第一攻击波中，隼鹰起飞了13架零式舰战和15架九九式舰爆，总指挥是来自隼鹰的舰战飞行队长志贺淑雄大尉。有一架舰爆（属于龙骧）没能

▲ 1944年5月3日，停泊于吴港内，正在进行油料配重移动导致舰体倾斜的试验的隼鹰号航母

▲ 1944年5月3日，停泊于吴港内，正在进行油料配重移动导致舰体倾斜的试验的隼鹰号航母，可见其向右舷倾斜了相当大的角度

成功起飞，掉入海中，飞行员获救。阴沉的云层只有不到700米高，日军攻击队无法很好地编队飞行，隼鹰和龙骧的飞行队只得分开，各自为战。隼鹰攻击队在途中碰到一架美军PBY巡逻机，赶上并将其击落，5名美军飞行员中2人死亡，3人被随行的高雄号巡洋舰救起（日军随后对3名俘虏进行了恐吓式审问，但没问出什么来）。一番周旋下来浪费了不少时间，天气条件变得更差，隼鹰攻击队无法找到荷兰港所在，只得无功而返，而龙骧攻击队则在

山上正幸大尉的率领下成功轰炸了荷兰港的设施（主要是美国陆军的兵营和油库），炸死了25人。下午的第二波攻击中，隼鹰起飞了6架零式舰战和15架九九式舰爆，但海面上升起了大雾，所有战机都没有找到目标，只得分成小股紧贴着海面返航。这一天中角田部队所遭受的反击不过是一架PBY水上飞机（当时美军在阿留申群岛部署的PBY全部起飞，到处寻找日军舰队）突然从厚厚的云层中窜出向隼鹰投下一枚鱼雷，但由于投雷位置过近，鱼雷越过隼鹰头顶落入了水中，随后这架PBY便被击落，算是有惊无险。

第二天即6月4日下午，四航战发起第三波攻击，隼鹰起飞5架零式舰战和11架九九式舰爆，终于成功轰炸荷兰港，使其遭受了一定损失，自身也因为返航途中失踪与着舰失败而损失了4架舰爆。此时进攻方与防守方互相都产生了严重误解。日军北方部队的进攻准备十分之粗陋，战前其手中的荷兰港地图甚至还是三十年前的旅行地图，根本不能用。日军战机实施轰炸后又拍摄了航空照片，研判之后大吃一惊：荷兰港内设施、道路的整备情况比他们想象的要好很多。日军遂判断美军在荷兰港的防守并未受到重创，其兵力至少有一个陆军师，于是放弃占领荷兰港，转头去占领阿留申群岛西端极为荒凉的基斯卡岛和阿图岛。美军则认为日军既然大举轰炸了荷兰港，必定会寻求在附近登陆后将此港占领，即使他们转头去攻打几个荒岛（整年刮飓风、脚下只有冻结的火山灰）又有何意义？肯定是欺骗行动，想在我军松动之后杀个回马枪。因此美军集结兵力，决不轻动——美军把日本人想得如此讲究实际上却是不对的。6月5日，南云机动舰队在中途岛海域遭到重创的消息传来，震惊了角田觉治及其幕僚。山本五十六一度命令四航战与其他分舰队一起向中途岛方向靠拢，但得知南云机动舰队4艘主力航母已全部沉没，且美军航母舰队得手之后似乎已经东撤，没有给日军打夜战的机会，只好沉痛宣告中途岛作战失败，所有部队撤退。隼鹰和龙骧只得再度掉头，支援登陆部队于6日占领阿图岛、7日占领基斯卡岛——事实上根本不用支援，两个荒岛上无兵驻守，他们只不过抓住了一些当地居民并送往日本死亡集中营。6月24日隼鹰返回日本。

7月31日，一号舰飞鹰竣工服役，与隼

▲ 1944年5月3日，停泊于吴港内，正在进行油料配重移动导致舰体倾斜的试验的隼鹰号航母。镜头前是一座96式25毫米单装机炮，可以移动并通过螺栓固定下部支板

▲ 1944年春，正在进行消防试验的隼鹰号航母

鹰、龙骧组建为第三舰队第二航空战队（司令仍是角田觉治），加紧补充飞行机组，进行训练，至10月战斗力已相当可观。如前所述，由于第一航空战队的瑞凤无法出动，龙骧作为瑞凤替代舰于8月16日随同翔鹤、瑞鹤驶往所罗门群岛海域，最终在8月24日的第二次所罗门海战中被击沉。10月11日第二航空战队由特鲁克基地出发前往所罗门海域时只有隼鹰、飞鹰两艘航母。倒霉的是，飞鹰又在10月20日发生了主机起火事故，无法以战斗航速航行，被迫将战队旗舰身份与部分战机转让给隼鹰，于22日掉头返回特鲁克，还致使第三舰队向瓜岛亨德森机场发动攻击的日期推迟到25日。26日早晨美日双方的航母舰队开始接触战斗，战至中午时翔鹤、瑞凤遭受重创，但美军的大黄蜂也被打得濒临沉没，企业号则丧失了起降能力（两艘美军航母的归来战机都在企业号上空盘旋），此时加入战局的隼鹰将起到一举定乾坤的作用。

隼鹰以25.5节的最高航速冲向美舰队，但起飞第一攻击波的时间比第一航空舰队的第二攻击波还要晚一些，是上午9时14分，原因是战队司令角田觉治相信"贴身近战"能提高攻击成功率。隼鹰的第一攻击波由12架零式舰战和17架九九式舰爆组成，总指挥仍是志贺淑雄大尉。飞行队飞过正在燃烧的翔鹤舰上空，11时20分找到美军TF17特混舰队，除了熊熊燃烧的大黄蜂以外，还有受创较轻的企业号航母、南达科他号战列舰、圣胡安号轻巡洋舰可作为攻击目标。隼鹰舰载机队缺乏经验的弱点此时暴露了出来：志贺大尉没有将攻击力量集中在企业号上，却将攻击队分为3个小队，同时向3个目标发起进攻。由于这时天气条件不佳（云高3500米，但底层云只有500米高度），视野很差，分散的攻击队只是给南达科他（1枚炸弹命中了炮塔上厚实的装甲）与圣胡安（1枚炸弹造成船舵损坏）造成了一些损伤，对企业号的打击毫无效果，舰爆队本身却损失惨重，有9架（一说8架）战爆机在攻击完毕盘旋于集结点上空时被发起突然袭击的美军舰载战机一举击落，飞回舰上的战机也大多受创。由于一些翔鹤、瑞鹤的舰载机在完成攻击后无法降落于母舰而降落在隼鹰舰上，下午刚过1时，隼鹰又拼凑出7架携带鱼雷的九七式舰攻（由飞鹰舰上调来的飞行队长入来院良秋大尉临时率领）和8架零战，由来自瑞鹤的舰战队长白根斐夫大尉担任总指挥。隼鹰与瑞鹤的攻击队下午3时10分再度接近TF17。

此时，美军企业号尽可能地接收了盘旋的舰载机，已经快速080080退，北安普顿号重巡洋舰正在努力拖曳大黄蜂号逃离战场，但其航速只有3节（时速5.56公里）。见日机再次出现，已经没有空中掩护可以依靠的北安普顿号只好切断绳索退避，于是舰攻机向无法抵抗的大黄蜂号发射鱼雷，一枚鱼雷命中其右舷，造成轮机舱内进水情况更加严重，舰体倾斜角度达14度。隼鹰则又有2架舰攻被击落，6架零战失踪或降落失败坠海。之后瑞鹤舰载机又击中大黄蜂号一枚炸弹，导致美军得出该舰已经没救的结论，于是全体留守官兵都撤走了。在隼鹰第二攻击波回航之前，角田觉治又下令隼鹰第三攻击波起飞，勉强收罗了4架还可以出动的九九式舰爆（由分队长加藤舜孝中尉率领）和6架零战，在这天傍晚用最后一颗炸弹击中了大黄蜂号（日军声称命中了4枚炸弹）。夕阳下可以看到该舰遍体鳞伤，显然已经被放弃，随后加藤队未损一机返航。美军试图将大黄蜂击沉未遂，无可奈何全部撤走，随后一心想与美军用大炮决胜负的近藤信竹率战列舰队赶到现场,命令驱逐舰卷云、秋云将大黄蜂击沉。虽然从双方航母损失的角度来看,南太平洋海战是日本航母机动部队取得的最后一次战术性胜利,但美军的舰载机组损失较小,日军的舰载机组却损失较大。以隼鹰来讲,先前的阿留申群岛作战只是一次轰炸支援任务,南太平洋海战才是第一次真刀真枪上阵,其舰载机组却在一天之内损失殆尽,战后必须从头再建。

相对于至少还能在大规模海战中一试身手的隼鹰,其姊妹舰飞鹰还未取得实际战绩便遭受了重创。1943年4月18日,山本五十六前往前线视察的座机被美军破译了密码电报,美军派遣P38闪电式双发战斗机中途袭击该机致其坠落,山本五十六身亡。山本的遗体被装载在联合舰队旗舰武藏号战列舰上运回日本,飞鹰是唯一与之同行的航母。但即使发生了如此令人震惊的事情,日军仍然没有怀疑自己使用的密码电报会有泄密问题。6月10日,飞鹰在两艘驱逐舰的护卫下驶出横须贺,但美军又破译了密码电报,提前派遣了鳞鲀号潜艇(SS-237)埋伏在三宅岛海域,向飞鹰射出6枚鱼雷,其中4枚命中,但只有2枚爆炸,还没能够彻底解决的美国鱼雷质量问题使飞鹰保住了性命。鱼雷爆炸造成飞鹰锅炉舱进水,丧失行动能力,被拖曳回横须贺,大修两个多月。隼鹰于1943年年初支援瓜岛撤退行动,其后从事各种物资输送和人员培训工作。11月5日,隼鹰与海风号驱逐舰结伴从特鲁克基地返回日本,航行至丰后水道内海域。破译了密码电报而早在此等候的美军潜水艇大比目鱼号(SS-232)向其发射8枚鱼雷,1枚命中隼鹰右舷导致其舵机受损无法直线航行,被山城号战列舰(该舰也被大比目鱼号发射的1枚鱼雷击中,所幸没有爆炸)和利根号重巡洋舰联手拖回吴港修理。

隼鹰由时任隼鹰内务长的樱庭久右卫门少佐指导实施加强损管能力的各项措施,以下内容翻译自其回忆录:

"我被任命为负责舰内防御(损管)的内务长登上隼鹰是在1943年12月30日。当时该舰在吴港船坞内,预计修理作业至1944年3月末结束。以涩谷清见大佐为舰长的隼鹰于1944年5月11日为进行下次作战(马里亚纳海战)从九州的佐伯湾出击。在此之前,我所负责的舰内防御方面,自上任以来四个半月间主要的工作,是实施一切可能的对策,使本舰在受创时影响范围不至扩大,当然这些对策是以防火防水为主。首先,与其他种类军舰相比,作为由商船改造而来的航母,隼鹰在船体构造上使用了很多可燃性材料,需要尽量撤下。另外,舰内铁板涂漆用的涂料因为可能导致延烧,也要尽量剥去。以上措施是各种舰船都会采用的。本舰在吴海军工厂船坞修理的过程中得到了工厂方面的大力协助,防灾工程按照计划顺利推进。舰内用壁板划分隔舱,这在其他舰船上是很少见到的,而且彻底去除了壁板中的木板。水兵居住区、士官起居室、士官公用室内的桌椅和漆布等,凡是可燃性的东西都要全部拿走;日常所需的东西,在战斗开始的数天或数小时前撤走。结果就是隼鹰士官室里的桌子、沙发、椅子等全部被撤,变成一个大广间。吃饭的时候士官们也不分军阶高低,自己带一块毛毯过来,胡乱往上面盘腿坐下就开动。

"作为防水对策,下层甲板的居住区和客船所必需的通道舷窗要全部撤去,用铁板封闭。还有涂抹水泥的地方要将水泥全部敲掉,发现有小孔,就用焊接封闭。这都是吸取了在损管处置中发生过二次灾害的军舰的经验教训而实施的。防火作业最怕轮机舱、锅炉舱等的壁板上有小孔，需要尤加注意。在下部机库周围的壁板上，也发现有79个孔洞，各场所需要焊接处理的大小孔洞有数百数千个，难以计算。但这些几乎都通过海军工厂的协助和本舰乘组员的努力作业而焊接、封住了。因此在'阿号作战'开始，隼鹰向马里亚纳海域突入时，乘员对于商船改造航母的脆弱性之担心终于渐渐散去，自信心有了很大提高。因为是商船改造航母，本舰需要更多防火防水的相关对策，对于其他种类舰船来说几乎多到不可想象。实施作业也遇到过很多困难，但以舰长涩谷大佐为首，二航战司令官城岛高次上将也做出了直接指示，以其为指导方针，计划基本成功推进，不胜感激。"

相对于中途岛海战前福地周夫举办损管防护相关战训演讲会几乎没有高级将官感兴趣的情况，马里亚纳海战前的日本海军对军舰损管的关注度提高了千百倍，尽管这基本上是无用功。

1944年3月1日新的第一机动舰队成立，其下属飞鹰、隼鹰、龙凤3艘航母组成的第二航空战队配属第652海军航空队，战队司令是城岛高次少将。舰载机也同样得到了更新，在马里亚纳海战前飞鹰搭载有27架零式舰战、18架九九式舰爆、6架天山舰攻，隼鹰搭载有27架零式舰战、9架彗星舰爆、9架九九式舰爆、6架天山舰攻，总数都是51架。小泽机动舰队于6月15日得到"阿号作战"开始的决战命令。以下引用樱庭久右卫门的回忆：

"……二航战也根据此决战命令向东方进击。……6月18日，我从1时45分开始值班。吃早饭的时候，一航战的侦察机传来'疑似敌舰载机4架，向西飞行'的通报，通知舰内进行作战准备的命令很快就下达了。我立即着手实施居住区的战斗准备，全员的寝具、一切可燃性物资全部放置到指定场所，这样万一有事，灭火也容易。……终于发现了敌军大部队，但由于已经日落，再加上距离和时间的问题，战机实施夜间攻击颇为困难，期待明天。日落后，居住区的战斗准备部分解除，但只有飞行员有睡袋，其他士官只是将就用毛毯铺在下面睡觉。……（19日晨进攻开始）我看到一航战、三航战约百机的攻击队的进击雄姿，很是振奋。对航母来说最麻烦的是敌机来袭时舰内还有战机存在（如中途岛战役时那样会导致安全隐患），但今天除了有故障的飞机抽去燃料、放入甲板下第一机库中并落下防火幕外，所有战机都起飞了。

"但是，其后我伸长脖子等待出击战机发回攻击敌部队的消息，却只收到了'我方见不到敌人'的电文。二航战这一天一个战果也没有，到傍晚时分第一攻击波战机归来，数量实在是少得可怜，仅仅只有19架，其他战机大多在途中遭敌战斗机奇袭而被击落，半数都未能归来。第二波攻击队向关岛飞去，在飞机场上空遭到大群美军战斗机的攻击，所有战机均战损。闻此报告，我不禁悲从中来，痛感日本的命运就此到头。还有更倒霉的事：航母大凤与翔鹤遭到敌潜水艇的雷击，英勇沉没。由于这是我在隼鹰当值的时候发生的事，所以我是最先看见的。上午10时左右，遥远水平线处有类似煤烟的烟雾升起，我判断那是火灾烟雾，瞭望员则报告是龙卷风。但我坚持那是火灾。没过多长时间，烟雾渐渐变大并升腾起来，看来是火势在持续扩大。我早在1942年10月26日南太平洋海战中就见过航母翔鹤燃烧时的样子，所以能立刻做出判断。接着我就收到了一航战所有战机都飞往航母瑞鹤或者二航战航母（降落）的命令,不一会儿二航战渐渐接近一航战方向,只见火灾烟柱冲天而起,真是一场大火灾。我登上防空指挥所,用12厘米望远镜看去,那确实是旗舰大凤。舰桥几乎被黑烟所遮蔽,偶尔可看到外形颇有特色的烟囱。只有桅杆上的军舰旗透过黑烟可以清楚看到……可看出大火似乎来源于前甲板下方的轻质油库,偶尔有赤红色的火焰喷涌而出,接着黑烟就会升腾至高空,遮蔽全舰。飞行甲板上各处可见有白烟喷出,各入口也有烟喷出,可见全舰都在燃烧。……大凤不断向左舷倾斜,终于飞行甲板也开始浸入水中,倾斜速度由此迅速加快,很快连烟囱也没入了海水。见其完全倾覆沉没的情景,我不禁流下泪来。"

6月19日,作为乙部队的第二航空战队在甲部队(第一航空战队)和前卫部队(第三航空战队)发动前两波攻击之后,于9时15分发动第三攻击波,出击的有17架零战、25架零爆战、7架天山舰攻共49架战机;10时15分又派出20架零战、27架九九式舰爆、3架天山舰攻共50架战机发动第四攻击波。如樱庭久右卫门所述,这百架战机或者是被美军滴水不漏的空中防御击落,或者是没有找到目标而在向关岛、雅浦岛等地机场返航时被美军舰载机摧毁了。10时30分,第二航空战队起飞小泽机动舰队,发动第六攻击波,这次只有6架零战、9架彗星舰爆,由来自隼鹰的飞行队长阿部善次大尉率领。阿部善次在突袭珍珠港时属于赤城的舰爆机队,又曾担任龙骧舰上的舰爆队长,现在成了隼鹰舰上最老资格的飞行士官。这支小部队误打误撞发现了美军TF58编队,阿部率领6架彗星舰爆(另外3架彗星以及4架零战在中途故障返航或失踪了)向航母冲去,却立即被美军战机打散,勉强投下的炸弹当然并无战果。阿部一个人幸存下来逃向罗塔岛的小机场降落,美军F6F地狱猫战机执拗地追踪至罗塔岛,将紧急降落的彗星机用小炸弹给炸毁了,好在阿部及时跳下飞机,钻入丛林逃得性命。大凤与翔鹤沉没后,不甘心的小泽治三郎妄想在次日的战斗中挽回败局,除瑞鹤之外就只能依靠飞鹰、隼鹰了,尽管飞鹰、隼鹰的舰载机组也已损失殆尽。

6月20日下午5时左右,日军侦察机再次发现美军TF58舰队,但美军侦察机已提前一小时发现小泽舰队,小泽的对手马克·米切尔中将立即从11艘航母上起飞216架战机的庞大机群前往攻击,7时左右抵达小泽舰队上空,其中40架战机向第二航空战队的航母扑去,飞鹰、隼鹰都遭到攻击而受创,具体情形继续引用樱庭久右卫门的回忆:

"傍晚时分突然接到敌袭报告,我们都大吃一惊。一开始还传来了一两次'刚才是己方机误认'的通报,但看到水线方向友军舰艇开始进行高射炮射击,我们确认真是敌袭。飞行甲板上待机的19架战机立即陆续起飞,我也穿上战斗服进入第一防御指挥所,左舷高射炮及机关炮已开始射击,随后右舷各炮台也开始射击,隆隆声响成一片,各部门用电话、传声管进行联络,声音已完全听不见。……看时钟是下午5时55分左右(日本时间),接着我的身体就感到强烈震动,似乎是被鱼雷命中了。……我通过传声筒询问舰桥状况,没有回音,不得不爬上梯子去舰桥看看。只见入口附近倒下了很多舰员,入口的门也损毁了,似乎有一个信号兵血肉模糊地战死在那里。因为看不到舰长,我询问副长:'舰长怎样了?'得到回答:'在防空指挥所。'我这才放心。我向后看去,以向外大角度倾斜为特征的烟囱已经被破坏得很严重,喷吐着黑烟，同时发出蒸汽喷涌的嘎嘎声。但是，本舰的损伤情况似乎并不严重。

"我为了确认受害情况的全貌，带着数名部下站在飞行甲板前方向上看去，果然烟囱已经炸飞，从破损口冒出的滚滚黑烟覆盖全舰，看似损伤极大，其实是蒸汽的喷涌被遏制而变成了黑烟而已。……从后部传来报告称第十兵员室发生火灾，舵机室过热，后部发电机室进水严重。舰员立即向炸弹库注水。因报告称火灾范围扩大，灭火困难，我亲自赶到现场，炸弹库虽然在喷水，但热气还是令人无法呼吸。……舵机室温度已达50摄氏度，如果水压管爆裂的话舵就会失去作用，必须尽早灭火，但仍然接到报告称火势压不下去。我命令现场应急员背上水冲入火中，用水管对准火源喷射，受不了了就换人。……泡沫剂的效果开始显现，火势终于减弱，最终完全被扑灭。这时我才从第二防御指挥所通过电话向舰长报告。想一想自昨天黄昏被敌军攻击导致长时间大火，到火势被完全扑灭时已经是21日凌晨2时30分左右了。经过调查，火灾原因一方面是油类着火，另一方面还有毛毯类物品，根据特别规定已经收放在指定场所，却很倒霉地因被近失弹命中而同时发生火灾。……这次的火灾没有超出预先设想并训练过的范围，有可燃物的地方必定发生火灾，这是历来经验教训的明证。很多弹片击中了第十、第十五、第八兵员室等区域，但因为没有可燃物，所以没有发生火灾。"

舰桥附近被两枚炸弹命中，又因数枚近失弹造成舰内火灾的隼鹰号上虽然阵亡了53人，飞行甲板也丧失了起降功能，但与同被炸弹命中的瑞鹤一样，其冒出的滚滚黑烟误导了美军的判断，再加上天色已暗，终于捡回性命，扑灭火灾后于6月22日驶入冲绳海湾。不过姊妹舰飞鹰就没这么走运了，20日傍晚也被美军一枚炸弹击中舰桥，舰长受伤、飞行长和航海长阵亡，操舵能力大降后又被来自美军航母列克星敦（CV-16）的鱼雷攻击机发射一枚鱼雷命中右舷（顺便说一句，日本海军连续三次谎报列克星敦于此战中被击沉，并且很想当然地在作战记录中写道："敌军舰船没有理由不爆炸沉没。"）。飞鹰的轮机舱被毁，动力丧失，弹药库也被引爆，由于消防水泵停止运作、全舰大火无法控制，终于在舰长横井俊之大佐下令弃舰后，于19时32分向左舷倾覆沉没，位置在北纬15度30分、东经133度50分，约250人阵亡。11月10日该舰被除籍。幸存舰员在冲绳搭上隼鹰返回日本。

隼鹰回到日本完成修复工程，加装了更多防空武器，包括120毫米对空火箭发射器，并彻底撤去了可燃物。第二航空战队于7月10日解散，隼鹰被编入松田千秋少将麾下的第四航空战队，与航空战列舰伊势、日向及小型航母龙凤为伍，配属第643海军航空队，但舰载机与飞行员实际只在纸面上存在。隼鹰没有参与莱特湾大海战中小泽诱饵舰队的行动，其后担负起高速运输任务（因其航速大大高于一般运输船），运送弹药给逃亡南洋的日军残余舰队。11月3日，隼鹰在轻巡洋舰木曾号和数艘驱逐舰的陪伴下离开台湾马公岛执行运输任务，当日夜间遭到美军潜艇马鲛鱼号（SS-387）的鱼雷攻击。驱逐舰秋月发现鱼雷轨迹，奋力上前抵挡，爆炸沉没，全员战死，隼鹰虽然逃过此劫，但此时远东洋面下到处是美军潜艇，头顶上是美军战机，每一次任务都是九死一生。其后隼鹰在马尼拉卸下一批物资，搭载两百余名武藏号战列舰的幸存者返回日本，途中在女岛附近被美军3艘潜艇围攻，被击中3枚鱼雷，右舷轮机舱大量进水以至被灌满，但由于中央阻隔良好，左舷轮机舱没事。舰上的武藏号幸存者开始哭嚎"又要沉了"，但隼鹰以右舷倾斜18度、仅13节航速的状态支撑着回到了佐世保，一直修理到1945年3月末才再次驶出船坞。可是得到修理的仅仅是船体，右舷轮机舱依旧无法使用，隼鹰只能依靠左舷单轴驱动，无法进入大洋航行。

当然，就算隼鹰想要动弹，此时的日本海军也没有油料、战机和合格飞行员。从2月开始，隼鹰接受了搭载特攻艇的改装，但并没有跟随大和号战列舰去冲绳执行自杀任务。关于隼鹰在战争最后数月的状态，可以引用4月被任命为隼鹰号最后一任舰长的前原富义大佐的回忆：

"隼鹰停泊在佐世保军港对岸的惠美须湾内，我搭乘港务部的水雷艇前往，却完全看不出航母的样子。原来隼鹰前后左右都被锚索及绳索固定住，前后桅上有伸向四方的绳索，绳索之间则是特殊伪装网，伪装网全部用绿色的枝叶覆盖，远远望去就好似小岛，实在是巧妙的伪装。我登上舷梯，没有一个人来迎接。所有人都被配置在防空岗位上。我立即登上舰桥，在空袭威胁下完成了交接。当时我感慨万千，实在令人难忘。过去日本海军豪华的新锐航母隼鹰，曾经搭载过多少空中勇士经历战斗，今日却只能带伤蜷伏于惠美须湾。舰上别说飞机，连一个飞行员也没有。如果把隼鹰比作人的话，是不是仿似圣赫勒拿岛上郁郁终年的拿破仑呢？虽然从水平方向看隼鹰的伪装实在是高超无比，但敌人似乎通过空中照相进行了精密调查，弹着点越来越精确，隼鹰被击沉只是时间问题。要将隼鹰保存下去，只得将其紧贴佐世保航空队（基地）前方的绝壁旁停靠，利用山腹和现在伪装网的半边掩护，这样无论多么精密的空中照片应该都不能轻易发现它了。

"我们基本失去了战斗中向敌反击的自信……只是听着舰内广播，度过无数不眠之夜。敌机总是从东南方飞来，落弹在隼鹰左右前后五百至六百米距离处，但从未直接命中。爆炸后的海面泛起浊水，我们便派出小船去捞起浮上来的大鱼。不过有一次，小船刚划出去百米，又有两架敌机出现在头顶，搞得大家惊吓不已，好在那只是来确认成果的。以后需更加注意麦克阿瑟送的礼物。……战局一日不如一日，最终我们通过收音机听到了重大消息（天皇宣告终战）。十月末，秋风萧瑟的傍晚，我踏上离舰归乡之路。回乡后我听说隼鹰在佐世保被解体，不知是真是假。"

投降时的隼鹰虽然难说还有没有行动能力（此时唯一不用修理便可正常行动的日本航母是最老旧的凤翔），但吨位是残存航母中最大的。1945年11月30日隼鹰被除籍，在旧佐世保工厂进行解体作业，1947年8月解体完毕。

▲ 战后的1945年11月1日，停泊于佐世保的隼鹰号航母。虽然外表看上去并无大碍，但实际上没有行动能力

第四章
覆灭

千岁型水上飞机母舰

日本海军早期以改装方式得到的若宫丸、能登吕、神威号水上飞机母舰，对日本海军航空兵的诞生、成长贡献极大，但是海军总体来说已经将眼光放到了全直通甲板正规航母上面，只有在战事紧急的时候（例如1937年全面侵华战争爆发）才会想起水上飞机母舰不够用的问题，由此诞生了前述的快速改造得来的香久丸、神川丸型特设水上飞机母舰。日本海军从第一次大战结束到太平洋战争爆发这二十余年时间中一直缺乏推进水上飞机母舰继续向前发展的动力，继《华盛顿海军条约》签订后，1930年的《伦敦海军条约》更是对巡洋舰、驱逐舰、潜艇、辅助舰艇都做出了限制，一万吨以下的小型航母也要将吨位算入总体航母吨位份额中去，这就促使海军军令部、舰政本部去搞各种遮遮掩掩的盘外招，由此诞生了日本海军并非通过改装，而是全新设计、建造的千岁型正规水上飞机母舰。

该型水上飞机母舰不但载机数量比过去最大的神威号多了一倍（神威号12架，千岁型24架），还兼具给油舰的功能，但当时世人不知其还隐藏着更深的秘密。日本海军于1932年暗中研发出了可携带两枚鱼雷、设计水下航速达30节的袖珍潜艇，称之为"甲标的"，试图在"渐减作战"中用于决战前期水下袭击敌军主力军舰，但后来的实战证明该袖珍潜艇自航能力差、操纵极为困难，在珍珠港突袭行动中全部损失，而在波涛汹涌的太平洋

▲ 1936年11月29日，吴海军工厂3号船台上的千岁号水上飞机母舰正准备下水

上攻击美军主力舰的机会则一直没有等来。海军军令部极为认真地推进袖珍潜艇的研发与装备，并设想袖珍潜艇可由千岁型水上飞机母舰携带并在决战最前线施放于海中，实施伏击或突击作战。千岁型作为水上飞机母舰甲型，被列入1934年的第二次海军军备扩充计划（丸二计划）中，另外还有一艘水上飞机母舰乙型，即后来的瑞穗号，下文将做出介绍。根据表面与隐藏作战任务，千岁型有两种状态，"第一状态"（也称"平时状态"）即水上飞机母舰兼给油舰，搭载24架水上飞机的同时也可装载2750吨重油以补给其他舰船，航速20节；"第二状态"（也称"战时状态"）即成为甲标的袖珍潜艇母舰，搭载12架水上飞机和12艘甲标的，重油搭载量减少至1000吨，但航速提高到28节，以便跟随机动部队航行并快速冲锋至敌军舰队阵前施放袖珍潜艇。

全新设计的千岁型舰体与过去外形粗壮的民船改造水上飞机母舰完全不同，是类似于高速巡洋舰的修长舰体，舰艏采用双曲线艏，高射炮、舰桥、三角桅和烟囱之后的舰体中部至后部只有一座高8.4米的长方形顶盖结构突兀其上，顶盖上面只有后桅杆、探照灯和高射机枪之类的东西。看似没有什么用，但其实这个顶盖结构可以遮掩装载其下的袖珍潜艇，高度也正好可以实施装载袖珍潜艇的作业。有另一种存疑的说法，即这个顶盖是为进行战机降落甲板的强度试验而设置的。总之以现有史料来看，日本海军至少在战前并没有将千岁、千代田改为正规航母使用的打算，在中途岛一下损失4艘大型航母之后，对两舰实施的改造工程只是病急乱投医而已。日本海军过去的水上飞机母舰都是用起重吊臂将水上飞机吊起、放下，效率不高。而千岁型中部与后部的甲板舷侧总共安装了4座弹射器，可以利用多条移动轨道将水上飞机转移到弹射器上，直接弹射起飞，大大地提高了效率。与过去水上飞机母舰的另外一个不同之处在于千岁型拥有舰体内的飞机库，可以通过一部中央升降机将水上飞机放入，不过千代田的机库事实上还未实现这个功能就被改

1938年7月18日，正在进行全速公试航行的千岁号，前甲板上的127毫米高射炮旋转至后方极限程度，舰体中央的烟囱排出蒸汽轮机的废气，顶盖结构的后面还有个小烟囱，排出的是柴油机的废气

▲ 1942年在南洋作战期间的千岁号舰桥特写，舰桥顶上的观测员正在使用双筒望远镜观测敌情，气氛相当紧张

造成了甲标的潜艇收纳库。千岁型的动力系统也颇为独特，为了"第一状态"下的远距离巡航要求而使用两台柴油主机，又因为柴油机性能不达标（航母祥凤、龙凤进行改造时也遇到过这个问题），又加装了两台巡航涡轮机；而为了"第二状态"下的高速航行，又使用了与初春、白露型驱逐舰相同的重油专烧锅炉（蒸汽压强2.2兆帕、温度300摄氏度）与两台蒸汽轮机。这一套组合动力系统配合高速化舰体设计，使千岁型在公试航行中航速最高达到了30.229节，也完全满足8000海里的续航力指标。

1934年11月26日千岁型水上飞机母舰首舰千岁号在吴海军工厂开工建造，1936年11月29日下水。1936年12月14日二号舰千代田号也在吴海军工厂开工建造，1937年11月19日下水。两舰几乎同时实施舾装工程，分别于1938年7月25日和12月15日竣工。

千岁号和千代田号水上飞机母舰主要性能参数：

标准排水量：11023吨。公试排水量：12550吨。舰体全长：192.5米。最大舰宽：18.8米。吃水深度：7.21米。动力装置：舰本式高中低压蒸汽轮机2台，舰本式11号10型十缸柴油机2台。输出功率：56800马力，双轴推进。航速：29节。燃料搭载量：重油1600吨，另可搭载2750吨补给用油。续航距离：8000海里/16节。弹射器：吴式二号5型4座。武器装

◀ 1942年南洋作战期间的千岁号右舷特写。左侧可见4.5米测距仪和方位盘、前方的25毫米机炮与上方的高角测距仪。垂下的缆绳在战况紧张时是紧缚在舰桥上部用来防弹片的。舰上官兵在炽烈的阳光下都穿着凉快的夏季常服

▼ 从侧面看千岁号的舰体,其长度较为均衡。经过友鹤事件与第四舰队事件后,日本所建造的军舰都缩短了舰体长度,减小了侧面风压面积

▲ 在空中俯视千岁号水上飞机母舰,几乎空荡荡的顶盖是其最大的外观特征

▼ 千代田号上的九五式水侦。为了应对即将出现的大风大浪,其各部位都用缆绳给固定住了,下面承载的运输车也用锁链捆于甲板上

备：双联装40倍径89式127毫米高射炮2座，双联装96式25毫米机炮6座。搭载舰载机：28架。乘员：699人。

服役之后不久千岁号水上飞机母舰即于9月15日编入第三舰队，10月与加贺、苍龙、龙骧等一道参与进攻广州的军事行动，占领广州后在沿海活动至年末，返回日本。千代田则于1939年初也来到中国南方沿海，参与进攻广东、海南岛等地的军事行动，并一直作战到当年11月广西南宁被攻克，基本切断了中国除滇缅公路以外的重要物资获取通道，中国沿海地区的航空作战亦暂时沉寂。由于吴海军工厂顺利推进了甲标的袖珍潜艇开发工作，日本海军于1940年5月将千代田送回船坞，进行搭载甲标的的相关改造（即改造成为"第二状态"），舰体内部的水上飞机库被改造为袖珍潜艇收纳库，甲标的以横向4艘的方式排列3排，总数12艘。4条纵向轨道铺设于收纳库中，放在运输车上的甲标的可以顺着轨道从舰艉入水口推入海中，这个入水口平常用防水门关闭。总体而言，千代田可以在以20节航速航行时，每隔100秒施放一艘袖珍潜艇，再加上轨道操作时间，可以在30分钟内将所有袖珍潜艇施放完毕。位于舰体中部两侧的飞机弹射器被拆除，舰桥上增设了一座甲标的指挥塔。改造完成后进行的袖珍潜艇施放试验，连时任舰政本部长的丰田副武中将也光临现场亲自监督，时任第四部潜水舰班班长的加藤恭良中佐亦手心里捏着把汗，结果试验获得了圆满成功。

太平洋战争打响时，千岁作为水上飞机母舰获得了更多的行动机会，而千代田却作为"秘密决战兵器"而被置于后方活动。甲标的袖珍潜艇部队在开战第一天配合舰载机部队突袭珍珠港的行动中损失惨重，虽然日本海军疯狂吹嘘这些一去不回的潜艇艇员为"军神"（特别晋升两级军衔），但甲标的毕竟被证明了不适合在浅水海域、海港及反潜兵器密集地区使用。美军舰队如预想中一样前来进攻，而日军针对其实施"渐减作战"的机会却迟迟不来，又无法跨越大洋再去袭击珍珠港甚至美洲西海岸目标（日本海军另外研制了古怪的"潜水飞机母舰"来执行类似任务）。倒是从日军占领的南洋特鲁克基地出发前往澳大利亚沿海还可能取得成果，因此千代田直到1942年底接受航母改造之前，所执行的主要任务就是装载袖珍潜艇前往特鲁克基地等前线据点，再将其卸载。

与千代田相比，千岁的作战履历就丰富得多了。早在开战前的1941年4月10日，千岁就被编入第十一航空战队，与瑞穗号水上飞机母舰合作，开战后立刻前往菲律宾作战，参

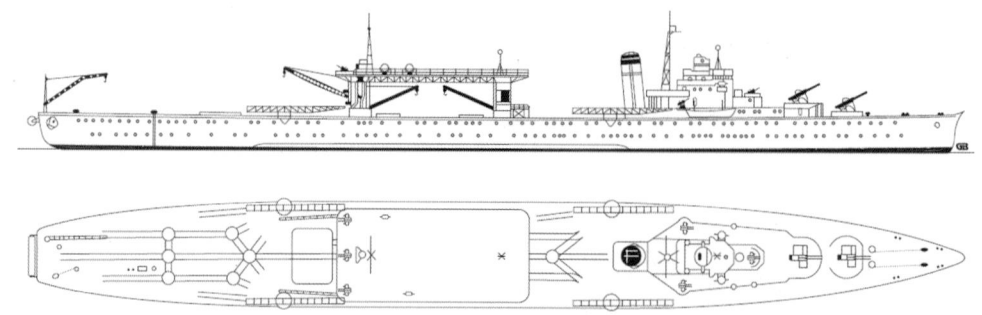

▲ 1938年的千岁号水上飞机母舰线图

▲ 1938年10月20日左右，停泊在中国南方海域的千岁号，从顶盖下方的甲板向舰艉方向拍摄的照片。首任舰长池内大佐正在接待侵华陆军将校一行参观，为首者是秩父宫雍仁亲王（裕仁天皇之弟，时任华南派遣军参谋，陆军少将），参观者背后是一架九四式水侦

▼ 1939年9月，停泊在中国南方海域的千代田号，正在执行切断经法属印度支那向中国运送物资的线路的任务。该舰顶盖结构的上面靠后方有一个圆形的东西，这是一个相扑训练用的土俵，依稀可见里面有人正在练相扑。相扑作为日本国技，每一艘舰艇上都有官兵练习，且还是与其他舰艇进行竞赛的项目（另一个重要的竞赛项目就是划艇），获胜者往往可以得到开顿洋荤的奖励，因此舰员参加训练很踊跃

◀ 1938年10月末在中国广东沿海作战的千岁号的前甲板，高射炮指向天空，舰桥旁站着一位身穿防暑服的信号兵

▼ 1938年11月10日，正在进行全速公试航行的千代田号水上飞机母舰

与进攻棉兰老岛上的主要据点达沃,利用其搭载的水上观测机和侦察机实施空中侦察、警戒任务。当时千岁舰上驾驶零式水上观测机的甲木清直可谓一员高手,1月11日美国、荷兰的7架PBY巡逻机向日本海军陆战队登陆队发起攻击时,他驾驶零式水观奋勇将其中一架击落,其他驱散。这也从一个侧面证明了零式水上观测机的优秀格斗性能,因为水上观测机本来的设定任务是在双方舰队对战时在敌军舰队上空观测弹着偏离,并报告给本方舰队以修正弹道。既然一直要在敌军舰队头上飞,航程、速度之类当然不用讲究,但一定要机动性好才能躲避敌军战机和炮火的攻击,而这种优秀机动性自然可以在空战中发挥作用。随后千岁又参与了新几内亚等地的进攻作战,瑞穗在5月2日被美军潜艇击沉后,千岁成为第十一航空战队的旗舰。中途岛海战时千岁属于前方中途岛登陆部队,而千代田携带甲标的袖珍潜艇跟随后方战列舰队行动。当然,日军并没有机会登陆中途岛,也没有机会在战列舰向美军开火前使用袖珍潜艇,只好黯然归国。

▲ 1939年至1940年间某个时刻,停泊于上海的千代田号,照片由英国海军拍摄

▲ 同样由英国海军拍摄的千代田号照片

7月14日，千岁与神川丸两艘水上飞机母舰编成新的第十一航空战队，此时前者搭载了14架零式水观、5架零式水侦和2架其他战机。随后千岁参与第二次所罗门海战，负责在先遣部队前面实施空中侦察。8月24日，美军SBD俯冲轰炸机投下的一枚近失弹紧挨其左舷爆炸，导致轮机舱进水，千岁被迫返回特鲁克修理。9月，千岁返回本土进行彻底修理，水上飞机队则转移至肖特兰岛飞机场。10月14日甲木清直驾驶零式水观由肖特兰岛飞机场起飞，又创造了一个令人瞠目呆的战例。他与机长宝田三千穗二等飞曹起飞后发现美军坚实无比的B-17轰炸机飞来，试图轰炸日进号水上飞机母舰。疯狂的甲木便倾斜飞机，用右翼碰撞划过B-17轰炸机的右翼，将其切断并一直切到尾翼部分。当然，甲木座机的右翼也报销了，B-17坠落的同时甲木与宝田也只能跳伞，由驱逐舰秋月捞起，时任千岁舰长的古川保大

▲ 由英国海军拍摄的千代田，前面被一艘货轮遮挡。可见英国人对它的兴趣也主要集中在它独特的顶盖结构上

▲ 由英国海军拍摄的千代田，顶盖下是一架九五式水侦，后甲板上是九四式水侦。侵华战争期间千岁型主要使用水上飞机作战

佐向其颁发了奖状。随后千岁参加了10月11日向瓜岛运输武器与援军的行动。由于10月26日南太平洋海战后日军机动舰队损伤严重，只能撤出前线，苦于航母数量不足的日本海军终于将目光投向了千岁、千代田，于11月初命两舰进入军港，接受航空母舰改装。

千岁型改造航空母舰

从技术角度看，千岁、千代田改造为航母没有什么难度，两舰本来就已采用高速军舰舰体，蒸汽轮机和柴油机通过齿轮共同驱动螺旋桨的混合动力系统亦足够维持29节航速，利于舰载机起飞。而此前日本海军已有将高速给油舰剑崎、高崎改造为小型航母祥凤、瑞凤的经验，应付不需要开膛破肚更换动力系统的千岁、千代田应不在话下，但实际改造工程还是花费了近一年时间，原因在于1942年中期以后日本所有造船厂中都挤满了新造军舰以及待维修的军舰，实在是没有余力。千岁于1942年11月28日在佐世保海军工厂开始改造，千代田于1943年2月1日在横须贺海军工厂开始改造。舰体除了增加水线防雷突出部以外基本不变，水上飞机库（对于千代田来说是袖珍潜艇收纳库）被改为下层机库，铺设机库顶板之后上面再设上层机库，舰舷设置支柱，撑起最上面的飞行甲板。飞行甲板长度达到180米，基本可以保证起降较新式的战机，并且材质是水泥和乳胶混合物，相比木制甲板来说更不易起火延烧，尽管这对阻止从天而降的炸弹对甲板造成的穿透性破坏来说没什么作用。千岁、千代田与其他小型航母一样设置了前后2座升降机以及7座吴式四型横向拦阻制动装置。舰桥位于飞行甲板下面、机库前端，因此飞行甲板上除了舷侧可以放倒的无线电桅杆、收放式21号电探以外便空无一物、完全平坦。为加强防空火力，两舰也增设了127毫米高射炮、25毫米机关炮和其他高射机枪等。1943年8月1日千岁完成改装，1943年12月21日千代田完成改装，两舰同在12月15日变更军舰类别为航空母舰。

千岁型航空母舰主要性能参数：

标准排水量：11190吨。公试排水量：13600吨。满载排水量：15300吨。舰体全长：192.5米。最大舰宽：20.8米。平均吃水深度：7.51米。飞行甲板全长：180米。飞行甲板最大宽度：23米。动力装置：舰本式高中低压蒸汽轮机2台，舰本式11号10型十缸柴油机2台，吕号舰本式重油专烧锅炉4座。输出功率：56800马力，双轴推进。航速：29节。燃料搭载量：重油2687吨。续航距离：11810海里/16节。武器装备：双联装40倍径89式127毫米高射炮4座，三联装96式25毫米机炮10座。搭载舰载机：30架，其中九七式舰攻9架，零式舰战21架。乘员：967人（另有资料认为是785人）。

单从航空母舰的性能指标来说，千岁、千代田能够与龙凤、瑞凤等并驾齐驱，如果在太平洋战争初期就已服役的话可能还有发挥战力的机会，但到1943年年末时日本海军舰载航空兵飞行机组已经被消灭了数个轮回，而气势汹汹越洋进攻的美军又是如此强大，千岁、千代田虽然于1944年2月1日与瑞凤共同编成第三舰队第三航空战队，下属第653海军航空队，但实际战斗力非常低下。千岁、千代田搭载最多的战机是零式机搭配250千克炸

▲ 1943年8月31日，完成航母改造工程的千岁号驶出佐世保港。其飞行甲板在吃水线以上11.65米，比祥凤号航母还要低1米以上，外观相当低矮

▼ 1943年12月1日，在东京湾内进行全速公试航行的千代田号。这张照片使用了广角镜，所以看上去有些不自然的弯曲。千代田动力装置保持不变，但是烟道走向进行了更改，右舷侧前部1号高射机炮台后面的下弯烟囱是蒸汽轮机排放口，而3号高射机炮台前面的下弯烟囱（稍小一些）则是柴油机排放口

弹的所谓"战爆机"。第三航空战队在小泽机动舰队中被称为丙部队，安排在所有部队的最前方，承担的任务是率先与美军航母特混舰队进行接触并发动攻击，试图先用炸弹破坏美军航母飞行甲板，同时还要承担为小泽舰队第一、第二航空战队6艘航母提供早期预警、阻止或削弱美军空中打击的任务。

1944年6月19日清晨，马里亚纳海战开始，8时25分从第三航空战队起飞了14架零战、43架战爆机以及7架天山舰攻，由第653海军航空队飞行队长中本道次郎大尉率领，扑向美军TF58舰队。10时36分，中本攻击队开

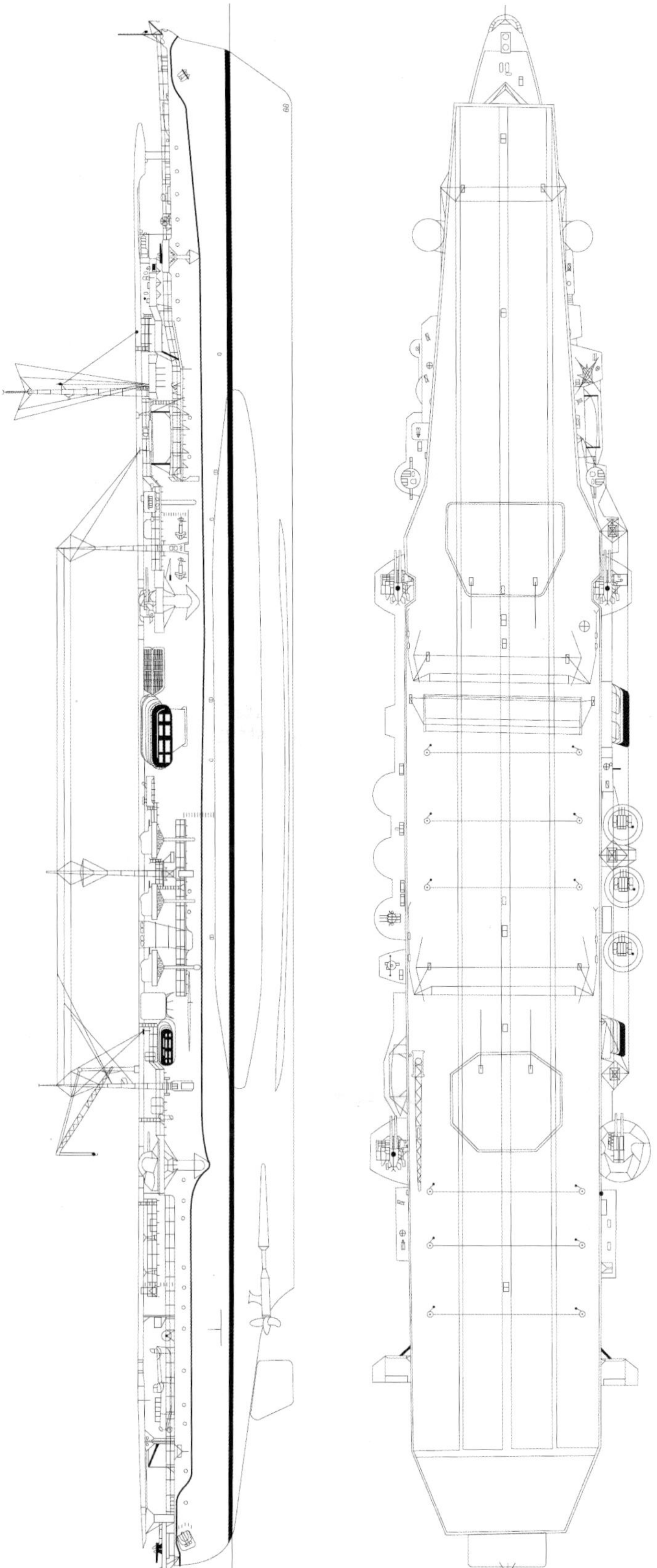

第四章 覆灭 /233

1944年时的千岁号航空母舰线图

始向美军空中防御圈进攻,迎头碰上一百余架拦截机。僧多粥少,好不容易抢得攻击机会的美军战机在几分钟内便将中本攻击队打得落花流水,包括中本座机在内的41架日机迅速被击落。不过有一架天山舰攻突破层层防御圈,投掷炸弹命中了南达科他号战列舰(顺便一说,这艘战列舰在两年前的南太平洋海战中曾护卫在大黄蜂号航母身旁,抵挡当时非常强大的南云机动舰队的攻击),造成舰上27名美水兵阵亡,南达科他号本身并无大碍,而这竟然是当天小泽机动舰队发动"超航程战法"所取得的唯一一个算得上较为"重大"的实际战果!随后第一、第二航空战队又发动了更加没有效果的攻势,但第三航空战队并没有参与,因为中本攻击队的一去不返已经令其舰载航空兵力折损过半,而且折损的还都是经验较丰富的飞行员,剩下的那些菜鸟更加没有指望了。

在第二天傍晚美军庞大攻击机群发起的反击中,身为小型航母的千岁、千代田都没有能够引起美军的足够重视,千代田的舰艉被两枚炸弹击中,但并不影响航行能力,随小泽机动舰队残余舰只逃回日本。8月10日,由于第一航空战队被打残至只剩下瑞鹤一艘航母(而且负伤了),日军干脆将瑞鹤也编入第三航空战队,成为小泽诱饵舰队的主力。当小泽舰队启程前往菲律宾海域引诱哈尔西舰队攻击时,千岁舰上仅搭载7架零战、4架战爆机以及7架天山舰攻,千代田的情况也差不多,飞行员的水平就更不用提了。10月24日清晨,上钩的哈尔西舰队攻击机群开始撕咬小泽舰队,首先倒霉的是最大目标瑞鹤,其次就轮到了千岁,而千岁此时仅能起飞2架零式战斗机去象征性地迎击黑压压一片飞来抢食的美机(总数180架)!8时28分,美机投下的1枚炸弹命中千岁左舷,给高射炮位与防空火箭炮位造成重大伤亡,随后又有5—6枚炸弹命中千岁甲板各处,至少有3枚深入到船体吃水线以下部分爆炸。数十枚近失弹在周边造成冲天水柱,涌入舰体的大量海水造成锅炉舱停转。至8时52分,千岁倾斜已超过20度,并且大火四处蔓延,舰长岸良幸大佐下令弃舰,9时37分千岁倾覆沉没,舰长以下468人战死,沉没位置在北纬19度20分、东经126度20分海域。

千岁沉没后不过几分钟,9时45分,又一波美军攻击机群飞临千代田上空,多枚炸弹命中其飞行甲板,舰体右倾,丧失航行能力。小泽舰队此时最紧要的事情是让瑞凤、瑞鹤两艘航母赶快向北逃离战场,因此便将冒着浓烟的千代田孤零零地扔在了海面上。16时25分,哈尔西舰队中的巡洋舰、驱逐舰分队追击小泽舰队而来,接近毫无生气的千代田,对于有一艘日军航母成为炮击对象感到兴高采烈,遂蜂拥而上一顿猛轰,半小时后千代田也沉没了。

千代田的沉没创造了两个纪录——它是被敌军水面舰艇炮火击沉的唯一日军航母,同时也是全体官兵阵亡、一个幸存者都没有的唯一一艘日军战损航母,这显然是因为其遭炮击前并没有弃舰,而美军炮击又如此猛烈,根本没有幸存的机会。千代田的沉没位置在北纬18度37分、东经126度45分海域。千岁、千代田两舰同于12月20日被除籍。

瑞穗号水上飞机母舰

接下来让我们看一看与千岁、千代田同时诞生于丸二计划的所谓"水上飞机母舰乙型"——瑞穗号。简单来说,瑞穗与千岁、千代田一样,表面上是装载32架水上飞机的水上飞机母舰,同时兼任给油舰,但实际上可以在战时改为"第二状态"即甲标的袖珍潜艇母舰,用于主力舰队决战前的"渐减作战"。瑞穗作为乙型有一些性能降格,最主要的是动力系统放弃蒸汽轮机,完全采用柴油机,而日本战前的柴油机质量很成问题,输出功率完全达不到设计值不说,实际使用中还频繁发生故障。为什么要如此设计呢?一般认为,瑞穗是被日本海军当成了全柴油动力系统的试验舰。

柴油机当然有降低油耗的好处,对战时油料供应的担心一直萦绕在日本海军高层心头,因此第一次大战前日本海军就从英国购买过装备巡航用柴油机的驱逐舰浦风型,其结果是很失败的,仅仅因为一战爆发后不能再从德国购买到柴油机配件(德国是当之无愧的顶级柴油机技术持有国),便使浦风的柴油机组陷入了瘫痪状态。但日本海军仍然不死心,觉得柴油机既然不适用于作战舰艇,那么用于不在一线作战的船舶上应该还是合适的,结果却导致潜水母舰大鲸号、给油舰剑崎号改造为航母时也必须将柴油机动力系统更换掉,反而浪费了大量时间与资源。瑞穗装备的4台舰本式8型八缸柴油机组一开始只能实现80%的额定功率,结果就是航速和续航能力都远达不到设计值,几经改造仍然不能满足要求。由于放弃了蒸汽轮机及为其提供蒸汽的锅炉,瑞穗舰上也就不再存在大型烟囱。由于柴油机组耗油量少,瑞穗能够携带的用于补给他舰的重油达到3348吨,作为给油舰的能力倒是远高于千岁、千代田,但由此带来的问题是轻载状态下复原性不佳,因此需要补充2000吨左右的海水在舱内平衡舰体。

千岁、千代田上最为显眼的天盖也被取消了,瑞穗舰上剩下4根粗壮的支柱,而支柱横向之间用长方形平台连接,这样就构成了两座"大门",成为其最明显的外观特征,同样在上面设置了探照灯、后桅杆、防空机炮

▲ 1939年,服役后立刻来到中国参加战争的瑞穗号停泊于青岛港内,是第四舰队司令日比野正治中将的座舰,因此主桅上升起将旗,军舰旗移至舰艉

▲ 1939年,在中国海域活动的瑞穗号正面特写。可以清楚看到其双联装127毫米高射炮的布置方式不是如同千岁型那样的背负式,而是1号炮塔在前甲板上,2、3号在舰桥两侧

等。每根支柱上面都有一台起重吊臂,名义上是吊装水上飞机,实质是未来经过改造后可用来吊装袖珍潜艇。瑞穗在其他方面就与千岁型无甚区别了,同样是类似高速巡洋舰的修长舰体,舰艏采用双曲线艏,中部与后部的甲板舷侧安装4座水上飞机弹射器。防空武器则有所增加,特别是在舰艉甲板上增设了4座双联装25毫米机关炮,这是根据中国战场上日军舰艇的舰桥遭中国空军重点扫射的经验而设置的。1937年5月1日瑞穗由民间造船厂川崎神户造船厂开工建造,一年之后该厂还将开工建造瑞鹤号大型航母。瑞穗舰体工程稍延后至1938年5月16日完工下水,但由于当年夏天神户地区发生水灾,直至1939年2月25日瑞穗才最终竣工服役。

瑞穗号水上飞机母舰主要性能参数:

标准排水量:10929吨。公试排水量:12150吨。舰体全长:183.6米。最大舰宽:18.8米。平均吃水深度:7.08米。动力装置:舰本式8型八缸柴油机4台。输出功率:15200马力(设计值,实际并未达到),双轴推进。航速:22节(同为设计值,实际值大约是17节)。燃料搭载量:重油1200吨,另可搭载3348吨补给用油。续航距离:8000海里/16节。弹射器:吴式二号5型4座。武器装备:双联装40倍径89式127毫米高射炮3座,双联装96式25毫米机炮10座。搭载水上飞机:32架(常

▲ 在青岛港内停泊,由英国海军拍摄的瑞穗号照片。其舰用柴油机与日本海军同类柴油机一样故障很多,被迫返回日本进行修理

▲ 从后方看停靠在中国青岛港内的瑞穗号

用24架，备用8架）。乘员：689人。

瑞穗号服役后很快成为第四舰队旗舰，当时该舰队（后更名为第三中国派遣舰队）由日比野正治中将指挥，在中国北方海域执行巡航任务，瑞穗以侦察、小规模轰炸支援日军对海州的登陆作战并实施海上封锁，主要据点在山东省青岛港。外形奇特的瑞穗进入青岛港后引起了各国海军的注意，并拍下了大量照片用于研究，现存于世的瑞穗照片里面由英国人等拍摄的远多于日本人自己拍摄的（据说不少照片还是日军攻克英军殖民地新加坡之后缴获的）。1940年2月瑞穗返回日本国内，一边训练，一边进入横须贺工厂维修柴油机组。为了解水上飞机母舰的详细工作情况，以下引用1939年末接到转籍调令来到瑞穗上的一名整备二等水兵的回忆：

"水上飞机实在是个麻烦东西。陆地上的零战只要三个人就可以推着骨碌碌移动，放在搬运车上的水侦机没有六七个人却根本动不了。特别是风浪大的时候，真是辛苦的作业。要放到弹射器上的是（承载水上飞机的）运输车的上半部分，所以轨道上移动的运输车与弹射器尾部接触的时候，下面要与弹射器上部保持平行对接，然后将运输车上下分离，放到弹射器上面去。弹射器上部与运输车下面，要经常擦洗得油光锃亮（以减少摩擦），拿油拼命擦洗，这也是我们整备员的工作。……飞行长发出'准备发射'的指令，飞行员坐入飞机，发动引擎。飞行长拿红白两色手旗站在指定位置，首先横向打白旗，这是装填火药的信号。弹射员将直径20厘米、长30厘米的火药筒装填入弹射器中央的操作室内，口喊'完成'，举右手向飞行长示意。

"飞行长将白旗红旗合在一起后上举，

飞行员见此将引擎开至最大,弹射员看着红旗信号,手放在扳机上,这是最紧张的时刻。飞行员再检查各仪表无问题,举手示意OK,飞行长将旗挥舞三次,然后一举放下,以此为信号,弹射员转动扳手——这个扳手其实和汽车方向盘差不多,就是把它猛转一周——于是火药爆发,拉动钢缆,瞬间将水上飞机连同运输车一起发射出去。只发射单机还好,所有水上飞机全部连续发射时,那可真是混乱,全力开动的引擎声,全速航行的呼啸风声,波浪声,还有火药爆炸声,不绝于耳,连'拉呀、推呀'的命令声,以及'八嘎牙路'的怒骂声都几乎听不见了。顺便一说,飞行员每次升空去执行任务都有津贴,整备员却是一文钱都没有。"

1940年年底瑞穗前往中国南海海域,支援日军进驻印度支那的行动。它在中国南海没有碰到任何像样的敌人,无非是对一些中国帆船进行临检而已。1941年4月10日,瑞穗与千岁共同编成为联合舰队直属第十一航空战队,开战后立刻前往菲律宾作战,随后侵略东南亚各地。与千岁舰上的水上飞机总能得到令人印象深刻的战果不同,瑞穗舰上的水上飞机曾经犯下过大错:1942年1月11日,一架从瑞穗起飞的零式水上观测机误认友军九六式陆上运输机为敌机,将其击落。这架

▲ 1940年,正在海上航行的瑞穗号。其艉部的滚筒是1933年神威号水上飞机母舰曾采用过的卷网式载机回收装置(但没有同波高起重机),是瑞穗于1940年进行简单改造时安装的,说明日本海军对这个装置还不死心。但安装过后日本海军再次认为其不实用,于是很快又拆除了

第四章 覆灭 /239

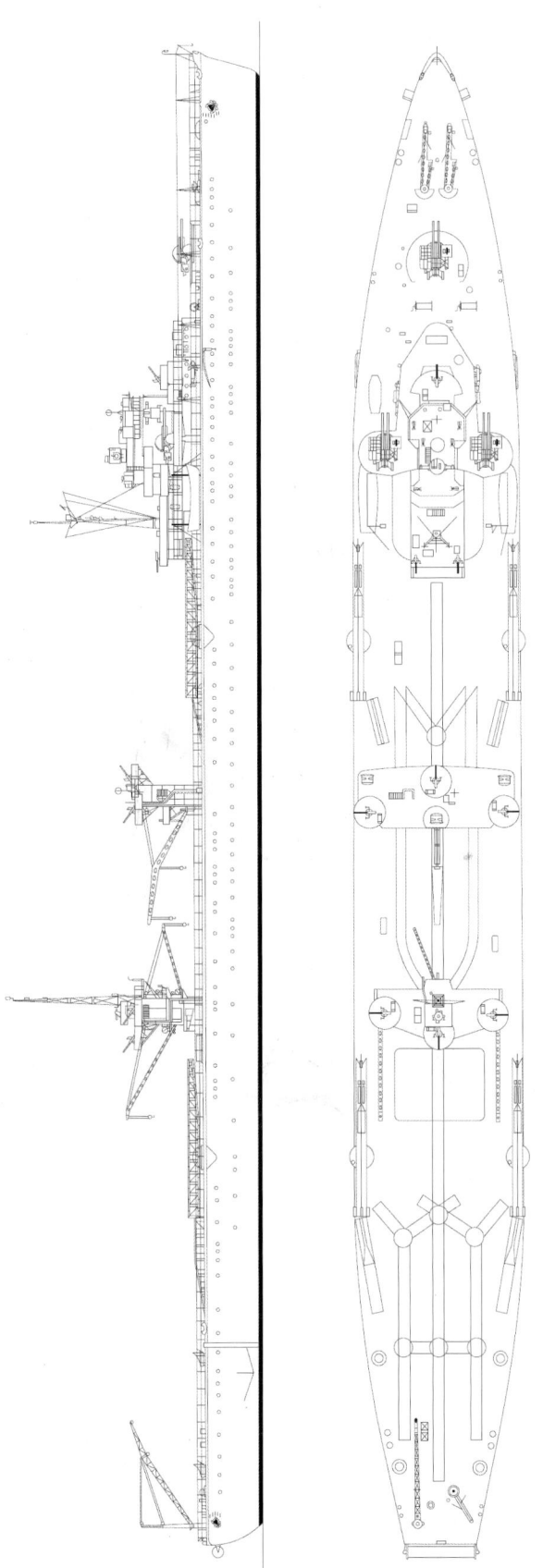

1941年时的瑞穗号水上飞机母舰线图

属于海军空降部队横须贺镇守府第一特别陆战队（简称"横一特"）的运输机上的机组成员5人以及堪称日军士兵中战斗能力最高的12名空降兵全部阵亡。在2月末的爪哇海战期间，瑞穗舰上的水上飞机执行了许多次空中侦察，将盟军舰队动向告知己方舰队，功劳不小。占领东南亚地区的任务完成后，瑞穗于3月底返回海军横须贺工厂，进一步改良柴油机组，据说此次改良终于可以实现22节航速。舰员中则流传着瑞穗将要参与印度洋作战的传闻。

5月1日，瑞穗驶向柱岛锚地，以便进一步进行测试，不料当晚23时03分驶入远洲滩附近海面时突然遭到美军潜艇的鱼雷攻击。发起攻击的是美海军鼓鱼号（SS-228），该潜艇日后还攻击了龙凤号小型航母。上文中那位整备兵在这天正好服役年限到了晋升的时候，成为一名三等整备兵曹（终于不再是水兵而进入下士官阶层了），以下继续引用其回忆：

"我找来了干菜、土豆，配着洋葱拌味噌来吃（顺便一说，除了从"江田岛"走出来的军官阶层习惯于吃香喝辣，日本海军下层官兵普遍将洋葱拌味噌这道小菜奉为至上美味），过了十一点，宴会散去，我也去睡觉了。正要睡着的时候突然听到警笛声，这个笛声除了紧急时刻是不吹的。我迷糊地想：'又搞错了吧。'忽然左舷中部咣的一声，很多人震摔了下来。'呀！来真的！'住舱化为修罗场，我急忙穿衣服，袜子刚穿好一只，又是咣一下，电灯熄灭了。我在黑暗中摸索，上到中甲板，闻到了强烈的刺激性气味。好像是油管被炸断了，重油流出，中甲板上全是油，我穿着橡胶底的整备靴在中甲板上走了一步，就摔倒在地。"

瑞穗被鼓鱼号潜艇的一枚鱼雷击中了左舷柴油机舱和发电机舱的中间部位，发生的火灾引爆了弹药库和轻质油料，大量进水导致其无法航行。

"燃烧起来的似乎是工作科的仓库，厨房前酒精在燃烧，我看到有人倒在那里。我听到有人在叫妈妈，也有在叫天皇陛下万岁的。总之必须往上走。我呼吸困难，终于摸索着找到个防毒面具。又有人倒了下来，我只能从他身上跨过去。我看到工作科仓库旁边的扶梯被易燃物点燃，整个扶梯都在燃烧。我给自己下命令：'不用管，冲啊！'终于冲到了上甲板上。月亮在天上熠熠生辉，舰体已倾斜30度。"

"负伤者集合了起来。有人说由于发电机停止运作，打不了SOS信号。我听到了就叫：'帮忙拿盖布！'大家一起动手将轨道上的水上飞机盖布拿了下来，侦察员坐进飞机，开始操作飞机里面的电报机（发SOS求救信号）。我听到有爆炸声，那是两架零式水侦远远投下炸弹，似乎是开始进行对潜攻击了。放在搬运车上的飞机倒下来了，好像有人压在下面。负伤者到处都是，还有掉进海里的。戴着防毒面具的急救队员不断从下面抬着伤员到上甲板上来。"

高雄、摩耶两艘重巡洋舰赶来营救，高雄负责救助幸存者，摩耶在旁警戒，开始数小时的注水作业，试图挽回倾斜的舰体，并基本扑灭了火灾，但舰体进水仍然无法遏制。结果在第二天凌晨3时30分海军下令弃舰。

"终于传来'全员退舰准备'的命令，我对坂本说：'去把那飞机上的救生衣拿来。'后甲板上还有一架九四水侦机放在弹射器上，我和坂本从飞机里面拿来救生衣穿在受伤的班长身上，然后数着一二三，将班长投入海里。左舷已经浸满海水了，这时我才感觉手脚疼痛，不知啥时候受伤了，流着血，两只手掌上都是泡。生死之际也不能犹豫了，我跳入海中，船顷刻就沉了。……我被高雄号救起。坂本在第二天死了。班长虽然挺胖的，但总算捡回了一条命。"

17日4时16分，瑞穗从舰艉开始沉没，很快完全没入海中，高雄、摩耶乘员在旁列队敬礼。该舰沉没位置在北纬34度26分、东经138度14分海域。虽然日本海军开战第一天就在珍珠港损失了不少甲标的袖珍潜艇，很快又在威克岛礁战中被击沉了驱逐舰，但那些都是没资格在舰艏装饰菊花纹章的辅助类舰艇，而不是正式的"军舰"。瑞穗由此成为日本海军在太平洋战争中沉没的第一艘军舰。关于伤亡人数，日本海军公布的是101人阵亡（士官7人、士官以下94人）、17人重伤，但根据瑞穗舰上这位整备兵曹所听到的情况，战死者至少是这个数字的三倍，而高雄、摩耶的无线电联络中也有"现初步调查重伤者就有20人以上，需要迅速入院抢救"的记录。显然，1942年上半年连战连捷、狂妄无比的日本海军在随意捏造死伤数字，欺骗日本民众。如果瑞穗能够存活到6月中途岛战役以后，它很有可能与其他水上飞机母舰一样被日本海军改造成为正规航空母舰使用。

1940年6月3日，完成了主机改造工作的瑞穗号正在馆山湾进行全速公试航行，可见其舰艉的卷网式载机回收装置，但这艘奇特的军舰只剩下两年寿命了

日进号水上飞机母舰

接下来简要介绍一下日进号水上飞机母舰。与前述各舰不同的是，日进诞生于1937年的丸三计划，是以"敷设舰甲型"的名义编入计划的，而"敷设舰"就是布雷舰。也就是说，日进削弱了千岁、千代田、瑞穗的重油补给功能，在保存12架水上飞机搭载能力的同时携带700枚水雷，承担"渐减作战"中通过大洋布雷造成敌军舰队损伤的任务。不过与千岁、千代田、瑞穗相同的是，日进也隐藏着"第二状态"，即要求在战时能够改造成为甲标的袖珍潜艇母舰。但还未等到动工，日本海军又要求技术部门放弃日进作为布雷舰的功能，将水雷收纳库改为水上飞机库，使其水上飞机搭载量达到25架（其中常用机20架），并且能够通过弹射器起飞还在开发中的川西十四式特殊水上侦察机（即1943年8月才初步研制成功、开始服役的紫云高速水上侦察机，但在此一个月前日进已被击沉，所以紫云并没有真正上舰）。

日进同样采用类似高速巡洋舰的修长舰体，双曲线舰艏，中部与后部的甲板舷侧安装4座水上飞机弹射器，不是过去的吴式二号5型（最大弹射起飞重量4吨），而是更为新式的一式二号11型（最大弹射起飞重量达到5吨），这一新型弹射器也被大和型战列舰所采用。舰体中部是两座与瑞穗非常相似的"大门"。为了对应重量、尺寸更大的新型侦察机，日进舰上起重吊臂的尺寸与吊装力也相比瑞穗更大一些。要一眼识别日进与瑞穗的不同之处，最快捷的方法就是看前甲板中心线上一字列开的3座双联炮塔，日进所装备的舰炮是50倍三年式140毫米舰炮，该炮过去曾被轻型航母凤翔与水上飞机母舰神威采用，此时从单装炮塔改为了双联炮塔。一般认为日本海军试图进行"攻势雷战"，令日进突进至敌军控制水域布雷，所以需要较为强大的舰炮火力实施掩护，但由于没有装备大口径高射炮，日进的防空能力明显不足，开战后只能

▲ 1942年2月9日，以28节全速进行公试航行的日进号水上飞机母舰。相比于瑞穗，它航速更快，舰炮火力更强

▲ 1942年2月27日，正准备交付海军的日进号

以增加25毫米机关炮的方式来勉强提升防空能力。继瑞穗之后，日进继续采用柴油机作为动力，不过好歹比丸二计划中的水上飞机母舰所采用的舰本式11号柴油机有进步，将日本海军为大和型战列舰开发的舰本式13号柴油机作为主机，当然该柴油机最终并没有用于大和。

1938年11月2日，日进在吴海军工厂动工建造，1939年11月30日舰体工程完成，但此时日本海军决定令其以"第二状态"即甲标的袖珍潜艇母舰的状态完工。日进的袖珍潜艇收纳库基本与千代田一致，也是4艘一横排，总共12艘，入水施放装置也基本相同。理论上，尽管日进的舰体内部已经没有空间收纳水上飞机，但舰体上甲板可以系留的水上飞机最多可达14架，不过一般资料仍然认为日进保

持了与千代田一样的搭载数量，即12架水上飞机和12艘袖珍潜艇。虽然从下令改造为袖珍潜艇母舰的时间来看，日进还在千代田之前，但结果却是千代田先行完成改造并先进行了甲标的水中施放的试验，吴海军工厂显然是忙于其他庞大繁杂的工程，日进的改造竟一直拖延至1942年2月27日即太平洋战争开始后数月才完成。

日进号水上飞机母舰主要性能参数（最终建造为甲标的袖珍潜艇母舰时的数据可能稍有变化）：

标准排水量：11317吨。公试排水量：12500吨。满载排水量：13107吨。舰体全长：188米。最大舰宽：19.7米。平均吃水深度：7米。动力装置：舰本式13号10型十缸柴油机4台，舰本式13号2型十二缸柴油机2台。输出功

率：47000马力，双轴推进。航速：28节。燃料搭载量：重油1200吨，补给用重油1650吨，轻质航空燃油216吨。续航距离：8000海里/16节。武器装备：双联装50倍径三年式140毫米炮3座，三联装96式25毫米机关炮8座。搭载舰载机：12架。搭载袖珍潜艇：12艘。乘员：789人。

服役之后，日进很快开始执行只有它与千代田最适合的远距离运输甲标的袖珍潜艇的任务。4月中旬，日进装载甲标的前往马来半岛槟榔屿，将3艘甲标的分别转移至另外3艘潜艇上，随后这些潜艇前往位于非洲东南的马达加斯加岛，对强行占领（从法国维希傀儡政权手中夺取）该岛的英军停泊在该地的舰队发动突袭，皇家海军战列舰拉米利斯号受创。5月，日进与千代田一样搭载着甲标的跟随战列舰队参加中途岛战役，两艘航母同样毫无战果，黯然归国。瓜岛爆发的危机使得日本海军必须动员所有力量参加"东京特快"，为岛上日军增援。10月3日，日进装载着岛上日军所急需的4门150毫米重炮（用来轰击美军亨德森机场）及其他大量武器、物资，还有陆军第二师团的官兵（包括其师团长丸山政男中将）前往瓜岛。当夜日进趁着夜色卸载人员物资时，美军飞机投下了照明弹，发觉日军动静之后又投下了炸弹，日进因近失弹而小有损伤，急忙终止卸载撤退，舰上还有2门重炮、1辆卡车和80名陆军士兵没来得及登岸。随后数日间，日进冒着巨大的风险又执行了数次运输任务，10月14日在埃斯佩兰斯角卸下1100人的增援部队是它的最后一次成功行动。

11月，日军已经彻底失去瓜岛的制空权、制海权，日进只得先返回本土休整，随后又开始执行瓜岛与其他所罗门群岛岛屿之间的运输任务。尽管千岁、千代田此时已经开始改造为航母，但日进在执行运输任务时卓越的表现受到好评，因此无法脱离这项任务。美军在瓜岛战役结束后沉寂了一段时间积聚力量，将日军发动的"伊号作战"等航空攻击战粉碎之后，又开始沿着所罗门群岛向拉包尔方向挺近，于1943年7月登陆新乔治亚岛。7月10日，日进搭载22辆坦克和630名南海守备队官兵自日本出发前往拉包尔，试图加强此南洋基地之防御力量。22日日进在拉包尔稍作停留之后，在两艘驱逐舰的护卫下航行至肖特兰岛以北海域，在这里碰上了前来袭击的美军战机群——美国人再次通过破译密码电报掌握了日本海军的动向。

已拥有极为明显的空中优势的美军在20分钟内接连发动四波空袭，第一波B-17轰炸机高空投弹，但对舰体并不大的日进来说躲避水平轰炸不成问题；随后第二波美军俯冲轰炸机上阵，连续击中日进3枚炸弹，日进二号炮塔被炸飞，航空甲板与机库发生火灾，电力中断，舵机失灵；第三波攻击又命中日进2枚炸弹，进水加剧，舰艏下沉。到第四波空袭

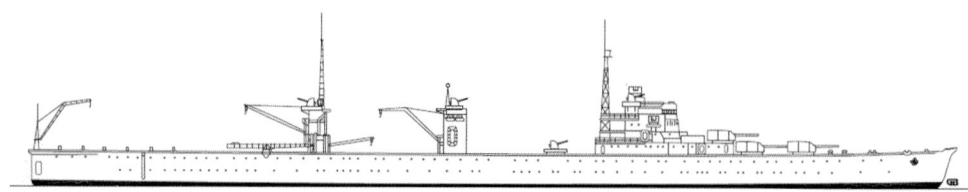

▲ 1942年时的日进号水上飞机母舰线图

来到时日进已毫无抵抗能力，14时05分沉入海底，位置在南纬6度35分、东经156度10分。日进舰上的官兵被矶风号驱逐舰救起的仅有87人，包括舰长伊藤尉太郎在内的近700人与舰同沉，而其搭载的630名南海守备队官兵也仅有91人获救，损失极为惨重。日进于1943年9月10日被除籍。

千岁是直接由水上飞机母舰改造成为航母的，千代田是改造为袖珍潜艇母舰后又改造成为航母的，瑞穗则保持着水上飞机母舰的状态早早被击沉了。最终作为袖珍潜艇母舰被击沉的，仅有日进一舰而已，可日进也没有实现其作为"秘密武器"在大洋上施放袖珍潜艇给予敌军舰队重创的设计目的。

秋津洲号水上飞行艇母舰

秋津洲号水上飞行艇母舰出自丸四计划。"秋津洲"是日本国的古老称呼之一，曾经作为舰名被用于甲午战争中一艘巡洋舰上。该巡洋舰原本是继航速缓慢、主炮实际效用惨不忍睹的主力三景舰之后的第四号战舰，但日本海军最终决定参照最新英美巡洋舰来修建（为此还与负责三景舰设计的法国人闹翻了）。它也是首艘从设计到建造都在日本国内完成的钢制巡洋舰（超越了中国清政府福州船政局的造舰水平）。秋津洲以其高航速和大量速射炮与著名的吉野号快速巡洋舰一起成了大东沟海战日军第一游击队中最凶猛的战舰，日俄战争后于1912年转为海防舰，1921年又成为特务潜水（艇）母舰，1927年退役。

20世纪30年代，日本海军积极研发超远航程的水上飞机（日本称"飞行艇"），川西飞行公司于1937年和1941年先后研制成功九七式和二式大型飞行艇（简称"大艇"）。其中二式大艇最大航程竟达6700公里，也就是说理论上从日本近海起飞可以抵达美国西海岸——但是战时无法降落加油，当然也就飞不回来了。日本海军战略规划的"九段渐减作战"中，首先派遣飞行艇从太平洋中的马里亚纳群岛等处基地起飞，飞跃大洋侦察美国夏威夷群岛，从而切实掌握驻珍珠港美舰队动向，如此往返航程近8000公里，超出了其航程的极限。因此为了在茫茫大洋上对其进行中途补给，拥有随行补给整备功能的飞行艇母舰是必要的。如前所述，1939年日本海军将神威号水上飞机母舰改造为飞行艇母舰，但实际改造后的神威舰上不能装载飞行艇，只是运输飞行艇所需物资至前线、为飞行艇官兵提供休养场所而已。

日本海军在丸四扩军计划中又列入了一艘更为正规的飞行艇母舰，代号第131号，而前面的第130号即为"决战终极兵器"大凤号航母，第131号建成后又得到"秋津洲"这个堪称"荣耀"的舰名，可见日本海军对此舰是非常重视的。大型飞行艇的尺寸、重量大大超出了一般飞机，翼展达40米左右，全副武装时总重能够达到32吨以上，相当于一架重型轰炸机（可以比较日本海军主力陆基轰炸机一式陆攻，其满载最大重量只有15.5吨，翼展不到25米长）。有没有办法让如此庞大的战机上舰呢？最初的设计是在舰艉设置9度左右的倾斜滑道，最末尾部分1.2米左右没入水下，注水之后可以进一步压下水面，然后飞行艇降落海面时对准舰艉,利用惯性冲上滑道,再用绞盘拉到航空甲板上固定。但是经过验证,这种回收飞行艇的方式危险度太高,不用说海况条件不佳时,就算是在风平浪静的海面上,要让飞行艇冲上甲板也需要飞艇驾驶员拥有高度的技巧且心理极其沉稳,否则就很容易出事故。于是日本海军只得放弃这个不实用的方案,转而在其舰艉设置尺寸、起吊重量均创造纪录的大型电动吊车。该大型吊车支柱为三段式结构,高23米,顶端还附带有无线电通讯桅杆,起重吊臂则长达21米,最大起吊重量达35吨,拥有360度旋转起吊能力。尽管这座吊车实在是性能不俗,可以将一架二式大艇从海面吊上航空甲板,但吊装作业仍然需要在海况条件理想时才能确保安全,而且飞行艇固定在甲板上之后,两边机翼探出舷外足有10米以上,舰体稍有倾斜便可能令翼端触及水面或者干脆导致整舰重心失衡,所以秋津洲在航行时就不能搭载飞行艇了。

因此,秋津洲所能做到的只是在具有良好停泊条件的水域(至少是岛礁内港中),将飞行艇吊装上舰实施补给、整修,然后再放下水面使其能够继续执行任务,如此看来秋津洲或许只能称为"半飞行艇母舰"。直接开往浩瀚且难见岛礁的太平洋中部为飞行艇提供洋上补给,秋津洲仍然是难以做到的。飞行艇搭载上秋津洲的航空甲板后,可固定在甲板中央的大型转盘上,这样艇身可以转动,从而方便各部位的维修整备工作。秋津洲舰体是长艏楼型,舰艏甲板上安装1座127毫米双

▲ 在水上飞机母舰上操纵一般的水上飞机已经是一件很困难的事情,更不必说一艘庞大的飞行艇。每一个动作都需要几十个人辛苦作业,可以想象在无风三尺浪的大洋上实施这样的作业是不太可能的

联装高射炮,舰桥和前桅之后还有1座同型高射炮。与神威号一样,秋津洲的众多士官室可供飞行部队军官休养,远程通信设备也比较完善。该舰的动力装置采用舰本式柴油机,另外舰内的航空燃油库可储存689吨燃油,其他弹药与补给品可满足8架飞行艇作战两周的需求。1940年10月29日秋津洲在川崎神户船厂开工建造,1941年4月25日下水,1942年4月29日竣工服役。

▲ 1942年,一架二式大艇正在被吊上秋津洲号。飞艇上面还站着四个人,可见这项作业多么危险

秋津洲号水上飞行艇母舰主要性能参数:

标准排水量:4650吨。公试排水量:5000吨。舰体全长:114.8米。最大舰宽:15.8米。平均吃水深度:5.4米。动力装置:舰本式22号10型十缸柴油机4台。输出功率:8000马力,双轴推进。航速:19节。燃料搭载量:重油455吨,补给用航空轻质燃油689吨。续航距离:8000海里/14节。武器装备:双联装40倍径127毫米高射炮2座,25毫米机炮若干。搭载舰载机:大型飞艇1架(停泊时)。乘员:545人。

秋津洲竣工服役时,堪称其鲜明特点的除了后方甲板搭载飞行艇时的雄姿和舰艉高高耸立、设立了无线电桅的总高度达30米的吊车外,还有一个就是极其独特的舰体涂装:舰艏、舰艉两处是伪装的浪花(这样即使是在停泊时好像也在开动,用于迷惑敌军

▲ 1942年4月18日,在淡路岛海湾内进行全速公试航行的秋津洲号水上飞行艇母舰。这幅照片很清晰地展现出了其独特的舰体涂装

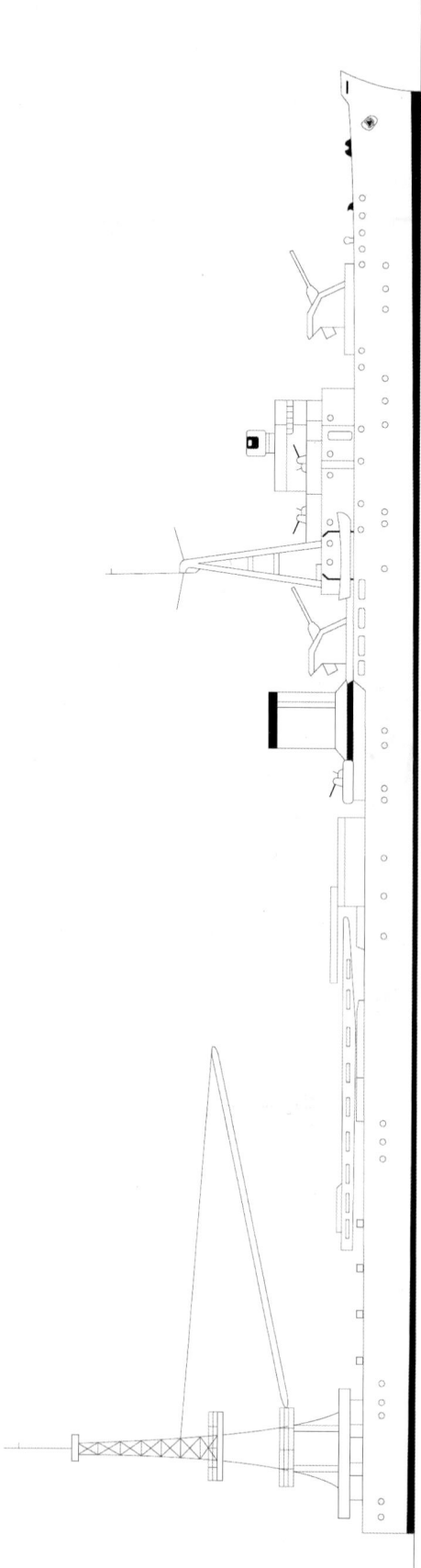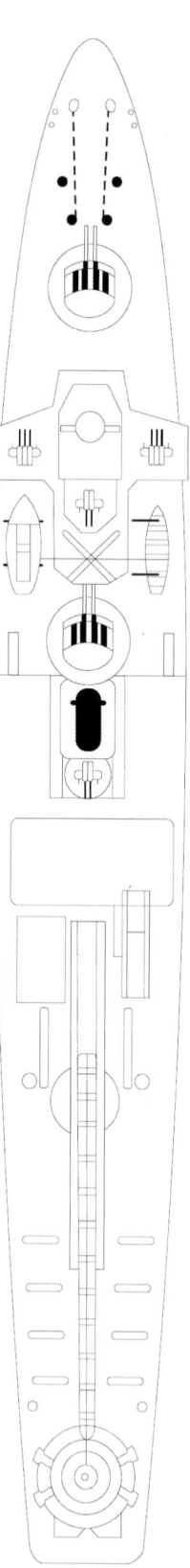

1943年时的秋津洲号水上飞行艇母舰线图

在射出鱼雷时给出错误提前量），夹杂一些斜纹等等，这是其首任舰长黛治夫大佐想出来的主意。第一次所罗门海战之后秋津洲停靠拉包尔，与黛舰长相熟的第八舰队参谋长大西新藏少将不无嘲讽地说："这好像是浓妆艳抹一样。"黛舰长回答说："本舰没有攻击力，只好像昆虫那样弄点保护色啦。"

如果秋津洲的服役时间能够提前数月，很可能为日本海军使用大艇侦察珍珠港美军舰队动向从而为中途岛行动提供更好的情报保障做出贡献，但中途岛攻击计划制定的时候秋津洲还未服役，而另一艘飞行艇母舰神威则基本只能为飞行艇所在港口运送补给物资。日本海军只得计划让飞行艇在侦察夏威夷完毕后停靠在海中无人沙洲——弗伦奇弗里盖特沙洲，由潜艇事前将航空燃油运去该沙洲供其补给，结果美军突然将舰艇和水上飞机派遣至该沙洲附近，导致日军的飞行艇远距空中侦察企图流产。而派遣潜艇部队实施前出侦察最终也失败了（领先一招的美航母舰队通过之后，日军潜艇才抵达并布设侦察封锁线）。由于飞行艇在中途岛战役前都在为将要流产的空中侦察行动做准备，5月终于来到拉包尔前线的秋津洲没有飞行艇可以搭载，只是执行一些运输任务，同时使用与飞行艇等重的模型进行吊装、搭载试验。6月中途岛战役结束，8月瓜岛战役爆发后，飞行艇部队和秋津洲都有大量任务需要执行，后者在所罗门群岛到处活动，运输并补给物资、为飞行员提供休憩场所，颇受前线官兵欢迎。

黛舰长实在是个脑筋灵活的人，又发明了所谓的"秋津洲流战斗航海术"，即在停泊中遭遇空袭时，先将锚抛下，然后启动航行至离锚链入水点150米处，当敌机袭来时全力加速，舰体在锚链牵制下急速转向，使得敌机投下的炸弹因此失的。秋津洲在前线除了为飞行艇提供补给外，还从事飞行艇基地设立、鱼雷艇运输等各种工作，一直活跃至1944年2月。美军大举空袭特鲁克时，秋津洲被击中3枚炸弹，舰体大破，舰艉吊车被炸毁，只得返回本土维修，结束时已成为一艘工作舰。原吊车支柱部位加装了三联装机炮，舰桥的两侧、顶端以及烟囱后面也都加装了机炮，前桅上安装了21号电探；原飞行艇甲板上设置了3组搬运导轨，可放置5艘鱼雷艇或大发登陆艇。9月，秋

▲ 1942年，第十一航空舰队司令塚原二四三中将来到秋津洲号上视察。塚原早年就担任过凤翔、赤城的舰长，侵华战争时曾指挥轰炸南京、汉口等地，罪行累累。不过他本人也于1939年10月在中国空军奇袭轰炸中被炸断了左手，不再适合担任舰上职务，以后只好担任陆地航空队指挥官。塚原原本被认为是航母机动舰队司令官职位的最有力竞争者，因为这次负伤才将机会拱手让给了南云忠一

津洲执行运输任务前往菲律宾，24日在科龙湾被美军TF38舰载机群捕捉，一枚炸弹引爆了其航空燃油库，瞬间引发大爆炸，秋津洲沉没，具体位置在北纬11度59分、东经120度02分海域，阵亡官兵84人，1944年11月10日被除籍。

秋津洲本有一艘姊妹舰，即丸四计划第303号舰，预定舰名为"千早"。但该舰1942年7月25日同样在神户川崎船厂开工后，由于战局影响很快停建并解体。改丸五计划中列入的3艘秋津洲后继舰也都只停留于纸面。

大凤号航空母舰

日本海军的战前第三次军备扩充计划即丸三计划，是预见到在《限制海军军备条约》已经过期失效的情况下，日本与美英等西方海军强国之间未来极有可能发生大规模海上战争而制定的，但当时日本海军还不能确定这场战争具体将在何时发生，丸三计划只是一个为期十年的庞大扩军计划的初始阶段，就如同甲午战争之后因为"三国干涉还辽"，日本蒙受所谓"羞辱"，日本海军"卧薪尝胆"所实施的针对俄国海军的十年扩军计划一样。但是，美国的工业实力相对日本优势之大，绝非无能自满的沙皇俄国可以比肩。1937年，美国也开始大造军舰，很快显示出要将日本远远甩在身后的趋势，而日本发动大规模侵华战争又使其在世界外交舞台上陷于孤立状态，世界舆论对其表现出明显的不满，同情在痛苦中奋勇抗战的中国。

日本海军只得于1939年9月初，即第二次世界大战在欧洲爆发仅仅数日后，制定了第四次战备扩充计划即丸四计划，要求建造以大和级战列舰的第三、第四号舰（第三号舰信浓后来改装为航母服役）为首的80艘军舰，总吨位321000吨。丸四计划的这80艘军舰中仅有一艘航空母舰，编号130号，即后来的大凤号航母。日本海军过往改造或新建主力舰队航母都是成对的，如赤城与加贺、苍龙与飞龙、翔鹤与瑞鹤，丸四计划中只列入一艘大型航母的原因毫无疑问在于日军沉重的预算压力。为130号舰编制的预算是1亿多日元，在单舰预算2亿6000万日元的大和型后续舰之后排名第三，但丸四计划总额超过12亿日元的庞大支出已成为日本几乎无法应对的财政重压（同样数额庞大的丸三计划三年前才诞生，1937年刚开始付诸实施）。大和型后续三号、四号舰在"战列舰队决战"思想并未动摇的前提下，又面临美国海军的北卡罗来纳级、南达科他级等新锐战列舰纷纷诞生的压力，是绝对不可能取消的（尽管日本海军内部"航空主兵"派对其深恶痛绝），那么只能选择减去一艘大型航母的预算。

相对日本海军已经拥有的赤城、加贺、苍龙、飞龙及丸三计划出台后正在加紧建造的翔鹤、瑞鹤，美国海军则拥有列克星敦、萨拉托加、约克城、企业（后两舰的服役时间稍领先于苍龙、飞龙），正在建造黄蜂，并有传言说其准备开建性能更好的大型航母（即后来的大黄蜂），可见美国舰载航空兵的发展步伐亦日趋加速。但总体来说，1937年时的美国海军也将扩军资金的主要部分投入了战列舰队扩充计划（1937—1940年间美国海军编入预算的战列舰竟达17艘，当然后来因为战争证明战列舰已失去主力地位而并未完成

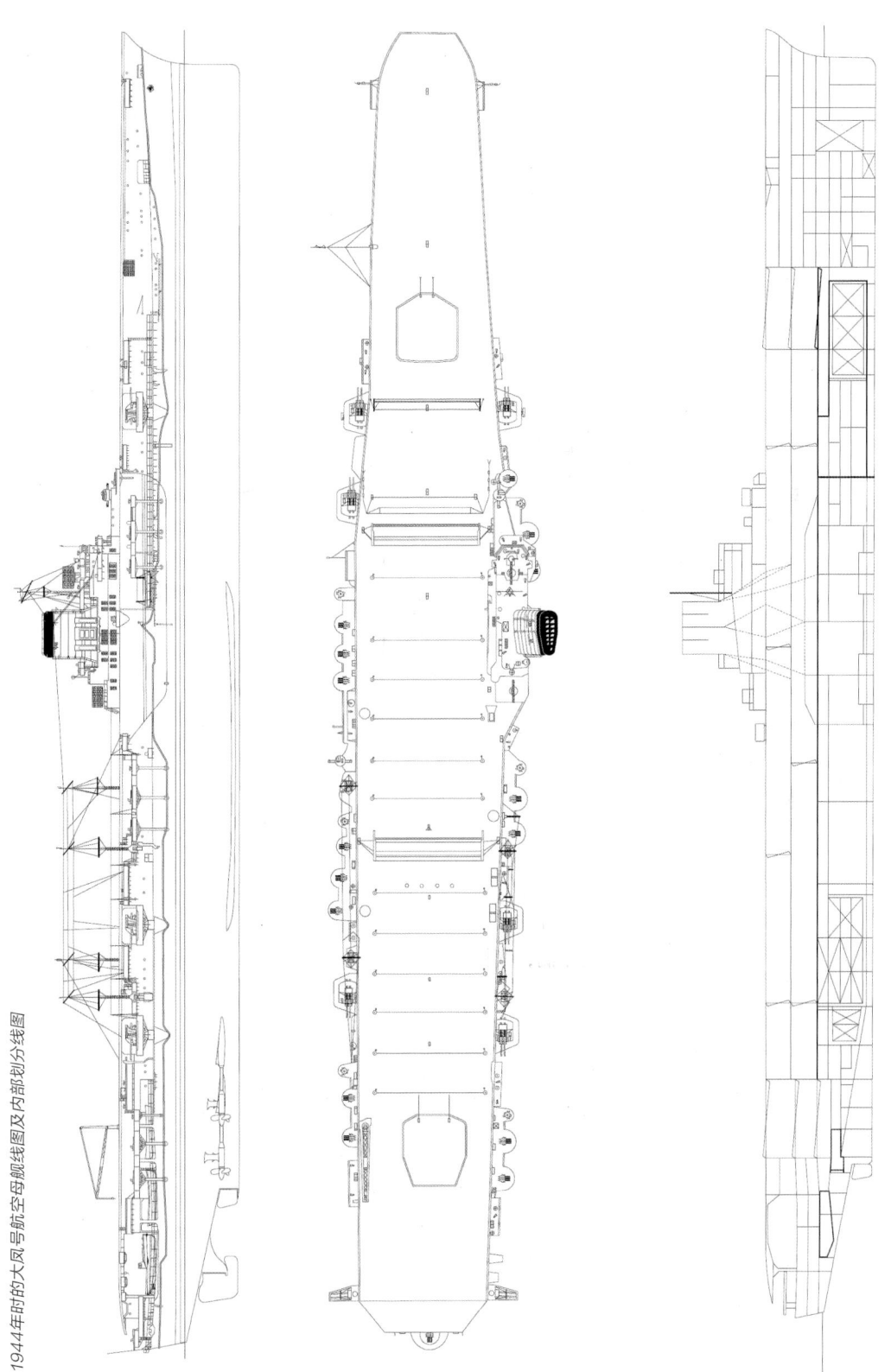

1944年时的大凤号航空母舰线图及内部划分线图

这么多)。日本海军的丸四计划只列入一艘航母应仍可保证未来一段时期内其舰载航空兵不处于劣势,而海军高层的想法就是在130号舰上寻求相对翔鹤型航母的进一步技术性能提升,从而维持其优势。前文已述,翔鹤型航母在设计之初便有过飞行甲板要能够抵挡大型炸弹水平轰炸的防护能力要求,虽然这个要求由于翔鹤型航母最终必须保证搭载机数、航速与复原性等指标而被放弃了。

130号舰从设计探讨阶段开始就已确立的中心思想一言以蔽之就是:学习英国首创、正在建造中的光辉级航母,借鉴其由厚重钢制装甲板构成的起飞甲板以及全封闭式的舰艏。自从一战后全直通式飞行甲板、舷侧舰岛成为正规航空母舰的设计惯例以来,钢制飞行甲板和封闭式舰艏是引领航母技术向战后时代跃进的重要里程碑。事实上,战后航母无非就是在此基础上加上斜直两段式甲板,使用蒸汽弹射装置或跳板滑跃起飞方式应对喷气式战机的起降,最后再加上核动力,而成为今日超级航母之常态的。战后航母的这些进步与战败国日本是无缘了,不过在太平洋战争爆发前的这一段时期,日本海军仍然在追赶着世界航母发展的最新趋势。总而言之,130号舰要在保证必要的搭载飞机数量、武器与燃料携带量的基础上,成为一艘能够应对敌军攻击、不容易失去战机起降能力的航空母舰。对于130号舰的其他性能指标,海军在向大藏省提出预算要求时所列出的数字是相当不切实际的:排水量28500吨,最高航速35节,155毫米主舰炮6门、100毫米长管高射炮16门、25毫米机关炮36门,搭载战机126架(96架常用,30架备用),预计建造资金具体数额是105318000日元。这也反映出当时日本

▲ 照片可能拍摄于1944年6月上旬,近景的大凤号航母停泊于塔威塔威海湾内,左上是翔鹤号航母,右上是长门号战舰。大凤从建成服役到沉没,留下的照片并不多

海军为了争夺预算资金，几乎到了不惜扯谎的地步。

一开始，海军军令部只要求130号舰（以下直接称为大凤）的飞行甲板能够抵挡250千克炸弹（实际上是指与之接近的美军500磅炸弹），但在与各方探讨的过程中又修改为能够抵御从700米高度俯冲投下的500千克炸弹（即与之接近的1000磅炸弹）。经过计算，至少得铺设75毫米的CNC装甲板，下面再加20毫米的DS特殊装甲，才能达到所要求的防护能力。铺设如此厚重的防护装甲，从舰艇复原性以及机动性的角度来看是存在很大问题的，于是设计部门又转而调查战机进行起降所需的最小甲板面积是多少，随后得出的结论是飞行甲板中长度150米、宽度18米左右的部分才是战机起降所需最小限度区域，因此决定在大凤的飞行甲板中铺设厚实装甲板，抵御500千克炸弹攻击的区域就局限于此（大体上就是前后两部升降机之间的区域），占整个飞行甲板面积的50%左右。还有意见要求飞行甲板能够抵御500千克以上重量的炸弹（例如800千克或与之接近的2000磅炸弹）攻击，但设计部门认为重量更大的炸弹只能通过大型轰炸机以水平方式投下，对于可以在海面上机动的军舰来说命中率极低（后来实战证明这一预测完全正确），为了防备这种相对很小的风险而将飞行甲板防护设计推往极端化，并导致基准排水量也可能超出3万吨，这种想法并不可取，海军高层接受了这一观点。关于大凤飞行甲板的资料较少，所以一直以来人们认为其表面直接铺设了装甲板，但近年发现的照片表明其飞行甲板表面很可能还有一层涂有防火涂料的木甲板，而日本海军在大凤之后试图进行量产的改大凤型航母的设计图纸中确实存在表面铺设木甲板的记载。

日本海军考虑到大凤在未来海战中可能成为本方舰载机部队的中转基地而尽量接近敌舰队，从而可能受到敌军巡洋舰、驱逐舰、潜水艇等部队的炮弹、鱼雷攻击，对它的舷侧舰体防护也提出了很高的要求，舷侧装甲上方最厚部位有185毫米厚，下方也有70毫米厚。大凤的舰腹部吃水线以下安装了角度倾斜装甲板，试图使垂直方向射来的鱼雷爆炸冲击波方向偏斜从而被削弱。减小冲击力的另一个措施是在舷侧中央部位设置两层防御隔壁，注入重油或者水，经过试验这确实能够将冲击力扩散至较大范围受力面上（类似于防弹衣的原理），鱼雷的爆炸冲击力能够被削弱约三成。当然，其他重点部位的增设防护也不可少，轮机舱、航空燃料库和弹药库都在上方铺设了75毫米厚的装甲板，要求能够抵御1000千克水平轰炸炸弹和203毫米炮弹爆炸，轮机舱等处还采用五层舷侧隔壁结构进一步增强防御力，弹药库、航空燃料库则在周围铺设55毫米厚装甲板，舰底部还采用了三重底构造。

日军对大凤飞机库防御的重视程度也是前所未有的。为防止一旦飞行甲板被穿甲弹穿透，爆炸碎片飞入机库内对飞机和人员器材造成损伤，机库的顶部还有一层10毫米厚的装甲板，其与飞行甲板的装甲板之间距离有70厘米，而机库的侧壁也有25毫米DS装甲板防护。机库侧壁另有一项设计，即在其支撑柱之间设有长1.5米、宽0.7米的爆气排放孔，外侧用25毫米钢盖覆盖，当机库内部发生爆炸、产生爆风，此钢盖就会瞬间向外脱落，从而将爆炸威力释放出去。然而设计人员万万没有想到的是，最终让大凤倒霉的并不是凶猛的爆炸冲击波，而是不断聚集、却受阻于封闭的机库结构而无法排放出去的挥发性轻质油

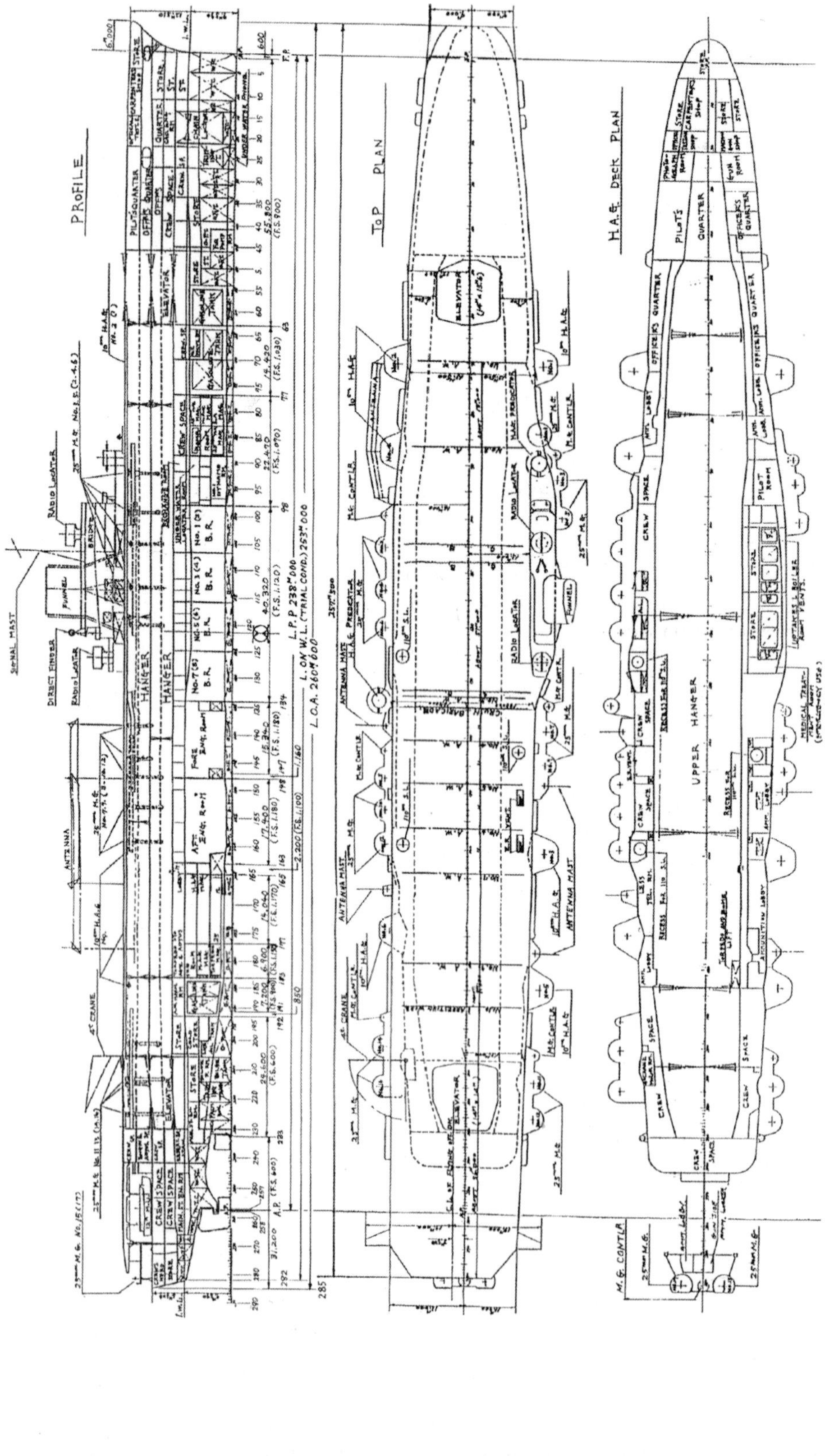

英文标注的日方大凤号航母设计草图，注明了舰体各主要部位、尺寸及舰内规划区域，当中的是飞行甲板，下面的是飞机库甲板

气,此乃后话。总之,在大凤设计完成、投入建造的时候,设计和造船人员都信心十足,认为这真是一艘"完美无缺"的航母,即使被击中20枚炸弹和鱼雷也不会沉。按照太平洋战争爆发前的海战标准,这就等于宣称大凤与大和型战列舰一样,是一艘不沉战舰了。

除了令人印象深刻的防御力,大凤的另一个重要特点是学习了英国的皇家方舟号、光辉级航母的封闭舰艏结构,大大提高了抵御风浪的能力,这也是吸取当年第四舰队事件中很多军舰被大浪击毁舰艏的深刻教训后所引进的设计。此设计还带来了另一个好处,即过去为了防止大浪冲击破坏飞行甲板前端,一般飞行甲板都要退后于舰艏(即锚甲板)一段距离,但采用了封闭舰艏结构(即把锚甲板包入舰体内部)以后,飞行甲板反而能够向前方突出一段距离,整体长度得以延长。与翔鹤相比,大凤削减了一层甲板,从而降低了干舷高度,水线至飞行甲板的距离是12.5米,满载状态下只有12米。封闭舰艏以下沿用了翔鹤型航母的球鼻艏,以提高适航性。大凤也采用了长宽比较高的高速舰体,从正面看上甲板以上的舷侧舰体有明显外倾,犹如展翅之飞鸟,似乎比前型航母翔鹤更配得上这一美名,今日以航空母舰模型大师的作品观之,大凤的舰体也无愧于日本航母中最为优美之名。

大凤的其他一些技术细节也极富特色。尽管日本海军方面仍然希望大凤拥有前中后三部升降机,但如果要以同等尺寸设置这三部升降机,其重量一定会带来复原性问题隐患,因此最终决定只设置前后两部升降机,铺设两层25毫米DS特种装甲防护,由此单台升降机的重量达到创纪录的100吨。不过其升降速度并不慢于以往的日本航母升降机,并且升降机井与机库之间还有7毫米特种装甲制成的防火门阻绝。作为飞行甲板的航空设备,原计划在前升降机的前方设置挡风栅,但战时为节省工程就没有设置,同时被取消的还有预定装在舰艏部位的两台飞机弹射装置。大凤的飞行甲板上有14条横向拦阻索,原计划仍然安装吴式四型制动装置,但在建造过程中换成了最新的三式十型制动装置,采用油压制动力,最大制动重量达到6吨,可以应对烈风舰战机、流星舰攻机等更大更新的舰载机。

大凤的舰桥设计,如前所述来自于改造

1944年5月中旬,停泊于塔威塔威海湾的大凤号,旁边是瑞鹤号

飞鹰型航母已经试验过的设计（由海军航空技术厂先进行了风洞试验），实现了舰桥与大型烟囱的一体化，且高高耸立的烟囱有一个明显向舷外飘飞而出的角度（26度），可以尽量避免烟囱排气搅乱气流、影响战机起降。烟囱内部也有冷却水喷淋装置，以期降低排气温度。为了防止从锅炉舱到烟囱的通烟管道将热气透过甲板传导入机库并预防管道破损，管道和机库地板之间隔开了一层密闭空间。大凤的一体化舰桥设置于右舷中央靠前处，舰桥上除防空指挥所、罗经舰桥、操舵室这些必要区域以外，还有一个向飞鹰型航母学习的地方，就是顶端设置的电探雷达，分别是位于三角桅上的13号电探和位于防空指挥所后面的21号电探。由于一体式舰桥的庞大重量影响，大凤的飞行甲板相对于中心线位置，左舷比右舷的后部宽度要多出两米左右，如此可以达到舰体的左右平衡，而不需如飞鹰型航母那样在左舷舱底放置配重物。日本海军对大凤防御能力的重视程度在舰桥上也有所体现，罗经舰桥壁板上设置有25毫米DS特种装甲钢板，操舵室四周则设置有40毫米厚圆筒形装甲板，这一设计来自于阿贺野型轻巡洋舰。

在厚实的双层装甲飞行甲板和10毫米防弹片装甲板以下，大凤拥有两层飞机库，但机库长度却仅限于前后升降机之间，即与飞行甲板中间的双层装甲防护带基本吻合的区域，这一方面是为了保证机库的防御能力，另一方面也是因为飞行甲板的重量太大（尽管其装甲防护带已经限制在整体的50%左右面积）而导致全舰重心上升，带来了复原性问题，所以大凤的舰载机数是根本不可能实现提交丸四计划预算时海军大吹牛皮的126架的。大凤开工建造时预计实际能搭载九六式舰战24架、九九式舰爆24架、九七式舰攻30架，总数78架，分装在两层机库中，自然每一层机库的面积并不需要很大。在机库前后及侧部空出来的区域设置了舰员居住区，上层机库的甲板（即下层机库的天花板）也设置有16毫

▲ 正在进行全速公试航行的大凤号航母，它的动力系统与翔鹤级航母一样堪称日本海军军舰中的翘楚

米厚的钢板，以便进一步保护下层设施。随着日军各式新型战机在战前或开战后纷纷诞生，大凤又变换出多个搭载战机方案，但最终只能以其生涯所参加的第一次也是最后一次海战——马里亚纳海战时的实际搭载情况为准。大凤曾经设想的最豪华舰载机搭载方案是烈风舰战24架、流星舰攻25架、彩云舰侦4架，当然这个很令人心醉的方案是实现不了的，因为三菱A7M烈风舰战直到1944年5月才首次试飞，因受困于发动机问题，直至日本战败才造出8架原型机，而当时美国人手中比之性能更高的F8F熊猫战机已准备服役了。

总之，大凤的搭载战机数是赶不上翔鹤型航母的，这是其（号称）拥有完美防御能力所必然要付出的代价。但除了自身的舰载机要用于攻击敌军舰队外，如果其他日军航母在作战中受损而丧失战机起降能力，那么归航后不能降落母舰的战机也要转而在难受损伤的大凤舰上降落，经过整备之后再起飞作战，以其能够执行保持战力之任务而言，大凤的搭载机数减少也是值得的。为了让数量稍有缩减的舰载机能够发挥最大战斗力，大凤上还安装了三式弹药输送装置，能够将从弹药库提取炸弹至上层机库的时间从2分钟缩短至45秒以内，使舰载机能在更短时间内完成作战准备。一般的航母只需要携带自身使用的航空燃料与武器，但大凤是设想要接纳其他航母战机降落并进行补给的，因此其携带炸弹（800千克炸弹90枚、250千克和60千克炸弹各468枚）、航空鱼雷（九一式改六型45枚，并可同时对9枚鱼雷实施调整作业）、轻质航空燃油（最多可达1000吨）的数量都大大多于其他日军大型航母。

大凤的防空火力也得到了显著提升。1942年才研制出来的最新式65倍口径98式100毫米双联高射炮（即日本海军在战败前吨位最大的驱逐舰——秋月型防空驱逐舰所采用的主炮）能够以1000米/秒的初速发射13千克炮弹，射程14000米，射高11000米，射速最快达19发/分（因为采用了半自动装弹系统），炮塔俯仰角度是-10—90度。大凤装备此双联装主炮共6座（近似轻巡洋舰的秋月型驱逐舰则是4座），即100毫米高射炮达到12门之多，以左舷前二后一、右舷前一后二的交错方式布置，而25毫米三联装机关炮则密密麻麻地设置有17座。总之，大凤本身的高射炮火力

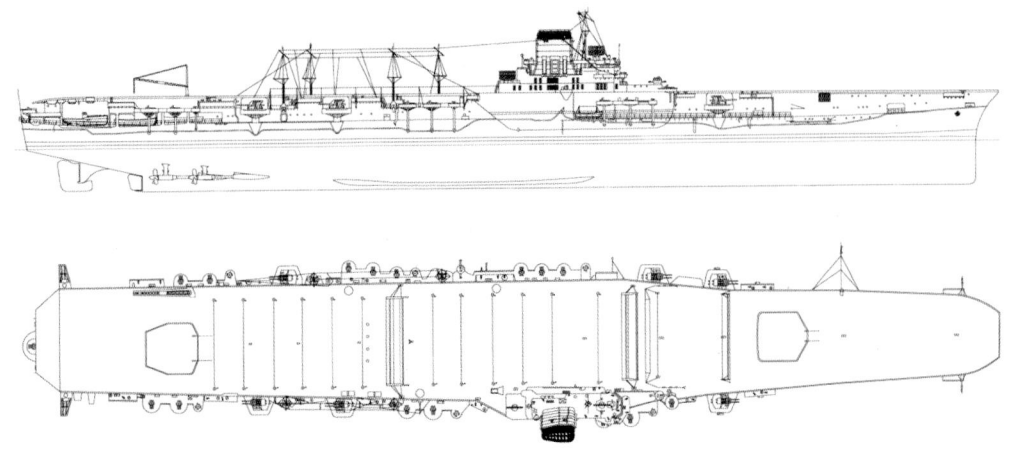

▲ 大凤号外观线图，可见其大承重新型升降机的形状

▲ 65倍口径98式100毫米高射炮，日本海军防空领域最高级的武器。不过这是从凉月号防空驱逐舰上拍摄的

达到了日本海军航母的新高度。推动大凤这艘庞大钢铁航母前进的动力，是与翔鹤型航母一样的蒸汽轮机系统，最大输出功率同为160000马力，改进巡航涡轮后最大巡航马力提高至66000马力，由此保证其起飞战机时可得到26节航速。

1941年7月10日，丸四计划130号舰即大凤在川崎神户造船厂的第4船台中开工建造，预计要到1944年6月完工。而同在该厂建造的丸三计划四号舰航母瑞鹤，是在1941年8月14日驶出神户港前往吴港实施最后的舾装工程的，途中差点因为遭遇台风而翻船。大凤引入了英国航母的封闭舰艏、钢铁飞行甲板技术，继续沿用日本航母上已有使用经验的一体化大型舰桥、防弹多层隔壁技术，又有机库上方增设一层防弹板、机库外壁加上排爆风钢盖这样的创新设计，堪称集日本战前航母设计最前端技术之大成。大凤的基本设计方案在1939年就已经规划完成了，为什么会拖延至1941年日美开战几乎已板上钉钉的时候才开工建造呢？实际上，日本为了与美国进行军备竞赛，不但在军备资金方面承受了极其沉重的压力，造船工业本身也是满负荷运转。丸三扩军计划中的大和（吴海军工厂）、武藏（三菱长崎船厂）、翔鹤（横须贺海军工厂）等巨舰已经使得各大船厂不堪重负，将瑞鹤交给缺乏经验的川崎神户船厂已然是冒险之举，实在挤不出船台和足够的熟练技术工人提前建造大凤，只能等待川崎神户船厂搞定瑞鹤之后立刻开始大凤的建造——历史证明，日本造船力量被军备竞赛的压力榨干，才是大凤悲剧性结局的真正原因。

大凤开工建造5个月之后，1941年12月8日，南云机动舰队6艘航母成功突袭珍珠港，太平洋战争爆发。神户川崎船厂内，就在大凤刚刚兴建的龙骨旁，工人们聚集起来，激动地聆听开战宣告。显然，大凤的建造工程必须加紧实施，争取早日下水投入战争。与先前建造瑞鹤一样，现场的指导技师与技术工人们在极端艰苦的条件下挥汗如雨不停工作，在许多层甲板、无数个人孔之间穿来穿去，白天施工完毕后晚上还要忙于堆积如山的图纸绘制。通过省略一些并不紧要的工程，该舰终于在1943年4月7日下水，正式得名"大凤"。而此时日本海军已经连败于中途岛和瓜岛，战争局势岌岌可危，大凤下水后安装动力系统、武器等的繁杂工程必须进一步加速，1943年秋高松宫宣仁亲王也亲赴神户川崎船厂，参加由厂领导吉冈保贞主持的工程缩短督促会议，结果当年年末所有工程相关者都在加班加点拼命抢进度，没有人能够回家过年。大凤的首任舣装员长是澄川道男海军大佐，1943年末他晋升为少将，舣装员长便由与他同期在海军兵校毕业的菊池朝三大佐接任，后者曾经担任日本首艘正规航母凤翔的舰长，率领的下士官基本都是舞鹤附近出身（因为大凤的船籍就归属舞鹤镇守府），同时还从瑞鹤舰上调来了一些老练水兵担任骨干。

1944年2月3日，大凤驶出神户港，通过来岛水道进入吴海军工厂第4船渠实施最终舣装工程；3月7日，饱含日本海军上下莫大期望的大凤号航母终于宣告竣工服役，比原计划提前了3个月。

大凤号航空母舰主要性能参数：

标准排水量：29300吨。公试排水量：32400吨。满载排水量：37268吨。舰体全长：260.6米。最大舰宽：27.7米。平均吃水深度：9.67米。飞行甲板全长：257.5米。飞行甲板最大宽度：30米。动力装置：舰本式高中低压减速齿轮蒸汽轮机4台，吕号舰本式重油锅炉8座。输出功率：160000马力，四轴推进。航速：33.3节。燃料搭载量：重油5700吨。续航距离：10000海里/18节。武器装备：双联装65倍径98式100毫米高射炮6座，三联装96式25毫米机炮17座，可能还装有20门单管25毫米机炮。马里亚纳海战开始前搭载舰载机：75架，其中零式舰战27架，九九式舰爆和彗星舰爆27架，天山舰攻18架，彩云舰侦3架。乘员：1751人。

竣工服役的大凤经过短短数周时间的紧急磨合，于3月25日回航德山，编入3月1日刚刚组建的新第一机动舰队即小泽机动舰队，28日便跟随机动舰队一同驶往新加坡林加锚地。4月15日大凤取代翔鹤的位置，正式成为小泽治三郎海军中将的旗舰，同时直接率领翔鹤、瑞鹤两艘功勋老航母，一同编组为第一航空战队，下属海军第601航空队。5月15日小泽机动舰队进入联合舰队塔威塔威基地集结。美军庞大舰队出现并进攻马里亚纳群岛的消息传来，大决战随即展开。为真切描绘大凤的悲惨结局，以下引用日本海军军官的战后回忆。首先是时任小泽机动舰队司令部附属技师长、海军技术大佐的盐山策一的回忆：

"6月13日清晨，全舰队整列驶出塔威塔威基地，就在出港前，我被命令登上大凤舰。我将家里祖传的军刀插在腰间，带着装换洗衣物的两个箱子登上了大凤的舷梯。与我（兵校）同期的先任参谋大前敏一大佐说：'我在出港以后就一直在舰桥里了。你就用我的房间吧。'于是我安顿了下来。……但是出港还没多久，一架在前方实施警戒的战机着舰的时候发生事故，与飞行甲板上系留的其他战机相撞发生了火灾。虽然这场火灾很快就被扑灭了，但确实令人非常担心飞行员的熟练程度。"

6月13日的这场事故是一架在大凤上降落的天山舰攻不慎撞上甲板上多架系留战机并引发了火灾，损毁零战2架、九九式舰爆2架、天山舰攻1架，有1名飞行员和7名地勤人员死亡，可谓出师不利。6月19日上午7时25分，大凤的舰桥桅杆上，"皇国兴废在此一战"的Z字旗猎猎飘扬，8时25分，第一航空战队（甲部队）3艘航母同时迎风转向，出动128架战机的第一攻击波机群。相对于经验无比丰富的翔鹤与瑞鹤，这是大凤的第一次战斗，舰上每一个人都显得异常激动。

"飞行甲板上的飞行队由舰桥后方指挥所中的飞行队长指挥，按顺序排列，飞行员们缠在头上的白色毛巾迎风飘扬。舰桥中的军官们拿着右手的白手套挥舞，甲板上的本舰水兵们则要么挥舞两袖要么挥舞帽子，一架架起飞的战机在上空进行编队。最后一架起飞的战机突然之间急速向右转，直接突入水面。从敌潜艇大青花鱼号发射的鱼雷拖着白色雷迹直朝大凤而来。突然扎下海面的战机就是向着这艘潜艇的潜望镜扎下去的。"

这架主动扎入海里的彗星战机的驾驶员是小松咲雄兵曹长，他到底是想以己身挡住直飞大凤的鱼雷还是撞向大青花鱼号潜望镜已经很难搞清楚了，但这样的英勇行为也于事无补。美军潜艇早在6月15日便发现了由塔威塔威基地出发的小泽机动舰队，大青花鱼号（SS-218）就是根据这个情报与同一天击沉翔鹤的刺鳍号潜艇（SS-244）一同跟踪小泽舰队，并趁着大凤忙于起飞战机的时候率先发射6枚鱼雷攻击的。不管小松座机有没有挡掉一枚鱼雷，总之多枚鱼雷还是向大凤扑去，最终有一枚命中了右舷。

"尽管舰桥下令紧急转舵，但还是传来了锵的一声尖锐金属音，舰桥右舷下方腾起一道水柱，飞沫溅入舰桥，整艘舰都有强烈的冲击感。舰内在那一瞬间惊叫：'鱼雷命中！'不过到底是新锐航母大凤，好似什么事也没有一般，继续平稳高速航行。为了确认舰内损伤，我立即赶赴防御指挥所，从防御甲板的人孔中探出身来的水兵报告道：'升降机室损坏。'随后就倒下了。似乎是挥发油燃料库被（冲击波）直接击中，挥发油的臭味直冲入鼻中。我进入防御指挥所，与身为（损管）指挥官的内务长就进水区域进行了确认，随后商定需堵住挥发油泄漏的洞口，全舰通风以防发生火灾。但是，挥发油燃料库的上部就是前部升降机，冲击发生时升降机上正好有战机，战机从导轨上震落下来，以倾斜姿态卡在中间。战机起降的时候升降机正好堵住飞行甲板上的孔洞（升降机口），但现在的状态是不能再收容归来的战机了。"

此时没有任何人能够料想到刚刚起飞的第一攻击波机群很快将在美军舰队的层层防御圈面前被消灭殆尽，只有少数幸存者能飞回来，起飞第二攻击波也只是自寻死路。对于大凤本身的安全来说，更重要的是让堵塞的升降机口恢复通风，排出挥发油气，但下达的命令却是反其道而行之。

"根据长官命令，我们采取应急措施，将其（升降机口）堵住，本舰工作长于是指挥收集应急木材在甲板上，连水兵的饭桌和椅子都搬走了，尽量修补至可以着舰的状态。但就在这时，从舰内挥发油库后面的弹药库传

◀ 高松宫宣仁亲王于1943年4月7日前来神户船厂参加大凤的下水仪式

来报告，（人员）因为油气（浓度太大）而从弹药库中撤出了。"

究竟是什么因素令如此庞大、在增强防护力上费尽心血的大凤仅仅被击中一枚鱼雷就沉没了呢？从大凤沉没到战后这数十年间进行过无数次讨论，最后得到的共识是，潜艇大青花鱼发射命中的这一枚鱼雷除了让前部升降机垮塌外，同时还造成了前部轻质油库上方装甲板被震出裂缝，挥发性油气由此溢出并聚集在封闭性设计的飞机库中，遇明火造成大爆炸，引发严重火灾从而导致大凤沉没。当时在大凤舰上服役的海军第601航空队吉村嘉三郎大尉在战后发表证言说，大凤的锅炉舱、主机舱在机库爆炸时是完好的，引发火灾的原因绝不在于锅炉起火爆炸，而这是其他许多大型军舰沉没的重要原因。那又是什么因素导致挥发性油气大量溢出的呢？当初翔鹤与大凤在川崎神户船厂建造时，舰体工程的负责技师是长谷川键二，而其副手是年轻的吉田俊夫。吉田俊夫1938年毕业于大阪大学造船学科，成为海军造船中尉，先后参与过航母加贺的改造工程（这里所指并不是战列舰加贺改为航母的工程，而是太平洋战争前加贺的旧锅炉改造及复原性加强等工程）、驱逐舰雪风与矶风的舰体工程等。在川崎神户船厂已经接到大凤建造任务但长谷川又忙于瑞鹤工程的一年左右时间中，是这位吉田负责总体设计图和详细尺寸图纸的绘制、与海军造船监督官的协商、材料的购买等前期准备工作，而战后吉田以日本焊接学会会长身份出席在美国麻省理工学院召开的先进焊接技术学术会议时表达了他对大凤沉没的个人观点：虽然大凤舰体构造大体采用铆接，但轻质油库是全焊接构造，尽管使用了当时（日本）最高的焊接技术，但是否有材料焊接性能不足的问题，有没有焊接技术不过关的问题，向油库中注排油的系统有没有缺陷等，由于大凤长眠海底，具体原因已找不到实物证据，最大可能还是在于焊接技术不过关。

吉田引用美国方面提供的数据说，二战中美国共建造了4694艘全焊接结构的标准船舶，其中28%曾经发生过焊接不良事故，而5%是毁灭性的大事故。对于焊接结构所特有的"脆性破坏"现象，美国人也是在分析了这许多事故现象的基础上才予以重视并进行改良的，本来日本造船业在战前焊接技术和焊接材料质量就大大落后于美国，再加上战时技术熟练工人严重不足，大凤的轻质油库受冲击而导致焊接结构被破坏既是偶然也是必然。大凤的机库是封闭式的，机库侧壁上的爆气排放孔没有受到爆风冲击就不会自行脱落。如果当时采取的措施是去除前升降机口的堵塞物，并打开后升降机口，对流通风，那么大凤也有可能得救，但偏偏当时小泽司令部发出的指令是将前升降机口用紧急收集的木材密闭，后升降机也因为需要起飞第二攻击波并迎接归来的舰载机而升起且封闭了升降机口。虽然机库通风装置换气扇全部打开，却仍是杯水车薪，油气浓度很快升至让机库中的人睁不开眼睛的程度。

还有观点认为，舰内负责维修的工作人员大多去参与封闭前升降机口的工作了，参与维修轻质油库阻止泄漏的工作人员太少，这也属于重大决策失误。

10时30分左右，堵塞的前升降机口经过确认已足够应对战机起降，随即第一、第二航空战队航母，包括大凤在内，起飞了第二波攻击机群。大凤舰上的小泽司令部开始将注意力转向对空警戒，并期待已倾巢出动的攻击

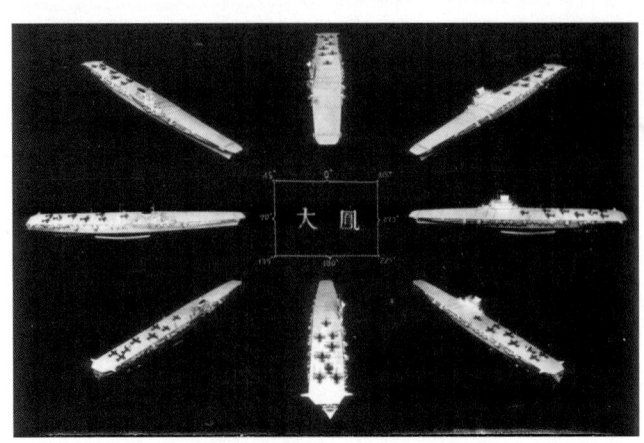
▲ 大凤号航母模型在各个不同角度拍摄的照片，模型是由其建造船厂川崎重工于战后的1957年制作的

队传回好消息。但是大凤机库内挥发性油气聚集却越来越严重，人们大叫着："不要用火！""不要产生火花！"战后许多人认为是水兵靴上的金属钉碰撞产生的火花引发了大爆炸。当数架属于第一攻击机群的幸存战机在14时左右返回时，大凤的危险状况已不允许战机着舰，幸存战机只能转向瑞鹤号航母着舰（如前所述，翔鹤号也在上午11时20分被美军刺鲅号潜艇的4枚鱼雷命中，14时已经进入弥留时刻，全员撤离）。关于大凤随后发生的事情，继续引用盐山策一的回忆：

"升降机口算是给堵上了，我回到位于舰桥后部的作战室中向长官汇报后，终于可以坐在椅子上，用手撑着脑袋喘口气。突然之间一声巨大的爆炸声与震动感让我跳了起来（大爆炸发生在14时32分）。我连忙将挂在肩上的防毒面具戴起，直奔到舰桥。起初我以为是挨了大型炸弹，卷起并收藏在作战室天花板内的航海图与舾装时的灰尘都噼里啪啦落了下来，室内立即一片烟雾。望向海面，航母已经停止高速行驶，只以急速前进，四周好似死城一般寂静，只有南方海洋上空的太阳光芒四射。突然之间，飞行甲板左舷的机炮台着火了，发出噼啪噼啪的弹药燃爆声，红色火苗四处蔓延。我看到这是从飞机库内部爆发出来的（火灾），为了防御而设置的防御钢板高高隆起，显示着爆炸有多猛烈。在舰桥后指挥战机的飞行队长、在甲板上忙于修理的工作长、在两舷操作机炮的射手都不见踪影，似乎都被爆风给掀入海中了。我如果还待在升降机附近，恐怕也是同样命运。火势已猛烈逼近舰桥，我虽然高喊'消防！'，但由于机关部也被摧毁，打开消防水泵也出不来水。"

战后有观点认为，正是因为大凤的飞行甲板有两层装甲再加上下方还隔一层10毫米防弹装甲，才导致机库中油气大爆炸的冲击力无法向上释放（正如盐山所说，钢铁飞行甲板瞬间被炸得软化隆起，但并没有爆炸火焰向上喷出，当时在大凤后方航行的重巡羽黑舰上的乘员看到大爆炸将大凤舰侧的壁板爆飞，舰载机和乘员飞出落海），从而导致爆炸冲击力大部向下摧毁了动力舱室。

"虽然我想叫驱逐舰过来（喷水）灭火，但高射炮弹不停砰砰燃爆，驱逐舰也无法靠近，而且它们为了击沉向大凤发射鱼雷的潜艇还在胡乱奔走。与舰内依然无法联络。终于，浑身褴褛的通信长跑了出来，报告无线电室的情况，说通信指挥室和无线电室在爆炸瞬间就被摧毁，人员当场或死或伤，各随天命。逼近舰桥的火势虽然暂时用水桶运水阻止了，但很快又复燃，到了不戴防毒面具就受不了的地步。这时舰长菊池朝三大佐判断回天乏术，建议（小泽舰队）司令部退舰，舰桥旁的救生艇被吹飞得只剩一条，于是他们将其放下海面,绳梯挂在舰桥下的机枪台上。古村启藏参谋长说:'长官,我来带头吧。'便以其巨大的身躯攀上绳梯滑下去了。于是以(小泽)长官为首的司令部各位乘员都转移到了救生艇上。这时系留在飞行甲板上的战斗机也发生爆燃,航空汽油燃烧着流入海中,很快化为一片火海,真是千钧一发。终于一行人接近了护卫驱逐舰若月号,随后又转移到重巡羽黑舰上,在这里升起将旗,机动舰队长官向全军发出'本职在羽黑进行指挥'的布告,于是司令部再度运转起来。"

大凤沉没前,舰体内到处是凶猛火焰、被炸坏扭曲的钢铁以及成堆被烧成黑炭的尸体,厚实的钢铁飞行甲板被大火灼烧得犹如糖一般绵软。小泽司令部在离开的同时下令幸存者全部到飞行甲板上集中,全员撤离。前来救助的矶风驱逐舰上的水兵大喊着赶快上来,他们还担心美军潜艇仍在附近。矶风完成救助刚刚驶离大凤舰体,大凤就犹如最后的吼叫一般从内部发出一声巨大声响,随即迅速向左舷倾覆,没入了万顷波涛之中。服役之后仅仅三个月,第一次进行战斗仅仅数小时,大凤就完蛋了,沉没在北纬12度05分、东经138度12分海域,1650名官兵随舰同沉。1945年8月26日大凤被除籍。

据说大凤沉没前菊池舰长曾试图将自己捆绑在舰桥上同归于尽,但后来因沉没的冲击,绳索脱落,他昏迷后被驱逐舰矶风从海面上救起(尽管笔者以为这件事不是很可信),战后成为大凤纪念会会长。日本海军史专家福井静夫先生回忆说他的上司曾要求他出差去川崎神户船厂时一定要隐瞒大凤沉没的消息,否则对该船厂相关者精神打击太大,但消息显然是隐瞒不了多久的。7月的一天,时任川崎重工造船工作部部长的森本猛夫将吉田俊夫秘密叫到房间里面,说:"这是绝对机密,不要告诉其他任何人。"随即向他告知大凤已经沉没。瞬间吉田面如死灰,接着开始痛哭。他在战后书写的回忆文题为《建成不沉航母大凤是青春的证明》,显然,自这天起年轻工程师吉田做梦一般的青春岁月算是结束了,但也正是由于他这一代日本造船业者战后多年的辛勤努力,日本最终才成为世界造船大国。

最后再简单介绍一下日本海军改大凤型航母的建造计划。战前,形势已极其紧张的1940年初,美国国会批准的新扩军法案要求建造3艘新型航母,这实际上就是太平洋战争中期以后威风八面的2.7万吨埃塞克斯级航母的诞生,它是大黄蜂号的改良版,可以有效快速地运作100架左右战机起降,拥有精良的127毫米平/高射双用炮和40毫米博福斯高射炮、世界领先的舰用雷达(SK、SC-2、SG)等等,综合性能显然超过了只有钢铁飞行甲板和较多补给物资这两个优点的大凤(埃塞克斯级在这方面也绝不差,可以装载多达88万升的轻质航空燃油,并有严密损管措施保护)。日本海军急忙制定丸五扩军计划,也列入3艘新型航母,分别是1艘中型航母(即后来的云龙)与2艘改大凤型航母。不料当年7月美国国会又通过了两洋舰队法案,到珍珠港袭击发生时竟有5艘埃塞克斯级在建造中,其余6艘准备动工,珍珠港袭击发生后不过一周又追加了2艘!日本海军只好在八字还没一撇的丸五计划后又追加丸六计划,再列入3艘改大凤型航母,总数便是5艘。丸四计划中的航母大凤都只能勉强在1941年开工,拼命加快速度也得到1944年初才能完工,丸五、丸六计划中这么多改大凤型航母就更不用说了,按时开建完工绝对是做梦,日本海军就算闯入日本每一户人家里面掘地三尺搜来所有铁锅铁盆都不可能造出这么多钢铁巨舰。

　　一开始日本海军规划改大凤型航母的指标为标准排水量45000吨（也就是说比大凤增加一半的排水量），搭载新型舰战机40架、新型舰攻机28架、舰侦机16架，总数84架，防御装甲等也进一步强化。至1941年11月制定丸急计划紧急应对即将打响的战争时，日本海军清醒了一些，确定大凤改型只需在大凤的基础上稍有改进便可，1942年6月中途岛海战4艘大型航母损失，日本海军赶忙将丸五计划修正为改丸五计划，大凤改型的具体修改内容也基本确定：大凤的公试排水量为34200吨，大凤改增加到35800吨，飞行甲板长度从大凤的257.5米延长4米至261.5米，双联装98式100毫米高射炮从6座增加到8座。防御方面，进一步增强水线舰体防鱼雷能力，大凤改型要求可以应对350千克装药鱼雷攻击。算得上比较新颖的设计便是大凤改型的舰桥完全移至右舷外，从而使舰桥部位飞行甲板宽度增至30米；以及吸取中途岛战役教训，为大凤改型设置能够将鱼雷、炸弹快速提升到飞行甲板上的电动输弹装置，免除这些爆炸物在飞机库中爆炸。

　　改丸五计划中这5艘大凤改型航母编号与预定建造船厂如下：5021号舰吴海军工厂，5022号舰川崎神户船厂，5023号舰三菱长崎船厂，5024号舰横须贺海军工厂，5025号舰吴海军工厂。计划在1944年和1945年分别开工建造2艘和3艘，全部建成至少要到1948年9月。这5艘大凤改型的编号都在5001至5015号的云龙型航母之后，就连云龙型航母到战争结束时也只建造出了一些半成品，要建造5艘大凤改型完全是异想天开，1943年6月其建造计划全部被废弃。大凤改型航母只是为后人留下了一些设计图纸，为战后日本的某些幻想小说提供了素材而已。

云龙型航空母舰

　　上一节中已经提到，日本海军于1940年追赶美国海军扩军步伐而强行制定的丸五计划三艘新型航母中，有一艘中型航母编号为第800号，后来被称为云龙号航母。1941年11月5日的御前会议决定秘密开展开战准备工作，下达"大海令第一号"的同时也紧急拟定了丸急计划，这艘中型航母编号遂变更为第302号，并基本确定其在飞龙号航母的基础上进行设计改进。如果说大凤改型航母的建造计划说明日本海军仍然试图保持其航母舰队的所谓"质量优势"，那么这一艘飞龙改型航母列入扩军计划就说明日本海军也意识到了美国庞大的工业生产力有多么可怕，必须为未来大举扩充航母数量做准备。

　　飞龙号航母是在藤本喜久雄的苍龙号航母的设计基础上改善复原性等性能之后，在1939年竣工服役的，虽然海军舰政本部认为飞龙的设计总体来说属于十年前的产物，结构也较为复杂，而且最令人担心的是它并非大型航母，战力提升余地有限，所以更推崇重新设计结构简单、只拥有最低限度防御力的新型战时量产型航母，但丸急计划推出的时候日本对美开战已经是鼻子跟前的事情，搞新航母型号设计的风险是谁都担当不起的，而且

1944年7月16日,刚刚建成、准备进行公试航行的云龙号航母

马上要投入珍珠港突袭行动的两艘翔鹤型航母也没有绝对把握说其实际使用中不会出现问题，因此只能接受飞龙作为量产航母最适宜的技术改进基础。

第302号舰云龙的前期设计工作借助飞龙的现有图纸快速推进，1942年开战之初基本已经完成，但此时日本各船厂生产任务排得满满当当，中途岛海战前云龙号航母根本无法编入建造计划。中途岛损失4艘大型航母后，日本海军紧急将丸五计划修正为改丸五计划，建造重点完全转移到航空母舰上来，而其中占据航母建造计划大部分的便是多达15艘的云龙型航母，建造编号第5001至第5015号。但在战争结束的时候只有其中6艘正式动工，从而得到了舰名，分别为：第5001号天城、第5003号葛城、第5004号笠置、第5006号阿苏、第5007号生驹、第5008号鞍马。顺便提一下，丸急计划第302号舰云龙是最后一艘以祥瑞飞兽为名的日本航母，而天城、葛城这些名称都是日本境内著名山峰之名。

云龙的舰体与飞龙差别不大，飞行甲板尺寸也一致，最大的改动在于飞龙舰上设计错误的左舷舰桥被移到了右舷前部，以及根据前线部队的实际使用经验反馈，飞行甲板上只设置了前后两部升降机，取消了中部升降机。但升降机本身的尺寸有所放大，前部升降机尺寸是14×14米，后部升降机尺寸是14×13.6米（大凤号航母的前后两部升降机是同样的尺寸，不过它的升降机前部略小、后部略大），可以升降尺寸、重量更大的新型舰载机，升降速度也更快。飞行甲板上还安装了与大凤一样的4座三式十型着舰制动装置，有12条横向拦阻索。前部升降机的前方仍然设置起倒式挡风栅，后部升降机后方设置起倒式起重吊臂，不过飞行甲板上的隐蔽式探照灯减少到2座，取而代之的是左舷后部的21号电探。云龙飞行甲板的前部设置1座弹药升降机，后部还有1座弹药升降机但尺寸偏小，可以装载800千克炸弹72枚、250千克炸弹240枚、60千克炸弹360枚、九一式改六型航空鱼雷36枚。烟囱仍然是日本特色的舷侧下弯式（基本与苍龙一样），不过在左右两舷都设置了锅炉舱通风口，以提升其通风性（赤城、飞龙在中途岛沉没的重要教训之一便是机库内大火产生的热流由通风孔进入机械舱室导致动力丧失）。

云龙的两层飞机库吸取中途岛海战的惨痛教训，特别注意防火损管措施，各区域之间用钢制防火门隔离，机库侧壁上设有泡沫灭火装置，从前的二氧化碳灭火改为2%浓度肥皂水与空气混合喷射灭火（根据南太平洋海战中翔鹤的教训，如果舰体被破开大洞，喷射的二氧化碳会立刻从洞口逸出，使用泡沫水喷射灭火则基本无此问题），轻质油库周围则以1米左右厚度的混凝土填充以防挥发性油气泄漏。装甲防护方面云龙与飞龙基本类似，重点在弹药库舷侧的装甲厚度达到140毫米，原本最为薄弱的底部也以50毫米的镍铬合金钢施加防护，其上方还有56毫米厚的水平防御装甲。舰体内部的涂装基本使用不可燃性涂料，为降低进水可能性，舷窗的数量也减少至最低限度。兵员居住区好似铁罐头，一切可燃物都不允许上舰。云龙型的高射炮沿用飞龙的6座127毫米双联装炮，25毫米机关炮的数量拼命增加至三联装21座、单装30座，另外还安装了实战效果不佳的对空火箭发射器。

鉴于飞龙的低速航行回旋半径过大，云龙采用了与苍龙相同的外倾式并列双平衡舵。云龙的动力系统也沿用于飞龙，由于排水量增大其航速相应稍有下降。实际上，因为战时无法按计划完成主机生产，云龙型后续的天城、笠置只能挪用改铃谷型重巡洋舰的主机，而葛城、阿苏只能转用阳炎型驱逐舰的主机，后者输出功率直线下降至104000马力，其机动能力极其令人怀疑。云龙型航母能称得上特点的，就是其下水之时已全面涂装舰体迷彩，飞行甲板上是黑绿色系的长条纹迷彩，舰侧画有蓝色线廓，试图令美军潜艇误认其为不同尺寸的商船，当然这样的障眼法并不阻碍美军潜艇将其视为到嘴的美食，只要日军航母还有胆量开出海去。

云龙号航空母舰主要性能参数：

标准排水量：17150吨。公试排水量：20450吨。满载排水量：22400吨。舰体全长：227.4米。最大舰宽：22米。平均吃水深度：7.85米。飞行甲板全长：216.9米。飞行甲板最大宽度：27米。动力装置：舰本式高中低压蒸汽轮机4台，吕号舰本式重油锅炉8座。输出功率：152000马力，四轴推进。航速：34节。燃料搭载量：重油3750吨。续航距离：8000海里/18节。武器装备：双联装40倍径89式127毫米高射炮6座，三联装96式25毫米机关炮21座，单装96式25毫米机关炮30门。建成时计划搭载舰载机：53架，其中烈风舰战21架（常用18架，备用2架），流星舰攻27架，彩云舰侦6架（系留在甲板上）（但实际所有云龙型航母都没有舰载机上舰搭载）。乘员：1100人。

1942年6月中途岛战役之后，日本海军发现国内船台上正在建造的新航母仅仅只有一艘大凤，心急火燎地命令云龙型航母赶快开工，其各舰起建时间如下：云龙1942年8月1日，天城1942年10月1日，葛城1942年12月8日，笠置1943年4月14日，阿苏1943年6月8日，生驹1943年7月5日。每隔数月就有一艘云龙型航母开工，但其后的10艘建造计划由于战局不利、工期漫长、资材严重缺乏而放

吴港三子岛岸边被炸倾覆的天城号，耗费无数心血建造的巨舰将被拆除作为废钢铁回收

1944年8月，刚刚下水准备服役的天城号航母，可见已经进行了舰体迷彩涂装

1944年10月初,葛城号航母进行全速公试航行。虽然在战争结束时葛城还需要修理才能活动,但如果以"未倾覆沉没"这条标准来看,它是日本海军残存航母、军舰中吨位最大的

只大致完成了舰体外壳工程的阿苏号航母在战后所拍摄的照片

弃了。这6艘云龙型航母基本完成舰体工程而举行下水仪式的时间分别是：云龙1943年9月25日，天城1943年10月15日，葛城1944年1月19日，笠置1944年10月19日，阿苏1944年11月1日，生驹1944年11月17日。1944年10月末的恩加诺角海战中，小泽机动舰队已经只能作为诱饵出动了，随后基本覆灭，因此1944年10月以后才下水的笠置（完成度84%）、阿苏（完成度60%）、生驹（完成度60%）继续建造下去亦无意义，遂在下水之时便宣告工程中止，1945年4月20日全部列为预备舰，进行伪装以躲避美军轰炸。竣工的云龙型航母只有3艘：云龙1944年8月6日竣工于海军横须贺工厂，天城1944年8月10日竣工于三菱长崎船厂，葛城1944年10月15日竣工于吴海军工厂。

云龙与天城在8月竣工之后立即被编入已经在马里亚纳海战中被打残了的小泽机动舰队第一航空战队，在松山基地与海军第601航空队一起展开训练。这支航空队纸面上还拥有48架战机，但实际上能够正常起飞的战机极少，又极度缺乏熟练飞行员和训练用燃料，因此所谓训练其实只徒具形式。以下引用曾在云龙舰上服役的航海士官、海军少尉森野广的回忆：

"小西（要人）舰长的训练工作开始了，舰桥中只听到他严厉的喊声不断飞来，这些骂声对于我们年轻下级将校来说简直受不了：'内务长你搞啥呢！''当值将校你们都别犯浑！'总之一切都是为了尽早让这艘刚建成的航母成为勇猛善战的军舰。8月至9月在木更津基地的'月月火水木金金'（即没有休息日）的超量训练中度过了，其间横须贺航空队在云龙舰上进行'火箭发舰试验'，在流星（新型舰载机）的机身上捆绑火箭，以火箭喷射（推动流星）从航母上起飞。对航母云龙来说，这是第一次也是最后一次有舰载机从舰上起飞。（9月27日航行进入吴港后），第三舰队司令长官小泽治三郎中将上舰，云龙由此成为机动部队旗舰（云龙成为机动舰队旗舰只是临时性举措），司令部的幕僚也纷纷上舰，我们可就忙了。……11月18日再入吴港，好长时间没上岸了。我前往海军医院探望在6月大凤沉没时被火烧伤的同级好友引地克己，好在引地已经伤愈出院，前往吴海兵团工作。我与另一个同级好友后藤也见面了，他说10月23、24、25日的菲律宾海战中，以武藏的损失为首，加上重巡战队、航母的大半损失，同级毕业者大部分战死了，还列举了数名逝者。日本今后怎么办呢，我心情沉重地回到舰上。"

连同10月15日竣工的葛城在内，3艘崭新的云龙型航母都没有资格去参加机动舰队的最后一战——恩加诺角海战，日本海军的总体方针已经转变为将航空队都派遣至陆上基地实施特攻作战，所有残余航母都失去了飞翔之翼，但其高速航行能力和巨大的舰体仍有利用价值。12月1日，云龙终于接到第一个任务，联合舰队司令部命令其在舰体内装载30枚樱花特攻弹，搭载陆军空挺队第一连队800名官兵（这支部队也是准备到菲律宾去实施莱特岛夺回作战的）。海军第634航空队的700名官兵也搭了便船，云龙和驱逐舰时雨、桧、枞结伴从吴港出发前往菲律宾，给负隅顽抗的陆军输送增援。12月10日，装载物资与彻底消灭舰内可燃物的工作紧张展开，卡车放在飞行甲板上用绳索固定，鱼雷放在下层机库，樱花特攻弹放在下层机库的前部，炸弹放在上部机库……15日，舰内举行出击庆祝宴会，内心自知凶多吉少的云龙官兵不分军阶，统统喝得东倒西歪。

1945年11月，美军在佐世保拍摄的未完工笠置号航母舰体

1946年5月,美军在神户港拍摄的未完工生驹号航母舰体。可以看到舰上放置着未安装的下弯式烟囱,而舰体已经涂上了迷彩色

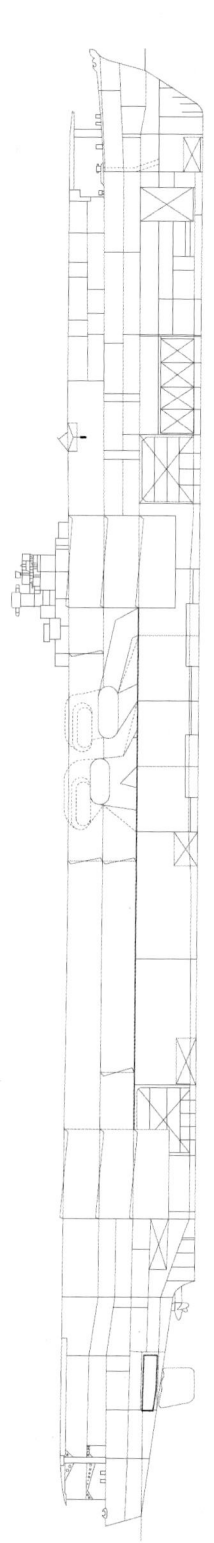

1944年时的云龙号航空母舰线图

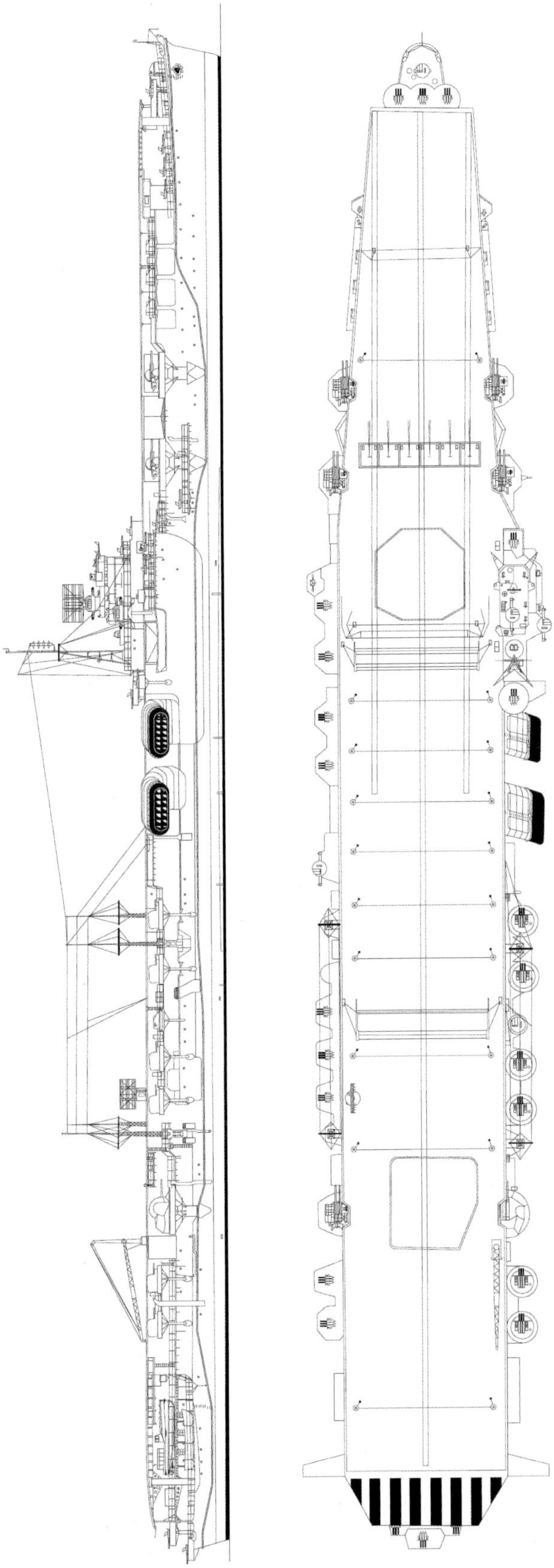

第四章 覆灭 / 275

1945年时的天城号航空母舰线图

12月17日，满载着三千余人和大量物资的云龙驶出吴港，18日早晨通过下关海峡，为了躲避美军还专门向西绕道，一直到了靠近中国沿海的舟山群岛附近东海海面。但19日下午云龙还是被美军潜艇红鱼号（SS-395）给盯上了（美国大兵在潜艇里面用英语讲话，被云龙水中听音员听到），由于天气状况恶化，云龙难以实施对潜警戒。红鱼号抓住机会，于16时35分在5400米距离上向云龙发射4枚鱼雷，有一枚直接命中舰桥下方右舷舰体，云龙轮机舱停转、舰内断电，但航行暂无大碍，赶快采取了损管措施。但十分钟之后，仿佛是在嘲笑日军驱逐舰慌乱投下的那些深水炸弹与航母舷侧炮火射击百无一用，红鱼号潜艇发射的又一枚鱼雷再次命中云龙号右舷舰体，引发了云龙机库中樱花特攻弹的连环大爆炸，使得舰体前半部瞬间被炸飞，破口处大量进水，舰艉翘起，很快沉没了。关于云龙沉没时的具体情形，继续引用森野广的回忆：

"下午四点半，舰内广播刚刚通知晚餐开饭，我好不容易睁开眼来，突然舰体猛烈颤动起来，我连忙奔上舰桥。海图台的玻璃碎了，舰桥里面都是飞溅上来的海水，海图上放置的红色封皮信号书被打湿，航迹被染得斑斑血红。'右舷舰桥下、主管制盘室遭雷击附近进水，发生火灾，舰内由于断电而昏暗不明，乘员各就各位，炮术科开始对潜射击，舰转满舵前进，两舷机械因蒸汽漏出而停止。'我方发现了敌潜水艇的潜望镜，右舷高射炮及机炮一同俯低角开始射击。……为了向佐贺机关长传达舰长'立即开动主机'的指令，我跑向接近舰底的机关指挥所，舰内一片黑暗，我依靠着手电照明走下一级级梯子。因舰内防火门关闭，必须打开一个个人孔通过，实在不是容易的事。我终于抵达机关指挥所，佐贺机关长冷静地说：'航海士，蒸汽压力上来了，马上就能开动。'为了向舰长报告，我又跑上来。在左舷向飞行甲板跑的途中，我突然眼前一片漆黑，身体一下子腾空，整个飞了起来。想着'啊，这下是死定了'便昏厥过去……醒过神来，水兵都往反方向跑着，我正想着'好奇怪'，终于看清楚舰体一部呈翘起状态。有谁在叫着'航海士！'，然后将我那只被夹在飞行甲板边缘铁板里面的右脚拔了出来，我便头朝下摔在机枪甲板上。

"舰体大幅度向前倾斜着。我抓住机枪站起来，面前十米开外的海面上，日高少尉正漂浮在那里。我高声喊叫：'日高！'他看了看我但没有回应，一张红色的脸表情很呆滞。我见他出不了声，想他是不是身体哪里受伤了，也许他是在飞行甲板上指挥向海中丢弃卡车的时候，被爆炸波给炸飞到海里去的吧。就在那一瞬间，舰体发出一声沉闷巨响，沉入海下，我也一同掉进了海。……我拼命挥动手足，但还是被舰体下沉的激流不断拖入海底深处。但不知怎么回事，我碰到了一股上升海流，海流好似将我往上抛一般，我终于浮出水面。云龙已不见踪影，只有很多漂流物浮在夕阳西下的海面上。附近有若干士兵在游泳，但看不见日高上尉，我抓住漂浮的孟宗竹（这是陆军特攻队员用来制作简易竹筏的东西）随波漂流了一会，碰到了杉田二分队长等一群人，大约有十五六人。他用洪亮的声音鼓励着我们：'不要白白在这里死掉，努力！'我的右脚不能动，终于还是与这一群人分开了。波浪很大，我被冲上浪头的时候，像登山一样能看到相当远的地方。能看到驱逐舰时雨、桧、枞，也偶尔能看到波浪间士兵们的脑袋。滑落到浪底时，就只见周围绝壁似的海波，但其间还是能看到一两个人的脑

▲ 1945年10月8日，倾覆的天城号航母

◀ 1945年7月24日吴港大空袭中，正遭受美军猛烈炸弹攻击（冒白烟处）的天城号航母，在三子岛的另一端可见葛城号

1946年6月1日，倾覆的天城号航母正在实施扶正作业

袋。我偶尔用'努力呀'去打声招呼，但没有回音，仔细一看，那是肩上背着折叠式二式步枪的陆军士兵，尽管穿着救生衣但已经溺毙了，只有钢盔露出在水面上。就在夜晚降临时，驱逐舰突然出现在我面前，从上方垂下一根绳索，我连忙靠近将其抓住，然后上面的人开始拉，但由于绳索浸水太滑，才拉上去一米我就又掉回水中，结果反而一下子潜入海里，被压在驱逐舰底下，喝了很多海水，极其痛苦。我想：'不能得救也就算了。'便从驱逐舰旁游开了。

"可过了一会儿，驱逐舰又靠过来，这一次我看到面前落下了绳梯，有一个人抓住它得救了。'这个我也能抓住。'我这么想着，又靠上去，手指刚刚碰到绳梯中间的横木，驱逐舰就被海浪推向反方向并大幅度倾斜，我的两手将所有力道都用在指尖上，支撑从海面上被拉起的身体重量。如果手指没抓住，又要被压到舰底去了。终于，驱逐舰又向这一边倾斜过来，上面叫着赶快上来，于是我紧紧抓住绳梯向上攀爬，终于爬到了舰上，这是枞号驱逐舰。我的右足无法发力，立刻倒了下去，两名水兵搭肩搀扶了我。我看了看右脚，脚腕处完全被切开，可以看见白色的骨头。……第二天清晨，对马少尉前来探望，他说幸存者在时雨、桧、枞三艘舰上合计有142名，以小西舰长为首的士官都不在其内。昨夜时雨一直在攻击敌潜，而桧、枞努力救助幸存者。即使有离开了舰的人，在那样黑暗且风浪很大的环境下，也只能在'东中国海'与云龙共命运了吧。第52驱逐队进入台湾高雄港，我躺在担架上被转移至海军医院。桧、枞很快又向马尼拉进发，两周后的1945年1月5日，两舰在马尼拉西方海面被敌飞机攻击沉没，

被美军炸至残破的葛城号，但毕竟没有倾覆沉没

时雨在1月24日被敌潜水艇击沉,云龙与其护卫部队全军覆没。……数日后,香椎乘坐其他海防舰加入护卫船队,航向法属印度支那,遭敌潜水艇攻击沉没。末次少尉也战死了。云龙的幸存者其后转属各艘舰艇,再次出战,很大一部分还是战死了。"

云龙的沉没位置在北纬29度59分、东经124度03分海域,1945年2月20日被除籍。

太平洋战争末期的日本遭遇巨舰沉没、大量人员损失的悲剧的次数可谓多如牛毛(在云龙沉没前的11月29日,日本最大同时也是当时世界上最大的航母信浓号被美军潜艇击沉),但是其中云龙的沉没也堪称是一场特大号悲剧。本身舰上的战死者便达到了1240人,而搭载的陆军空挺队、海军航空队的1500名左右官兵也只有极少数人获救,具体搭载及获救人数不明,有资料认为是57人获救,包括在前面所述三艘驱逐舰上的142名幸存者之中。云龙号被击沉后,另一艘运载樱花弹及其他物资的航母龙凤号也不敢去菲律宾了,只得将目的地改为台湾基隆港,其后再也没有日军航母去执行自杀性的运输任务。

1945年初,天城、葛城与龙凤一道停泊在吴港,3月19日,美军三百余架舰载机首次发起针对吴港及其周边区域的大规模空袭,无数的炸弹和火箭弹从天而降。虽然天城、葛城的舰员操作对空火炮反击,但并无战果,天城的右舷高射炮台被一枚炸弹命中,葛城的右舷舰艉处也被一枚炸弹命中。6月22日美军以B24轰炸机为主力,第二次空袭吴港,这次攻击主要集中在老旧战舰榛名上。7月24日的第三次空袭,美军在上午和下午发动了两波轰炸,天城被击中三枚炸弹,其中一枚直接命中前后飞行甲板中心位置,将舰体炸得

▲ 战后在佐世保接受美军调查的未完工笠置号航母,可见其飞机库升降口尺寸是相当大的

犹如屋顶一般左右大幅度翘起,轮机舱内大量进水。7月28日再遭空袭,天城又被击中一枚炸弹和多枚近失弹,浸水情况越发严重,舰上水兵又大多转去陆地上从事特攻作战训练了,因此终于倾覆,以向左舷翻转70度角的姿态浸在海水中,至战后的1945年11月30日被除籍,1947年解体完毕。葛城在7月24日被击中一枚炸弹,28日又被两枚1000磅的大型炸弹命中,炸弹直穿过甲板在飞机库中爆炸,将飞行甲板整个吹飞,右舷的烟囱也完全消失了。虽然被炸死了30人,但葛城却一直没有沉没,战后成为日本海军残存的最大吨位可航行船舶,修修补补后成为复员运输船,前往南洋运载大量日本复员军人及侨民回国,总共运送了49390人,是所有复员运输船中运量最大的。这项任务完成后,葛城也在1947年被送入船厂解体。另外三艘只是下水而没有竣工的云龙型航母在大战末期也躲藏度日,笠置停泊在佐世保港惠美须湾,阿苏停泊在吴港仓桥岛,生驹停泊在神户港池田湾,最终全部于1947年送入船厂解体。

特TL护航航空母舰

太平洋战争临近开打,日本海军才想起在飞龙的基础上推进战时量产型航母的开发,由此诞生的这些云龙型航母却不能对战争后期的局势产生任何影响。至于在一般货轮的基础上建造成本低廉、性能指标一般、可用于海运航线保护的护航航母,则是日本海军在开战后一段时期内都没有去考虑的事情。

而美国海军方面则完全不同。鉴于德国潜艇部队在大西洋上疯狂实施破交行动,第一艘由商船改造的护航航母长岛号(AVG/CVE1)于1941年7月下水,太平洋战争打响后仅一个月便决定开建99艘CVE护航航母(其中34艘完成后送往英国),一般性能为航速20节,搭载30架左右战机,很快产量就达到了数不胜数的程度。但日本海军对此毫不关心,别说1942年6月中途岛战役前洋洋自得的那段日子,就算是在中途岛之后,日本海军心急火燎地在改丸五计划中列入的一大堆云龙型、大凤改型航母和由战列舰、水上飞机母舰等改造而来的航母,也仍然是以进攻为目的的航母,最终目标是要让航空机动舰队恢复实力、与美国海军再次决战,从而扭转战局。

但是从1943年开始,美国潜艇部队的艇数大增,鱼雷质量也得到改善,开始绞杀从东南亚向日本本土运送宝贵物资的运输航线,击沉船舶吨位直线上升,大大超出了日本本土下水的船舶吨位,如此下去别说继续战争了,日本国民的生存本身都成问题。如前所述,1943年11月日本海上护卫总司令部(海护总队)成立,大鹰、云鹰、海鹰、神鹰4艘改造航母协同配备九七式舰攻机(总数48架)的第931海军航空队编入其中,但就凭这些勉强可称为护航航母的海上力量保护如此漫长的航线(从东南亚的资源产地到日本本土的距离完全不亚于从美国北方经北大西洋到英国的距离),当然是远远不够的(更不用说这4艘改装航母正在被陆续击沉)。

日本海军在太平洋战争前,为应对侵华战争的需要,倒是在1939年便开始设计"平时标准船型"运输船,但直到太平洋战争开始后,才分四批推进其建造工程,第一批平时标准大型油船被称为1TL型,以此类推(越往后结构越简单、制造质量越差)。将TL型简单改造成为搭载对潜警戒飞机的护航航母,最早是由陆军在1943年提案的,毕竟陆军很不愿意得到还未能渡过大洋抵达前线便已葬身鱼腹的"犬死"结局。1944年3月,日本的船舶损失直线上升到陆军、海军这对冤家必须要一同开会专门讨论如何增强护航力量的程度,经过激烈的争论交锋,双方终于达成一致意见:计划以55艘1万吨级特TL型标准油船为基础,在舰体中部至艉部铺设飞行甲板、建造机库,并保留大部分油库,改造为既能运送油料又能为船队提供空中保护的护航航母,海军首批改造2艘特1TL型船,陆军首批改造3艘特2TL型船。

先说海军方面,第一艘海军特1TL型护航

▲ 战后拍摄的停泊于香川县志度湾内的破败不堪的岛根丸,舰艉突出的烟囱很醒目

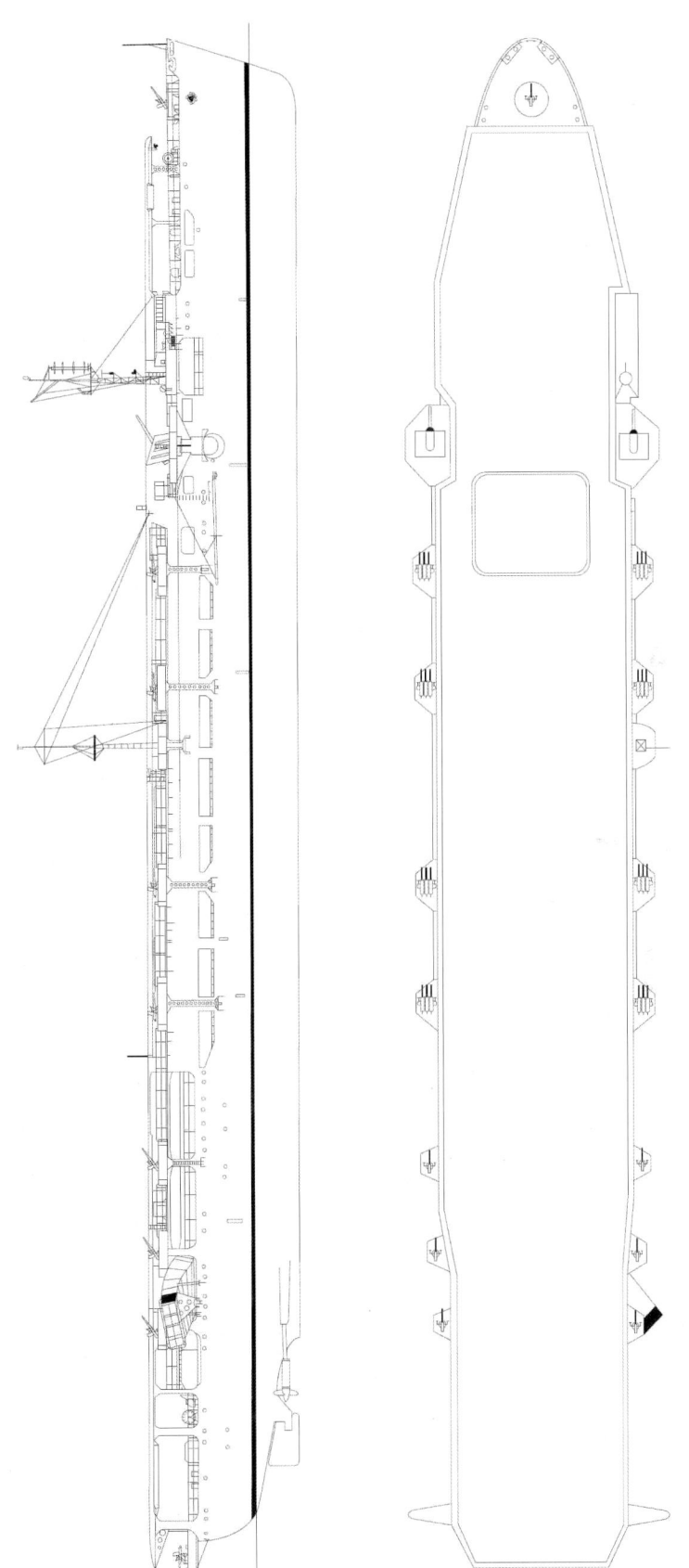

1945年时的岛根丸号护航航空母舰线图

航母是岛根丸（正式名称是"しまね丸"，日语里"しまね"与"岛根"是同音，但并不意味着此船名写成汉字就是"岛根丸"，此处只是借用汉字），1944年6月8日在川崎神户造船厂开工建造，12月19日下水，次年2月29日竣工。第二艘特1TL型护航航母是大泷丸，1944年9月18日也在川崎神户造船厂开工，1945年1月14日下水，但随后便以70%的完成度停工，至战后8月25日由于台风躲入神户湾内，撞上美军投下的水雷而爆炸沉没，1948年被打捞出水后解体。

岛根丸在建成时拥有长155米、宽23米的全直通式飞行甲板，没有岛型舰桥，只有一座升降机。它的最高航速仅有18.5节，当时的任何一种日本海军制式舰载机都无法在其舰上起飞。日本海军设想以捆绑火箭助推的方式让烈风、流星舰载机从岛根丸上起飞，当然只是妄想而已。岛根丸堪称特点的只有它的排烟烟道，烟道集中在右舷向舰艉延伸，烟雾向舷外排放，这倒是与过去刚建成时的加贺号航母相似。

岛根丸建成时，日本船舶均已丧失出港活动的勇气，便只涂装了迷彩，以9座三联装、25门单装25毫米机关炮为防空火力平台，疏散到香川县志度湾。7月24日，英国海军TF57航母编队的4艘光辉级航母出动大批舰载机前来空袭，岛根丸被击中3枚炸弹，后部舰体断裂导致搁浅，飞行甲板也严重受创，以悲惨的状态迎来了战争的结束，1946年被捞起后解体。

再看陆军方面，三菱横滨造船厂于1944年9月11日开始将作为战时油轮建造的山汐丸、千种丸改造为护航航母，两舰分别于11月14日、12月2日下水。千种丸在下水后便停工，战后作为油船建造完成，投入和平时代的航线使用。山汐丸于1945年1月27日竣工，飞行甲板长125米、宽23米，但最高航速只有15节，日本陆军设想令其搭载8架三式指挥联络机执行反潜任务，结果是飞机没有上舰，也没有安装武器（计划安装向海军借来的25毫米机关炮，并用二式150毫米中迫击炮充当反潜武器），竣工后便被系留在船台旁边无所事事。1945年2月17日美军TF58特混舰队舰载机群来袭，山汐丸被击中多枚炸弹和火箭弹，重创搁浅，战后1946年被捞起后解体。

以上，日本在战争后期的护航航母量产计划，与其舰队型航母的量产计划一样，完全以失败告终，区别只是护航航母尽管毫无成绩可言，但毕竟没有像云龙和下文将提到的陆军航母秋津丸那样临死时还带着数千年轻人共赴黄泉。

▲ 在横滨船厂船台旁呈搁浅状态的山汐丸陆军护航航母，可见它连防空武器都还未来得及安装

▲ 被击破搁浅之前的山汐丸

第四章 覆灭 /283

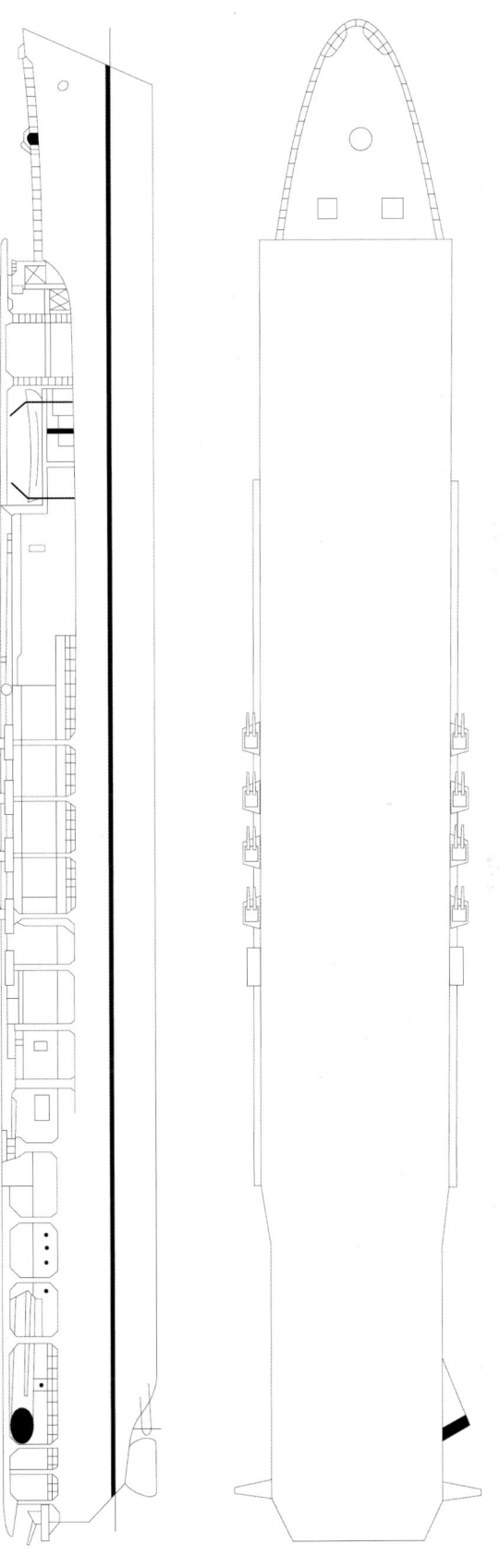

1945年末完工的千种丸护航航空母舰线图

陆军秋津丸号、熊野丸号航空母舰

接下来再简单介绍一下日本陆军所研发的航空母舰。如果说特2TL型山汐丸、千种丸这两艘护航航母还能算是陆军与海军进行协调之后的产物,那么秋津丸型则是陆军自行规划、研发并建造的具有全直通甲板特征的典型航母,这实在是一桩千奇百怪的事情。日本陆军和海军之间自明治时代以来的无数恩恩怨怨,本书中无法详谈,总之日本陆军对海军抱有严重的戒备心理,而1931年"九·一八"事变之后又判断未来对中国乃至其他国家发动跨洋战争的可能性极大,要求装备一种大型特殊登陆舰船,可以装载"大发"、"小发"登陆艇以及一定数量的飞机、人员、物资,以实现安全、快速的两栖登陆,还能随时起飞飞机为登陆部队提供空中掩护和进行侦察活动,称之为"第一号特殊船"。

"第一号特殊船"不得不委托海军舰政本部进行设计工作,而舰政本部勉强满足了陆军在船上搭载飞机的要求,但设计的飞机起飞方式是使用弹射器,并且要建造一层飞机库(陆军为掩人耳目称其为"马栏甲板",胡说这层机库是用来运战马的)。这艘特殊船1935年11月于兵库县播磨造船厂建造完毕,得名"神州丸",演习证明,它在具备运送大量部队登陆的能力的同时,也可以弹射起飞中岛九一式战斗机(这是日本陆军的第一种制式单翼战斗机)、九二式侦察机等升空执行支援、掩护任务。就这样,属于日本陆军的"海上航空兵"(尽管飞机只能从舰上弹射起飞而不能回到舰上降落)宣告诞生。然而一

▲ 秋津丸号陆军航母甲板上,反潜用三式联络机正准备起飞,镜头前是98式20毫米单装机炮

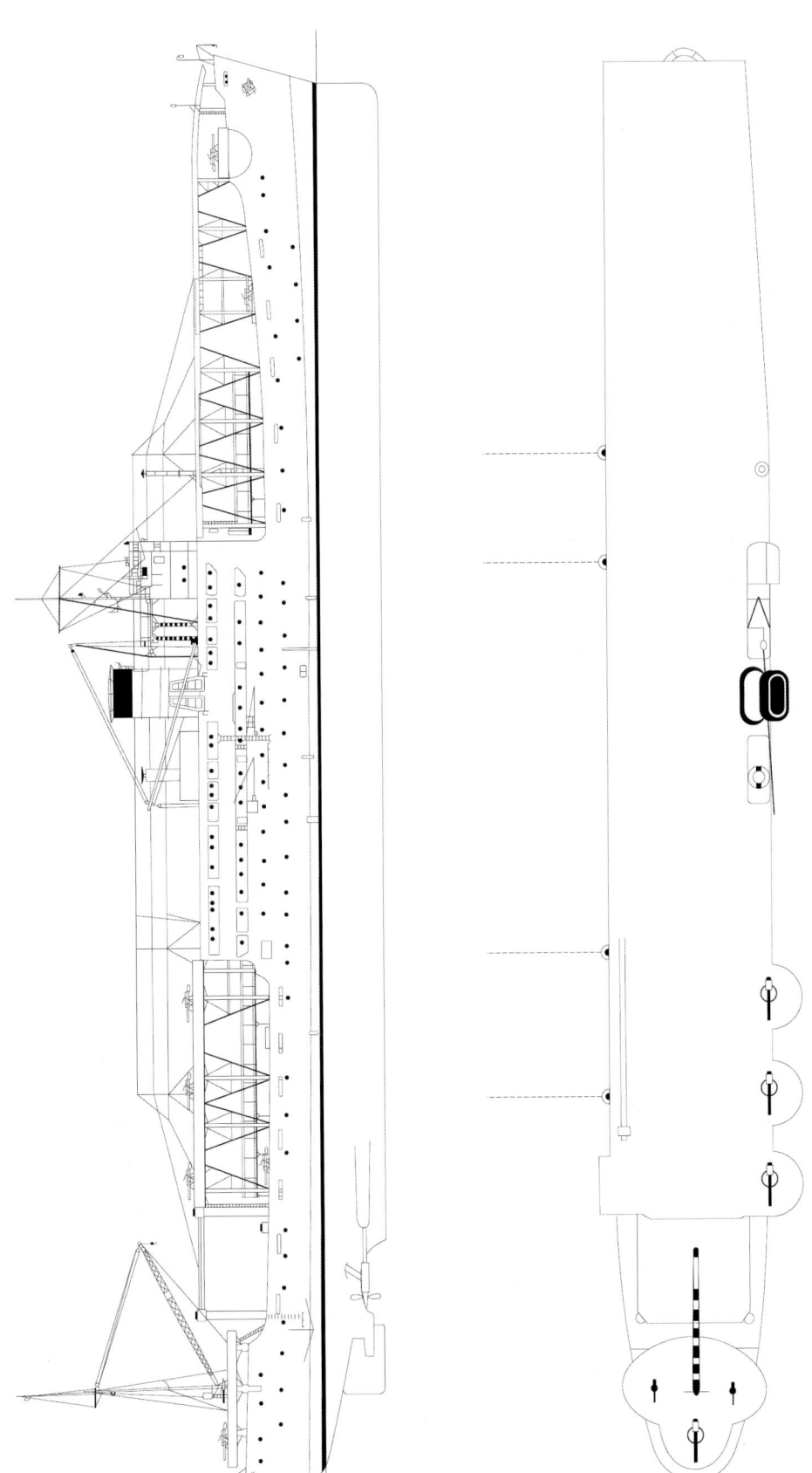

1944年时的陆军秋津丸号航空母舰线图

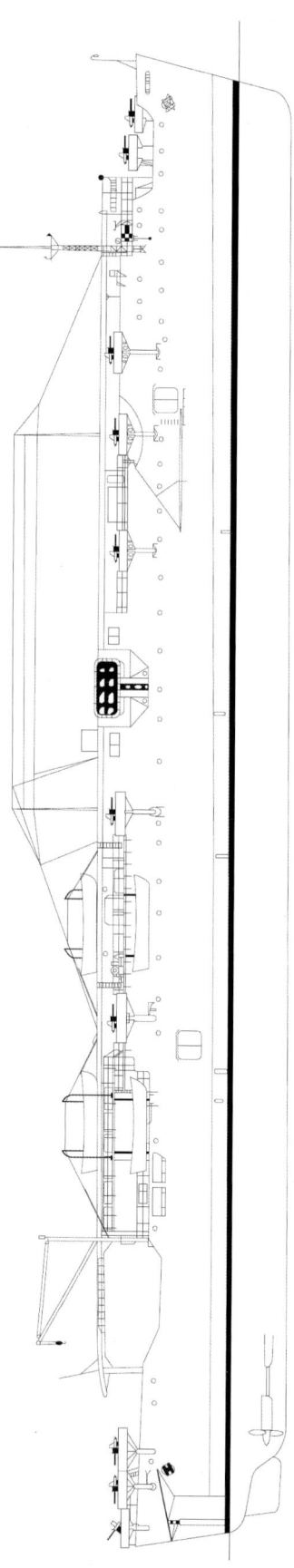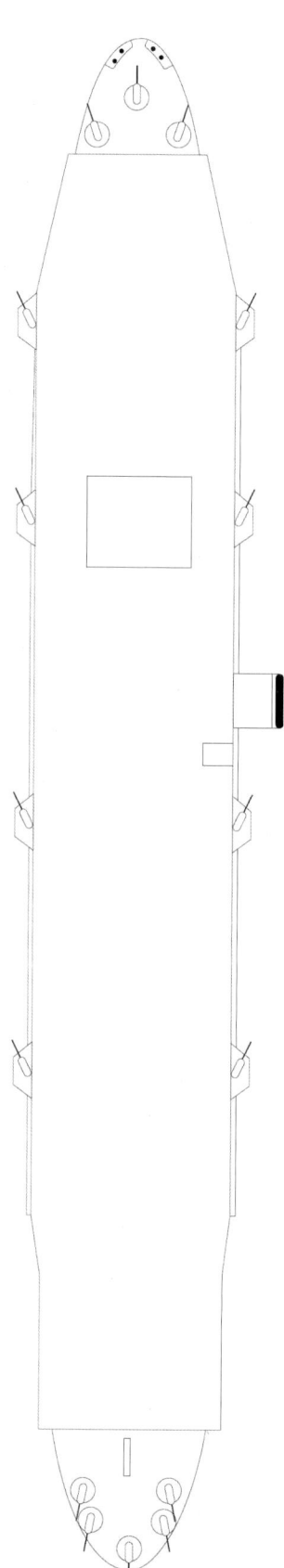

1945年时的陆军熊野丸号航空母舰线图

直保持神秘的神州丸很快拆除了弹射器，成为一艘普通登陆舰，在侵略中国的战事中表现不错。

随着中国战事陷入胶着以及对美英开战的可能性越来越大，对"海上航空兵"越发感兴趣的陆军于1939年决定建造甲、乙、丙三种特殊船，其中甲、乙型是大型舟艇母船，而丙型则是拥有全通式飞行甲板，可起飞反潜、支援小型飞机同时又能搭载小型登陆艇的特殊船。显而易见，这就是一艘多功能小型航母，海军当然会对陆军搞如此越界的装备感到愤怒（但话说回来，海军也搞过不少"越界装备"），丙型特殊船从设计到建造，别说没有借助海军之力，甚至在完工之前对海军方面都是严格保密的。1940年9月，首艘丙型特殊船即陆军航母在石川岛造船厂开工，于开战后不久的1942年1月竣工，得名"秋津丸"。

秋津丸的全直通飞行甲板长123米、宽23米，右舷设有小型舰桥，后方是直立式烟囱，建成时舰艉有一座用来吊放登陆艇的4吨起重机，对于飞机降落构成了极大障碍。1944年进行的改造工程中飞行甲板长度缩短至110米，宽度则增加至23米，甲板上增设萱场式着舰制动装置，舰艉起重机则被移动到烟囱后面，秋津丸这才算真正成为合格的航空母舰。飞行甲板后方设有一部升降机，甲板下方只有中段是开放式机库，前后部则装载登陆艇。秋津丸建成时配备日本陆军第一种低单翼战斗机——中岛九七式战斗机（与三菱九六式舰战是同一时期的战机）。由于其生涯大半只能用于战机的整体运输（事实上不能起飞），这种状态下秋津丸的机库中可装载8架九七式，飞行甲板上可系留20架。1943年9月陆军决定将秋津丸改装为护航航母，必须具有完整的起飞、降落战机能力，选定搭载仿造著名的德国鹳式Fi-156侦察机（这本身就是以随便

▲ 战后停泊于广岛县宇品港（日本陆军出发前往海外作战的大军港）的熊野丸舰体

什么地方都能起降而著称的飞机）制造的三式联络机（Ki76），加装着舰钩和深弹挂载装置（机身下纵向吊装两枚50千克深水炸弹）。该机在茨城县鹿岛滩进行投下深弹试验，获得成功。

秋津丸的改造工程于1944年7月30日在播磨造船厂完成，独立第1飞行中队同时成立，配备该舰。舰载飞行员是从日本航空学生联盟提供的人选中挑选出的20名学生。通过陆军下志津飞行学校用九五式教练机进行的初期训练后，其中9人被编入独立第1飞行中队，又转移至铫子分教所开始三式联络机的飞行训练，这里的飞行跑道模仿秋津丸的飞行甲板画线，并且也设置了萱场式着舰制动装置以进行模拟起降训练。最后飞行员们又转移至加古川飞机场，准备在停泊于播磨滩附近海面的秋津丸上进行日本陆军首次舰上飞机起降试验。但具体负责飞行试验任务的会田智中尉和畠山基曹长发现身边没有任何人能传授在舰上飞行甲板起降的窍门——理所当然，整支陆军中没有任何一名飞行员具有这样的经验——只好驾驶三式联络机直接飞到海军横须贺航空队追滨基地，请教舰上起降诀窍。海军航空队方面一开始态度倒还不错，详细说明技术要领以后还请他们到航母上吃午饭，会田智在席上趁机提出："想实际得到降落航母的感觉，所以能不能把这艘舰开动一下？"结果对方当场翻脸，叫道："什么！就算是镇守府长官也不能说开就开，你一个中尉就叫开动算什么事！"两人就这样被赶回来了。

8月1日，根据海军传授的诀窍以及在陆地设施上获得的模拟训练经验，会田智、畠山基分别驾驶三式联络机成功降落到秋津丸飞行甲板上，一个多月后已基本熟练掌握起降

▲ 战后的熊野丸舰体，只大致完成了舰体工程便被解体

▲ 战后作为打捞船使用的熊野丸，可见其加装了一个直立式烟囱

技术。飞行员驾机起飞后在船队前方及左右两侧洋上以目视进行海面搜索，如果发现潜艇踪迹，即发出警报、投下发烟浮标，最终投下深弹进行攻击。11月前，秋津丸搭载三式联络机在下关至釜山之间的航线上进行多次反潜巡逻，并没有实际发现过敌军潜艇，终于在11月9日调离独立第1飞行中队，前往陆上基地。秋津丸搭载2567名陆军官兵、104艘特攻艇等，加入了"ヒ"81船队，从门司港出发经

由中国舟山群岛前往菲律宾，负责护卫的是海军护航航母神鹰号。11月15日秋津丸被美军皇后鱼号潜艇（SS-393）发现并发射鱼雷攻击，鱼雷命中左舷，引爆运载弹药，导致秋津丸短短几分钟便倾覆沉没于中国东海。这又是一场特大号灾难，2300人与舰同沉。秋津丸原本还有一艘姊妹舰，名叫饶津丸，不过该舰1943年3月最终竣工时变更为一艘普通的运输船，因此略去不提。

1944年3月陆军与海军就建造护航航母达成协议时，还决定在M型战时标准货轮基础上设计一艘新的海上航空特殊船，称之为"M丙型"，用以接替秋津丸执行登陆运输任务（陆军还妄想在美军登陆之后实施反向登陆打击行动）。这一次海军不计前嫌，承担了该舰航空设备的设计工作。M丙型一开始就拥有长110米、宽23米（与秋津丸一致）的全直通飞行甲板，设置了萱场式着舰制动装置和降落指示灯，开放式舰艏和海军护航航母海鹰号类似，机库中同样可装载8架三式联络机，飞行甲板上可系留18架。取消了右侧舰桥以简化结构，烟囱改为舷侧可放倒式。M丙型首舰被命名为"熊野丸"，1945年1月28日下水，3月31日竣工，此时的战局当然已经谈不上执行任何实际任务，熊野丸遂在系留状态下进行可有可无的训练，战后成为复员船，1948年被解体处理。熊野丸原本也有一艘姊妹舰，名叫时津丸，1945年3月中止建造，战后工程再启，建成为一艘普通货船。日本方面曾经向美军占领当局申请将熊野丸也保留下来，改造为货船，但美军认为日军没有正式下水的航母舰体姑且可放过，但已经下水的航母都必须要解体处理。这也是战后相当长时间内美国对于日本发展海上航空兵力的总体态度。

信浓号航空母舰

日本海军以日本古代国名命名顶级军舰的传统，始自超弩级战舰时代的伊势、日向、长门、陆奥，直至二战时期的大和、武藏，1939年丸四计划中为了追赶美军扩军脚步而列入的两艘后续大和型战舰，其中第110号舰便延续传统，以"信浓"命名。信浓国也称信州，喜爱日本战国历史的人都知道，信浓北部的川中岛地区是武田信玄与上杉谦信展开战国时代最为激烈的会战的地方，拥有无数典故。信州的范围大致相当于现在日本的长野县，面积广大（当然是相对于日本这个地形狭长的国家来说的）、物产丰富、风景瑰丽壮美，冬季奥运会选择在这里举行是很有道理的。

丸四计划第110号舰即信浓号以及第111号舰即纪伊号作为大和型战舰，同样以创造世界纪录的最庞大吨位战舰为标准，其460毫米巨炮是口径最大的战舰主炮，装甲带则可以抵御460毫米炮（当然并没有对手装备此口径巨炮）在2万至3万米距离上的打击。尽管战争末期大和、武藏都是被美军舰载战机用炸弹、鱼雷击沉的，但两舰在沉没之前所受到的打击之多、坚持时间之长，"不沉战舰"的名号当之无愧。如果有机会进行传统的战列舰队决战的话，大和、武藏及后续舰作为战列舰队中坚力量是很有可能令日本海军占据"质量优势"的。当然，战列舰队决战的梦想随着日本海军1941年12月发动的突袭珍珠港行动以及数日后在南海用陆基轰炸机击沉英

▲ 1944年11月11日，在东京湾进行公试航行的信浓号航母正在转向，舰体向右舷倾斜

国战舰的行动而被迫终结了。信浓于1940年5月4日在横须贺海军工厂开工建造，有趣的是其开工仪式上主持神道祝仪的人由于保密原因不能请外面的神主，便由持有神主资格、姓氏为大须贺的一个工人代为主持作法。

大和、武藏是分别在吴海军工厂和三菱长崎船厂建造的，横须贺厂当时还没有能够容纳满载7万吨的巨舰的船坞（该厂此前建造的最大吨位军舰是4万吨的陆奥号战舰，在5号船坞内建造），为此还专门新建了长336米、宽62米、深18米（如此深度也是为了隐藏建造中的舰体部分）的6号船坞，这也是因为以后如有4艘大和型巨舰服役的话，其整备维修工作还是需要更多的大型船坞设施（此前唯一能够修理大和型战舰的是佐世保海军工厂第7号船渠）。后续舰纪伊号于1940年11月在吴海军工厂开工。为了今后能将信浓号战舰庞大的460毫米主炮塔从吴港整体运到横须贺，专门建造了运输船樫野号，载货重量达11460吨，货舱入口尺寸达15.7×14.8米（但该船在1942年9月初被美军潜艇击沉）。太平洋战争打响后，两艘巨舰的建造工程便停止了，此时信浓已完成舰体工程的50%，具体情况是

中央部建造至水线附近，前后部建造至弹药库底部附近，动力系统也已安装一部分。停工原因倒不是日本海军跟被其航母编队打疼了的对手一样，已经想通战列舰光环不再、从今往后必须依靠航母编队横行大洋，而仅仅是这两艘巨舰计划下水时间是1943年，竣工至少要到1945年，但日本根本就没有打算进行如此漫长的战争。战事拖延时日越久对日本就越不利，日本海军需要将眼下所有资源集中到较短时间内可以完工并立即投入战争的武备上面，以期尽快将美国打击到承受不住而求和（当然这是妄想）。停工的战舰命运将

▲ 建造了110号舰（信浓）的横须贺海军6号船坞近年所拍摄的照片，可见其规模之庞大

信浓号航母舰体隔舱区域及装甲尺寸数据图

而战局的发展与日本海军的迷梦完全相反，1942年6月中途岛海战中南云机动舰队惨败，一举损失4艘主力航母，于是日本海军在其后紧急修订的改丸五计划中列入了一大堆航母，如前文所述占据多数的便是15艘云龙型，建造编号第5001至第5015号，但后来实际开工建造的6艘云龙型航母当中隔开了5002、5005这两个编号，原因就是这两艘航母的资金被转用于将信浓从未完工的巨型战列舰改造为巨型航母（第111号舰纪伊则被废弃解体，拆解下来的资材被用于伊势、日向两艘战列舰的改造工程）。日本海军过去曾经将赤城、加贺改造为大型航母，并不缺乏相关经验，但由于中途岛战役的惨痛教训历历在目，各方针对信浓舰改造方案发生了争执。时任舰政本部长的岩村清一认为可以沿用大凤初始方案，令信浓成为拥有厚重钢铁防护甲板的大型航母，不搭载攻击机、轰炸机而多装载补给物资，负责在机动舰队主力前方充当浮动基地，使日军舰载机部队得以实施"超航程战法"。航空本部和军令部虽然赞成信浓加装一定的钢铁防护甲板以提高抗打击能力，但主张仍然搭载一定数量的攻击机，能够作为舰队作战航母使用。

最终日本海军决定采取折中方案，信浓号航母依照当时正在建造中的大凤，加装装甲飞行甲板，但也要有空间装载攻击机，能够成为舰队作战航母（大凤建成之后在马里亚纳海战中也是作为舰队主力作战航母而非突前的"海上中转基地"来使用的）。舰政本部以福田启二海军造船中将（大和级战舰的整体设计负责人）为中心，立即着手绘制具体改造方案的设计图，仅用了3个月时间，于1942年9月完成，立刻在海军横须贺工厂开始改造

工程，计划在1944年末完工。但在瓜岛战役结束的1943年初，由于战事中受创的大量舰船挤满船台，军令部下令把修复舰船、建造短时间内可用的船舶列为最优先事项，于是信浓的改造工程又暂时中止，计划建成日期被推后至1945年，从当时日益严峻的局面来看，如此延迟几乎等于宣判死刑，下一步就等着废弃解体了。直至1944年6月马里亚纳海战中小泽机动舰队惨败，信浓的改造工作才热火朝天地重新启动，日本海军甚至将所剩无几的人员、物资都优先分配给信浓使用。信浓成为继首战即告沉没的大凤之后，日本海军乃至国家上下共同指望的又一个"最终决战兵器"，而当时谁都不会想到，信浓的结局会比大凤还惨。

对于后世有意研究信浓号航母相关历史的学者来说，非常困扰的一点是：在战争结束后，军令部下令将信浓的建造记录不论公私，全部烧毁，结果现有资料大多是根据横须贺工厂技术人员以及海军人员的回忆写成的，错漏难免，且由于信浓永眠于数千米深海之底，也无法通过实物证据来验证。

1942年日本海军对改装完成后的信浓要求如下：第一，主要搭载机是舰战机36架、舰攻机18架、舰侦机9架。飞机库设施主要针对舰战机，舰攻机则尽可能地存放入机库，其余的可以系留在甲板上。第二，飞行甲板防御要确保可以抵挡俯冲投下的500千克炸弹，飞机库后部要确保可以抵挡俯冲投下的800千克炸弹。第三，舷侧防御以第130号舰（大凤）为标准（可防御巡洋舰20厘米主炮于1万米外发起的攻击）。第四，炸弹、鱼雷、航空燃料的搭载量也以第130号舰（大凤）为标准，可对战机实施快速补给。航母信浓在舰体部分与大和型战舰几乎没有什么区别，同样采用

了球鼻艏，整个舰体形态宽大厚实，船腹形状和隔舱等根据使用要求进行了一定程度的调整，原先的战舰用弹药库被改造为航空燃料库、航空弹药库等。舰艉采用纵向双舵推进，提高转向能力。航母大凤出于提高航行性能、延长飞行甲板长度的考虑采用了封闭式舰艏，但在如此庞大的信浓上并无采取同样设计的必要，因此信浓恢复过去的开放式舰艏设计，机库的通风性能相比大凤大有改善。

由于原先是一艘巨型战列舰，信浓近72000吨的满载排水量不但是当时的世界之最，而且在1961年美国海军最后一艘常规动力航母、向核动力航母过渡的小鹰号航母（满载83300吨）诞生之前一直保持着世界最大吨位航母纪录。信浓由此能够拥有总长达256米，前部宽22米、中部宽40米、后部宽30米的特大尺寸飞行甲板，且与大凤一样是钢铁防护甲板。信浓的飞行甲板装甲带长210米、宽30米，将甲板下的飞机库整个都覆盖起来，所采用的装甲种类和厚度与大凤一致，即20毫米SD特殊钢板的上方再加一层75毫米NVNC钢板，抵挡俯冲投下的500千克炸弹应无问题。毫无疑问，信浓必须为此承受当时世界上所有军舰中最大的上部结构重量，为支撑该上部结构而设计的箱型钢梁，厚度达到800毫米，钢梁柱本身宽度也达到了14毫米。大凤的飞行甲板表面铺设了一层涂有防火涂料的木甲板，但信浓的飞行甲板表面则是混杂了木屑的水泥（据说是因为缺乏材料，只能将就用这个），战机在信浓舰上起降时扬起的颗粒物可能会构成妨碍（当然这对于短命的信浓来说并非实际问题）。信浓同样取消了三台升降机的设计，飞行甲板上只有前部和后部两台升降机（分隔距离相当远），前部尺寸15×14米，后部尺寸13×13米，升降机

重量分别达到了180吨和110吨，且升降机表面也设置了75毫米NVNC钢板。着舰制动装置为大凤上已采用的三式十型制动装置5座，采用油压制动力，飞行甲板上有15条横向拦阻索，数量是日本航母之最，没有设置遮风栅。信浓的舰桥也沿用大凤的一体式大型舰岛结构，上下有五层甲板，设置在罗经舰桥后方的大型烟囱向舷外偏斜26度，舰桥上装有两部21号电探，最高位置的信号桅上还有一部13号电探，舰桥中的操舵室等重点部位也用40毫米圆筒形装甲板保护。

在沉重的钢铁飞行甲板之下，信浓只拥有一层飞机库，这是因为改造工程开始时信浓已经建造至中甲板附近，在其上设置多层机库当然会导致重心失衡，而如果再大动干戈拆开甲板结构则无法满足工期要求，所以改造一开始就设想其搭载机数为63架，大大低于满载排水量仅32000吨（不足信浓一半）的翔鹤型航母（84架），而将搭载战机更新为日本海军寄予希望的新机种之后，数量更是降低到了合计仅47架（烈风舰战18架、流星舰攻18架、彩云舰侦6架及备用机5架）。日本海军看到烈风舰战因为各种原因难产，又有了搭载紫电改局部战斗机舰载型号机的打算（并进行了起降试验），然而所有这些战机搭载计划最后都化为泡影。信浓的飞机库，与其说关注搭载战机数，不如说更加关注的是安全性问题。该机库是很有独创性的半封闭、半开放式，不像老旧航母那样基本完全开放、只用一些钢梁支柱支撑，也不像大凤那样完全封闭式设计、只在机库侧壁上设置爆气排放孔，而是在前部机库两舷设置多处宽达10—12米的开口，这既有利于排出爆燃气体，也便于在机库着火时将飞机和弹药由此推入海中防止被引爆。这些开口平常是用

帆布遮盖的，以防夜间灯光暴露本舰位置。至于后部机库，则是用来停放舰战机的（前部机库主要停放舰攻机和舰爆机），这一区域引爆危险较小，因此仍然采用封闭式设计，在机库侧壁上设置爆气排放孔。其他已成为日军航母设计惯例的损管防护措施，信浓舰上也全部采用，如舰体侧部的倾斜防鱼雷部、舰体内到处分布的消防喷嘴、隔离升降机与机库的钢制防火门、将弹药快速提升至甲板的输送装置、舰底部的三重底结构、注入重油或水的中间隔舱、环绕轻质油库的混凝土壁板等等。吸取大风的惨痛教训，信浓的航空轻质油库还被分别设置在下甲板下的舰体前后端，顶部增加70毫米装甲、侧面增设25毫米装甲，可谓固若金汤。所有这些防护措施真的全部付诸实践、发挥作用的话，信浓真可自豪为"不沉空母"！但无情的事实证明，信浓其实连一艘能正常入海航行的船舶都算不上。

1944年7月，在马里亚纳海战惨败后已近疯狂的军令部将第110号舰即信浓的改造工程重启定为最优先项目，并要求其在10月15日竣工！除非像中国清末创设北洋海军的李鸿章所说的以裱糊匠的办法随便涂糨糊搞出这艘巨舰来，否则这个工期要求是绝对不可能实现的。由于要拼命加强防护能力，信浓的船壳比大和重1900吨，防御钢板重量增加了2800吨，舾装重量增加了1200吨，这当然意味着改造信浓所需的工时数只会更多不会更少。从舰底开始装载的各种舾装品尺寸都比横须贺工厂曾经接触过的大出许多，而且舰底防御又是重点，每一个大部件的安装都相当困难，结果是除了与战斗、航海、损管直接相关的设施以外，可以省略的舾装尽量都省略了，舰内装饰一概取消自不用说，连水兵居住区也真正成了铁罐头，官兵进去睡觉基本就是在铁板上打地铺而已（负责损管的内务长对此很欢迎，但由此带来的恶劣卫生条件使得将要负责舰上官兵健康问题的医务长很恼火）。

信浓居然真的在10月初便悄悄地在6号船坞下水了，实现这个"奇迹"首先靠的是所有参与者的辛劳努力。由于大量工厂熟练工人被征召服役去了，横须贺船厂不得不从民间造船厂抽调工人前来援助，但还是不能满足需要，又从海军浦贺工机学校调来学生，甚至从和造船完全没有关系的学校如海军炮术学校、水雷学校等等调来学生，组成所谓的"学生勤劳报国队"投入工程之中，到最后连朝鲜工人、中国台湾工人、"女子挺身队"均来者不拒！为了维持日本将这场战争进行下去的最后一线希望，所有人都以"感天动地"的热情，不顾极度疲劳和食物匮乏拼命工作，被累倒饿晕是常有的事，工程中因过度疲劳和事故还至少造成了10人以上死亡。

但无论这些"裱糊匠"的热情有多高，在如此庞大繁杂的工程中使用"裱糊"的办法，显而易见会在技术层面上造成无数隐患，毕竟信浓前身作为大和型战舰，内部结构非常复杂，就是横须贺工厂中经验丰富的工程师，拿一张平面图也看不出这是上甲板还是中甲板，非得拿着三四张图纸互相对照才能把握全貌进行工作，而具体在现场铆接铆钉、焊接舱壁的却是一批缺乏经验的工人甚至未成年的学生。工程质量隐患只能依靠事后进行严格的气密、水密试验来检查疏漏，从而进行弥补，但海军的要求是信浓必须火速下水、火速服役、火速投入战场……结果各项试验都是象征性搞一下就完事了，中甲板以上的舱室甚至什么试验都没有做。甚至于在信浓下水的时候，作为舰船心脏的动力系统也是敷衍了事地对待，12台锅炉中只有8台进行了短时间调试，确认可以开动。

10月5日，为了追赶海军如同梦呓一般的要求期限，信浓下水了，但下水仪式上就发生了令人哭笑不得的事故。上午8时，工作人员开始向6号船坞内注水，但此前只有1号至5号船坞操作经验的相关人员却忘记了向坞门隔舱内注水。根据当时在场者回忆，船坞内外水位差至少还有2米时坞门被海水压坏了，大量海水突然涌入坞内，使得信浓左舷舰体倾斜并与坞壁发生多次摩擦碰撞，发出了极其可怕的声音，固定舰体用的绳索噼里啪啦都被扯断了。结果造成舰艏受损，球鼻艏中的声呐故障，螺旋桨的桨端也发生破损。进水仪式上发生如此事故是闻所未闻的，只能紧急进行抢修。10月8日匆忙举行了命名仪式，作为天皇代理的米内光政海军大臣亲自到场，将110号舰命名为"信浓"。抢修至10月23日基本结束，信浓终于再次驶出船坞，11月11日进行第一次公试航行，12日零式舰战、天山舰攻、紫电改局地战斗机舰载型号试制紫电改二、流星舰攻、彩云舰侦等各种型号新型战机纷纷在信浓舰上进行了起降试验，由于信浓的甲板实在异常宽大，所有起降试验都获得了成功。11月19日，信浓终于宣告竣工，编入第三舰队第一航空战队，而就在这几日之间，人类海战史上规模最为宏大的菲律宾大海战已经结束，连同小泽机动舰队在内的整个日本海军联合舰队事实上已被彻底打垮。此时竣工的信浓当然不可能扭转日本必然失败的战争结局。

信浓号航空母舰主要性能参数：

标准排水量：62000吨。公试排水量：68060吨。满载排水量：71890吨。舰体全长：266米。最大舰宽：36.3米。平均吃水深度：10.31米。飞行甲板全长：256米。飞行甲板最大宽度：40米。动力装置：舰本式高中低压减速齿轮蒸汽轮机8台，吕号舰本式重油锅炉12座。输出功率：150000马力，四轴推进。航速：27节（由于动力系统问题实际最高航速在20—21节左右）。燃料搭载量：重油9000吨。续航距离：10000海里/18节。武器装备：双联装40倍径89式127毫米高射炮8座，三联装96式25毫米机炮37座，单装96式25毫米机炮40座，28联装对空火箭发射器12座（但这些防空武器实际只安装了一部分）。计划搭载舰载机：47架，其中烈风舰战18架，流星舰攻18架，彩云舰侦6架，备用机5架（实际没有搭载任何战机）。乘员：2515人。

信浓加入海军服役时已经很少有日本舰艇胆敢向外洋航行了，除非是像数月之后冲绳战役期间执行自杀性攻击任务的大和号战舰那样，怀着必死的念头往美国人的枪口上撞。但就算滞留在本土港口，也根本无法得到安全。美军于马里亚纳海战获胜后夺取了该海域内诸多岛屿，将关岛、提尼安岛等岛屿整备为庞大空军基地，然后进驻了大批B-29轰炸机群，自11月下旬开始对东京实施大规模轰炸，紧挨着东京的横须贺港当然也处于B-29的恐怖阴影之下。为了在一个较为安定的环境下将信浓的全舰系统调试和武备安装工作完成并接收新型舰载机上舰，时任联合舰队司令长官的丰田副武于11月24日电令信浓舾装员长亦即唯一舰长阿部俊雄大佐，要求其迅速指挥信浓偕同第17驱逐队由横须贺出发回航濑户内海西部，至于出发的具体时间、航线则由阿部舰长自行定夺。从下水、试航到驶出横须贺港的这一段日子中，大批年轻海军官兵来到舰上，感觉自己真是登上了一艘史无前例的航空母舰，一开始的两三天里总会

▲ "超级祥瑞"雪风号驱逐舰，刚刚归属第17驱逐队便"克死"了老舰金刚，信浓号沉没后下一个要倒霉的就是大和了

在庞大的舰体内迷路。信浓的飞行甲板上则可以同时容纳一千数百名官兵做早操，一点拥挤感都没有。而且由于飞行甲板装甲十分厚重，一千数百人同时在上方蹦蹦跳跳，甲板下的士官室中竟然听不到任何动静。天空中除了大集群的B-29轰炸机以外，偶尔也会有单架B-29前来到处绕圈子，显然是在拍照侦察。事实上，美军拍摄的航空照片确实已经将信浓摄入，但从战后公开的文件来看，美军当时已经确认大和号巨型战舰（这艘巨舰从诞生到沉没，直至战争结束，都是一直处于完全保密状态中的）和已被击沉的一艘同型战舰（即武藏）的存在，但并没有推导出航空照片上的神秘巨型航母是又一艘该型战舰改造而来的。

别说对敌人，信浓就算对已登上舰的官兵都保持着神秘的面纱：除了极少数高层将官以外，绝大部分舰上官兵以为信浓的满载排水量是65000吨。如果出海遇到了什么问题，连正确的排水量都不知道，当然是很有可能导致大错的。当时舰上的军医长安间少佐，就是出海以后被造船监督官中川少佐叫到私人舱室里去喝酒，喝到"酒后吐真言"的程度，才从后者口中得知信浓实际排水量超过70000吨的。舰长阿部俊雄当然不至于如此两眼一抹黑，但其所面对的抉择仍然非常艰难。信浓本身只是名义上竣工服役，实际动力系统不能全力运转，大量必要的检测试验也未进行，还不是一艘合格的军舰。为其护航的第17驱逐队由矶风、滨风、雪风三艘阳炎型驱逐舰组成，虽然都是久历战阵、经验无比丰富（当然其中的"祥瑞"雪风是人见人怕）的战舰，但其反潜、防空武备是远不足以对付美军先进的潜艇、战机的，而且这三艘驱逐舰自菲律宾海战以来一直不能让官兵登陆休整，处于非常疲劳的状态（菲律宾海战结束后第17驱逐队护卫第二舰队战列舰大和、长门、金刚返回本土，11月21日在台湾海峡遭美潜艇鱼雷攻击，金刚以及第17驱逐队旗舰浦风号被击沉），还有资料称矶风、滨风的声呐仍处于故障未修复状态。

简直被美国潜艇吓破了胆的驱逐舰舰长们向阿部舰长提议白天起航，利用空中侦察机警戒周边海面潜艇，并且信浓也尽量紧贴海岸线航行，万一遭到攻击受创可以立即靠向海滩，不至于沉没。这个方案对于预防潜艇攻击当然是有利的，但坏处是白天航行易受美军空中力量打击，而且即使受创后在海滩搁浅不至沉没，如此境地中的信浓又怎能在以后的战事中发挥作用呢？这辈子第一次担任大型战舰指挥官的阿部俊雄显然不会甘心。战后很多人指责任命阿部俊雄为信浓舰长根本就是个错误。确实，相对于美军空中力量，阿部舰长比较不担心暗夜中碰上美军潜艇的威胁，这很可能是出自他自身的经验：他的哥哥就是阿部弘毅海军中将，在1942年为炮击瓜岛机场而进行的第三次所罗门海战中损失了麾下比睿、雾岛两艘战列舰。两舰是日本海军近代史上首次"战沉"的主力战舰（日俄战争中因触水雷爆炸沉没这种情况日本海军都不算作"战沉"），阿部弘毅因此被海军高层打入冷宫。阿部俊雄心中未必没有挽回家族名誉的念头。他是"水雷屋"出身，后担任水雷学校、工机学校教官，在海军炮舰上服役一段时间后又回来兼任多个海军术科学校的教官，其中就包括培养潜水艇士官的

潜水学校。因此阿部俊雄很可能是根据自己早年对日本潜艇性能、战法的了解做决断的，但这些早年的知识对于太平洋战争末期装备先进声呐雷达，且静音等各方面性能都很优秀的美国潜艇而言很难讲是正确的。无论如何，阿部舰长坚定地做出了决断：信浓及其护卫舰将在黄昏时分起航，利用夜间黑暗突破远洲滩，次日天明时抵达潮岬附近海域，从而顺利进入较为安全的濑户内海。航行途中与海岸线保持数十海里的距离（因黑夜中如果紧贴海岸线航行极易撞上礁石）。阿部俊雄在太平洋战争初期作为二水战第8驱逐队司令，曾经成功指挥了巴厘岛海战，1944年5月被任命为联合舰队旗舰大淀号巡洋舰的舰长，此时成为日本海军最后希望的信浓之舰长，真可谓平步青云，而与他接触过的官兵则说他身具"古武士之风"，这也是许多豪迈的"水雷屋"的共同特征，因此阿部俊雄是绝不会优柔寡断或者屈从于他人意见的。

11月28日13时30分，信浓驶出横须贺港，滨风在前方、雪风在右舷、矶风在左舷实施护卫，18时30分驶入外洋海面。大部分舰员和

▲ 美国海军功勋潜水艇射水鱼号（SS-311）。该艇在二战中除信浓以外只击沉了第24号海防舰，但由于信浓的吨位，仅这两个战绩就让它的击沉吨位在美军潜艇中排到第25位。战后射水鱼号实施了现代化改造工程，在太平洋上活跃了很长时间，1968年退役，被用作新型鱼雷的试验标的舰击沉

一部分船厂工人（仍然在轮机舱和轻质油库附近作业）乘坐舰上。信浓的飞行甲板和机库上没有搭载战机（有一种说法认为搭载有3架爆击机，但无法证实），可能装载有50枚樱花特攻弹和一些其他货物。与此同时，美军潜艇射水鱼号（SS-311）在恩赖特海军中校的指挥下正在东京湾南方海中巡航，其原本的任务是救助轰炸东京后落海的美军飞行员，但由于当天并没有轰炸东京的任务执行，射水鱼号处于自由狩猎状态。19时左右，矶风和信浓都侦测到似乎是美潜艇的雷达电波，但电波信号断断续续、很快消失，阿部舰长下令加强警戒。20时30分左右，射水鱼号瞭望员报告发现右前方有"小岛在移动"，恩赖特艇长认为那是一艘飞鹰或大凤型的日军航母，下令追击。尽管信浓此时最高航速只有20节，但作为一艘潜艇的射水鱼号要追上它并不容易，且晚间10时45分左右，恩赖特发现一艘日军驱逐舰向其接近至3000米距离，不得不暂时退避。这是滨风号驱逐舰（但恩赖特将其记录为矶风），发现海中有疑似潜望镜目标而向其接近并做好了炮击准备，但阿部舰长认为炮击只会暴露自身所在位置，命令驱逐舰返回，继续在信浓身边守卫。信浓舰上并没有人对敌军潜艇踪迹的出现感到吃惊或害怕，夜宵照常享用，通信室中的年轻士官们听着盟军的日语广播不亦乐乎。但就在午夜时分，信浓的推进轴发生过热故障，速度下降至18节以下。以之字形反潜路线航行的信浓在29日凌晨3时左右，与坚持不放弃的射水鱼号之间又缩短了距离。

恩赖特艇长抓住机会，3时17分在1280米距离上连续发射6枚定深3米的鱼雷，信浓右舷尾部首先被命中，随后右舷后部及中部又接连被命中3枚鱼雷，右舷外侧的3号锅炉舱很快进水灌满，舱体裂缝造成临近的1号、7号锅炉舱也进水。三艘护卫驱逐舰急忙以深水炸弹攻击，射水鱼号潜入水下，记录了14次深弹爆炸冲击，所幸没有被直接命中。阿部舰长接到的初步报告是部分区域进水、右舷倾斜6度（实际达到9度），造成死亡和受伤者各数名。他认为如此巨舰被击中这几枚鱼雷并无大碍，因此做出了大错特错的决定，令信浓继续维持18节航速航行。虽然这个命令使得躲过深水炸弹的射水鱼号无法实施进一步追击，但信浓本身就不牢固的防鱼雷突出部与舷侧装甲带结合部被定深较浅的鱼雷爆炸撕裂，风大浪高、海水流速极快的情况下还不将航速降下来，海水趁势大量涌入破口处。偏偏这时左舷注水装置阀门又发生了故障（极有可能是缺乏经验的应急处理员操作不当），向左舷注水恢复舰体平衡的举措也不能实施了。缺乏训练的年轻水兵们惊慌失措，别说采取正确的损管措施了，很多人就连自己在舰体内部什么位置都不知道！即使是老手水兵，对于信浓的状况也是难以处理的：有些水密门即使在关闭之后，由于螺栓没有紧固到底或者螺帽松动，也会留出2厘米左右的缝隙，也就是说这些根本算不上水密门，未进行气密检测的舱壁也大量漏水。

在黎明前黑暗静默的舰桥中，阿部舰长和全体幕僚明显感到舰体在继续右倾，既莫名其妙又万分焦躁，通信指挥室中已经开始整理机密文件。凌晨5时左右，右舷蒸汽轮机停转，锅炉舱在8时以前也完全停止了运转，舰体右倾达到20度。太阳已经升起，但四周完全看不到陆地。已经有海水漫至上甲板。阿部舰长首先命令"工厂相关者上飞行甲板"，但这条命令往下传达时不知怎么地竟变成了"全员上飞行甲板"，结果导致舰内情形更加

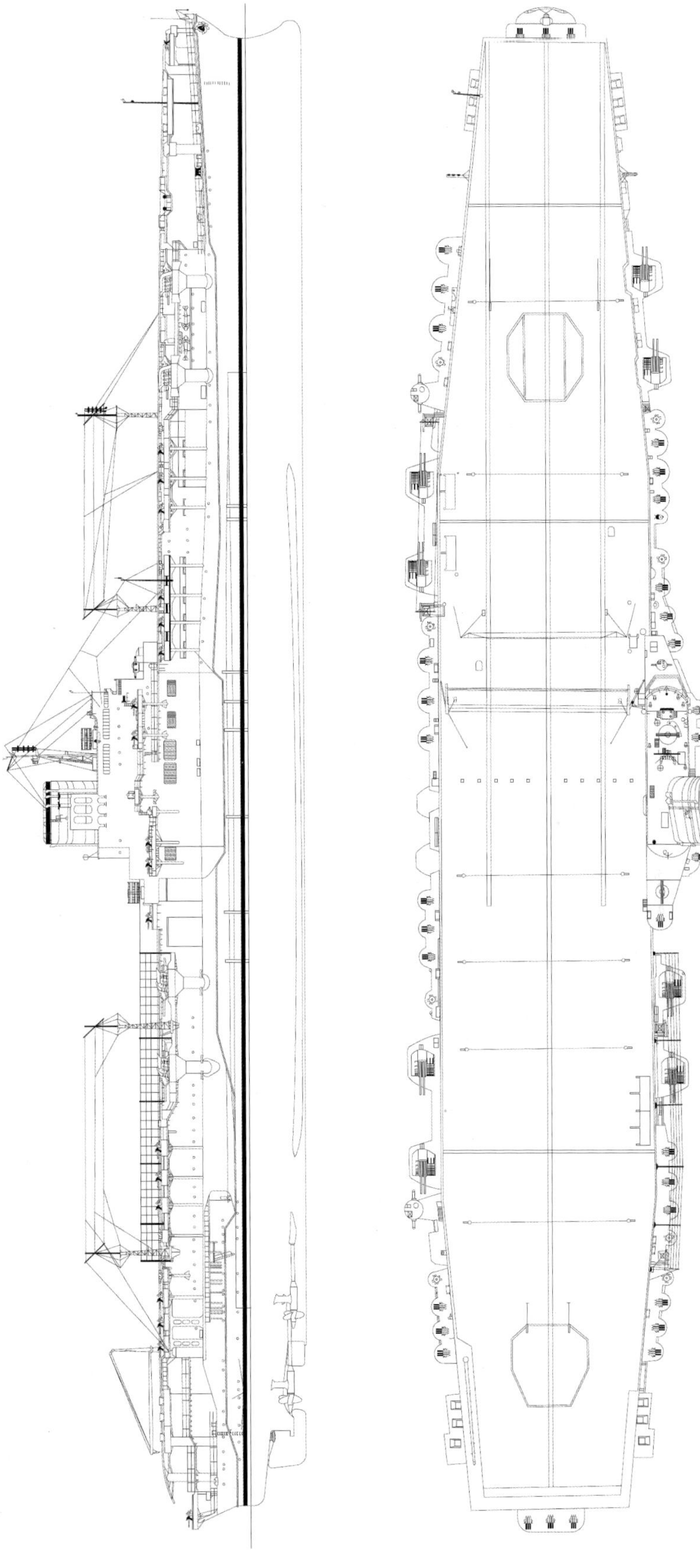

第四章 覆灭 /299

1944年时的信浓号航空母舰线图

混乱。作为最后一招，信浓舰上打出了要求驱逐舰靠近、以缆绳拖曳信浓航行的信号旗，阿部舰长亲自来到舰艉监督拖曳作业，但此时进水严重的信浓已无法由驱逐舰拖曳，缆绳承受不住力量断裂了。9时30分，铁青着脸回到舰桥（此时波浪已经在拍打舰桥底部）的阿部舰长承认信浓已无可救药，取下"御真影"（天皇照片）做弃舰准备。10时35分，舰体倾斜已达35度以上，沉没就在眼前，阿部舰长终于下令全员撤离。很快左舷炮台和外舷处便挤满了人，阿部舰长则留了下来，在最后的时刻，有人看到他笔直地站在舰桥中，旁边站着一位身上包裹着军舰旗的年轻士官，一同与信浓共命运。泽本中尉捧着"御真影"与士官们登上左舷救生艇（右舷的当然都已在海面以下），但还是有很多人无法登艇，在信浓沉没前数分钟纷纷跳入冰冷的海水中，最后时刻仍有上百人站在舰上。信浓在海水中翻过身来，其鲜艳的红色船腹部在太阳光的照耀下仍在海面上坚持了九分钟，随后徐徐下沉。当信浓彻底消失之后，海面上足有近两千个脑袋在挣扎。气象条件仍然非常恶劣，大浪滔天，仅仅三艘驱逐舰在如此海况下能够救起的人很少，因此落水者幸存概率很小。10时57分，信浓沉没于潮岬东南55海里海域，大致位置是北纬32度、东经137度附近，1435人与舰同沉。1945年8月31日信浓被除籍。

信浓创造了一系列令人难以置信、保持至今而且未来恐怕也很难被打破的纪录：它是航母历史上被击沉的最大吨位航母，同时也是潜水艇战史上一次攻击所击沉的最大吨位军舰。信浓还是唯一宣告竣工之后仅仅10天、第一次驶出外洋不过10小时就被攻击，不到20小时就沉没的航母，当然也创下了日本海军正式军舰的最快沉没纪录（至于这是否是世界军舰史上的纪录，有兴趣的读者可以自行调查）。信浓被日本人称为"史上最厄运军舰"自然是名副其实，但这份厄运对于日本海军与既邪恶又异常愚蠢的"大日本帝国"来说是很公平的。上千名相信他们将要在这艘航母上扭转日本命运的年轻水兵是牺牲品，船厂工人与学徒付出的无数汗水劳动也是牺牲品，因为日本的战争领导者们不肯承认自马里亚纳海战以来已经无法扭转的战局，提倡"大和魂"必胜的精神胜利法，不顾一切客观条件强令船厂加快信浓工程进度，不承认现实、在脑中营造"一亿总玉碎"臆想，最后得到这样的后果是必然的。信浓驶出外洋便要面对强大的敌军舰队兵临城下，空中、海面、水下到处暗藏杀机，对于一艘军舰来说最恶劣的外部环境莫过于此，而信浓本身的建造质量却完全不合格，倒不如说它漂浮在海面上的每一分钟都堪称奇迹，即使不遇到射水鱼号潜艇，早晚也要遇到其他命中注定的克星，唯一归宿只能是葬身大海。

关于信浓还有几条趣闻可说。射水鱼号潜艇成功实施攻击之后忙于躲避日军驱逐舰的反击，不能确认是否已击沉一艘"非常大的航母"，而美军情报人员在解读日军电报之后告诉恩赖特舰长说他击沉了一艘以"信浓川"命名的巡洋舰改造航母，根据攻击时估计的目标尺寸，认为这次行动的击沉吨位是28000吨。直到战后日本方面承认了信浓的沉没，射水鱼号官兵才晓得他们击沉了世界上最大的航母，恩赖特中校于是获得了海军十字勋章嘉奖。1944年末，以三川军一海军中将为首的"S事件调查委员会"成立，以信浓沉没的原因不是工程事故而是敌军攻击为主要出发点进行调查，但出席委员会作证的幸存者都怒气冲冲地质问指挥高层为何造出如此一艘脆弱军舰，省略气密试验等，还强令其出港，只让三艘驱逐舰负责护卫。结果调查会议开到最后，罗列出来的相关责任者虽然很多，但真正受处分的事实上一个也没有。在信浓改造之前作为战列舰时，为其打造的9门460毫米巨炮完成了7门，战后被美军弄去研究之后作为废钢铁处理了。信浓的巨炮炮盾也被带回美国，用美军最大口径的406毫米炮近距离内轰击破坏（战前日本海军相信美国蒙大拿级战列舰将装备可与大和争雄的457毫米主炮，因此曾经试制更为惊人的510毫米主炮），以残破状态展示在华盛顿海军船厂公园内，日本方面曾请求将之归还，但美国方面没有答应。不过这些都不算什么大事，对于日本人来说最痛心的，恐怕还是专为信浓建造的横须贺船厂6号船坞，由于战后横须贺港由美国海军第七舰队接手驻扎，这个船坞成了美军修理整备自家航母与各种军舰的场所，而日本人基本上是连靠近这个地方都被禁止的。

伊势型航空战列舰

信浓这艘世界最大战列舰被改造为航母，说明日本海军通过中途岛的惨痛教训终于认识到航母舰载航空兵力才是从今往后海上战争的决定性力量（尽管由于种种原因其认识仍然只偏向于进攻方面，在航母战术运用上，很长一段时间里仍然没有什么改良），因此改造战舰成为航母的目光当然不仅仅投向了信浓，所有体积庞大的战舰都成了潜在目标。日本海军早年在弩级舰时代后所建造的各级大型战舰（只有金刚级的首舰购自英国）按时间顺序有金刚级4艘、扶桑级2艘、伊势级2艘、长门级2艘、大和级2艘。金刚级虽然最为老旧，但因航速颇快又操纵熟练，太平洋战争爆发后竟成为最活跃的日本战舰。第二次所罗门海战后机动舰队退出瓜岛战事，只能由金刚级战舰硬着头皮去轰击瓜岛机场，结果第三次所罗门海战中二号舰比睿、四号舰雾岛战沉。因此虽然将金刚级改造为航母是颇诱人的选择，但前线战事非常需要该级战舰提供火力打击，不能撤回实施改造。扶桑级战舰航速缓慢，太平洋战争爆发时已不堪用，结局是在1944年菲律宾海战中的苏里高海峡之战里，作为海战史上最后的T字型炮战中完全被动挨打的一方凄惨战沉。长门级在太平洋战争爆发时是联合舰队旗舰，大和级则是战争爆发后建成并很快成为旗舰的世界最大军舰（其中武藏竣工是在中途岛战役后的1942年8月），将它们改造为航母首先在心理上就要给海军中根深蒂固的"大舰巨炮"主义者带来极大冲击，且耗费时间太长。最后的选择只剩下伊势、日向两舰，事实上它们的状态和扶桑级也差不多，如果改造效果不错，扶桑级在战沉之前本来也很有可能接受改造。

另外还有一个被动的原因是日向1942年5月5日在训练中5号炮塔（即位于舰体后部的倒数第二座炮塔）发生弹药殉爆事故，紧急拆除炮塔后用钢板封闭了炮座，与其搞维修工程不如直接拿来实施改造。但军令部中的顽固分子仍然不同意将伊势、日向上层建筑包括所有主炮彻底拆除的改造方案（推断这种方案下被彻底改造为航母的两舰将拥有长

210米、宽34米的直通飞行甲板,载机数可达54架),其原本舰体前部、中部、后部三处配置的总共6座356毫米双联炮塔,要么保留2座,要么保留4座,反正不能全拆了。权衡工程所需时间、资源投入之后,日本海军最终选择了保留4座炮塔的方案,舰体后部清空2座炮塔后铺设70米左右长度的飞行甲板,甲板前部最大宽度29米,接近舰艉处则只有13米。如此形状的飞行甲板,战机要起飞实际只能借助弹射器,而普通方式的降落是不可能的,带浮筒的水上飞机可通过起重吊臂从海中回收,其他飞机则只好弹射起飞,执行任务后转而去其他航母或陆上飞机场降落。

这块面积不大的飞行甲板上设置有相当复杂的飞机移动轨道系统,靠近两舷及飞行甲板中央的是三条主轨道,而在两舷主轨道再往舰艉方向延伸、紧贴后桅楼的舰舷两侧分别设置有一部1941年研制成功的一式二号11型弹射器,长度25.6米,最大弹射重量5吨,最大弹射速度31节,弹射间隔30秒。也就是说,理论上两舷弹射器同时运作,每15秒就可弹射一架战机起飞,完全满足作战需求,这也得益于该舰采用了新研发的飞机运输弹射两用车,从轨道运输到弹射器弹射可做到一气呵成。起重吊臂则设置在飞行甲板后部左舷,起吊重量约4吨。限于空间狭小,只能安装一部靠近舰艉的水压式升降机,且这部升降机还不是正方形的,而是倒凸字形,前部宽12.1米、后部宽6.6米,飞机机翼部分当然要放置在前部才能正常进行升降。飞行甲板下拥有一个长40米、前部宽28米、后部宽11米的梯形机库,全部采用普通钢板焊接而成,拥有泡沫喷嘴灭火装置,能容纳9架战机。飞行甲板上可系留11架战机,弹射器上也可以放置2架,这样战机总数达到了22架。总体来说,由于日

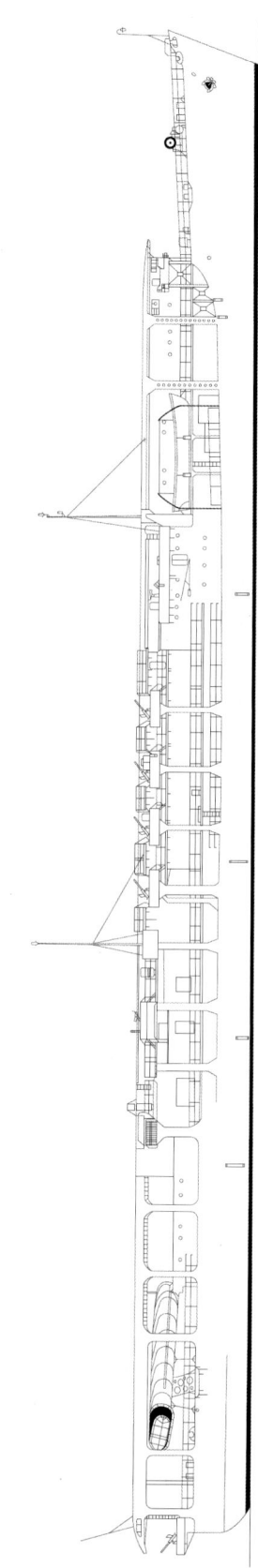

计划于1945年完成改造的全直通甲板航母山城号预想图

本海军拥有多年的水上飞机母舰使用经验以及将特种船舶、军舰改造为航母和在军舰上增设改装航空设备的经验，伊势级的改造工程从技术角度看是相当成功的。在中途岛战役中遭到美机炸弹重创的最上号重巡洋舰，回到本土之后率先于1942年9月拆毁舰体后部被炸坏的两个主炮塔，从舰体中部到舰艉铺设飞行甲板，同样设置三条飞机移动主轨道。当然，最上号"航空巡洋舰"并不列入本书的正式介绍范围内，理由在于经过改造的最上号所搭载的水上飞机仍然是零式水侦和零式水观，其改造工程只能视为原有小型飞行甲板的扩大、搭载飞机侦察能力的提高，却不能使其以火炮、鱼雷为主要战力的重巡洋舰属性发生根本改变，最上号与改造后搭载舰爆机的两艘伊势级差别即在于此。总之与最上号一样，经过改造的伊势级充分利用了方寸之地携带尽可能多的舰载机，通过转移轨道和弹射器保证其顺利快速起飞。

当然，由于没有直通甲板、不能实现舰载机降落，说到底两舰作为航空母舰使用是完全不够标准的，只能称之为"具有一定航空作战能力的战列舰"，但这对于中途岛战役后正在规划下一场决战的日本海军来说倒并非什么问题。日本海军设想同样加紧改造的信浓竣工后与两艘伊势级航空战列舰组成一个航空战队，信浓主要搭载先进战斗机（主要是烈风舰战）、配合钢铁飞行甲板全力防御，而两艘航空战列舰则主要搭载先进攻击机（主要是彗星舰爆），战斗开始后首先起飞舰爆机攻击美军航母的甲板，破坏至丧失起降能力，然后航空战列舰冲上前去，使用舰上仍然很威猛的主炮火力予以彻底击沉，而返航战机都在信浓上降落。顺便提一句，以"两用战舰"先实施航空兵打击，随后用大口径主炮实施炮战的古怪战法倒还不是日本人的发明，早在1930年美国海军就曾经设计过所谓的"飞行甲板巡洋舰"（Flight Deck Cruiser），后来又设计了最大排水量竟达7万吨的航空战列舰，主要是向思维严重落后的苏联海军推销，也将美国海军要建造此种军舰的假情报泄露给日本，但早已走上全直通甲板航母发展道路的日本海军自然不会上当。然而谁都想不到，太平洋战争末期，日本海军竟然又把这根烂稻草给抓了起来。伊势号改造工程于1943年2月23日在吴海军工厂开始，结束于当年9月5日；日向号改造工程于1943年5月2日在佐世保海军工厂开始，结束于当年11月18日；被废弃的大和级第111号舰（纪伊）的钢材也被转用于两舰的改造工程。

伊势型航空战列舰主要性能参数：

标准排水量：35350吨。公试排水量：38676吨。满载排水量：40444吨。舰体全长：219.6米。最大舰宽：33.8米。平均吃水深度：9米。飞行甲板全长：70米。飞行甲板最大宽度：29米。动力装置：舰本式蒸汽轮机4台，吕号舰本式重油锅炉8座。输出功率：80000马力，四轴推进。航速：25.3节。燃料搭载

▲ 完成改造的航空战列舰伊势号，高耸的舰桥与平坦的后甲板相映成趣

量：重油5113吨。续航距离：11000海里/16节。武器装备：四三式双联装356毫米主炮4座，双联装40倍径89式127毫米高射炮8座，三联装96式25毫米机炮19座。搭载舰载机：彗星舰爆机或瑞云水上轰炸机22架。乘员：1643人。

伊势、日向的改造工程完成时间尽管远早于信浓，但其预定搭载的彗星舰爆机的生产根本不能满足机动舰队的要求，只能指定伊势搭载22架彗星舰爆，而日向搭载机变更为22架瑞云水上轰炸机（由侦察机改造而来，可携带1枚250千克炸弹）。但就是这个载机方案也迟迟不能实现，两舰所配属的第634海军航空队的飞行员们只能使用旧式战机进行训练，菜鸟飞行员们还在训练中不断发生事故。为了准备"阿号决战"，新第一机动舰队即小泽机动舰队组建，如前所述其主力是大凤、翔鹤、瑞鹤所组成的第一航空战队，而由伊势、日向所组成的第四航空战队（战队司令是松田千秋海军少将）被认为根本没有战斗力，于是没有参加6月的马里亚纳海战（当然如果两舰真去了，很有可能就回不来了）。马里亚纳海战之后，日本海军不但缺飞机、缺飞行员，甚至还缺训练用燃油，两舰驻扎于本土断断续续地进行训练，直至10月上旬才凑出17架彗星和18架瑞云，勉强算是有了点战斗力。此前由于第二航空战队被解散，隼鹰和龙凤这两艘也是改造而来的航母加入了第四航空战队序列。

但要命的是10月12日至13日又发生了台湾冲航空战，美军TF38特混舰队为清除驻扎在菲律宾、中国台湾的日军航空部队而前来扫荡，日本海军不自量力地将第三、第四航空战队所属航空队抽离，南下实施反击，指挥者即为第634海军航空队飞行长江村日雄少佐，结果被TF38轻松地消灭殆尽，伊势、日向又变成连一架舰载机都没有的无用军舰了。但即使毫无航空作战能力，当诱饵的资格总是有的。10月20日，小泽治三郎亲自率领第三航空战队瑞鹤、瑞凤、千岁、千代田四艘航母南下引诱哈尔西TF38特混舰队，伴随南下的第四航空战队伊势、日向以战列舰的身份用舰上主炮、防空火炮为前者提供支援。伊势、日向的356毫米主炮能够向远方美军机群发射三式对空弹，其在空中爆开可形成大量炙热弹片，将来袭机群打乱。由于日本海军对于近炸引信的概念一无所知，三式对空弹往往只能在美军机群身后很远处爆"大礼花"，据说大和与武藏沉没前也用460毫米主炮发射了该型对空弹（这自然令其成了有史以来最大口径的"防空炮"），但根本没有效果。有资料认为，因为没有舰载机，为了不妨碍主炮射界，两舰舷侧的飞机弹射器也被拆除了，从这时起，称其为"航空战列舰"已名不副实。

出发之前，松田千秋司令还下令两舰尽量增设高射机枪，并向麾下官兵灌输他个人研究出来的"爆弹回避（机动航海）术"。这些准备都发挥了作用，在10月25日美军庞大机群来袭的激烈战斗中，伊势、日向以防空火力拼命反击，同时以灵巧的机动躲避攻击，再加上美军攻击的主要目标是航母而非这两艘后半截舰体空空如也的古怪战舰，因此两舰竟然都只受了一些轻伤，阵亡者只有个位数（伊势5人、日向1人），还捞起了不少沉没航母的落水者。中午时分，瑞鹤、瑞凤两舰还能够航行，试图北上逃离战场，伊势为其断后，但下午美军机群发起的新攻势还是将瑞鹤、瑞凤都击沉了。黄昏时分，转移到大淀号巡洋舰上的小泽司令试图率领伊势、日向发起反击，在黑夜中用两舰的重炮为航母报仇，但美军舰队当然不会给他这个机会，日军舰队最终只好黯然撤退，结束恩加诺角海战。其后伊势、日向在东南亚海域各泊地之间东躲西藏（这一时期第四航空战队被转至第二舰队麾下），第二舰队的主力战舰大和、长门、金刚返回本土之后（金刚被中途击沉于台湾海峡），两舰仍然滞留当地至1945年2月初。眼看菲律宾将被美军彻底征服，航线将被彻底掐断，军令部命令伊势、日向装载最后一批南洋战略物资（石油、橡胶、锡等）回国，即"北号作战"。这趟危险的旅程自2月10日开始，满载物资的两舰虽然航速不高，但利用恶劣天气躲避空中打击，又灵活地躲开潜艇攻击，终于在2月20日成功回到吴港，舰上官兵均激动不已——没有战死者的运输航行，这就是曾经猖狂无比的日本海军此时唯一值得兴高采烈的事情。

但随后两舰也只能涂上迷彩、施加伪装，在吴港外充当防空炮台，伊势停泊在音户海岸，日向停泊在情岛湾。7月24日，已多次轰炸吴港的美军舰载机群终于盯上了这两艘预备舰（3月1日第四航空战队解散，两舰成为预备舰）。日向被命中炸弹10枚、近失弹无数，舰艏断裂坐沉，舰长草川淳大佐以下200余人阵亡；伊势被命中5弹，舰体大破、舰艏下沉，舰长牟田口格朗大佐以下50余人阵亡。日向等于已战沉，而伊势舰体内的进水大部分被排出，吴海军工厂还试图将其送回船坞抢修。悲催的是7月28日美军舰载机再次发动针对吴港的大规模空袭，伊势又被命中11弹，终于右倾坐沉，170人左右阵亡。此战中伊势舰员仍然操纵各种火炮对空射击，这也是日本海军战列舰历史上最后一次进行战斗。一枚还未来得及发射的三式对空弹仍然留在怒指向天的二号炮塔的炮膛中，这艘老舰终于倒下了。1945年11月20日伊势、日向两舰被除籍，1947年解体完毕。

伊吹号改造航空母舰

最后再简单介绍一下由铃谷型重巡洋舰改造而来、未能建成的伊吹号航母。铃谷型（实际是最上型三号、四号舰中途改造而成）并不是日本海军战前拥有的最新式重巡洋舰，最新的是能够利用后部甲板搭载4—5架水上飞机的利根型重巡，非正式名称为"航空巡洋舰"——中途岛战役中利根号上因故障而延迟起飞的零式水侦的故事，想必读者们都耳熟能详。相对而言铃谷型重巡不那么重视航空能力，但是它拥有多达10门203毫米主炮，火力非常强悍，尺寸也是重巡中最大的。日本战前的重巡洋舰普遍以航速高、鱼雷与火炮威力均非常威猛而著称，开战后日军前线对重巡的使用需求实际还要高于经常在后方磨洋工的战列舰。临近开战前所制定的丸急计划中，日本海军也要求紧急生产两艘铃谷型重巡的改型舰，其相对于铃谷型的设计改动其实很少，无非就是将鱼雷发射管从12门（3座四联装）强化至16门（4座四联装），后主桅移至水上飞机整备甲板后方。改铃谷型首舰代号第300号，命名为"伊吹"，1942年4月24日在吴海军工厂动工。不久之后机动舰队在中途岛战役中惨败，到处寻找航母改造适用舰的日本海军立刻盯上了

在佐世保工厂船坞内准备进行解体作业的伊吹号。为了给战机起降留出空间，舰桥是外延出甲板外的

刚刚动工的伊吹,但伊吹与所有高速军舰一样舰体狭长,即使改造为航母,其飞行甲板也很难让新型舰载机起降,因此日本海军决定尽快完成伊吹的主要舰体工程,下水并腾空船台。1943年5月21日,伊吹号重巡正式下水,随后的舾装工程停止,系留在吴工厂鱼雷试验海域附近。

舰政本部讨论过将伊吹改造为高速给油舰、水上飞机母舰、高速运输舰等多种方案,但都没有实施,最终还是在8月决定将其改造为轻型航母,认为只要将飞行甲板尽可能延长至200米左右,还是可以满足新型舰载机如流星舰攻、彩云舰侦的起降要求的。伊吹遂于11月被潜水母舰迅鲸拖曳到佐世保海军工厂开始改造工程,主炮与上层建筑全部拆除,最上甲板上设置一层机库,再往上是长205米、宽仅21米的飞行甲板,预计搭载烈风舰战和流星舰攻27架,其中11架系留在甲板上。尽管一般日军小型航母都不设置岛型舰桥,但伊吹却在右舷外的突出部设置了一个小型舰桥,以便提高其飞行指挥能力。原本作为伊吹的姊妹舰由三菱长崎船厂建造的第301号舰被废弃,船台空出来用于云龙型航母天城号的建造,而原本预计用于伊吹的巡洋舰主机也被转给了天城使用,于是伊吹只能凑合使用了阳炎型驱逐舰的主机,但预计最高航速仍可达到29节(原本计划是35节)。伊吹面临的最大问题是决定改造的时间过迟,战争末期佐世保船厂和其他日本船厂一样面临各种人员、物资匮乏的巨大困难,还有大量待维修船舶挤占资源,改造只能是断断续续进行。至1945年3月计划中应该竣工的时候,伊吹只完成了80%的工程量,虽然有自主航行的能力,但日本海军已经无法为其提供战机或者飞行员,改造工程已无法进行下去——当然也没必要进行下去了。4月2日,舰上的舾装员撤离,空荡荡的未完成航母伊吹被系留在佐世保港内直至战争结束,1946年8月解体完毕。

1945年9月25日,在佐世保惠美须湾停泊的伊吹号

第五章
前世今生

战争结束后，罪恶罄竹难书的日本帝国与其帝国海军一同灭亡了，战后数十年至今，日本不曾拥有可以搭载固定翼飞机从飞行甲板上起飞的航空母舰。但随着日本被美国纳入冷战西方阵营，美国扶持其武装力量以自卫队的名义复活，冷战结束后日本国内右翼势力又有了显著的抬头趋势，由和平宪法所限制的军备规模及自卫队活动范围发生了令人不安的扩张。海上自卫队近年拥有的最大型军舰即所谓的"直升机护卫舰"（DDH）从外观上看已经是新时代的航空母舰了，其能否通过改装迅速成为真正的航母是许多人非常感兴趣的问题，因此对战后日本海上航空兵相关技术、舰艇的发展，也有必要进行一番简单叙述。

但在此之前，需要先花费一些笔墨简要介绍一下战前日本海军航空兵所使用的各种舰载战机。航空母舰，自然是以固定翼舰载机为主要作战武器的，日本海军在大型航母上设置重巡级别主炮的错误做法，到赤城、加贺这一代航母才终结。本书如果不介绍其舰载机的性能、特点，就如同一本描述战列舰的书却无视了战舰主炮性能一样，当然是不行的。但限于篇幅，笔者也只能用一节文字，将各型日本海军航母舰载战机简单罗列。

日本航母主要舰载机

以下简要介绍日本海军曾经装备过的主要航母舰载机，包括虽然没有大量正式列装或尚未研发完毕，但性能较为突出的舰载机。

三菱十式舰上战斗机（1MF1-1MF3）

三菱公司研制，1923年11月正式列装，模仿英国索思威普公司的幼犬式战斗机，是日本第一架国产航母舰载机。十式舰战是单座单发双翼全木制机身的战斗机，在正式列

▲ 三菱十式舰上战斗机

装前的1923年2月22日，英国飞行员威廉·乔丹驾驶十式舰战成功于凤翔号上降落，3月16日，吉良俊一也成功驾驶十式舰战于凤翔号上降落，成为日本飞行员在航空母舰上着舰的第一人。十式舰战共生产128架，1928年停产。该机另外还有双座侦察型，被命名为"十式舰上侦察机"，总产量159架。30年代十式舰战逐渐退役，其后很长时间里日本海军主要以舰攻机兼用作侦察机。

十式舰上战斗机主要性能数据：

尺寸：全长6.9米，翼展8.5米，高3.1米。主翼面积：28.89平方米。动力装置：三菱300马力Hi式水冷发动机1台。最高速度：213公里/时（115节）。续航时间：2.5小时。实用升限：7000米。空重/全重：940千克/1280千克。武器：7.7毫米机枪2挺，并有一号型照相机。乘员：1人。

三菱十式舰上雷击机（1MT1）

三菱公司1922年8月研制成功，具体负责设计的是英国工程师赫伯特·史密斯，没有正式列装。十式舰上雷击机是单座单发三翼飞机，由于高度相对凤翔低矮的机库而言难以维护，翼展过大也难以起降，因此生产20架以后便撤装了。1923年底，海军中尉菊池朝三（1944年担任大凤号舰长，战后任大凤纪念会会长）驾驶十式舰上雷击机成功进行了日本海军第一次空中鱼雷投射试验。

十式舰上雷击机主要性能数据：

尺寸：全长9.78米，翼展13.26米，高3.1米。主翼面积：43平方米。动力装置：英国纳皮尔利昂450马力水冷发动机1台。最高速度：209公里/时（113节）。续航时间：2.3小时。实用升限：6700米。空重/全重：1370千克/2500千克。武器：457毫米鱼雷1枚。乘员：1人。

三菱十三式舰上攻击机（B1M1-B1M3）

三菱公司1924年研制成功，具体负责设计的仍是英国工程师赫伯特·史密斯，实际是将十式舰上雷击机改进为双座双翼攻击机，主翼可向后折叠，满足在航母上装载的要求。改进型十三式二号舰攻使用三菱Hi-1型12缸水冷发动机，三号舰攻使用三菱Hi-2型12缸水冷发动机，性能有所提升。该机既能携带

▲ 三菱十式舰上雷击机

▲ 三菱十三式舰上攻击机

鱼雷攻击敌舰，也可携带炸弹实施轰炸，这种多用途特性成为日本海军舰攻机的重要特征。十三式舰攻到1933年为止共生产约440架，是日本海军第一种制式舰载攻击机，在1932年参加入侵上海战事。

十三式舰上攻击机三号主要性能数据：

尺寸：全长9.77米，翼展14.76米，高3.52米。主翼面积：57平方米。动力装置：三菱650马力Hi-2型12缸水冷发动机1台。最高速度：198公里/时（107节）。续航时间：5小时。实用升限：4500米。空重/全重：1750千克/2900千克。武器：457毫米鱼雷1枚或480千克炸弹1枚，7.7毫米机枪2挺（一挺机首固定，另一挺后座转动）。乘员：3人。

中岛三式舰上战斗机（A1N1-A1N2）

中岛公司1928年研制成功，具体负责设计的是英国格洛斯特飞机公司，技术基础为同公司的甘贝特式战斗机。改进型三式二号舰战使用寿式2型空冷星型发动机，取代了最早的三菱十式舰战。1932年上海战事中生田大尉正是驾驶三式二号舰战击落肖特机，取得了日本海军航空兵第一个正式击落战果。

三式舰上战斗机二号主要性能数据：

尺寸：全长6.5米，翼展9.7米，高3.25米。主翼面积：26.3平方米。动力装置：中岛545马力寿式2型空冷星型发动机1台。最高速度：241公里/时（130节）。续航时间：3小

▲ 中岛三式舰上战斗机

时。实用升限：7000米。空重/全重：882千克/1375千克。武器：7.7毫米固定机枪2挺，30千克炸弹2枚。乘员：1人。

三菱八九式舰上攻击机（B2M1-B2M2）

三菱公司1932年研制成功，具体负责设计的是英国布莱克本公司，技术基础为同公司的T5立朋式（Ripon）鱼雷机。初期八九式B2M1型装备部队后表现不佳，发动机频繁故障，机体设计也有问题，B2M2型虽进行了改进但仍然不受部队欢迎。总产量达到204架，广泛参与1937年以后的侵华战事。

八九式舰上攻击机二号主要性能数据：

尺寸：全长10.18米，翼展14.98米，高3.56米。主翼面积：55平方米。动力装置：三菱650马力Hi型12缸水冷发动机1台。最高速度：228公里/时。续航距离：1760公里。实用升限：4500米。空重/全重：2260千克/3600千克。武器：457毫米鱼雷1枚或800千克炸弹1枚，7.7毫米机枪2挺（一挺机首固定，另一挺后座转动）。乘员：3人。

中岛九〇式舰上战斗机（A2N1-A3N1）

中岛公司为更新评价一般的三式舰战，从英美引进战机进行试验，选中了美国波音公司的F4B，以此为基础于1932年研制成功九〇式舰上战斗机。虽然仍然是单座双翼战机，但在机身和主翼上已部分采用金属材料。包括各改型在内，该机生产量在100至140架之间，广泛使用于航母及陆上基地，取代三式舰战。

三菱八九式舰上攻击机

▲ 中岛九〇式舰上战斗机

▲ 航空厂九二式舰上攻击机，这架飞机属于民间捐献资金购买的报国号战机之一

九〇式舰上战斗机三号主要性能数据：

尺寸：全长6.18米，翼展9.37米，高3.2米。主翼面积：19.7平方米。动力装置：中岛580马力寿式2型改一空冷星型发动机1台。最高速度：293公里/时（158节）。续航时间：3小时。实用升限：9000米。空重/全重：1000千克/1450千克。武器：7.7毫米固定机枪2挺，30千克炸弹2枚。乘员：1人。

航空厂九二式舰上攻击机（B3Y1）

三菱八九式舰攻在部队中所获评价实在太差，很快日本海军就让三菱、中岛两公司研发新型舰攻机，而海军自己组建的技术研发单位海军航空厂也研发了新型舰攻机，其技术基础是已显陈旧的三菱十三式舰攻。最后海军决定采用自家研发的舰攻机，这是"既当运动员、又当裁判员"的行为。海军航空厂这种双重身份一直持续到二战结束，令民间飞机厂商大感不公。九二式舰攻还采用了航空厂自己研发的九一式W型水冷发动机，但其故障率非常之高，引发了部队的强烈不满。该型机总产量约130架，广泛用于侵华战争。

九二式舰上攻击机主要性能数据：

尺寸：全长9.5米，翼展13.5米，高3.73米。主翼面积：50平方米。动力装置：广厂750马力九一式W型水冷发动机1台。最高速度：219公里/时（118节）。续航时间：4.5小时。实用升限：4500米。空重/全重：1850千克/3200千克。武器：457毫米鱼雷1枚或800千克炸弹1枚，7.7毫米机枪2挺（一挺机首固定，另一挺后座转动）。乘员：3人。

爱知九四式舰上爆击机（D1A1）

爱知飞行机株式会社1934年研制成功，是日本海军第一种实用的舰载俯冲轰炸机，其技术基础是德国亨克尔公司的He66双座双翼俯冲轰炸机。作为后起之秀的爱知公司将研制舰载爆击机作为突破口获得了海军订单，从而避免与中岛、三菱、海军厂在舰战、

▲ 爱知九四式舰上爆击机

舰攻机方面进行竞争。该型机总产量162架，加贺等日军航母参加初期侵华战争时，对中国军民目标的狂轰滥炸主要就是依靠九四式舰爆，其投弹命中率颇高。

九四式舰上爆击机主要性能数据：

尺寸：全长9.4米，翼展11.37米，高3.45米。主翼面积：34平方米。动力装置：580马力寿式2型改一空冷星型发动机1台。最高速度：281公里/时（151节）。续航距离：1055公里。实用升限：7000米。空重/全重：1400千克/2400千克。武器：250千克炸弹1枚或30千克炸弹2枚，7.7毫米机枪2挺（一挺固定，另一挺转动）。乘员：2人。

1936年，爱知公司在九四式舰爆的基础上进行了性能改进，日本海军采用此改型机，命名为爱知九六式舰上爆击机（D1A2）。主要改进是将发动机更换为中岛670马力光式1型空冷星型发动机，在机体结构上实施细部改良。改型机的最高速度提高至309公里/时，续航距离延长至1330公里，实用升限达到8000米，其余数据基本一致。九六式与九四式共同广泛参与侵华战事，总产量428架，太平洋战争打响前逐步被九九式舰爆取代，但仍然参与二线作战，并在后方作为轰炸教练机使用。

中岛九五式舰上战斗机（A4N1）

自30年代初开始，日本海军试图推动舰载机性能向世界一流迈进，1932年三菱公司在"七试舰上战斗机"项目中提出低单翼战机方案，但其技术困难难以攻克，被迫退出了项目。中岛公司在比较稳妥的九○式三型舰战基础上进行改进，1934年成功研发九五式舰战。这成了日本海军最后一种双翼战斗机，更多地采用了金属结构，总产量221架。九五式虽然相对九○式在性能方面有较大提升，

▲ 中岛九五式舰上战斗机

但在侵华战事中并没有表现出相对中国空军战机的任何优势，三菱九六式舰战服役之后很快被淘汰，沦为侦察、对地支援所用战机，太平洋战争爆发后基本作为教练机使用。

九五式舰上战斗机主要性能数据：

尺寸：全长6.64米，翼展10米，高3.07米。主翼面积：22.89平方米。动力装置：中岛780马力光式1型空冷星型发动机1台。最高速度：352公里/时（190节）。续航时间：3.5小时。实用升限：7440米。空重/全重：1300千克/1760千克。武器：7.7毫米固定机枪2挺，30千克炸弹2枚。乘员：1人。

三菱九六式舰上战斗机（A5M1-A5M4）

由三菱公司设计技师堀越二郎所率领的团队根据日本海军1934年"九试舰上战斗机"项目要求设计的全金属单座下单翼战斗机性能全面压倒中岛公司竞争机型，1936年开始服役。九六式舰战不但是当时世界上性能一流的单翼战机，而且也是世界海军中服役的第一种航母舰载单翼战斗机，采用了降低空气阻力的薄型机翼、沉头铆钉、流线型整流罩等许多新设计，对日本海军航空兵的战力提升贡献非常之大，也为日后大名鼎鼎的零式战机诞生奠定了技术基础。其较大的弱点是续航时间，仍然只有3小时。九六式舰战从一号、二号、三号不断改进，至四号时完全定型、进入量产，并很快于1937年8月紧急遣往中国华东地区以扭转空中战事的不利局面。九六式舰战很快展现威力，不少海军航空兵飞行员驾驶该机在中国战场上成为王牌，经典战例有：1937年8月22日兼子正海军中尉率4架九六舰战与18架中国战机交战，30分钟内击落中国战机9架；古贺清澄一空曹在到10月24日为止的三次空战中击落5架中国战机，成为日本海军航空兵史上第一位正式记录的王牌飞行员；12月2日南乡茂章大尉率6架九六舰战与30架中国战机交战，击落13架；12月9

▲ 三菱九六式二号二型舰上战斗机

日樫村宽一三空曹的九六舰战在空战中与其他战机（敌我不明）相撞，失去三分之一的左边机翼，樫村冷静操纵受损的九六舰战返回机场着陆，毫发无伤，他在离开中国时已拥有8个击落战果；日后的超级王牌岩本彻三在中国战场上也驾驶了九六舰战，1938年9月返回日本之前已拥有14个击落战果。中国空军积极引入新型战机并使用有效战术对抗九六舰战，导致其逐渐被零式舰战淘汰，并于1940年停止生产，但在太平洋战争中仍有大量九六舰战在小型航母与陆上基地上参加战斗。九六式舰战的双座教练型被称为二式教练战斗机（A5M4-K）。九六式舰战的总产量接近1000架。

九六式舰上战斗机四号主要性能数据：

尺寸：全长7.56米，翼展11米，高3.2米。主翼面积：17.8平方米。动力装置：中岛785马力寿式41型空冷星型发动机1台。最高速度：435公里/时（235节）。续航距离：1200公里。实用升限：9830米。空重/全重：1216千克/1671千克。武器：7.7毫米固定机枪2挺，30千克炸弹2枚。乘员：1人。

航空厂九六式舰上攻击机（B4Y1）

同样产生于1934年的"九试舰上攻击机"项目。1936年日本海军选择航空厂双翼机方案，该机采用全金属骨架构造，机体接近于流线型，性能相比八九式、九二式舰攻有相当程度的提高，总产量205架，广泛参与侵华战事。由于全金属单翼的九七式舰攻很快诞生，九六式作为日本海军最后的双翼舰载攻击机基本在太平洋战争前便退居二线。

航空厂九六式舰上攻击机主要性能数据：

尺寸：全长10.15米，翼展15米，高4.38米。主翼面积：50平方米。动力装置：中岛750马力光式2型水冷发动机1台。最高速度：277公里/时（150节）。续航距离：1570公里。实用升限：6000米。空重/全重：2000千克/3600千克。武器：457毫米鱼雷1枚或800千克炸弹1枚，7.7毫米机枪1挺（后座转动）。乘员：3人。

中岛九七式舰上攻击机（B5N1-B5N2）

由中岛公司设计技师中村胜治所率领的团队根据日本海军1935年"十试舰上攻击机"项目要求设计的全金属三座下单翼攻击机。该机还拥有进一步降低阻力的可收放式起落架。在全金属单翼战斗机方面已取得领先的三菱公司也推出了竞争作品，但仍然采用了固定式起落架，与中岛公司的作品相比稍显逊色。对可收放式起落架还不放心的日本海军同时采用了两个公司的产品，但三菱的九七式舰攻（B5M1）服役后不久就退居二线，中岛九七式舰攻成为主力，因此只要不加特别说明，九七式舰攻就等于中岛机。九七式舰攻机翼可以折叠，并最早采用了开缝式襟翼、三叶恒速可变距螺旋桨等新技术，同时也是第一种拥有全封闭座舱的舰攻机。该机可挂载威力十足的九一式航空鱼雷执行反舰任务，也可挂载从250千克到60千克的各种炸弹执行轰炸任务，战术选择余地颇大，不过福兮祸所伏，南云机动舰队在中途岛海战关键时刻鱼雷换炸弹、炸弹换鱼雷，针对的机种就是九七式舰攻。九七式三号舰攻换装了荣式11型发动机，加大功率的同时还降低了阻力、提高了航速，1939年进入量产。九七式舰攻在太平洋战争初期战功赫赫，从珍珠港行动击沉多艘战列舰，到珊瑚海海战击沉航母列克星敦、中途岛海战击沉航母约克城、南太平洋海战击沉航母大黄蜂，它都是攻击主

▲ 中岛九七式舰上攻击机，携带航空鱼雷作战

力。在战争前期不太重视空中索敌的机动舰队也主要将九七式舰攻当作侦察机使用，如此一来，尽可能多地保留攻击机准备投入作战和尽可能严密地实施空中索敌以防止遗漏敌军踪迹，这两项任务就成了一对矛盾，在中途岛海战中牵一发而动全身，最终导致机动舰队惨败。虽然九七式舰攻在1943年后预定由更先进的中岛天山舰攻取代，但由于后者产量不足，直到机动舰队覆亡之时，日本航母上仍然混编着九七式与天山两种舰攻机。该机总产量约1250架。

九七式舰上攻击机三号主要性能数据：

尺寸：全长10.3米，翼展15.52米，高3.7米。主翼面积：37.7平方米。动力装置：中岛荣式11型970马力发动机1台。最高速度：378公里/时（204节）。续航距离：1992公里。实用升限：7640米。空重/全重：2279千克/3800千克。武器：鱼雷1枚或800千克炸弹1枚或250千克炸弹3枚或60千克炸弹6枚，7.7毫米机枪1挺（后座转动）。乘员：3人。

爱知九九式舰上爆击机（D3A1-D3A2）

由爱知公司设计技师五明得一郎所率领的团队根据日本海军1936年"十一试舰上爆击机"项目要求设计的全金属双座下单翼攻击机，采用固定式起落架。虽然中岛公司的竞争作品采用了可收放式起落架，但日本海军还是于1939年采用了其他各项性能更高一筹的爱知公司作品。九九式舰爆也采用了沉头铆钉、恒速螺旋桨等新技术，结构坚固，俯冲稳定性较强，机动性也不错，紧急情况下可作为战斗机使用。少量九九式舰爆11型参加了侵华战事，在太平洋战争初期成为军舰杀手，航母赤城的舰爆队长江草隆繁驾驶九九

▲ 爱知九九式舰上爆击机由航母甲板上起飞

式舰爆赢得了"舰爆之神"的名号。特别是在印度洋海战中，九九式舰爆机队的投弹命中率竟然高达恐怖的70%—90%。即使是在中途岛战役中只剩下一艘航母飞龙投入作战的情况下，以及南太平洋海战翔鹤、瑞鹤的攻击作战中，幸存下来的"海鹫"爆击老手驾驶九九式舰爆所取得的命中率仍然大大高于美国对手SBD。1942年爱知公司为九九式舰爆换装金星54型发动机，凭借这款战时日本实用航空发动机中上乘产品的帮助，九九式舰爆22型性能进一步提升，但在美军的庞大机群、防空火力网面前生存概率却越来越小。该机总产量1515架。日本海军打算从1943年起用彗星舰爆取代其位置，但同样因为产量所限，直到机动舰队覆亡之时，日本航母上仍然混编着九九式与彗星两种舰爆机。

九九式舰上爆击机22型主要性能数据：

尺寸：全长10.19米，翼展14.36米，高3.35米。主翼面积：34.97平方米。动力装置：三菱金星54型1300马力发动机1台。最高速度：428公里/时（232节）。续航距离：1050公里。实用升限：10500米。空重/全重：2618千克/3800千克。武器：250千克炸弹1枚或60千克炸弹2枚，7.7毫米机枪3挺（两挺机首固定，另一挺后座转动）。乘员：2人。

三菱零式舰上战斗机（A6M1-A6M8）

日本海军1937年"十二试舰上战斗机"项目要求设计世界最高水准的战斗机，由于其性能要求过于严苛，中岛公司中途退出竞争，仅剩下三菱公司的设计团队在堀越二郎的率领下想尽一切办法满足海军要求，使用诸如特殊硬铝材料（由住友金属公司研发）、恒定转速螺旋桨、网孔型翼梁结构、完全流线型机身、水滴型座舱盖等新技术,并在军方默认之下取消了防弹钢板和自封油箱等防护设备。1939年末至1940年初,"十二试舰战"已有多架原型机交付海军,但1940年3月11日发生了2号原型机空中解体、试飞员死亡的事故,调查发现事故原因是升降舵发生致命震颤。解决这个隐患之后,零式舰战11型于7月开始服役。由于九六式舰战在中国战场损失了不少(最大的弱点是航程短),日本海军立即将零式派遣至中国,在9月13日璧山空战中取得了一边倒的胜利。此后数年,在美军航空队帮助中国空军夺回制空权之前,零式在中国军民头上凶恶逞威、不受阻碍。三菱为零式增加了舰载设备,并改进部分机翼使其可以折叠,得到了零式最主要的改型即21舰载型,至1944年5月生产2821架。采用荣式21型发动机的零式32型生产了343架,在其基础上增设机翼油箱得到的零式22型生产了560架。零式战机机动性高、火力凶猛,续航航程更是远得超乎对手想象,在太平洋战争之初所取得的大量辉煌战绩对西方国家军队乃至西方人传统思维观念造成的冲击可谓众所周知。日本海军战斗机王牌飞行员名列前茅者,如岩本彻三、杉田庄一、西泽广义、福本繁夫、坂井三郎、奥村武雄等等,根本不用询问他们的战绩大多是靠什么战机取得的。美军即使在中途岛战役后获得了完整的零式战机,分析了其结构数据,也只能令F4F野猫战机以空中合作战术("萨奇剪战术")应对,后来服役的F6F地狱猫战机才在大部分性能指标上胜了零战一筹。而美军战机在性能上全面胜出要等到F4U海盗、P51野马(从硫磺岛、冲绳起飞)投入战场,完全暴露出零式战机缺乏防护的弱点。为了应对美军新型

▲ 三菱零式舰上战斗机

战机，1943年初至1944年初三菱公司相继推出零战52、52甲、52乙，该系列生产总数达3207架，主要提升了俯冲速度、增加了防护设备、增强了火力。其后零战还有一些改型，但产量甚少，无关紧要。战争中期以后零式的前期型号很多被改造成所谓的"战爆机"，携带炸弹充当俯冲轰炸机，到战争末期更是大量沦为自杀特攻用飞机。相比九七式舰攻、九九式舰爆有天山舰攻、彗星舰爆部分接班，零式战机却一直辛苦打到战争结束，后续的烈风舰战的研发没有完成，局地战机紫电改的舰载型也仅仅只在航母信浓上进行过一次起降试验而已。零式还有一种改型机是日本海军交由中岛公司在零战11型基础上加装水上浮筒等设备得到的二式水战，共生产327架，但在战争中主要从事巡逻等工作。零式战机各型产量合计10425架。"永远的零"迄今仍然是航空史上唯一由非欧美国家设计制造的世界著名战机。

零式舰上战斗机52型主要性能数据：

尺寸：全长9.12米，翼展11米，高3.51米。主翼面积：21.3平方米。动力装置：中岛荣式21型1130马力发动机1台。最高速度：565公里/时（288节）。续航距离：2560公里。实用升限：11740米。空重/全重：1876千克/2733千克。武器：7.7毫米机枪2挺（机首），20毫米机炮2门（机翼内），可携带60千克或30千克炸弹2枚。乘员：1人。

空技厂彗星舰上爆击机（D4Y1-D4Y3）

日本海军技术人员曾在太平洋战争前根据从德国带回的He-118轰炸机和DB601液冷发动机的样品与资料，提出"十三试舰上爆击机"方案，其性能要求之高令人惊诧，最高速度竟要求达到519公里/小时，而日本海军对零式舰战的研发计划"十二试舰上战斗机"的要求也不过是500公里/小时（当然零战的速度大大超出了设计要求），爆击机竟然要求比战斗机还快，还要求可搭载炸弹达到500千克。1940年横须贺海军航空厂（简称"横厂"）改名为航空技术厂（简称"空技厂"），拥有全日本最好的航空研发试验设施（例如最大的风洞），由设计技师山名正夫率领团队于当年12月制造出十三试舰上爆击机的首架原型机。这是革命性的舰载爆击机，采用仿制DB601的热田21型水冷发动机，机首呈圆锥形并有硕大的散热器进气口，整机呈流线型，十分美观，全面采用电力驱动，配有复杂的复合式襟翼系统、内置弹仓、机翼整体油箱等等，不过为了减轻重量，照旧没有安装防护设备。十三试舰爆的速度和航程性能表现比严苛的海军计划的要求都要高出许多，但其机体强度不足的弱点很快就暴露出来，原本应该先尽力解决这个技术问题，但两架宝贵的原型机却被改造为高速舰载侦察机（服役后成为二式舰侦），其中一架便是近藤勇座机，搭载在苍龙上参加中途岛海战，侦察返回后在飞龙降落并向山口多闻通报美舰队消息。试飞事故和原型机的损失导致研发进程延后，直到1943年6月彗星11型以及对发动机稍作改动得到的彗星12型才开始进行量产，部队实际使用后又很快发现其液冷发动机故障率太高、极难进行维护，到年底更换为三菱金星62型空冷星型发动机，改造成为彗星33型。彗星33型的机头又变得与以往的战机一样笨重，阻力大增，但由于马力值从1400上升至1560，飞行速度倒只是下降了些许。总产量2033架（另有资料称2157架）。马里亚纳海战时日军大型航母上搭载彗星舰爆80架左右，惨败之后这些彗星只能大量沦为

▲ 空技厂彗星舰上爆击机

自杀特攻机,不过还是有一些安装了斜向20毫米机炮成为夜间战斗机(金泽久雄少尉甚至声称其驾驶彗星夜战击落了5架B29轰炸机而成为王牌),还有一些彗星直至战败仍然在从事夜间袭击作战(著名的"芙蓉部队")。1945年8月15日,日本海军航空兵最后一次出动,时任第五航空舰队司令的宇垣缠(他在山本五十六手下担任联合舰队参谋长期间郁郁不得志)率领11架彗星对冲绳美军进行自杀袭击,但这次行动被认为违反了已下达的停战命令(所谓"私兵特攻")。还有一件趣事值得一提:日本陆军也向德国付了一笔钱,重复购入DB601发动机技术,仿制成功后用于Ki61飞燕式战斗机上,也频频发生轴承断裂之类的故障。战争结束前陆海军终于开会研究了技术合作问题,竟发现各自按照DB601仿制的液冷发动机,零部件却不能互相通用!

彗星舰上爆击机12型主要性能数据:

尺寸:全长10.22米,翼展11.5米,高3.74米。主翼面积:23.6平方米。动力装置:热田32型1400马力发动机1台。最高速度:580公里/时(295节)。续航距离:2389公里。实用升限:10720米。空重/全重:2635千克/3835千克。武器:500千克炸弹1枚或250千克炸弹1枚(弹仓内),60千克或30千克炸弹2枚(机翼挂载),7.7毫米机枪3挺(两挺机首固定,另一挺后座转动)。乘员:2人。

三菱烈风舰上战斗机(A7M1-A7M3)

零战在太平洋战场上威风八面的1942年4月,日本海军启动后续的"十七试舰上战斗机"项目,理所当然继续由三菱堀越二郎团队负责研发。该机机体比零战大出不少,设计理念借鉴了堀越团队的上一个作品——雷电局地战斗机,采用层流翼型,并加装各种防护设备。但海军强令其接受研制进度较快的中岛NK9H(后定型为誉式)发动机作为动力,经过激烈争吵之后堀越不得不采用了它,1944年4月才造出第一架原型机,果然证明其输出功率无法达到预期。海军要求停止研制,让三菱公司转产紫电改战斗机(由川西飞机公司研制,是战争末期唯一由第343航空队众多王牌飞行员驾驶,还能在空中对抗优势美军互有胜负的海军战机),三菱遂愤然将自家的MK9A发动机(金星终极改进型号,定型为Ha-43-11)装上十七舰战进行试验,取得了良好性能表现,海军又回心转意想列装该机了(命名为"烈风11型",并进一步加强火力),如果一切顺利,十七舰战将搭载在日本海军的"最后决战兵器"——信浓号航母上。但这艘倒霉的巨型航母于11月末第一次出航时便遭击沉(其出航目的就是去接收包括烈风在内的舰载机),随后三菱名古屋工厂在12月7日被东海大地震破坏,数日之后又被美军炸了个底朝天,大批学徒(包括女学生)被炸死,烈风的量产直到战争结束都没能开始,仅有8架原型机完成生产,其大量技术细节今日已无法得知。一般认为烈风能够与美军F6F地狱猫战机匹敌,但在更加先进的F8F熊猫战机面前仍不是对手。

烈风舰上战斗机11型主要性能数据:

尺寸:全长10.9米,翼展14米,高4.23米。主翼面积:30.86平方米。动力装置:三菱

Ha-43-11型2200马力发动机1台。最高速度：624公里/时（339节）。续航距离：2315公里。实用升限：10900米。空重/全重：3267千克/4719千克。武器：20毫米机炮4门，60千克或30千克炸弹2枚。乘员：1人。

中岛彩云舰上侦察机（C6N1-C6N3）

太平洋战争打响时，日本海军只在水上飞机母舰、军舰加装的弹射器上搭载水上侦察机，航母甲板上却没有滑行起飞的专用侦察机。机动舰队主要以九七式舰攻兼做侦察机，该机续航距离尚可但飞行速度却很不理想。日本海军将十三试舰爆改装为高速侦察机的同时，向中岛公司要求研制十七试舰上侦察机，1943年5月首架原型机试飞。十七试舰上侦察机在采用大马力的誉式发动机的基础上，将机身设计得极为细长以降低阻力，创造了日本二战飞机的最高速度纪录——639公里/时（美军在缴获的彩云油箱中加入高辛烷值燃油后，其速度更是提高到令人难以置信的694.5公里/时），并以辅助襟翼系统来保证航母甲板起降性能。但誉式发动机的初始型号实际性能很差（研制烈风舰战的三菱公司已领教过），更换为誉式21型后才算稍微稳定了一些。1944年2月十七试进入量产，得名"彩云"。彩云舰侦名不副实，从未搭载上航母甲板投入作战，且由于马里亚纳海战以后美军舰队已逼近日本近海，彩云开始执行从陆上基地起飞、利用其高航速实施侦察的任务。曾有一架彩云利用高速甩开F6F地狱猫战机的拦截并发出电报："我机身后已无格鲁曼！"日本海军在战争末期也曾想利用彩云的高速度，将其改装为鱼雷攻击型和夜间战斗型，当然主要还是改装为自杀攻击机，最终都没有任何实效。总产量463架。

彩云舰上侦察机11型主要性能数据：

尺寸：全长11.15米，翼展12.5米，高3.96米。主翼面积：25.5平方米。动力装置：中岛誉式21型1990马力发动机1台。最高速度：609公里/时（329节）。续航距离：5300公里（带

▲ 中岛彩云舰上侦察机

副油箱）。实用升限：10740米。空重/全重：2875千克/4500千克。武器：7.92毫米机枪1挺。乘员：3人。

中岛天山舰上攻击机（B6N1-B6N3）

日本海军航空兵开战之初的三大机型中，九七式舰攻是最早研发成功装备部队的，1939年其后续机型"十四试舰上攻击机"计划便已提出，仍然交与中岛公司研发。但中岛公司执拗于其正在研制中的护式发动机（1800以上马力），结果由于该发动机问题不断，新舰攻的首架原型机在1941年3月才首飞，1943年中期才开始服役，发动机问题仍然没有解决，只好更换为竞争对手三菱的火星25型发动机，得到其量产型号天山12型，此时已经是1944年3月。天山舰攻机身修长洗练，首次采用四叶螺旋桨以及层流机翼，其性能可列入世界一流舰攻行列，满载着日本海军上下的热切期待，刚出工厂便飞往第一机动舰队的航母甲板上降落，却在马里亚纳海战中由菜鸟飞行员们驾驶着飞蛾扑火，几近全灭，其后也只能转战于陆上基地，大量充作自杀特攻机。总产量1268架。

天山舰上攻击机12型主要性能数据：

尺寸：全长10.86米，翼展14.89米，高3.8米。主翼面积：37.2平方米。动力装置：三菱火星25型1850马力发动机1台。最高速度：482公里/时（260节）。续航距离：1750公里。实用升限：9040米。空重/全重：3010千克/5200千克。武器：鱼雷1枚或800千克炸弹1枚或250千克炸弹3枚，7.7毫米机枪2挺（转动）。乘员：3人。

▲ 携带鱼雷的天山舰上攻击机正冒着弹雨发动攻击

▲ 爱知流星舰上攻击机

爱知流星舰上攻击机（B7A1-B7A3）

1941年中岛天山舰攻仍在缓慢研制中，日本海军向成功研发了九九式舰爆的爱知公司提出"十六试舰上攻击机"计划，要求其研发一种兼顾舰攻与舰爆功能，既可实施鱼雷攻击也可实施俯冲轰炸的战机。爱知公司尾崎纪男技师的团队采用日本战机中绝无仅有的倒海鸥式中单翼机型以及内置弹仓等技术设计出了流星舰上攻击机。修正首架原型机机身问题，并换装誉式12型发动机之后，1944年4月流星开始进行量产。流星舰攻以倒海鸥式机翼和辅助襟翼系统保证机动性和起降性能，流线外形和大功率发动机又使其速度接近零战的水平，还是第一种在重要部位安装钢板防护的日本舰载机。更好的是流星与川西公司的紫电改一样，在实现高性能的同时机身零件数还比较少，适合大量生产，所以日本战后许多妄想"提早大量生产某某机就可以实现翻盘"的小说中，紫电改、流星以及古怪的局地战斗机震电（螺旋桨后置）是主要对象机种。现实的流星舰攻与彩云舰侦一样，似乎只在沉没前的航母信浓的甲板上有过一次起降经历，总产量只有区区114架，战争末期从陆上机场起飞作战的次数也不多，最终埋没于历史尘埃之中。

流星舰上攻击机11型主要性能数据：

尺寸：全长11.49米，翼展14.4米，高4.07米。主翼面积：35.4平方米。动力装置：中岛誉式12型1825马力发动机1台。最高速度：543公里/时（293节）。续航距离：3037公里（轰炸任务）/2980公里（雷击任务）。实用升限：8950米。空重/全重：3614千克/5700千克。武器：鱼雷1枚或800千克炸弹1枚或250千克炸弹1枚，20毫米固定机炮2门，13毫米机枪1挺（转动）。乘员：2人。

"航空主兵" VS "舰炮主兵" 的论战

第二次世界大战对于中国来说即为抗日战争，对于日本则是所谓的"大东亚战争"，而这场战争又明显可以分为两部分：1937年7月7日日本陆军挑起卢沟桥事变所引发的全面侵华战争，以及1941年12月8日日本海军航母机动舰队以舰载航空兵袭击珍珠港所引发的太平洋战争。中国军民的抗战拖住并消耗了大量日军，太平洋战争的失败导致日本帝国全面崩溃，而最重要的转折点是南云机动舰队在中途岛的惨败。奠定日本无法扭转败局基础的海战则发生在1944年6月马里亚纳群岛海域，其后的菲律宾海战尽管规模宏大，但只能将剩余航母充作诱饵乃至发动大规模自杀性攻击的日军吃败仗是没有任何悬念的。由此可见，美日双方海军航空兵（陆军航空兵配合作战，双方都没有独立的空军）在有史以来最广阔的海战战场上，投入前所未见的大量兵器和人员进行超大规模海战，进而由战胜方夺取制空、制海权，才是决定太平洋战争大势走向的关键。战前，美日双方都没有预见到会有如此形态的海战发生（即使是实施了珍珠港袭击的日本），而在战后，世界两强之一的苏联海军从未真正拥有一支能够望美国海军项背的航母舰队，双方航母也从来没有进行过实战对抗。因此，太平洋战争中的航空母舰及舰载航空兵的使用经验，特别是日本海军的航母舰队从勃然兴起到灰飞烟灭的整个过程，对于今日的世界海军发展是特别有借鉴意义的。如果太平洋战争前日本海军更加积极地发展航空兵，在战前便打倒所谓的"大舰巨炮"派，以"航空主兵"为中心，那么抛开日本所进行的战争的罪恶性质不谈，日本海军是否能够取得更好的战绩，甚至扭转乾坤呢？以下谈谈笔者的个人愚见。

人类社会古往今来数千年的海洋战争史中，科学探索与新技术的运用对胜负一直有着巨大的影响（相比较而言影响程度显然要超过陆地战争）。原本不擅长海战的古罗马军队为了对付迦太基海军，发明了"乌鸦嘴船头钉"，夺取了地中海霸权；拜占庭帝国海军使用可喷射燃烧的"希腊火"，令强大的敌军覆灭于海上；朝鲜的"龟船"在大败丰臣秀吉侵略水军的战斗中发挥了重要作用；而日本海军取得甲午与日俄战争中海战的胜利也要归功于最新速射炮、下濑火药、无线发报机等最新科技产物的迅速引进。20世纪初美国人莱特兄弟发明飞机，美国飞行员埃利又首创让飞机从军舰上起飞，使海战历史再次发生了科技大变革：利用设置在军舰甲板上的火炮和火炮发射药的化学能推动炸药武器（炮弹）飞行漫长抛物线攻击敌军目标的主要作战方式，演化为舰载机从航母甲板上起飞、然后从空中向敌军目标投掷炸药武器（炸弹、鱼雷）。人类用了将近一千年时间才将火炮射程从数百米延伸至数十千米，而短短数十年间舰载航空兵将攻击范围一举提升至数百乃至上千千米，且攻击精确度亦有了极大飞跃（无论研发多么庞大的火炮、使用多少校准手段，一艘军舰试图发射炮弹命中海平线以外的敌方军舰，只能依靠两个字——运气）。

当然，飞机作为一种武器刚刚被运用于战场上时，在许多人眼里不过是用帆布木头组装起来的玩具，最大的用处不过是和过去的气球一样进行空中侦察和着弹校准而已（自从拿破仑战争以来气球一直在执行这些任务），说飞机将会令当时世界各国军队中最庞大、最精密的工业机械精华——钢铁巨舰沦为摆设，只能被归为笑谈。1914年从欧洲留学考察归来的中岛知久平机关大尉向海军省提交报告，主张航空兵应该成为日本海军的主要作战力量，而建造超过西方国家海军的主力舰队是日本国力所不能负担的。当然这份太过超前的报告在那个全世界海军都在疯狂制造巨型战舰的年月里不可能得到重视，这也导致中岛很快离开军队，创立中岛飞行机株式会社。日本海军组建海军航空术研究委员会，在追滨进行飞行试验，在1914年进攻德占青岛时立刻改装若宫水上飞机母舰投入作战，这一切举措并不是因为日本海军已经认识到航空兵未来的重要地位，而仅仅是因为他们向来拥有对新技术的高度敏感性（一般给人以顽固守旧之印象的日本陆军同样也有技术敏感性，日本公认的首次动力飞机飞行是1910年10月由两名陆军大尉日野熊藏和德川好敏实现的，一战青岛战役中日本陆军也组建了临时航空队，在1915年就拥有了第一支航空大队），而且明治维新以来一直在潜心教育他们的大英帝国皇家海军也在做这些事，作为学生是一定要紧紧跟随的。顺便一说，英国军队尽管是近现代军事史上搞科技创新的主要力量，但很奇怪的是他们关于军事新装备的战略、战术运用却一向滞后，很明显的例子就是他们在一战时发明了坦克，但直到二战时被德军集群化坦克部队打得满地找牙，仍然令其坦克作战单位保持支援慢腾腾的步兵单位的特性，这种只专注局部革新、忽视全局变革的思维模式也显著影响着他们的日本学生。

一战中日德兰大海战的结果证明英国海军天下无敌的主力舰队仍可击退实力较弱小的敌军舰队的挑战（尽管英国舰队实际损失要大于德国舰队）、完成掌控制海权的任务，这就注定无论战后飞机性能如何进步、舰载航空兵如何发展，只要没有惨痛的血泪教训导致必须进行大变革，在各列强海军中占据统治地位的"大舰巨炮主兵"思想就不可能被推翻。但一战中各国航空兵毕竟取得了很大发展（西线空战已有很大规模，各专用机种也已出现），舰载航空兵也颇有战绩，特别是日本海军通过使用若宫水上飞机母舰进攻德占青岛，对飞机的作战威力有了切身体会，战后继续追随世界航母发展脚步也就顺理成章了。凤翔作为日本第一艘全直通甲板正规航母诞生，随后日本海军的发展计划大体上只有两艘12500吨的中型航母（首舰名称"翔鹤"多年之后才得到继承），能够与英美航母实力持平也就可以了，海军的发展重点仍然是战列舰与战列巡洋舰组成的"超弩级八八舰队"。然而，1922年华盛顿会议上签署了《限制海军军备条约》，轻飘飘的几张纸将包括日本"八八舰队"在内的各国豪强海军舰队都给"击沉"了。日本海军的主力战舰被限定在英美海军的六成，相对日本本身国力来说其实不能算是不公道（日本钢产量仅及美国一成），但既然国策已确定日本要独自称霸东亚，而英美等西方国家对此显然会持反对意见，补充海军实力所采取的手段就只能剑走偏锋。在此之后日本航母的勃然兴起，与其他一些舰种如巡洋舰、驱逐舰、潜艇等在吨位、火力上的狂进是保持同步的。

于是根据条约允许之条款，赤城号战列巡洋舰与加贺号战舰被改造为大型航母，但多层式甲板结构、拼命塞入的大量舰炮令其不能充分发挥航空母舰的功能，必须通过日后继续实施大改造工程才能真正用于实战。为了钻"一万吨以下航母不受限"条款的漏洞而研发建造的龙骧号小型航母，则被证明复原性大有问题。这一时期日本航母的发展历程被称为"试行期的错误"，公平地讲，同样的错误（如突击者号航母）也在美国海军中发生过，这属于新事物发展过程中不得不付出的学费。为了与美国海军抗衡，日本海军研究了所谓的"渐减迎击战法"，设想美国海军主力舰队以日本所期望的实力、进击路线前来，被潜艇战队、重雷夜战队和航母舰载机部队层层削弱之后，最终由日本海军主力舰队击败。考虑到当时舰载机的性能水平（大部制结构的多翼飞机），认为其不能击沉主力战舰，只能承担战前侦察和攻击敌舰使其降速的任务（还附带有为主力舰炮击进行观测校正的任务），应该说并非谬误。1927年日本海军成立航空本部（首任部长是山本英辅海军少将，他最早于1909年就上书提议研发飞机了），1928年加贺改造工程完毕、第一航空战队组建。如果美日双方海军此时就进行战争对抗，毫无疑问各自的航母编队都只能起到辅助性作用，真正决战还得看战列舰，"航空主兵"派也找不到理由呼吁根本性变革。

1930年签署的《伦敦海军条约》进一步限制了海军军备（包括万吨级以下航母也列入了吨位限制），以及日本军部好战势力抬头、在中国连续制造事端（1931年"九·一八"事变、1932年"一·二八"事变等），使得各种争论再次甚嚣尘上。伦敦会议谈判期间，作为海军随员的山本五十六听到大藏省官员承认日本财政困难、主张应该接受裁减军备的言论，差点对其饱以老拳，而回国之后他便担任航空本部技术部长（1935年又担任航空本部长），大力推进日本国产战机的技术提升，并主张"对于被迫接受（主力战舰）劣势比率的帝国海军来说，与美国海军交战时必须先以空袭给其猛烈一击，方可以集全军一举决战"，这就隐隐有挣脱"渐减迎击战法"条框限制的意思。1932年"一·二八"上海事变中，第一航空战队加贺、凤翔参加战斗，实施侦察，也进行狂轰滥炸，并取得了海军第一个击落战果（生田大尉击落美国飞行员肖特），从而进一步证明了舰载航空兵的重要作用。尽管仍然没能证明飞机可以颠覆主力战舰的地位，但日本对海军航空兵的重视程度毕竟又有了提升，于是充分利用（事实上是超出了）《伦敦海军条约》所规定的航母吨位配额，得到了日本航母技术迈向成熟的作品——苍龙与飞龙（尽管在左舷舰桥设置上仍然存在谬误）。

这些事态的发展，令1934年成为一个关键节点，日本海军内部此时已经决定《限制海军军备条约》在1936年到期后绝不续约（实际上对日本各种行为大失所望的美国也对续约态度冷淡）。条约失效后应该继续以"大舰巨炮"为中心壮大海军，还是重点发展航母、舰载机以寻求"航空决战"呢？针锋相对的两派引发了大论战，论战结果就是丸三计划的诞生。丸三计划对海军航空兵不可谓不重视，翔鹤、瑞鹤这两艘太平洋战争中功勋最卓著的日本航母由此诞生，但排在两鹤之前的仍然是超级战舰大和、武藏，"航空主兵"派到底还是败下阵来。至于其失败理由，说到底就是缺乏"实绩"（日本人在工作中经常

▲ 山本五十六

强调"实绩",某一方案或产品没有实际使用经验和成绩,就不值得信任)。山本五十六在这一时期对部下说道:"要改变头脑僵化的铁炮主义想法,除了拿出实绩来没别的办法,诸位应更加努力地训练和研究。"又训示道:"有钱人家总会在床间(和式房间装饰区域)放些装饰物……就算战舰的实用价值已经降低,但全世界的战舰主兵思想仍然很强烈,国际上将其视为海军力量的象征。因此请诸位将战舰当作是床间装饰物,不要老是主张将其废止什么的。"

山本五十六是这样令人无可奈何的态度,大西泷治郎执拗地向军令部第一课长福留繁强烈主张"以一艘大和的建造费用可以制造千架战机,应立即停止建造(大和)"之事亦广为人知,但以当时种种因素考量,"航空主兵"派在没有国际经验证明的情况下,获得论战胜利的机会确实极为渺茫。这需要日本海军完全颠覆其作战理论,需要海军工业体系转型,当然也涉及人事问题——源田实不屑地说:"大舰巨炮派反对变革的真实理由还不是担心自己毕生所学沦为无用,没得晋升甚至可能饭碗不保乎?"

让我们在这里回想一下本章开始时提出的问题,如果"航空主兵"派在1934年的论战中获胜了,从1937年开始执行的丸三计划中没有大和、武藏,而是增添四艘翔鹤型航母(从建造资金角度来说,大体上一艘大和相当于两艘翔鹤),将会如何?如果美国海军将日本海军所做出的如此重大的变革视为离经叛道,并没有相对地废弃部分战列舰制造计划,反而增加数艘黄蜂、大黄蜂号的同型航母与之抗衡,那么显而易见,在埃塞克斯级、独立级航母集结成群的1943年之前,日本海军将凭借其举世无双的强大航母编队(按照上述方案执行的话就可能在开战之初拥有10艘主力舰队航母)在海战中占据极大优势。即使美国海军照旧破解了日军密码,也很难相信其能够战胜如此强大的航母编队。日本海军很可能在接近两年时间中横行无忌,即使没有入侵澳大利亚也能切断其对外航线,珍珠港可能遭到反复攻击从而彻底瘫痪(如果不是被占领的话),甚至美国西海岸也会遭受荼毒,而日军以掠夺占领区资源扩充工业实力与军备的举措将取得效果。即使1943年后美国航母大编队集结,也将很难有优良基地供其发动反击,尽管凭借着综合国力上的优势,美国的胜利仍然是可以确保的,但所花费的时间、付出的代价可能会翻倍,而亚洲各国人民的更多苦难则思之令人惊惧。

当然,以上只是臆想,实际发生的历史就是历史,日本海军错过了1934年这个时间

▲ 1945年8月18日日本报纸的新闻报道,日本海军航空兵史上极为重要的人物,"特攻之父"大西泷治郎自杀身亡。一方面日本海航史上许多历史真相随着大西的自杀而被埋没,另一方面将本应担负战后日本未来的大量年轻飞行员派去实施集团性自杀攻击的罪责问题也由于大西的死而被模糊化了。事实上尽管大西在特攻作战中肯定有责任,但黑锅全让他一个人背也是完全不公平的

点,到丸四计划开始执行的时候,别说此计划中仅有一艘大凤,就算信浓、纪伊战列舰一开始就是作为大型航母建造的,它们在战争末期投入战场也根本不会导致命运的改变。

话归现实,1937年日本大举侵华,航母部队再次倾巢出动,加贺、凤翔、龙骧、苍龙投入前期航空作战,其后赤城、飞龙也有少许参战经历,成功积累经验、锻炼队伍,成了当时世界上最富有经验的海军航空兵。1938年军令部逐步修订的"渐减迎击"计划中,机动航空部队所承担的任务已细化为三部分:高速航母编队(苍龙、飞龙)攻击敌舰队航母夺取制空权,旧式大型航母编队(赤城、加贺)配合夜战雷击部队削弱敌舰队,而小型改造航母编队(龙骧等)在主力舰队决战时进行警戒和空中掩护。"大舰巨炮"决战战略的本质没有改变,但每个重要作战阶段都必然要以航空兵打头阵(尽管并没有正式承认航空作战胜利是下一步作战行动展开的绝对必要条件),很有"一人之下万人之上"的意味。航母战术思想的下一步变革,便是令航母脱离"渐减迎击"各作战阶段所属舰群的束缚,集中编成为大型航母编队,以同时起飞的大规模舰载机群显著提升其攻击能力,同时也有利于协同指挥、提高索敌能力等。

尽管有反对者认为将所有鸡蛋放在一个篮子里很危险(这也是一些西方国家军队不同意编成坦克集群部队的重要理由),但第一航空战队通过侵华战争中所获经验已基本证明航空兵力集中化使用具有显著优势(同时也纠正了"战斗机无用论"这样的错误观点),再加上小泽治三郎、源田实等将官的研究和提倡,1939年9月山本五十六上任联合舰队司令长官后,航母集中使用原则至少在联合舰队内部已经树立起来。1940年11月英国光辉号航母派遣战机夜袭意大利塔兰托军港的成功战例启发了山本五十六提出以大型航母编队空中袭击珍珠港,在开战之初重创美太平洋舰队,从而帮助日军在其他战略方向上大举扩张并建立不败态势,逼迫美国谈和。这个初步方案经过大西泷治郎、源田实、黑岛龟人等人的参与与完善,经过激烈争论(大西泷治郎站在反对一边)而得到了军令部的承认,与之配合的是1941年4月10日第一航空舰队(即南云机动舰队)的组建。剩下的事情就是训练训练再训练,等待翔鹤、瑞鹤也加入机动舰队,最后在(日本时间)12月8日清晨将珍珠港化为一片火海。

在珍珠港袭击之后的数月时间中,日本侵略军在东起太平洋中部、西至印度洋中部的广大海域内四处征战,连战连捷,但最奇怪的事情是,已经通过鲜血淋漓之手段将空中战机与海上巨舰孰强孰弱的问题彻底证明了的日本海军自身却没有从"巨舰大炮"决战战略的迷思中解脱出来。以武藏为首的巨舰建造工程在继续推进,战机的制造、飞行员的培养工作也没有明显加速。既然航母机动舰队的赫赫战果已经证明集群化舰载航空兵在作战中的巨大优势,再结合日本战机所取得的轻松击沉美英战舰之事实,日本理应推

▲ 日本海军航空兵偷袭珍珠港,福特岛航空海军航空站被炸得一片狼藉,美国水兵惊恐地望着不远处肖号驱逐舰发生的大爆炸

动海军将现有航空兵力量进一步集中整合、完善编制，并将其树立为联合舰队的核心武力，战列舰队、水雷战队等应从明显已经沦为废纸的"渐减迎击"作战方案中摆脱出来，立即研究在海上航空作战中如何更好地辅佐支援航母舰队的问题。这一切以正常逻辑来讲都应该发生的变革却完全没有发生。山本五十六在4月末南云机动舰队自印度洋得胜归来后的战训研究会上说："作为联合舰队司令长官，我不能采取长期持久的守势。敌人（美国）的军备实力是我们的五至十倍……需要经常向敌关键目标施加猛烈攻势，否则不能保持不败之态势。……军备必须以重点主义进行整备……我们的海军航空兵威力绝对需要完全压倒敌人的优势。"但其主张无法触动军令部，因为虽然怎么指挥联合舰队打仗属于山本司令长官的权限（按照原则来讲其实应该由军令部制定战略作战计划，然后由联合舰队执行，但当时山本个人威望太高，又频频以甩手不干相威胁，所以才演变为联合舰队参谋制定计划然后由军令部承认的状态），但海军军备重点何在、海军组织体系总体框架等大局问题，到底是不可能由山本主张定夺的。顺便一说，山本五十六所关心的是军备生产要以航空战机为主，并以优势航空兵力不断打击美军，促使美国讲和，他在联合舰队司令部从老旧的长门搬迁至舒适豪华的大和舰上以后，除了口头主张以外没有实际作为去推进海军变革，坐视军令部废除了航母集中原则，理由仅仅是日军战线铺得过大，进攻重点不明。大西泷治郎在3月初对联合舰队参谋长宇垣缠说道："现在已经是航空主兵了吧？"万料不到对方回答道："如果考虑到在大洋上进行舰队战斗，海军大方向上仍以战舰为主兵。"突袭珍珠港行动说

到底是为日军进行战略大扩张而采取的战术性偷袭行动，并不是宇垣缠所声称的"大洋上的舰队战斗"，这也就解释了为什么军令部不将第一航空舰队继续集中起来重创主要的敌人美国海军（特别是其航母），却将各航空战队不时剥离出来用于多个方向的作战任务，甚至把有经验的飞行员调回航空队担任教官。

向荷属东印度（印尼）进攻期间，第一、第二航空战队（赤城、加贺、苍龙、飞龙）被派去支援近藤信竹海军中将的第二舰队，并于2月19日空袭澳大利亚港口达尔文（飞行员们归来时纷纷抱怨没什么好炸的）。结果第一航空舰队的多向出击看似战果辉煌，其实只是到处零敲碎打。印度洋作战行动结束后，南云舰队好不容易将6艘主力航母集中在一起，却很快又再度分兵。山本五十六尽管并不赞同陆军攻占莫尔兹比港、进而挺进澳大利亚的计划，却还是屈从于军令部的意见，分兵派遣第五航空战队（翔鹤、瑞鹤）前往支援，如此"陆军奋勇作战之时海军必须要出力"的面子问题对日本海军战略执行造成破坏性影响绝非个例。珊瑚海海战造成翔鹤负伤，但毫发无伤的瑞鹤却不能通过临时借用其他飞行队机组来恢复战力、重归机动舰队序列，而隼鹰、龙骧的第四航空战队也被派去执行毫无必要的阿留申群岛进攻行动，照旧只能打前锋的南云机动舰队只剩下4艘主力航母，而山本却坐镇大和，在南云舰队后方遥遥跟随、好似武装巡游！这实际上还是过去"渐减迎击"方案中由水雷战队等削弱敌军、随后主力舰队进行最终决战的进化版，只不过这次日本海军是用航母舰队打先锋，是主动攻方而不是防守方，是其自身两眼一抹黑地往对方领地上闯而不是"渐

减迎击"方案中所"设定"的由美国海军傻乎乎地闯过来。山本所钟爱的先任参谋黑岛龟人之所以制定如此无谋的作战方案,参谋长宇垣缠之所以胆敢在作战方案图上演习时公然作弊(不过宇垣也曾提醒"美舰队可能从侧翼攻来"),山本之所以不顾一切明智的警告迫使高层接受这一作战方案,完全是由于这些人被半年来的胜利彻底冲昏了头脑,连最起码的战争准则都遗忘了。

"军事问题除冷酷的现实外,对什么也不会让步,这是它的特点;军事上的事情必须弄得简单扼要,处理的方法也必须清楚明确。"这是欧洲盟军总司令艾森豪威尔将军在战后的回忆录中所写的句子。虽然中途岛海战的惨败犹如晴天霹雳,但日本军部其后的战争决策仍然保持着无视现实且模棱两可的特点。海军高层立即如山本、井上、大西、源田等人主张的那样,将军备重点完全转移到航空兵上面来,列出了一大串新建航母、改造航母的计划。对航母舰队运用方法之改进则只是局部性的,即在重新整编的第三舰队(照旧由南云担任司令)所属航空战队前方部署由巡洋舰、驱逐舰所组成的前卫部队,负责侦察敌情、进行先期预警。瓜岛发生危机时,仍然是翔鹤、瑞鹤、隼鹰等航母与巡洋舰、驱逐舰一道立刻冲杀在前,随后才是劳苦功高的金刚级战舰前来进行炮战,大和、武藏则于8月间来到特鲁克基地,整个瓜岛战役期间一直在此稳坐钓鱼台,被揶揄为"大和旅馆"。在山本五十六于1943年4月18日被美军空中伏击、命丧黄泉之前,日军航母舰队确实从未摆脱战前"渐减迎击"方案为其规定的附属地位,哪里有仗要打就得先去打头阵,基本没有考虑如此使用航母舰队的战略价值何在。甚至在瓜岛战役之后,宝贵的舰载机飞行队还无法休养生息,被抽调至陆地机场上与美军打航空消耗战。在这个问题上,责任更大的是头脑僵化的军令部,还是先前得意自满、后来又强要面子的联合舰队司令部呢?

有很多人认为,山本五十六表面上是"航空主兵"派,内心深处其实还是个"大舰巨炮"派(毕竟他年轻时亲自参加过主力舰队决战的经典战例——对马海战),但这只是无关紧要的猜想而已。正如笔者前面所言,日本海军在战前的丸三、丸四计划中还在大造特造世界最大战舰,开战之初却集结航母舰队一举打垮美太平洋战列舰队,此时已经注定了日本海军的覆亡必然在美国航母舰队于1943年后集结成群之时到来。中途岛战后日本海军是否立即转向彻底的"航空主兵"体系,其实已经无甚影响,用一句俗话讲就是"伸头是一刀,缩头也是一刀"。只不过作为彻底的"进攻论者",山本五十六是将头伸出去挨刀而已。日本海军在战前没有进行主要军备航空化的变革以取得航空兵优势,开战后又放弃了将集群化航母舰队树立为海军核心的变革机会,中途岛战役后的一切作为只能归为垂死挣扎。与此相对,美国海军太平洋舰队由于在开战之初战列舰队就被炸得彻底瘫痪,战线又被到处侵略的日军拉得很长,被迫

▲1942年6月19日,日本人踏上了中途岛,不过这些日本人是已被击沉的飞龙号航母的幸存者,是作为俘虏暂时被转移到岛上来的

▲ 1942年6月中途岛战役期间毫无意义地占领了阿留申群岛中阿图岛的日军，不到一年后便遭到美军反攻，毫无任何抵抗希望。他们要么是发动"万岁冲锋"，要么就是和这张照片里一样围起来拉响手榴弹自杀，实现了日军首次"全体玉碎"

将手头少数几艘航母分别独立组建特混舰队充当"消防队"，但在这一过程中不断完善以航空兵为核心的战略战术（例如空中防御"箱型"体系），寻找克敌制胜的办法（例如研究如何克制零式战斗机）。幸运的是日本海军在中途岛给美军送上了一份大礼，其后又在瓜岛至所罗门群岛的一系列战事中好似恼羞成怒的孩童一般与美军纠缠着打消耗战，可谓正中后者下怀。

进入1944年后出现在马里亚纳、菲律宾海域乃至日本近海的美海军航母特混舰队（由多个航母战斗群组成，运输航线及登陆场由多到惊人的护航航母保护）可谓规模庞大、攻防俱佳、技术先进、经验丰富，是无懈可击的无敌舰队。日本海军于1944年3月1日组建新的第一机动舰队，终于走完了其航母部队战略发展的最后一步。在这支机动舰队中，以三支航空战队的共9艘大小航母集合为主力的第三舰队成为核心，而大和、武藏、长门领衔的第二舰队被安排在第三舰队前方负责对空防御和先期预警，战列舰终于成为航母的附属而非决战主力。同时日军航母还加紧装备了新型舰载机、雷达，采取各种损管改进措施，大量增加防空兵器，甚至还拥有了具备钢铁防护飞行甲板的大型航母大凤。但开战以来新增的主力大型航母仅仅只有大凤这一艘的冷酷现实，注定了小泽治三郎所实施的"超航程战法"终将失败。随后小泽舰队的剩余航母出现在菲律宾海战中时已成为空船，在恩加诺角海面上被消灭殆尽，日本海军航母舰队正规作战的历史至此画上句号。因为日本军部死硬不肯承认战败，在战争结束之前还发生了信浓沉没、云龙沉没等惨剧，但这些已经没有军事意义上的探讨价值了。

战后日本海上航空相关军舰的发展

1945年日本投降之后并没有像德国一样被多个国家分割占领，而是由美国单独控制（除了南千岛群岛即日称的"北方四岛"被苏联军队占领），因此，1947年颁布新宪法、保留天皇作为名义元首，同时进行各种政治、经济、社会改革的日本，很快就由于1950年朝鲜战争爆发而得到了经济复苏，同时也被纳入了美国的远东军事体系中，标志性事件是1951年《旧金山和约》《美日安保条约》的签订。日本政府立刻在美国的全面指导下开始恢复武装力量。

1952年日本成立海上保安厅警备队，吸纳被解散的旧海军人员，并向美国提议建立"反潜猎杀群舰队"，试图租借美国的数艘护航航母、反潜航母（参加过二战的二手航母），令已经灭亡的帝国海军航空兵换套军装、重上蓝天（可以想见源田实对此必定大力欢迎），但立即遭到美国驳回。美国认为新组建的日本海上武装只需要执行海域防卫和警戒任务，加强近海扫雷和反潜能力，为远东美国舰队保驾护航就已足够，拥有起降固定翼战机的航母实无必要（私下里可能认为这对美国也构成威胁），于是以源田实为首的旧海航成员只好转投独立成军的航空自卫队发展（源田后来担任航空总队司令、航空幕僚长）。1954年保安厅海上警备队正式改组为海上自卫队，同时保安厅也提议建造一艘驱逐航空母舰，但此提议同样无疾而终，1957年在获得国会通过的"一次防"（第一次防卫力整备计划，以下类推）中所得到的不过是绫波型对潜护卫舰（DDK）而已。固定翼载机航母方案实在难以获得政治层面的认同，而且当时日本百废待兴，难以承受其预算，因此海自决定退而求其次，将直升机航母作为突破口。

直升机在二战末期便已少量投入战场，旧日本军队也曾研发过早期直升机，但直升机技术真正成熟是在朝鲜战争期间。直升机是垂直起降的，以其作为海军航空兵发展的初始台阶，适合于执行巡逻预警、反潜反水雷、运输救灾等任务，成为许多受现实条件限制无法建立固定翼战机航母舰队的国家海军的实惠选择，日本亦不例外。1960年，海上自卫队试图将防卫厅技术本部构思的全直通平甲板直升机航母（CVH）方案列入"二次防"计划，其中CVH-a方案是基准排水量23000吨、既搭载反潜直升机也搭载S2F反潜固定翼巡逻机的航母，而CVH-b方案是基准排水量11000吨、只搭载反潜直升机的航母。但CVH方案刚出台便遭遇1960年《日美安保条约》改订引发的政局混乱，时任防卫厅防卫局长的海原治以"战败还不到二十年，东京贸然装备航母必然引起美方的疑虑，使整个国防计划受到影响，海自不能因为一己之私置国家前途于不顾"为由将它给打压下去了。

"二次防"的最大成果是日本第一艘装备导弹（"鞑靼人"防空导弹）的军舰——DDG天津风。1965年列入预算计划的新一代反潜护卫舰（DDK）峰云型总算找到了一个突破口，装备从美国引进的QH-50反潜无人直升机，并打算再引进美国卡曼公司的SH-2F海

▲ 日本海自最早构思的CVH-b反潜直升机航母方案预想图

开创旧日本海军航空兵新体制历史的DDH-141榛名号,外观很容易让人回想起航空战列舰

妖直升机上舰替换无人直升机。但QH-50本身就被证实操纵困难（以60年代的电子设备水平来说无人机并不实用），容易损失且成本高昂，经过数年试用之后峰云型DDK只好以老旧的"阿斯洛克"反潜火箭弹替代其位置。随着60年代古巴导弹危机、越战等的推动，冷战进入白热化，苏联海军远东舰队也以惊人的速度膨胀（其最大的威胁是核潜艇），日本自卫队的武装强化渐渐得到美国默许，于是海自开始策划建立"八六舰队"。当然，和战前以战列舰、战列巡洋舰搭配的"八八舰队"完全不同，这一新时代的舰队是以8艘新型护卫舰和6架直升机搭配而成的，其中2艘护卫舰是直升机护卫舰（DDH），可各自搭载3架美国西科斯基公司HSS-2（美国海军原编号，后改为SH-3A）海王直升机。

1970年"三次防"计划的重中之重——4700吨级DDH在三菱重工长崎造船所开工，首舰于1973年2月服役（2009年退役），与旧海军金刚级战舰三号舰榛名号同名。二号舰在石川岛播磨造船所开工，1974年11月服役（2011年退役），与金刚级战舰二号舰雾岛号同名。新时代的日本舰载航空兵终于踏出了第一步。DDH榛名、雾岛的最大特征是其长达159米的长艏楼型舰体后半部分由直升机库和起降平台（50×15米）连成一片，有充分空间实现搭载3架HSS-2直升机（后陆续替换为更先进的HSS-2A、HSS-2B、SH-60J海上黑鹰直升机日本版）的目标，这也是当时世界海军中非航母型军舰中搭载直升机数最多的（以苏联海军为首的各国海军巡洋舰也不过搭载2架直升机而已），充分反映了日本海自战略的独特性。海自再接再厉，在"四次防"计划中列入1艘大型直升机护卫舰（DLH），基准排水量8700—10000吨，预定搭载6架直升

机并装备美国最新的"标准"防空导弹系统，其最大特征（也是海自心驰神往的关键）仍然是全直通甲板。可是DLH方案照旧遭到了海原治（已升任国防会议事务局长）的激烈反对，同时也因为70年代初第一次石油危机造成的政府财政困难，无果而终。

于是海自只得筹划建造榛名型DDH的2艘改进后续舰，这便是5200吨级DDH方案，首舰白根号于1977年在石川岛播磨重工造船厂开工，1980年服役（2015年3月25日刚刚退役），二号舰鞍马号于1978年同在石川岛播磨造船厂开工，1981年服役（预计将在2017年退役）。白根型DDH本身只是榛名型的有限放大版，同样可搭载3架直升机，其最出名的事件是2007年白根号舰上发生火灾，驾驶舱下方的战斗指挥所（CIC）以及指挥通信系统全部被烧毁。海自一度讨论要令其提前退役，但后来将2009年退役的榛名号的CIC系统拆装到白根号上，勉强使其坚持至今。鞍马号也不是省油的灯，2009年曾与韩国集装箱货船相撞并引发火灾。总之，白根型DDH是不能令海自感到满足的。

时间进入到80年代，苏联军队以图22M超音速轰炸机发射高速导弹为代表的先进装备与技术对美日远东防卫体制构成了更严峻的挑战，同时日本政府醉心于国家经济规模的膨胀（当时全世界众口一致认为日本经济总量很快将赶超美国），铃木内阁、中曾根内阁相继提出日本要拓展"海上防线1000海里"，照此精神防卫厅成立了防卫改革委员会，其下属洋上防空体制研究会于1986年提议建造15000—20000吨级载机护卫舰（DDV），预计搭载数架反潜直升机、预警直升机和最多达10架AV-8B鹞式垂直/短距起降战斗机。以英国航母使用鹞式战机参加马岛战争（1982

DDH-144 鞍马号,目前接近退役状态。其刚刚退役的姊妹舰白根号预计将于2016年用作海自新研发的超音速反舰导弹XASM-3的试验靶标的舰船。鞍马号看可能被同样处置

年）的优异表现来看，DDV方案显然极具攻击性，甚至有能力超出"海上防线1000海里"的框架。虽然海原治此时已经退休，但这个野心勃勃的方案又被美国海军高层出面否决了，后者认为日本海自应该优先装备美国新研制的划时代相控阵雷达与指挥综合系统军舰——宙斯盾驱逐舰，由此诞生了海自模仿美海军伯克级驱逐舰设计建造的金刚级导弹护卫舰DDG，1993—1998年间陆续服役。如果撇开美海军驻远东舰队不谈，日本海自再次拥有了当之无愧的亚洲第一强大舰队即"新八八舰队"。海自四个护卫队群，每个队群都以一艘DDH作为"群直辖舰"（旗舰），率领包括金刚级DDG在内的另外七艘军舰，搭载直升机组成"八舰八机"编制。

另一方面，虽然DDV方案被美国人一巴掌拍成碎末，但没过几年海自又开始蠢蠢欲动，首先在"03中期防"（03代表平成三年，即苏联解体的1991年）中列入8900吨级两栖运输舰方案，不但立刻刷新了金刚级DDG的排水量纪录（7250吨），且是日本战后第一艘全直通甲板军舰。由此诞生的大隅级两栖运输舰，事实上属于船坞登陆舰（并不需要遮掩的美海军直接将其定义为LST），最上层全直通平甲板长120米、宽23米，总面积3600平方米左右，可并排停放6架直升机，可同时令2架CH-47支奴干或CH-53海上种马大型直升机起降。该舰仍然被称为LST而非DDH的原因在于舰内并没有直升机库与相关支援维修设施，所以直升机确实只能通过它运输而不能常驻舰上。大隅型运输舰的舰体内拥有大型坞舱（可装载2艘LCAC气垫登陆艇）和车库甲板（可装载90式坦克或大型卡车）。3艘大隅级分别在1998年3月（大隅号）、2002年3月（下北号）、2003年2月（国东号）服役，使日本自卫队远洋武装投送能力大为提升，同时也为未来全直通甲板DDH的诞生打下了技术基础。

2013年美日联合军演中，美海军陆战队的MV-22B鱼鹰旋翼垂直起飞运输机在下北号运输舰与新建成的日向号DDH甲板上降落，这不但代表着军事层面上海自的全直通甲板军舰通过起降V-22鱼鹰旋翼机可一举扩大兵力投送范围、提高效率，更代表着美国在政治上对日本军事松绑的认可与推动（直接效果就是推动了日本购买装备V-22，尽管冲绳民众激烈反对V-22进驻当地军事机场）。早在2000年大隅级登陆舰还在建造时，日本就马不停蹄地再次提出："下次'中期防'（海自）想要装备具有先进情报通信设备、强化综合指挥能力的高科技指挥舰。"（这是海自高官访问美国圣迭戈海军基地时首先对美国人发表的。）当年的日本内阁决议即允许了建造具有全直通甲板、排水量终于突破万吨的13500吨级新型直升机搭载护卫舰（满载排水量近两万吨）。当时还有另外两个非直通甲板DDH方案A、B案，但谁都看得出来A、B案只是为全直通甲板的C案打掩护而已。

2003年海自又提出向美国采购AV-8B鹞式战斗机的计划，希望未来十年内总共采购53架该型战机，与13500吨级DDH建造计划相配合。明眼人一望便知是要复活1986年的DDV方案，但这一计划在经过政治层面的权衡之后，还是被时任防卫厅长官的石破茂否决了（时任首相是2001年组阁的右翼保守政客小泉纯一郎），同时石破茂表示认可海自采购V-22鱼鹰旋翼机。

13500吨级DDH仍然以搭载直升机执行反潜任务为主要目的，2004年通过预算（当年是平成十六年，因此也可称其为16DDH）正

LST-4002下北号。该舰曾经以《反恐对策特别措施法》为依据,将外国军队和物资运输到印度洋靠近阿富汗的沿岸地区。这是针对"禁止行使集体自卫权"的打擦边球行为

式成为日向级DDH,首舰日向号2006年在IHI（石川岛播磨重工）横滨造船厂开工,2009年3月服役,二号舰伊势号2009年在同造船厂开工,2011年3月服役,两舰分别成为海自第一、第四护卫队群的中心指挥舰,取代退役的两艘榛名级DDH。日向、伊势作为舰名自然令人联想起旧日本海军那两艘拼至战败的航空战列舰,值得一提的是尽管战后海自军舰命名一直在抄袭战前旧名,但将以前只有"决战巨舰"才有资格持有的日本古制国名再拿出来用却是战后首次。日向级DDH的全直通直升机飞行甲板长195米、宽33米,设有4个起降点（即可同时操作4架直升机,对外宣称是可同时操作3架）,主要装备最新反潜直升机SH-60K与扫雷/运输直升机MCH-101（意大利阿古斯塔公司授权川崎重工组装生产）,宽敞的机库（全长120米、宽19—20米）可以将整个护卫队群的8架直升机全部收容,实际最多可收容11架（对外宣称是4架）。其飞行甲板与两台升降机可承重30吨以上,可从容承受V-22鱼鹰旋翼机乃至F-35B垂直/短距起降战机,尽管该甲板还是无法应对F-35B垂直起降时的喷射热流。总之,日向级DDH即使不改造甲板,也已将直升机搭载、整备、起降作战的功能发挥到了极致,同时还具备世界顶尖的ATECS先进技术战斗系统。

随着新宙斯盾舰爱宕型DDG（2艘分别于2007、2008年服役）、秋月型（战后第二代）DD（2012—2014年间快速服役4艘）等世界顶尖高科技军舰的陆续装备,2014年时四个护卫队群再次整编,由1艘DDH（第一、第四护卫队群装备日向级DDH,第二、第三护卫队群继

▲ DDH-181日向号。2013年的演习中美国海军陆战队士兵搭乘MV-22B在其甲板上降落,而陆自则派遣CH-47支奴干运输直升机和AH-64D阿帕奇武装直升机搭载于该舰上,充分表明该型DDH的外向攻击能力

续装备白根级DDH）、2艘DDG再加5艘DD整合成为机动运用部队。海自武装力量膨胀至此，用吨位更大、作战能力更强的新型DDH取代临近退役的白根级DDH已是板上钉钉，于是在2010年（平成二十二年），基准排水量19500吨级的22DDH预算顺利通过，这就是出云级DDH——最初海自曾想命名其为"长门"，因觉得太有刺激性而改为"出云"，尽管这个名称对于中国人来说刺激性更强。虽然日本仍然称其为"直升机搭载护卫舰"，但世界各国一致同意将其归类为直升机航空母舰（Helicopter Carrier）。首舰出云号建造费用高达1139亿日元，2012年1月由日本海洋联合公司JMU（Japan Marine United，IHI在2013年合并环球造船组建的日本龙头造船企业）横滨工厂开工建造，2013年8月举行下水仪式，2015年3月末竣工服役。二号舰24DDH被命名为"加贺"，于2013年10月由同船厂开工建造，2015年8月27日下水，预计将于2017年3月服役。2013年8月出云号下水时，中国国内媒体报道铺天盖地，指出其与当年侵华舰队旗舰同名实乃严重挑衅（按照此理24DDH加贺的挑衅意味更加严重，日本侵华战争中最活跃的旧航母就是加贺号），且有极大可能已具备搭载F35B战机的能力，从而成为日本战后第一艘货真价实的航空母舰。

由于出云号DDH正式服役仅有数月，而加贺号DDH刚刚下水，因此只能利用现有资料进行简单评价。出云级的全直通飞行甲板的尺寸更上一层楼，达到长245米、宽38米，面积是日向级的1.5倍，直升机起降点增至5个，舰内直升机库尺寸达到长125米、宽21米、高7.2米，两台升降机中较大一台的尺寸达到长20米、宽13米。名义上搭载7架SH-60和2架MCH-101，实际最高可搭载14架直升机。对于出云级DDH搭载垂直/短距起降战机的可能性，原海自舰队司令官胜山拓声称："（出云）即使不经改造也能起降、收容F-35B。"而防卫省（2007年由防卫厅升级而来）则有官员站出来声称："（出云）虽然是可以进行改造的，但要获得战机还要培养人员，需花费庞大的时间与经费，现实来看是不可能的。"日本最新的"中期防卫力整备计划（2014—2018年）"所要建造的是通用护卫舰26DD（秋月型二代后续）和宙斯盾导弹护卫舰27DDG、28DDG（以取代金刚级之前的旗风级DDG，使得海自8艘DDG全部成为宙斯盾舰），以及多功能护卫舰DEX（可能类似于美海军濒海战斗舰LCS，航速高达40节）。关于日本未来将建造至少是中等吨位的固定翼战机航空母舰（甚至使用核动力）的猜测甚嚣尘上，但目前还未有正式官方情报披露。

正如中国一些较冷静的军事学者所言，出云级DDH实现了搭载F35B战机的目标，能够在政治上为日本右倾思潮泛滥、美化军国主义与侵略历史、壮大"国威"而鼓劲，但是从军事战略角度看，出云级DDH继续保持大型反潜直升机搭载舰的作战功能，与宙斯盾DDG、先进常规动力潜艇等相配合组成上空广域覆盖、海下多层猎杀的严密防卫体系，为美国海军的远东海空武装力量提供前沿坚固防卫盾牌，才是为近年来美日通过强化"海空一体战"资源整合的联合战力体系所做的最大"贡献"，这份"贡献"远比出云级勉强去装备几架F35B要来得大。至于日本未来装备更大吨位固定翼战机航空母舰的可能性，虽然从技术上看障碍不会太多，但其面临的现实情况是国内经济已萎靡不振多年，现任首相安倍晋三的所谓"安倍经济学"为其打入

DDH-183出云号正驶入横须贺港

DDH-184加贺号举行入水仪式

的刺激性"鸡血"也很快失效，海自官员自认"时间、经费的耗费都不现实"倒也不完全算是过谦。且战后数十年间多次将日本固定翼战机航母计划"刚冒芽便摘掉"的美国，近年来看似对日本的军事膨胀态势尽量松绑甚至幕后鼓动，但真正涉及战略级武备（诸如远程攻击导弹、核动力潜艇乃至核武器）时难道会改弦易辙吗？恐怕这"玻璃天花板"是仍然存在的，这也是日本将其国家安全利益的维护、拓展均寄托于自私自利的美国，而不是认真反省历史、实现与周边国家的和解所导致的必然结果。

依笔者愚见，进入21世纪以来虽然东北亚地区局势紧张、军备竞赛沸沸扬扬，但中国毫无疑问是这些年来这一地区内综合国力上升态势最为显著的国家，以辽宁号固定翼战机航母练习舰、中华神盾导弹驱逐舰、隐形试飞战机、大型预警机为代表的一大批先进装备纷纷涌现，给予了我们充分信心面对一切可能的不测事态。中日之间仅仅相隔数百公里之东海，以现代化战机数千公里的航程（还有空中加油技术）和攻击导弹数千公里的射程来讲，完全在正常交战距离以内，如果说日本是中国东方的一艘"不沉的航空母舰"，则中国相对日本军队（以及在日本驻扎的美军）来说更是一艘"不沉的超级航母"。对于日本右倾化的军事威胁，我们需要予以重视，但正确的应对方法显然是不断增强我们自身的力量，为对方起的舰名一惊一乍实属无益。我们应该让朋友来了有美酒，豺狼来了有大棒，保证可以敲光血盆大口里面的每一根毒牙！

附录一 日本航空母舰绘图

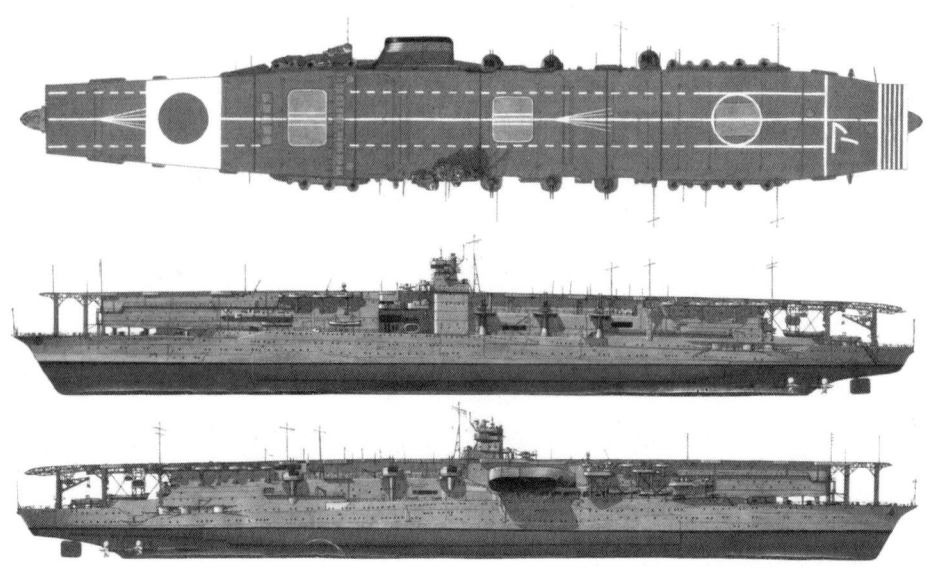

▲ 赤城号三面视图。珊瑚海海战时发生了日军飞行员竟准备在美军航母上降落的事件,因此中途岛战役时日军航母在飞行甲板前端画上了大日章旗,却成为美军俯冲轰炸机的绝好标靶,此后日本航母将其取消并在飞行甲板上喷涂迷彩色

▼ 开战初期的飞龙号航母多面视图

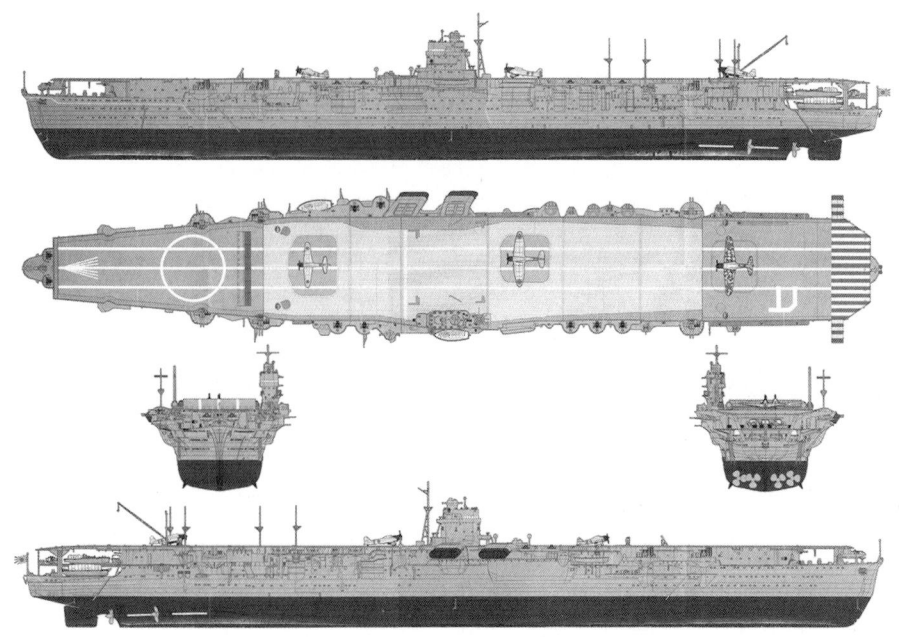

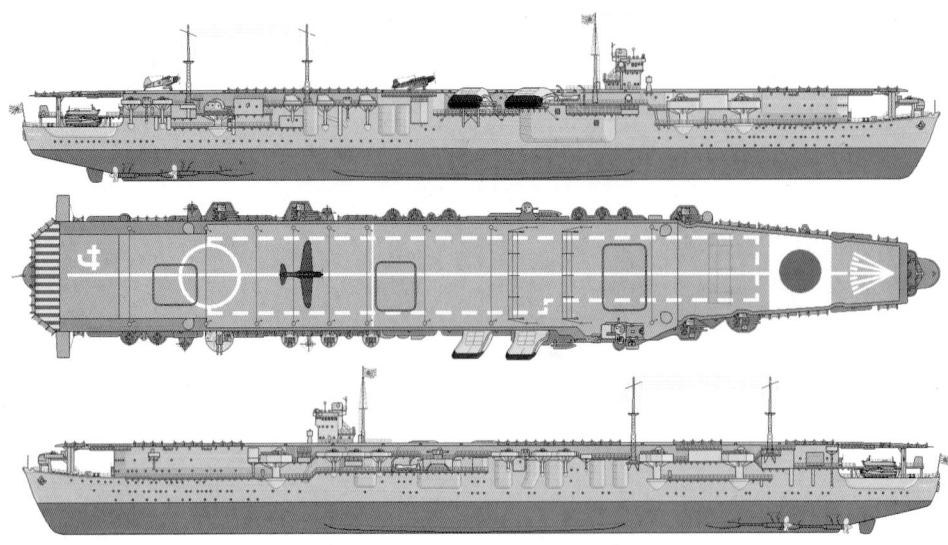

▲ 中途岛战役前的苍龙号航母多面视图

▼ 中途岛战役前的飞龙号航母多面视图

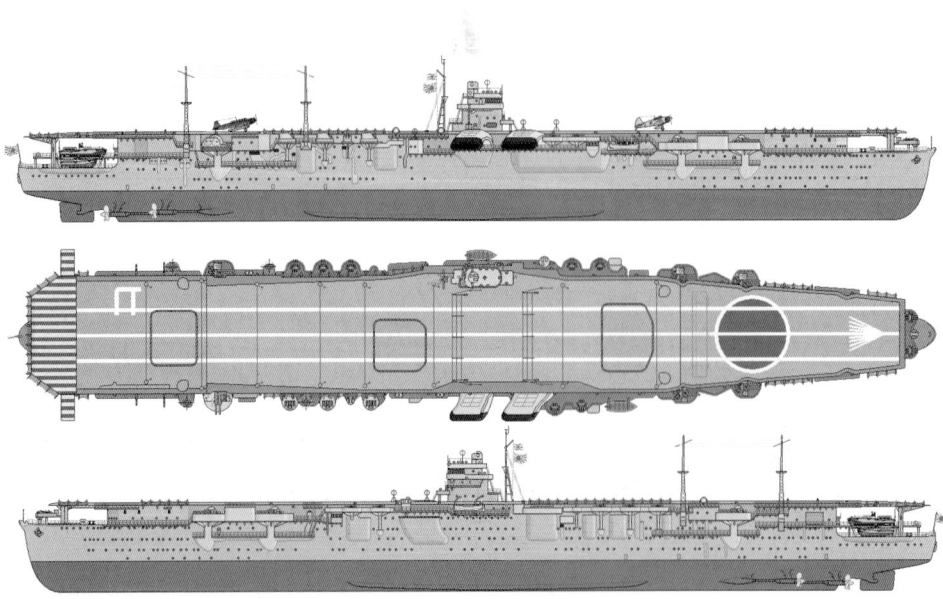

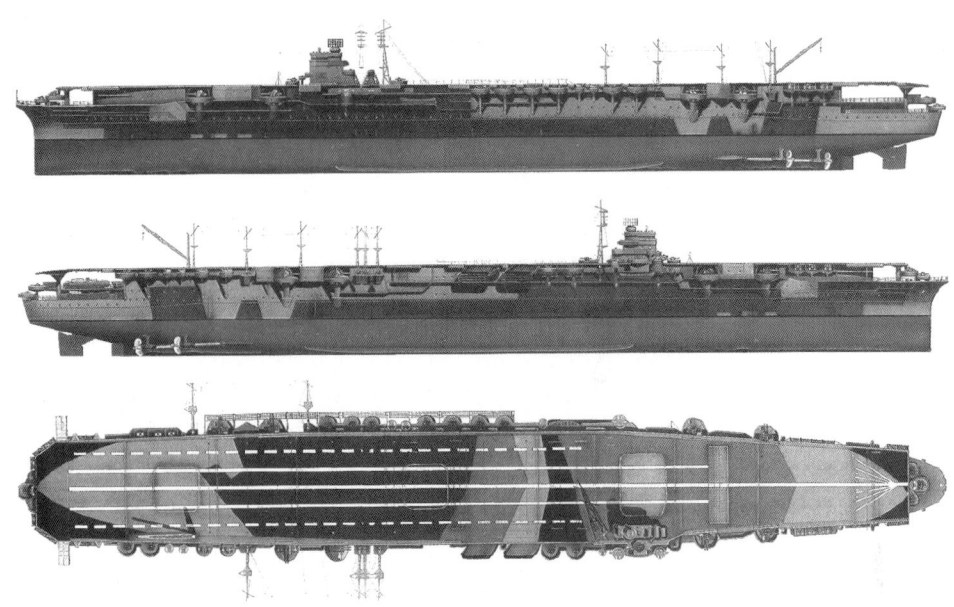

▲ 1944年的瑞鹤号航母舰体及甲板图

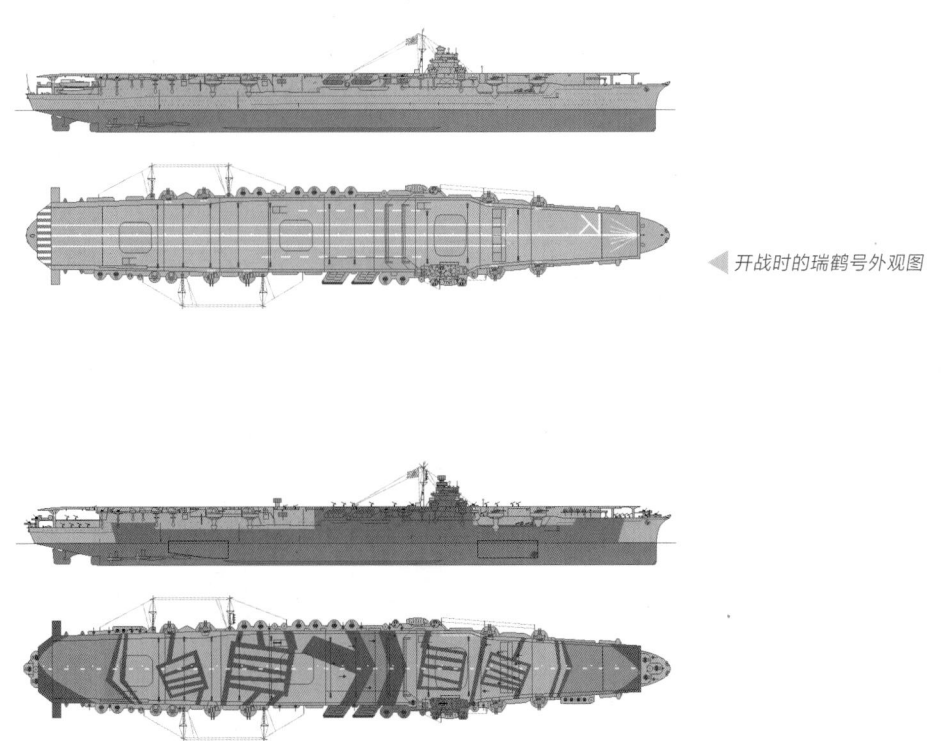

◀ 开战时的瑞鹤号外观图

◀ 1944年10月的瑞鹤号航母舰体及甲板图

▲ 1945年的隼鹰号航母两面视图

▲ 1944年的大凤号航母三面视图

附录二 日本航空母舰绘图

▲ 能登吕号水上飞机母舰

▲ 1937年正在中国沿海作战的龙骧号航母,一架九六式舰爆机正在起飞,九六式舰战编队正在航母上空飞行

▲ 赤城号航母,一架零战机正在起飞

▲ 正准备起飞舰载机群的赤城号航母

▲ 以赤城、加贺为首的日本海军航母机动舰队劈波斩浪航行中

▲ 龙骧号航母，注意其前部起放式桅杆放倒之后，连同上面的海军旗也放倒在一边了

赤城号航母,这幅画作比较奇怪的地方是在舰艏插有日章旗杆,而舰桥桅杆上却没有海军旗

▲ 这幅画作表现了中途岛战役中美军俯冲轰炸机成功命中加贺号航母后脱离，后方零战无能为力的场景。美军俯冲轰炸机为保证命中率，经常俯冲至非常低的高度，拉起时与日舰发生亲密接触，对此日军官兵的印象也极为深刻

▲ 经过第二次改造的龙骧号航母，最明显的区别是飞行甲板前端从方形变成了近似弧形

▲ 行驶于波涛汹涌的大海上的神川丸

▲ 航行中的苍龙号

▲ 起飞攻击机群的飞龙号,桅杆上升起了山口多闻将旗

▲ 行驶于波涛汹涌的大海上的祥凤号

▲ 行驶于波涛汹涌的大海上的瑞凤号

▲ 瑞鹤号航母作战图

▲ 第五航空战队翔鹤、瑞鹤结伴而行

▲ 行驶于波涛汹涌的大海上的翔鹤号

▲ 停泊于单冠湾内准备参加突袭珍珠港行动的瑞鹤号航母

▲ 这幅画作表现了海鹰号航母正在起飞舰攻机去执行反潜巡逻任务的场景。日本海军在战争中期之前完全忽视了护航航母与反潜飞机，结果事到临头只能凑合使用手头仅有的装备

▼ 秋津洲和与其相伴的二式大艇都足够给人留下深刻印象，但这对组合由于指挥层忽视情报工作，没有能够在中途岛战役这样的关键性场合扭转乾坤

▲ 这幅绘画反映的是1944年8月8日,大鹰号护卫航母保卫"ヒ"71船队从门司港出发前往马尼拉途中的场景。同行舰船从画面右方开始依次是给油舰速吸、给粮舰伊良湖及海防舰佐渡,这是一次死亡之旅

▲ 云龙型航母在大海中劈风斩浪，但画中全副武装、停满舰载机的合格战斗状态，实际上没有任何一艘云龙型航母曾经达到过

▲ 实施改造之前的陆军航母秋津丸，可见舰艏起重机使其实际上不可能起降飞机，只能用甲板系留运载飞机

▲ 信浓号航母，当然画中这样的服役状态，极其短命的信浓事实上没有达到过，注意其舰艏甲板两侧的28联装对空火箭发射器

千岁号水上飞机母舰。从现存的少数俯拍照片中,并没有发现千岁号曾经如画中这样在天盖上涂上一个大日丸标志

▲ 日进号水上飞机航母

▼ 1944年11月28日,并未完工的信浓号航母最后的航行姿态。伴随其航行的就是"祥瑞"雪风号驱逐舰

▲ 另一幅信浓最后姿态的画作，但其甲板上有许多舰载机，实际上这是完全不可能的

▼ 马里亚纳海战中大凤号航母遭攻击沉没前的姿态。在右舷伴随护航的是矶风号驱逐舰，远处是若月号，一架彗星舰爆机正在着舰

▲ 破浪前进的大凤号航母

▲ 小松咲雄兵曹长的战机向着鱼雷航迹一头扎入海中的场景

附录三 日本航空母舰照片

（供图/山下笃志）

▲ 1914年8月23日，刚刚完成改造工程的若宫号

▲ 1929年3月16日，正在广岛湾进行训练的能登吕，正使用起重吊臂回收一架一四式水上侦察机

▲ 1922年12月，正在试航航行的凤翔号航母，前部升降机的后面是放倒的起重机，而前面是一架准备进行测试的十式舰战，这是日本航母正式诞生的时刻

▲ 1924年9月，停泊在横须贺港的凤翔号航母，刚刚完成拆除小型舰岛与起重机的改造工程

▲ 1931年9月，停泊在横须贺港的凤翔号航母

▲ 1926年6月，在吴海军工厂中进入改造航母工程最后舾装阶段的赤城号

▲ 1927年7月17日，刚刚建成、正在进行试航航行的赤城号航母。这是最清晰表现其舷侧烟囱区别的照片：一大一小、一上一下，一个喷白气、一个喷黑烟

▲ 1941年开战前夕的机动舰队旗舰赤城号航母

▲ 1934年10月的赤城号航母,飞行甲板上停放的还都是双翼机——十三式舰攻和八九式舰攻,都出自于三菱,也都是引进英国技术制造的

▲ 最知名的赤城号航母照片之一,1942年南洋作战中

▲ 1933年的加贺号航母,给人最深印象的反而是其雄踞前方的双联装200毫米舰炮。翌年加贺就要接受大改造,取消三段飞行甲板结构

▲ 1928年11月20日，在横须贺海军工厂内进行舾装的加贺号

▲ 1930年的加贺号航母，十三式舰攻编队正准备起飞

▲ 1936年完成改造工程之后的加贺号，不但三段飞行甲板结构被取消，烟囱也改为舷侧下弯式

▲ 1934年9月的龙骧号航母

▲ 1936年经过第二次改造以后的龙骧号航母

▲ 1933年12月4日的神威号,正在东京湾内进行卷网式载机回收装置试验

▲ 停泊于厦门港的神川丸，拍摄于1937—1939年间。前甲板搭载九五式水侦，后甲板搭载九四式二号水侦

▲ 拍摄于1942年秋，停泊在大凑港的君川丸，船体被涂上灰白相间的迷彩色

▲ 1938年1月23日，在馆山湾进行全力公试航行的苍龙。差不多一个月前苍龙已经在吴港竣工并举行了交付仪式，但还有些残余工程转到横须贺实施，并直到1月23日这一天才驶出外洋海面进行全力公试航行

▲ 苍龙舰桥正面特写，能清楚看到顶端的九四式高射指挥仪、60厘米探照灯等设备。近处是右舷的3号127毫米双联装高射炮

▲ 1944年10月25日，最后关头的瑞凤号航母

▲ 1939年4月28日，在馆山湾海面进行全力航行的飞龙

▲ 1939年4月28日，在馆山湾海面进行全力航行的飞龙

▲ 1939年4月下旬至5月上旬，停泊于宿毛湾的苍龙。舰体从横向看没有特别伟岸的感觉，但从这个角度看则确实是一艘巨舰，甲板上停放着九七式舰攻

▲ 1939年7月5日，停泊于横须贺的飞龙

▲ 1941年12月20日，在横须贺港内刚刚完成航母改造工程的剑崎，它将在第二天正式得到"祥凤"的名称，作为航空母舰加入日本海军。舣装员正集结在飞行甲板遮风栅的后面，可能在为竣工仪式做彩排

▲ 1943年5月初,正从特鲁克出发向横须贺驶去的云鹰号航母。在其后方可看到联合舰队的战列舰金刚、榛名、大和依次排列

▲ 1943年5月,停泊于特鲁克的冲鹰,其左方是正面朝向镜头的云鹰号航母

▲ 1943年9月30日,由于被鱼雷击伤而进入横须贺港等待修理的大鹰

▲ 1943年11月15日，正在德山湾航行，准备数日后交付服役的海鹰号航母，其舰艏的菊花纹章已被覆盖

▲ 1945年9月26日，停泊于佐世保港的隼鹰号航母，乘坐小艇的美军正打算上舰检查状况

▲ 1938年7月18日，正在进行全速公试航行的千岁号水上飞机母舰。前甲板上的127毫米高射炮旋转至后方极限程度，舰体中央的烟囱排出蒸汽轮机的废气，而顶盖结构的后面还有个小烟囱，排出的是柴油机的废气

▲ 1943年8月31日，完成了航母改造工程的千岁号驶出佐世保港。其飞行甲板在吃水线以上11.65米，比祥凤号航母还要低1米以上，外观相当低矮

▲ 1938年11月10日，正在进行全速公试航行的千代田号水上飞机母舰

▲ 1943年12月1日，在东京湾内进行全速公试航行的千代田号，照片使用了广角镜头，所以看上去有些不自然的弯曲。千代田动力装置保持不变，但是更改了烟道走向，右舷侧前部1号高射机炮台后面的下弯烟囱是蒸汽轮机排放口，而3号高射机炮台前面的下弯烟囱（稍小一些）则是柴油机排放口

▲ 1940年6月3日，完成了主机改造工作的瑞穗号正在馆山湾进行全速公试航行，可见舰艉的卷网式载机回收装置，但这艘奇特的军舰只剩下两年寿命了

▲ 1942年2月9日，以28节航速进行全速公试航行的日进号水上飞机母舰，相比于瑞穗，其舰炮火力更强，航速更快

▲ 1942年4月18日，在淡路岛海湾内进行全速公试航行的秋津洲号水上飞机母舰

▲ 可能拍摄于1944年6月上旬，近景的大凤号航母停泊于塔威塔威海湾内，左上是翔鹤号航母，右上是长门号战舰。大凤从建成服役到沉没，留下的照片并不多

▲ 1945年11月美军在佐世保拍摄的照片，未完工的笠置号航母舰体

▲ 1944年10月初，葛城号航母进行全速公试航行。虽然在战争结束时葛城需要修理才能活动，但如果以"未倾覆沉没"这条标准来看，它是日本海军残存航母、军舰中吨位最大的

▲ 1945年9月佐世保港，未完工的笠置号航母舰体凄惨地漂浮着

▲ 1945年9月佐世保港，未完工的笠置号航母舰体凄惨地漂浮着

◀ 1944年8月，刚刚下水准备服役的天城号

◀ 1946年在佐世保进行解体作业的伊吹号航母

参考文献

中文文献：

渊田美津雄，奥宫正武．许秋明译．1979．中途岛海战．北京：商务印书馆

渊田美津雄，奥宫正武．孟宪楷译．1987．机动部队．北京：海洋出版社

戈登·普兰奇，唐纳德·戈尔茨坦，凯瑟琳·狄龙．王喜六，祁阿红，翁才浩译．1991．中途岛奇迹．上海：上海译文出版社

诺曼·波尔马．方冬革，王东风，陈绮梅等译．2009．航空母舰：1909-1945．上海：上海科学技术文献出版社

日文文献：

福地周夫．1962．空母翔鶴海戦記．東京：出版協同社

堀越二郎．1970．零戦―その誕生と栄光の記録．東京：角川文庫

木俣滋郎．1977．日本空母戦史．東京：図書出版社

豊田穣．1978．蒼空の器―若き撃墜王の生涯．東京：光人社

「丸」編集部編．1989．写真日本の軍艦 第3巻 空母Ⅰ．東京：光人社

豊田穣．1995．新蒼空の器―大空のサムライ七人の生涯．東京：光人社

長谷川藤一．1997．日本の航空母艦―軍艦メカニズム図鑑．東京：グランプリ出版

学研パブリッシング編．1999．空母大鳳・信濃―造船技術の粋を結集した重防御大型空母の偉容〈歴史群像〉太平洋戦史シリーズ（22）．東京：学習研究社

「丸」編集部編．1999．図解－日本の空母．東京：光人社

Henry Sakaida．2000．梅本弘訳．日本海軍航空隊のエース 1937-1945（オスプレイ・ミリタリー・シリーズ―世界の戦闘機エース）．東京：大日本絵画社

吉田俊雄．2001．指揮官とは何か―日本海軍四人の名指導者．東京：光人社

福田啓二．2002．軍艦開発物語2－造船官が語る秘められたプロセス．東京：光人社

久保富夫．2002．軍用機開発物語―設計者が語る秘められたプロセス．東京：光人社

呉市海事歴史科学館編．2005．日本海軍艦艇写真集―航空母艦水上機母艦．広島県呉市：呉市海事歴史科学館

一木壮太郎．2005．日本空母完全ガイド（スーパームック―超精密「3D CG」シリーズ）．東京：双葉社

佐藤和正．2005．空母入門―動く前線基地徹底研究．東京：光人社

中村雅夫等．2008．空母機動部隊．東京：学習研究社

星亮一．2008．南雲忠一－空母機動部隊を率いた悲劇の提督．京都府京都市：PHP研究所

神野正美．2008．空母瑞鶴―日米機動部隊最後の戦い．東京：光人社

雨倉孝之．2009．海軍航空の基礎知識―ネイバル・エビエーションものしり物語．東京：光人社

イカロス出版編．2009．空母「翔鶴」「瑞鶴」完全ガイド（イカロス・ムック 日本海軍戦艦シリーズ）．東京：イカロス出版

福井静夫．2009．日本空母物語（福井静夫著作集―軍艦七十五回想記）．東京：光人社

学研パブリッシング編．2010．決定版 日本の空母搭載機（歴史群像シリーズ 太平洋戦史スペシャル6）．東京：学習研究社

新人物往来社編．2010．帝国海軍の指揮官列伝．東京：新人物往来社

高田泰光編．2010．世界の艦船増刊：日本航空母艦史．東京：海人社

オフィス五稜郭. 2012. 連合艦隊 兵装カタログ. 東京：双葉社
野元為輝等. 2013. 航空母艦物語―体験で綴る日本空母の興亡と変遷！. 東京：光人社
碇義朗. 2013. 飛龍 天に在り―航空母艦「飛龍」の生涯. 東京：光人社
森史朗. 2014. 空母瑞鶴の南太平洋海戦―軍艦瑞鶴の生涯 戦雲篇. 東京：光人社
別府明朋. 2015. 激闘の空母機動部隊―非常なる海空戦体験手記. 東京：光人社
「丸」編集部編. 2015. 決定版 写真太平洋戦争. 東京：光人社

英文文献：

Hansgeorg Jentschura, Dieter Jung, Peter Mickel. 1976. Warships of the Imperial Japanese Navy, 1869-1945. Indiannapolis: Naval Institute Press

Mark Stille. 2005. Imperial Japanese Navy Aircraft Carriers 1921-45. Kent: Osprey Publishing

Mark Stille. 2007. USN Carriers vs IJN Carriers: The Pacific 1942. Kent: Osprey Publishing

Mark Stille. 2014. The Imperial Japanese Navy in the Pacific War. Kent: Osprey Publishing

Milosław Skiwiot. 2015. The Japanese Aircraft Carriers Soryu and Hiryu, Warszawa: Kagero

Milosław Skiwiot, Adam Jarski. 2015. Kaga 1920-1942: The Japanese Aircraft Carrier. Warszawa: Kagero

俄文文献：

Морская Коллекция №9 за 2008, Авианосец AKAGI от Пёрл-Харбора до Мидуэя. Москва: Морская Коллекция

Морская Коллекция №1 за 2010, Систершипы одной судьбы. Японские авианосцы Shokaku и Zuikaku. Москва: Морская Коллекция

В. В. Сидоренко, Е. Р. Пинак. 2010. Японские авианосцы Второй Мировой. «Драконы» Перл-Харбора и Мидуэя, Москва: Коллекция, Яуза, Эксмо

В. В. Сидоренко, Е. Р. Пинак. 2014. Авианесущие крейсера адмирала Второй Мировой. «Драконы» Перл-Харбора и Мидуэя, Москва: Коллекция, Яуза, Эксмо

波兰文文献：

Milosław Skiwiot, Adam Jarski. 1994. Monografie Morskie 2, Akagi. Gdansk: AJ Press

Milosław Skiwiot. 1994. Monografie Morskie 3, Shokaku & Zaikaku. Gdansk: AJ Press

Grzegorz Barciszewski. 2000. Okręty lotnicze Japonii. Warszawa: Wydawnictwo ãMilitariaÓ

Sławomir Brezeziński. 2001. Japoński lotniskoviec Junyo. Warszawa: Firma Wydawniczo-Handlowa

Piotr Wiśniewski, Sławomir Brezeziński. 2002. Japoński tender lotniczy Akitsushima. Warszawa: Firma Wydawniczo-Handlowa

Lars Ahlberg, Hans Lengerer. 2004. Encyklopedia Okrętōw Wojennych 39, Taiho. Gdansk: AJ Press